mathe.delta 7

Mathematik für das Gymnasium

Lösungsband

Berlin / Brandenburg

mathe.delta
Berlin / Brandenburg
Herausgegeben von Viola Adam und Michael Kleine

mathe.delta 7 – Berlin / Brandenburg Lösungsband
Bearbeitet von Viola Adam, Benedikt Boldt, Hannah Dopmeyer, Alexander Engeln, Theresa Fischer, Michael Kleine, Eva Kleinlein, Johanna Goral, Sofie Schmidt, Ann-Kathrin Stankewitz

Dieser Titel ist auch als digitale Ausgabe unter www.ccbuchner.de erhältlich.

Bildnachweis:
Fotolia / Silvano Rebai – Cover

1. Auflage, 1. Druck 2016
Alle Drucke dieser Auflage sind, weil untereinander unverändert, nebeneinander benutzbar.

Dieses Werk folgt der reformierten Rechtschreibung und Zeichensetzung. Ausnahmen bilden Texte, bei denen künstlerische, philologische oder lizenzrechtliche Gründe einer Änderung entgegenstehen.

Layout und Satz: dtp-design GbR, Ebsdorfergrund
Umschlag: HOCHVIER GmbH & Co. KG, Bamberg
Druck und Bindung: creo Druck & Medienservice GmbH, Bamberg

www.ccbuchner.de

ISBN 978-3-661-**61127**-3

Inhaltsverzeichnis

Prozessbezogene Kompetenzen

Im Lösungsband werden prozessbezogene Kompetenzen zu jeder Aufgabe angegeben. Dabei werden die allgemeinen mathematischen Kompetenzen entsprechend der Bildungsstandards für den mittleren Schulabschluss zugrunde gelegt. Mathematische Kompetenzen werden im Wesentlichen durch Aufgaben erworben, wobei eine Aufgabe auch zur Förderung mehrerer Kompetenzen beitragen kann. Die Angaben neben den Aufgaben stellen somit eine Richtschnur dar, welche Kompetenz im Vordergrund steht.

K1 **Mathematisch argumentieren,** z. B. Fragen stellen, die für die Mathematik charakteristisch sind; Vermutungen begründet äußern; mathematische Argumentationen ausgehend von einer geeigneten Begründungsbasis entwickeln; Lösungswege beschreiben und begründen und dabei einfache Plausibilitätsbetrachtungen, inhaltlich-anschauliche Begründungen und Beweise nutzen.

K2 **Probleme mathematisch lösen,** z. B. vorgegebene und selbst formulierte Probleme bearbeiten; geeignete heuristische Hilfsmittel, Strategien und Prinzipien zum Problemlösen auswählen bzw. anwenden; Plausibilität der Ergebnisse überprüfen sowie das Finden von Lösungsideen und die Lösungswege reflektieren.

K3 **Mathematisch modellieren,** z. B. die Struktur realitätsbezogener Fragestellungen analysieren, vereinfachen und Annahmen treffen; relevante Größen und ihre Beziehungen identifizieren; die Situation unter Nutzung von Grundvorstellungen zu mathematischen Operationen in ein mathematisches Modell übersetzen; im mathematischen Modell ein Ergebnis finden und es in Bezug auf die Realsituation interpretieren; das Ergebnis im Hinblick auf Stimmigkeit und Angemessenheit überprüfen.

K4 **Mathematische Darstellungen verwenden,** z. B. verschiedene Formen der Darstellung von mathematischen Objekten und Situationen anwenden, interpretieren und unterscheiden; Beziehungen zwischen Darstellungsformen erkennen; unterschiedliche Darstellungsformen je nach Situation und Zweck auswählen und zwischen ihnen wechseln.

K5 **Mit symbolischen, formalen und technischen Elementen der Mathematik umgehen,** z. B. flexibel mit symbolischen Darstellungen mathematischer Objekte wie z. B. Variablen oder Gleichungen arbeiten; Algorithmen, Hilfsmittel und symbolische, formale oder verbale Darstellungen problemangemessen einsetzen; Verfahren beherrschen und reflektieren sowie Regeln und die Bedingungen ihrer Anwendung kennen.

K6 **Mathematisch kommunizieren,** z. B. Überlegungen, Lösungswege bzw. Ergebnisse dokumentieren, verständlich darstellen und präsentieren, auch unter Nutzung geeigneter Medien; die Fachsprache adressatengerecht verwenden; Äußerungen und Texte zu mathematischen Inhalten verstehen und überprüfen.

K5 **1** 9; 20; 26; 33; 28

K5 **2**

Teilbarkeit	345	728	3780	3972	8568
2	–	×	×	×	×
4	–	×	×	×	×
5	×	–	×	–	–
10	–	–	×	–	–
3	×	–	×	×	×
9	–	–	×	–	×

Alle Zahlen, die durch 4 teilbar sind, sind auch durch 2 teilbar.
Alle Zahlen, die durch 9 teilbar sind, sind auch durch 3 teilbar.
Alle Zahlen, die durch 2 und 5 teilbar sind, sind auch durch 10 teilbar (und umgekehrt).

K5 **3**

	durch 3 teilbar	durch 4 teilbar
a)	3522; 3525; 3528	3520; 3524; 3528
b)	426; 456; 486	416; 436; 456; 476; 496
c)	8472; 8475; 8478	8472; 8476
d)	2421; 2451; 2481	–
e)	Es sind zahlreiche Lösungen möglich. Die Summe beider Ziffern muss 1, 4, 7, 10, 13 oder 16 ergeben.	5X32; 5X36 Anstelle des Buchstabens X können alle Ziffern von 0 bis 9 stehen.
f)	Es sind zahlreiche Lösungen möglich. Die Summe beider Ziffern muss 0, 3, 6, 9, 12, 15 oder 18 ergeben.	X616; X636; X656; X676; X696 Anstelle des Buchstabens X können alle Ziffern von 0 bis 9 stehen.

K5 **4** **a)** Nenner: 14 blau: $\frac{9}{14}$; Zähler: 9 weiß: $\frac{5}{14}$; Zähler: 5
b) Nenner: 8 blau: $\frac{4}{8}$; Zähler: 4 weiß: $\frac{4}{8}$; Zähler: 4
c) Nenner: 9 blau: $\frac{3}{9}$; Zähler: 3 weiß: $\frac{6}{9}$; Zähler: 6

K5 **5** **a)** 16 cm **b)** 12 € **c)** 4 h

K5 **6** Stammbrüche: $\frac{1}{11}$; $\frac{1}{9}$ Echte Brüche: $\frac{2}{3}$; $\frac{1}{9}$; $\frac{1}{11}$; $\frac{7}{13}$
Unechte Brüche: $\frac{7}{5}$; $\frac{8}{7}$; $\frac{6}{1}$; $\frac{12}{5}$ Gemischte Zahlen: $1\frac{3}{4}$; $3\frac{2}{7}$

K5 **7** **a)** Kürzen mit 3:
$\frac{7}{3} = 2\frac{1}{3}$; $\frac{5}{4} = 1\frac{1}{4}$; $\frac{1}{9}$; $\frac{9}{8} = 1\frac{1}{8}$
Erweitern mit 3:
$\frac{63}{27} = 2\frac{9}{27}$; $\frac{45}{36} = 1\frac{9}{36}$; $\frac{9}{81}$; $\frac{81}{72} = 1\frac{9}{72}$

b) Kürzen mit 8:
$\frac{6}{7}$; $\frac{9}{3} = 3$; $\frac{2}{4}$; $\frac{8}{11}$
Erweitern mit 8:
$\frac{384}{448}$; $\frac{576}{192} = 3$; $\frac{128}{256}$; $\frac{512}{704}$

K5 **8** **a)** $\frac{5}{6} > \frac{3}{6}$; $1\frac{1}{3} = \frac{4}{3}$; $\frac{4}{5} < \frac{9}{10}$; $\frac{21}{7} = 3$

b) $\frac{2}{3} > \frac{2}{7}$; $\frac{7}{11} > \frac{7}{17}$; $\frac{6}{8} = \frac{15}{20}$; $\frac{7}{11} < \frac{5}{2}$

K5 **9 a)**

b)

K5 **10 a)**

·	$\frac{1}{5}$	$\frac{5}{6}$	$\frac{3}{4}$
$\frac{9}{10}$	$\frac{9}{50}$	$\frac{3}{4}$	$\frac{27}{40}$
$\frac{6}{7}$	$\frac{6}{35}$	$\frac{5}{7}$	$\frac{9}{14}$
$\frac{8}{15}$	$\frac{8}{75}$	$\frac{4}{9}$	$\frac{2}{5}$

b)

·	$\frac{3}{10}$	$\frac{2}{7}$	$\frac{12}{21}$
$\frac{8}{9}$	$\frac{4}{15}$	$\frac{16}{63}$	$\frac{32}{63}$
$\frac{2}{3}$	$\frac{1}{5}$	$\frac{4}{21}$	$\frac{8}{21}$
$\frac{7}{8}$	$\frac{21}{80}$	$\frac{1}{4}$	$\frac{1}{2}$

K5 **11 a)**

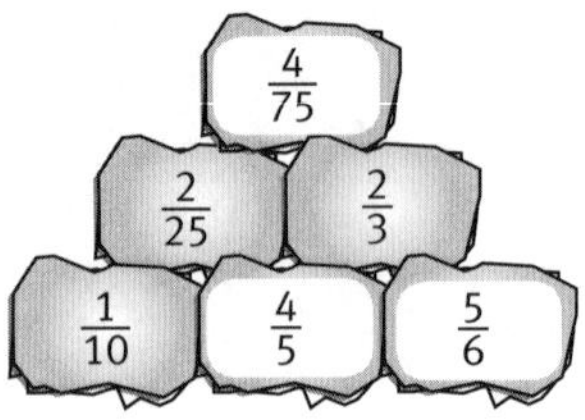

b)

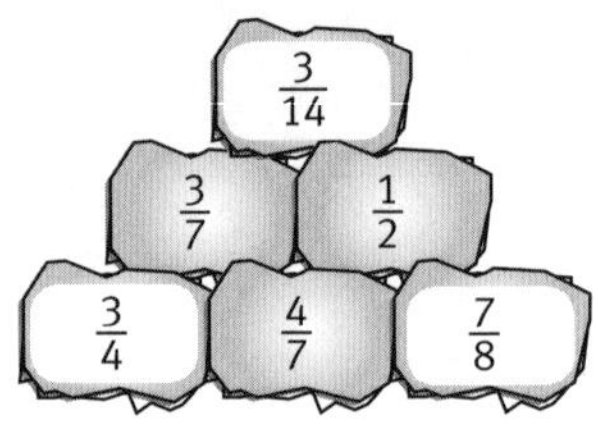

K5 **12 a)** 0,7; 2,6; 14,17; 1,25; 0,324 **b)** 0,04; 0,28; 0,992; 3,8; 2,32; 1,45; 0,625

K5 **13** $\frac{3}{5}$; $1\frac{9}{10}$; $2\frac{9}{20}$; $1\frac{153}{200}$; $2\frac{3}{25}$; $3\frac{17}{20}$; $7\frac{1}{5}$; $\frac{1}{500}$; $\frac{39}{50}$

K5 **14 a)** Lösungswort: BIEST **b)** Lösungswort: WASSER

K5 **15 a)** gemischtperiodisch **b)** reinperiodisch **c)** endlich **d)** reinperiodisch
e) gemischtperiodisch **f)** endlich **g)** reinperiodisch **h)** gemischtperiodisch
i) endlich **j)** gemischtperiodisch **k)** reinperiodisch **l)** endlich

K5 **16 a)** $0,\overline{3}$; $0,1\overline{6}$; $0,\overline{1}$; $0,\overline{09}$; $0,0\overline{1}$ **b)** $0,\overline{6}$; $0,\overline{4}$; $0,7\overline{3}$; $0,\overline{51}$; $2,8\overline{3}$

K6 **17**

a)

Addition:

	Z	E	z	h	
Summe	3	3,	7	4	← 1. Summand
+		7,	8	0	← 2. Summand
	1	1			
	4	1,	5	4	

b) Mögliche Antworten:

Bei der Addition werden die Hundertstel, Zehntel, Einer, Zehner, ... stellengerecht untereinander geschrieben. Danach wird von rechts beginnend subtrahiert; im Beispiel zuerst die Hundertstel, dann die Zehntel, danach die Einer und die Zehner. Der Übertrag wie in 7 + 8 (Zehntel) wird in die nächste, links anschließende Spalte geschrieben und zu den bereits vorhandenen Ziffern addiert: 3 + 7 + 1 (Einer).

Subtraktion:

	H	Z	E	z	h	
	0	9	17	4	16	
Differenz	~~1~~	~~0~~	~~7~~,	~~5~~	~~6~~	← Minuend
−		9	8,	3	7	← Subtrahend
			9,	1	9	← Differenzwert

Bei der Subtraktion werden die Hundertstel, Zehntel, Einer, Zehner, ... stellengerecht untereinander geschrieben. Danach werden von rechts beginnend von den Ziffern des Minuenden die Ziffern des Subtrahenden subtrahiert; im Beispiel zuerst die Hundertstel, dann die Zehntel, danach die die Einer, die Zehner und die Hunderter. Ist die Ziffer des Minuenden kleiner als die Ziffer des Subtrahenden, wie in 6 – 7 (Hundertstel), so wird eine Einheit vom nächsten Stellenwert „geborgt“, 16 – 7, und die Ziffer des „beborgten“ Stellenwerts um 1 vermindert (5 Zehntel vermindert um 1 ergibt 4 Zehntel).

K5 **18 a)**

+	0,34	2,8
3,45	3,79	6,25
2,647	2,987	5,447
3,012	3,352	5,812

b)

−	1,56	0,563
12,34	10,78	11,777
3,172	1,612	2,609
5	3,44	4,437

K6 **19** Mögliche Antwort:
Die Dezimalzahlen werden zuerst in Brüche mit ganzzahligen Zählern umgewandelt: $2{,}5 = \frac{25}{10}$ bzw. $1{,}47 = \frac{147}{100}$. Danach werden die beiden Brüche miteinander multipliziert: $\frac{25}{10} \cdot \frac{147}{100} = \frac{25 \cdot 147}{10 \cdot 100}$
Das Ergebnis wird dann wieder in eine Dezimalzahl umgewandelt, wobei das Ergebnis so viele Nachkommastellen erhält, wie beide Faktoren zusammen haben: $\frac{3675}{1000} = 3{,}675$.

K1 **20 a)** 557,134 **b)** 55,7134 **c)** 5,57134

K5 **21 a)** 45,71 **b)** 1,48192 **c)** 59,749

K5 **22 a)** 15,67 : 10 = 1,567 **b)** 156,75 : 1000 = 0,15675

K5 **23**

a)	b)	c)
8	0,2	1,24
0,45	37	0,5
70,4	7,9375	724,9

K6 **24** Bei der Multiplikation einer Summe mit einer Zahl kann es manchmal vorteilhaft sein, die Zahl auf die einzelnen Teile der Summe „zu verteilen“. Dieser Vorgang heißt „Ausmultiplizieren“.

$$7 \cdot 36 = \underset{\longleftarrow \text{ Ausklammern}}{\overset{\text{Ausmultiplizieren} \longrightarrow}{7 \cdot (30 + 6) = 7 \cdot 30 + 7 \cdot 6}}$$

Es gibt auch Fälle, bei denen es vorteilhafter ist, Klammern zu setzen. Dieser Vorgang heißt „Ausklammern“.

K5 **25**
a) $87 + 13 + 44 = 144$ KG
b) $56 + 44 + 33 + 17 = 150$ KG, AG
c) $(25 \cdot 8) \cdot 17 = 3400$ AG, KG
d) $4 \cdot 250 \cdot 36 \cdot 14 = 504\,000$ KG
e) $45 - 5 + 55 \cdot 7 = 425$ KG
f) $16 \cdot (4 \cdot 12) : 6 = 16 \cdot 4 \cdot 2 = 128$ Klammern zuerst

K5 **26**
a) $15 \cdot (7 + 8) = 225$
b) $70 \cdot 5 - 4 \cdot 5 = 350 - 20 = 330$
c) $32 \cdot (14 + 38 - 2) = 32 \cdot 50 = 1600$
d) $100 \cdot 562 + 1 \cdot 562 = 56\,200 + 562 = 56\,762$

K5 **27**
a) $23 \cdot 12 + 156 = 432$
b) $(249 + 207) : (87 - 63) = 19$

K5 **28**
a) ① $L = 4 \cdot 4x + 4 \cdot 2x + 4 \cdot x = 28x$ ② $L = 3 \cdot 2x + 3 \cdot x = 9x$
b) ① $x = \frac{126\,\text{cm}}{28} = 4{,}5\,\text{cm}$ $\left(x = \frac{84\,\text{cm}}{28} = 3\,\text{cm}\right)$ ② $x = \frac{126\,\text{cm}}{9} = 14\,\text{cm}$ $\left(x = \frac{84\,\text{cm}}{9} = 9\tfrac{1}{3}\,\text{cm}\right)$

K5 **29** **a)** $\mathbb{L} = \{6\}$ **b)** $\mathbb{L} = \{12\}$ **c)** $\mathbb{L} = \{8{,}5\}$ **d)** $\mathbb{L} = \{7{,}5\}$ **e)** $\mathbb{L} = \{1{,}75\}$ **f)** $\mathbb{L} = \{5{,}75\}$

K5 **30**
a) $12 \cdot a = 5{,}40\,€$ a = Preis eines Bechers $a = 0{,}45\,€$
b) $5 \cdot f + 3 \cdot f = 104$ f = Alter von Kevin, $5 \cdot f$ = Alter der Oma, $3 \cdot f$ = Alter der Mutter
Kevin: 13 Jahre, Oma: 65 Jahre, Mutter: 39 Jahre

K4 **31**

Wurf	1	2	3	4	5	6
a) Strichliste	𝍸 |	𝍸 ||||	|||	𝍸 |	𝍸	𝍸 ||
b) Absolute Häufigkeiten	6	9	3	6	5	7

c)

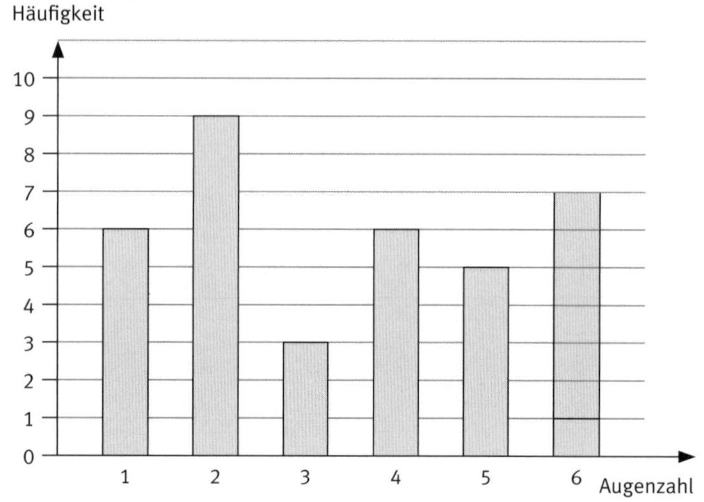

K5 **32** Augenzahl 1: $\frac{9}{50} = 0{,}18 = 18\,\%$ Augenzahl 2: $\frac{8}{50} = 0{,}16 = 16\,\%$ Augenzahl 3: $\frac{10}{50} = 0{,}2 = 20\,\%$
Augenzahl 4: $\frac{7}{50} = 0{,}14 = 14\,\%$ Augenzahl 5: $\frac{7}{50} = 0{,}14 = 14\,\%$ Augenzahl 6: $\frac{9}{50} = 0{,}18 = 18\,\%$

K5 **33** $\overline{AB} = 2{,}3\,cm$ $\overline{CD} = 6{,}5\,cm$ $\overline{EF} = 1{,}7\,cm$

K5 **34** $a \parallel c$; $d \parallel e$; $a \perp f$; $c \perp f$; $b \perp d$; $b \perp e$

K5 **35 a)** 1
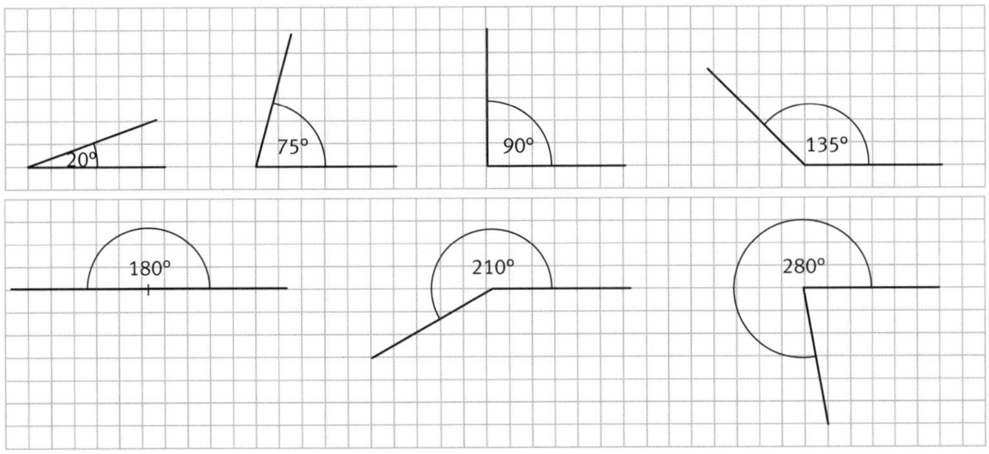

2
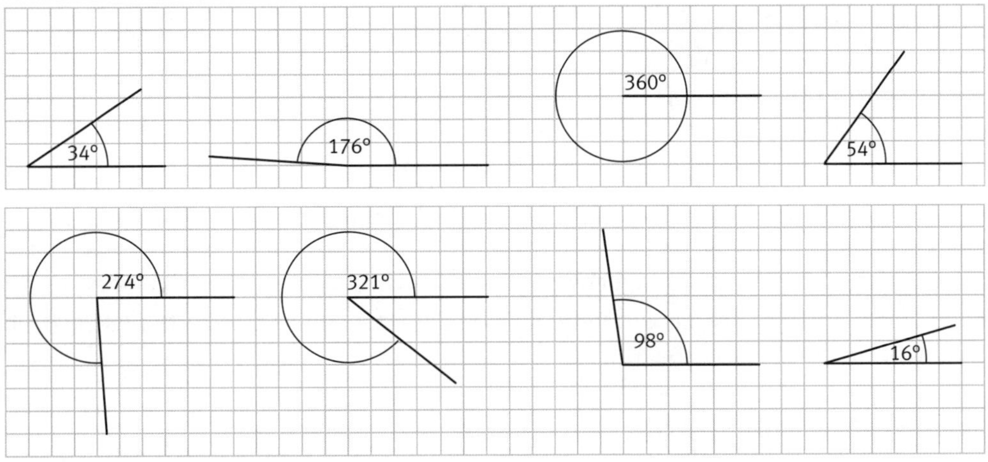

b) spitzer Winkel: 20°; 75°; 34°; 54°; 16°
stumpfer Winkel: 135°; 176°; 98°
rechter Winkel: 90°
gestreckter Winkel: 180°
überstumpfer Winkel: 210°; 280°; 274°; 321°;
Vollwinkel: 360°

K5 **36 a)** $\alpha = 60°$; $\beta = 120°$; $\gamma = 60°$ **b)** $\alpha = \beta = 103°$; $\gamma = 35°$; $\delta = 42°$

K5 **37**
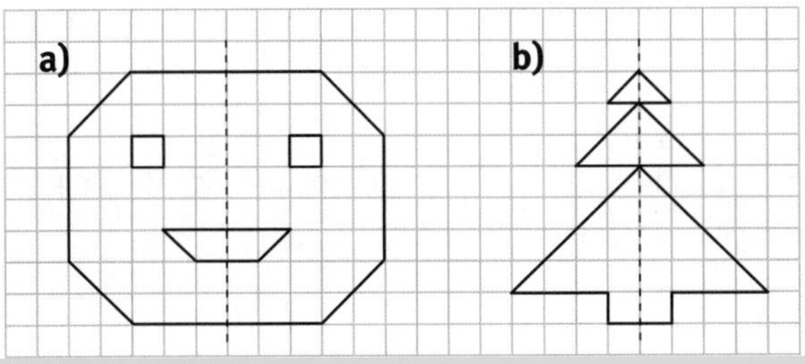

K5 **38**

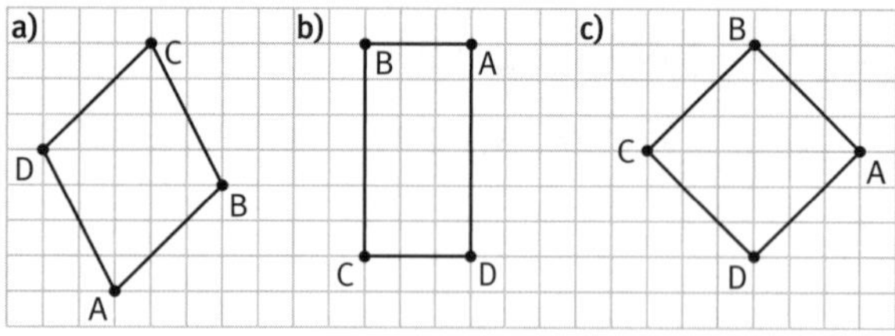

Rechteck Quadrat

K5 **39** **a)** $A = 5\,cm \cdot 12\,cm = 60\,cm^2$
$u = 5\,cm + 5\,cm + 12\,cm + 12\,cm = 34\,cm$
b) $A = 5{,}5\,cm \cdot 5{,}5\,cm = 30{,}25\,cm^2$
$u = 4 \cdot 5{,}5\,cm = 22\,cm$
c) $A = 23\,cm \cdot 5\,cm = 115\,cm^2$
$u = 23\,cm + 23\,cm + 5\,cm + 5\,cm = 56\,cm$
d) $A = 0{,}45\,m \cdot 0{,}45\,m = 0{,}2025\,m^2 = 20{,}25\,dm^2$
$u = 4 \cdot 0{,}45\,m = 1{,}8\,m$

K5 **40** Lösungsmöglichkeit:
a) $15\,m^2 = 1500\,dm^2 = 150\,000\,cm^2$
b) $27{,}3\,dm^2 = 0{,}273\,m^2 = 2730\,cm^2$
c) $0{,}5\,ha = 50\,a = 5000\,m^2$
d) $846\,cm^2 = 8{,}46\,dm^2 = 84\,600\,mm^2$
e) $3617\,a = 36{,}17\,ha = 0{,}3617\,km^2$
f) $0{,}003\,m^2 = 0{,}3\,dm^2 = 30\,cm^2$

K1 **41** **a)** Wird nur die Breite verdoppelt (verdreifacht), so verdoppelt (verdreifacht) sich auch der Flächeninhalt.
Für den Umfang muss die ursprüngliche Breite zusätzlich zweimal (viermal) addiert werden.
b) Werden beide Seiten halbiert (geviertelt), so wird der Flächeninhalt geviertelt (gesechzehntelt).
Der Umfang halbiert (viertelt) sich.

K5 **42** **a)** $V = 4{,}5\,cm \cdot 3{,}7\,cm \cdot 4\,cm = 66{,}6\,cm^3 = 0{,}0666\,dm^3$
b) $V = (12{,}8\,dm)^3 = 2097{,}152\,dm^3 = 2{,}097152\,m^3$
c) $V = 12{,}3\,dm \cdot 23\,dm \cdot 4{,}7\,dm = 1329{,}63\,dm^3 = 1{,}32963\,m^3$

K4 **43** Lösungsmöglichkeit Würfelnetz:

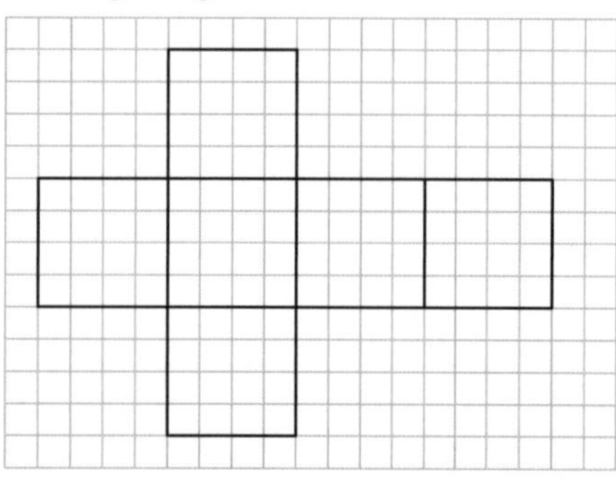

$O = 6 \cdot 2\,cm \cdot 2\,cm = 24\,cm^2$

Lösungsmöglichkeit Quadernetz:

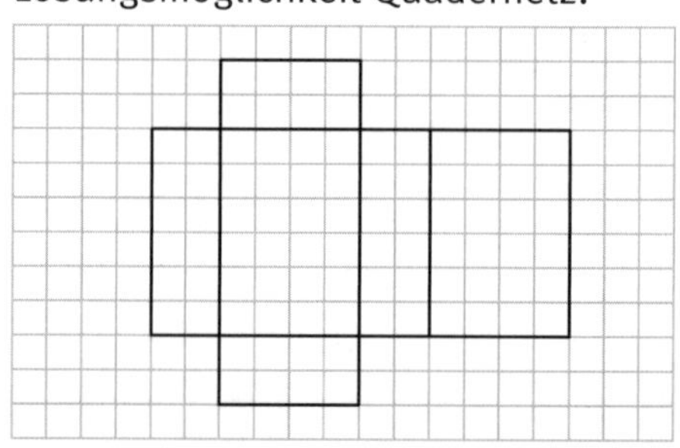

$O = 2 \cdot 1\,cm \cdot 3\,cm + 2 \cdot 1\,cm \cdot 2\,cm + 2 \cdot 2\,cm \cdot 3\,cm$
$= 6\,cm^2 + 4\,cm^2 + 12\,cm^2 = 22\,cm^2$

1 Rationale Zahlen

Einstieg

Die Auftaktseite eines Kapitels enthält zwei verschiedene Elemente:
Zunächst werden die Schüler mit einem offenen Einstiegsbeispiel an das neue Kapitel herangeführt. Zentral ist dabei immer der Anwendungsbezug: Kein Lehrplaninhalt ist rein innermathematisch, sodass den Schülern von Beginn an gezeigt werden sollte, dass Mathematik nichts Abstraktes ist, sondern oft im Leben der Schüler vorkommt. In einem Unterrichtsgespräch zur Auftaktseite können viele der kommenden Lerninhalte schon heuristisch erarbeitet, Vermutungen geäußert und Zusammenhänge erschlossen werden.

K6
- Aus dem Englischen übersetzt heißt Countdown „herunter zählen“. Beim Start eines Raumschiffs wird die Zeit herunter gezählt, bis der Start ins All erfolgt.

K5
- Die Zeitangabe kann man wie folgt lesen: 03:35:17 ergibt 3 min, 35 s und 17 Hundertstel-Sekunden. Zwischen der ersten und der zweiten Zeitangabe sind 37 Sekunden und 11 Hundertstel-Sekunden vergangen.
  Zwischen der zweiten und der dritten Zeitangabe liegen 2 Minuten 29 Sekunden und 50 Hundertstel-Sekunden.

K6
- Das „Minuszeichen“ vor der Zeitangabe sagt aus, dass noch Zeit vergehen muss, bevor der Start erfolgen kann.

K6
- Ein weiteres Beispiel sind die Temperaturen im Winter, z. B. −7 °C heißt, dass es kälter ist als der Gefrierpunkt. Die Temperatur liegt unter 0 °C.

Ausblick

Die Aufzählung am Ende der Seite bietet einen Ausblick auf die wesentlichen Lernziele des Kapitels und schafft so eine hohe Transparenz für Schüler und Lehrer. Durch einen informierenden Unterrichtseinstieg können sich Schüler und Lehrer auf das Kommende einstellen.
Idealerweise wird im Unterricht der Bezug hergestellt zwischen der Einstiegssituation und den

K5 **1** **a)** $\frac{1}{2} < \frac{3}{4}$ **b)** $\frac{3}{6} = \frac{2}{4}$ **c)** $\frac{1}{5} > \frac{1}{6}$ **d)** $\frac{2}{7} < \frac{3}{8}$
e) $\frac{1}{2} = 0,5$ **f)** $0,25 < 0,35$ **g)** $12,34 < 123,4$ **h)** $0,38 > \frac{3}{8}$

K5 **2** $\frac{2}{10} < \frac{3}{6} < \frac{15}{18} < \frac{4}{3} < 2\frac{1}{2}$

K5 **3** $1,4 > \frac{4}{3} > 1,33 > \frac{1}{4} > 0,125$

K5 **4** **a)** $\frac{5}{4}; \frac{1}{4}; \frac{7}{6} = 1\frac{1}{6}$ **b)** $\frac{7}{8}; \frac{11}{12}; \frac{25}{6}$ **c)** 20,4; 29,31; 428,68

K5 **5** +

43,3
27,4 | 15,9
17,3 | 10,1 | 5,8
12,4 | 4,9 | 5,2 | 0,6

−

2,1
7,8 | 5,7
19 | 11,2 | 5,5
36 | 17 | 5,8 | 0,3

K5 **6** **a)**

·	$\frac{1}{10}$	$\frac{3}{5}$	2,5
$\frac{1}{2}$	$\frac{1}{20}$	$\frac{3}{10}$	$\frac{5}{4}$
$\frac{4}{7}$	$\frac{2}{35}$	$\frac{12}{35}$	$\frac{10}{7}$
0,3	$\frac{3}{100}$	$\frac{9}{50}$	$\frac{3}{4}$

b)

·	$\frac{8}{9}$	$\frac{5}{6}$	$\frac{1}{3}$
$\frac{1}{2}$	$\frac{4}{9}$	$\frac{5}{12}$	$\frac{1}{6}$
$\frac{3}{4}$	$\frac{2}{3}$	$\frac{5}{8}$	$\frac{1}{4}$
$\frac{3}{5}$	$\frac{8}{15}$	$\frac{1}{2}$	$\frac{1}{5}$

K5 **7** **a)** $\frac{2}{3}$ **b)** 3 **c)** 11,854 **d)** $\frac{3}{2}$ **e)** 4,5 **f)** 2,01

Kap. 1.1

Der Taschenrechner – geliebtes Hilfsmittel

K5
- Die Funktionen des Taschenrechners werden individuell erkundet.

K6
-

1	51 233 · 789 = 40 422 837	sinnvoll	79 986 + 14 = 80 000	nicht sinnvoll
2	999 · 1001 = 999 999	evtl. sinnvoll	666 777 · 38 · 0 = 0	nicht sinnvoll
3	8097 – 57 = 8040	nicht sinnvoll	344 988 – 74 865 – 5 837 957 = –5 567 834	sinnvoll
4	2 295 043 : 241 = 9523	sinnvoll	5000 : 50 = 100	nicht sinnvoll

Kap. 1.3

Frostige Zeiten

K5
-

Jahr	2009	2010	2011	2012	2013	2014	2015
Temperatur in °C	4,3	0	–1,9	–0,1	–0,8	0,4	4,4
Veränderung zum Vorjahr	Keine Angabe	–4,3	–1,9	1,8	–0,7	1,2	4,0

Kap. 1.8

Regelgerecht

K5
- Wenn man die Eingaben inklusive Klammern vornimmt, rechnen die Taschenrechner normalerweise immer richtig. Gerade bei älteren Modellen kann es aber zu Rechenfehlern kommen, weil manche Modelle die Operationen schrittweise ausführen. In solchen Fällen müssen zusätzliche Klammern gesetzt werden.

K6
- Wenn durch „0“ dividiert wird, erscheint im Display „ERROR“ o. ä., da die Division durch 0 nicht definiert ist.

Kap. 1.9

Wunderbare Berechnungen

K1
- Wenn man in den Term für den Geburtstag x und für den Geburtsmonat y einsetzt und ihn anschließend vereinfacht, erhält man folgenden Term: $(2 \cdot x + 3) \cdot 50 + y + 38 \cdot 8 = 100x + y + 454$
  Die 454 ist die Summe $3 \cdot 50 + 38 \cdot 8$, die wieder abgezogen wird.
  Dadurch, dass der Geburtstag x immer mit 100 multipliziert wird, steht er beim Ergebnis an der Tausender- und Hunderter-Stelle. Der Geburtsmonat steht einfach genommen an der Zehner- und Einer-Stelle.

Kap. 1.10

Geheime Botschaften

K5
- ① $12^{10} = 61\,917\,364\,224 \approx 6{,}191736422 \cdot 10^{10}$
  $7^{12} = 13\,841\,287\,201 \approx 1{,}384128720 \cdot 10^{10}$
  $25^{9} = 3\,814\,697\,265\,625 \approx 3{,}81469726563 \cdot 10^{12}$
  $456\,123^{2} = 208\,048\,191\,129 \approx 2{,}080481911 \cdot 10^{11}$
  ② $8\,529\,637\,410 \cdot 147\,258\,369 = 1\,256\,060\,493\,157\,984\,290 \approx 1{,}256060493 \cdot 10^{18}$
  $111\,222\,333 \cdot 999\,888\,777 = 111\,209\,962\,518\,456\,741 \approx 1{,}112099625 \cdot 10^{17}$

K5
- Es sind individuelle Lösungen möglich.

Alternativer Einstieg: Schulbuch Seite 16

Entdecken

K6 ■

Bedeutung der Zahlen	Bedeutung der Zeichen
z. B. Die Zahlen zeigen an, wie warm oder kalt es ist.	z. B. Das Minus zeigt an, dass die Temperaturen unter den Nullpunkt gefallen sind. °C zeigt die Maßeinheit für die Temperatur an. ...

K6 ■ Es sind individuelle Lösungen möglich.
Neben der zu einem Wetterbericht passenden Wortwahl (heiter bis wolkig, stellenweise Schauer ...), könnten zum Beispiel folgende Strukturelemente enthalten sein:
- Begrüßung
- Aussagen über Höchst- und Tiefstwerte der Temperatur heute (und in den folgenden Tagen)
- Aussagen über die Bewölkung, bzw. den Niederschlag
- Abspann (Uhrzeit, Programmhinweis, Verabschiedung ...)

Nachgefragt

K1 ■ Da der Bereich der ganzen Zahlen die natürlichen Zahlen umfasst, gibt es keine natürlichen Zahlen, die keine ganzen Zahlen sind.
Da die ganzen Zahlen auch die Gegenzahlen der natürlichen Zahlen umfassen, sind alle negativen Gegenzahlen keine natürlichen Zahlen. Z. B. −1, −16, −203, ...

K6 ■ Die negativen ganzen Zahlen haben eine größere Gegenzahl, da die Gegenzahl im positiven Zahlenbereich liegt.

Aufgaben

K3 **1** **a)** −14 **b)** 7 **c)** 183 **d)** −412 **e)** 5 **f)** −2
g) 0 **h)** −11 (bezogen auf den eigenen Kontostand) **i)** 67

K4 **2** **a)** Intervall [−9, 8]

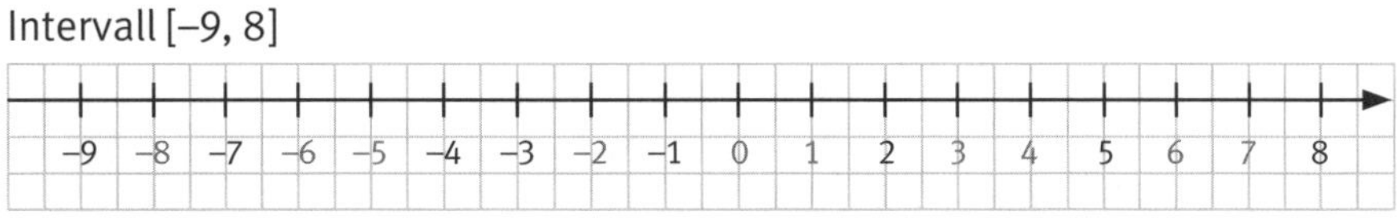

b) Intervall [−24, 11]

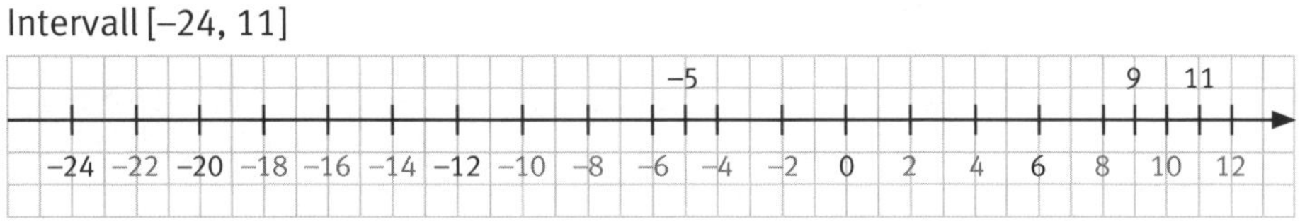

c) Intervall [−400, 800]

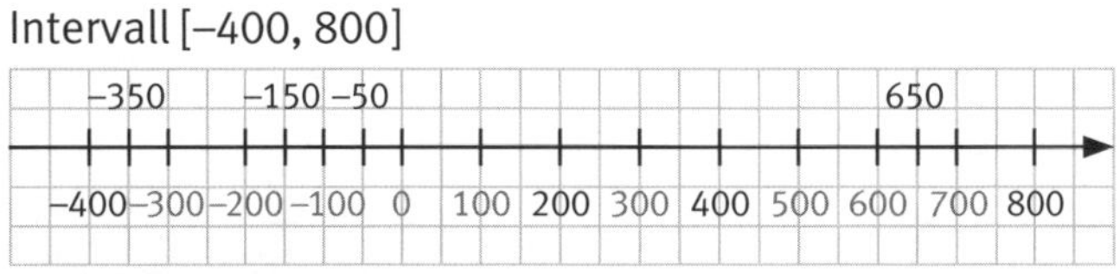

d) Intervall [−2500, 2200]

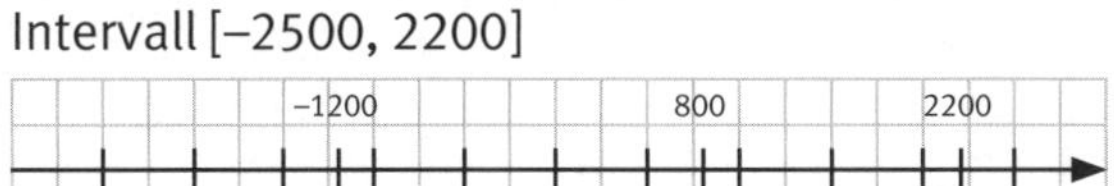

K4 **3** **a)** –5 **b)** –3 **c)** –60 **d)** 20
e) mehrere Lösungen, z. B. –5 und 5, –1000 und 1000, ...

K4 **4** **a)** 13

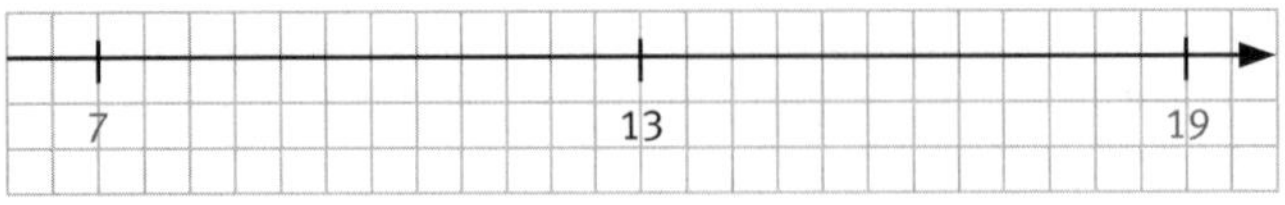

b) 4

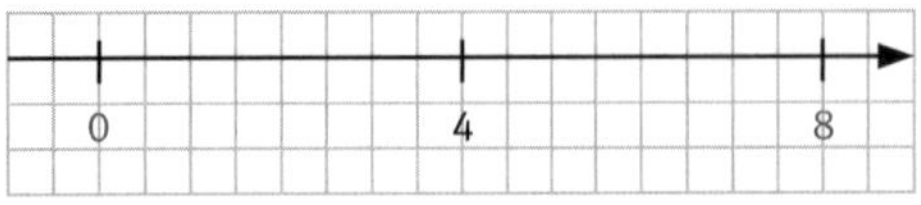

c) 0

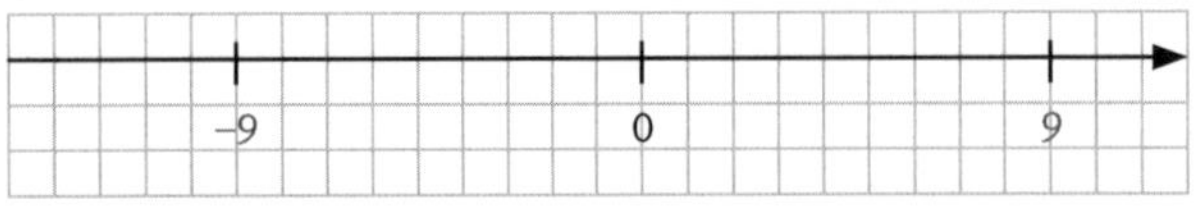

d) 4

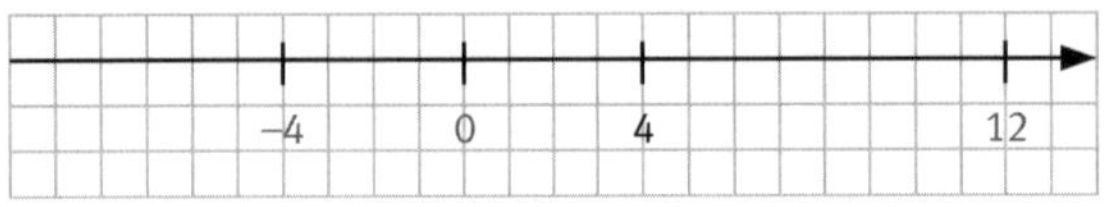

e) 1

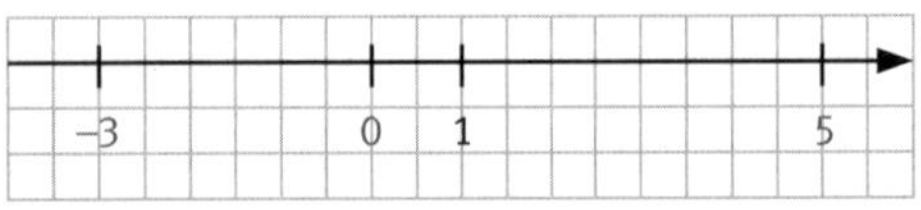

f) –16

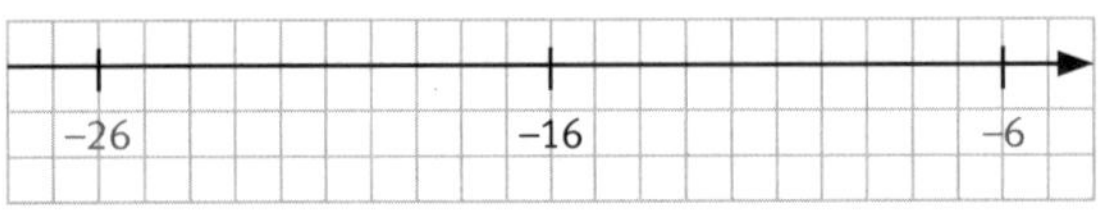

g) –16

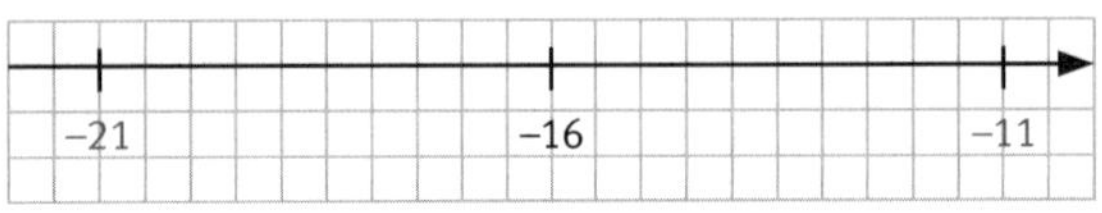

h) –74

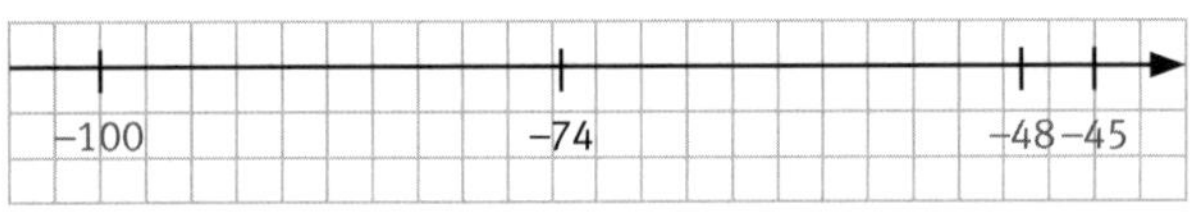

K5 **5** **a)** 7 °C **b)** 19 °C **c)** 2 °C **d)** 10 °C **e)** 15 °C **f)** 102 °C

K3 **6** **a)** Das mittlere Gewicht beträgt 1000,8 g.
b) Päckchen 1008 g: Abweichung von +8 g (Das „+“ kann weggelassen werden. Betrachtet man allerdings, dass in diesem Kontext nach „zu viel“ oder „zu wenig“ gefragt wird, kann das „+“ zur besseren Veranschaulichung mitgeschrieben werden.)

Päckchen	1003 g:	Abweichung von	+3 g
Päckchen	995 g:	Abweichung von	–5 g
Päckchen	999 g:	Abweichung von	–1 g
Päckchen	1002 g:	Abweichung von	+2 g
Päckchen	997 g:	Abweichung von	–3 g
Päckchen	1007 g:	Abweichung von	+7 g
Päckchen	995 g:	Abweichung von	–5 g

Entdecken

K6
- Aufbau der Tabelle:
  – erste Spalte: aktuelle Platzierung der Mannschaft
  – zweite Spalte: Name der Mannschaft
  – dritte Spalte: Anzahl der von der Mannschaft in der aktuellen Saison bestrittenen Spiele
  – vierte Spalte: Anzahl der Siege
  – fünfte Spalte: Anzahl der unentschiedenen Spiele
  – sechste Spalte: Anzahl der Niederlagen
  – siebte Spalte: Torverhältnis (Anzahl der von der Mannschaft geschossenen Tore : Anzahl der von den gegnerischen Mannschaften gegen die Mannschaft erzielten Tore)
  – achte Spalte: Torverhältnis als Differenz ausgedrückt
  – neunte Spalte: Punkteverhältnis (von der Mannschaft erzielte Punkte : von den Gegnern erzielte Punkte). Für einen Sieg gibt es zwei Punkte, für ein Unentschieden einen Punkt und für eine Niederlage null Punkte.

K4
- Tabelle 3. Spieltag

	Team	Sp.	S	U	N	Tore	+/–	P
5	SG Flensburg-Handewitt	3	3	0	0	88:74	14	6:0
6	TV Großwallstadt	3	2	0	1	81:78	3	4:2
7	HSG Wetzlar	3	2	0	1	79:78	1	4:2
8	Frisch Auf! Göppingen	3	2	0	1	84:87	–3	4:2
9	TuS N-Lübbecke	3	1	1	1	88:84	4	3:3
10	Füchse Berlin	3	1	0	2	76:77	–1	2:4
11	Rhein-Neckar Löwen	3	1	0	2	88:93	–5	2:4
12	TSV Hannover-Burgdorf	3	1	0	2	83:88	–5	2:4

K4
- verbessert:
  – TV Großwallstadt 2 Plätze besser
  – HSG Wetzlar 3 Plätze besser
  – Frisch Auf! Göppingen 4 Plätze besser

  verschlechtert:
  – TuS N-Lübbecke 3 Plätze schlechter
  – Füchse Berlin 3 Plätze schlechter
  – Rhein-Neckar Löwen 2 Plätze schlechter
  – TSV Hannover-Burgdorf 1 Platz schlechter

Nachgefragt

K6
- „Auf 4 °C unter null“ bedeutet, dass das Thermometer jetzt –4 °C anzeigt. „Um 4 °C gefallen“ bedeutet, dass es jetzt 4 °C kälter ist als vorher.

K6
- Rechenzeichen „+“: mehr werden, zunehmen, wärmer werden, dazukommen, etc.
  Rechenzeichen „–“: weniger werden, verlieren, abnehmen, abkühlen, abgeben, etc.
  Vorzeichen „+“: Guthaben, Temperaturen über dem Gefrierpunkt, Höhenangaben über NN, etc.
  Vorzeichen „–“: Schulden, Temperaturen unter dem Gefrierpunkt, Meerestiefen, Kellergeschosse, etc.

Aufgaben

K6 **1** **a)** Die Temperatur nimmt um 13 °C zu. **b)** Die Temperatur nimmt um 11 °C ab.
c) Die Temperatur nimmt um 7 °C ab. **d)** Die Temperatur nimmt um 8 °C zu.
e) Die Temperatur nimmt um 6 °C ab. **f)** Die Temperatur nimmt um 23 °C zu.

K3 **2** **a)** 406 € **b)** 233 € **c)** 493 € **d)** −1036 € **e)** −713 €

K4 **3** **a)**

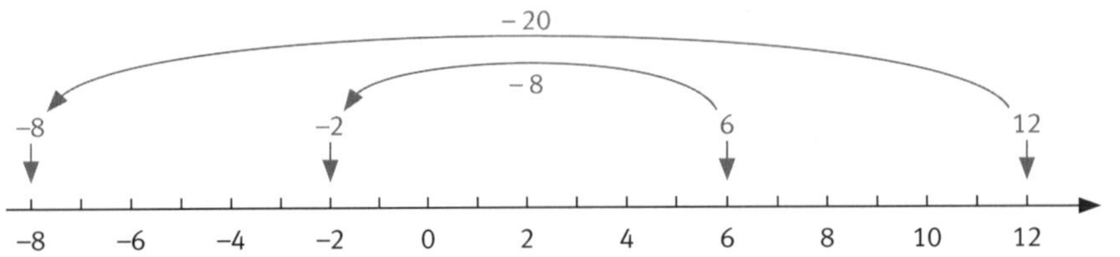

12 − 20 = −8 6 − 8 = −2

b)

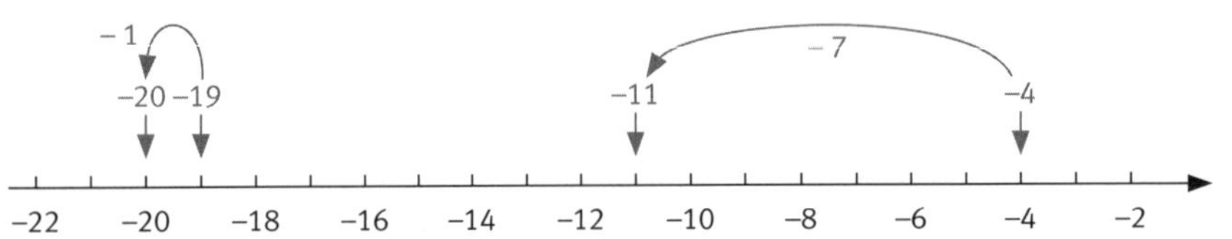

−19 − 1 = −20 −4 − 7 = −11

c)

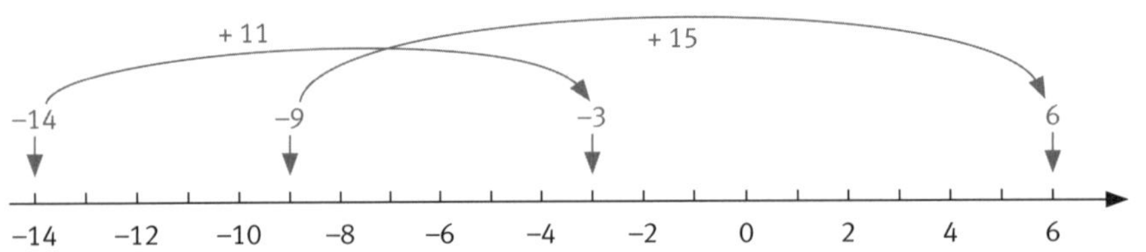

−14 + 11 = −3 −9 + 15 = +6

d)

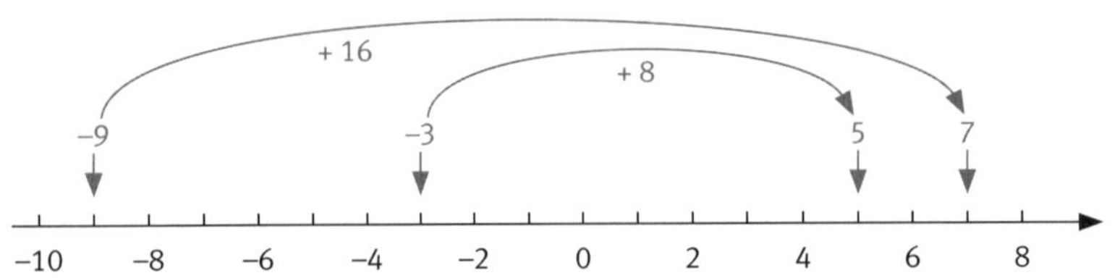

−9 + 16 = +7 −3 + 8 = +5

e)

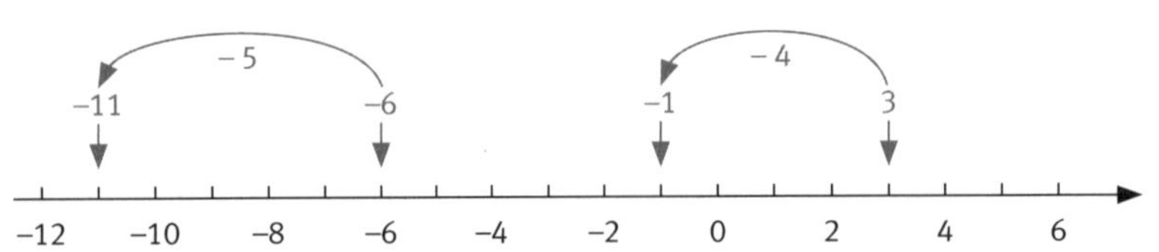

−6 − 5 = −11 3 − 4 = −1

f)

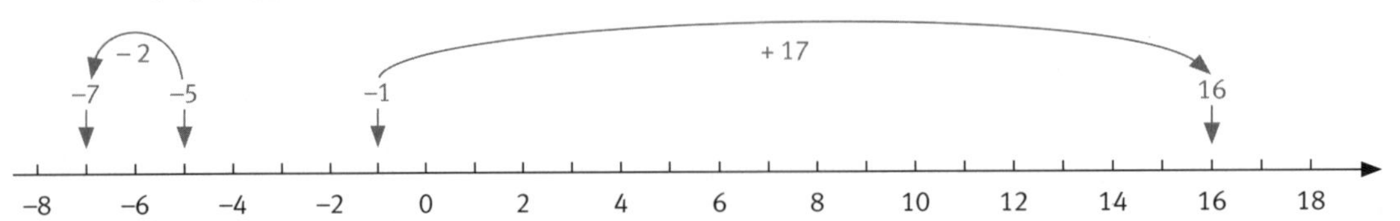

−5 − 2 = −7 −1 + 17 = 16

K1 **4** **a)** a = +9 **b)** b = −22 **c)** c = +24 **d)** d = −3011

K4 **5** ① D und G ② A und C ③ B und E ④ F und H

K6 **6** Lösungsmöglichkeiten:

a) Ein Artikel kostet 99€. Hinzu kommen bei Lieferung nach Hause 7,50€ Porto.
99€ + 7,50€ = 106,50€

b) Ein Konto weist 99€ Schulden auf. Eine Rückerstattung bringt eine Verringerung der Schulden um 7,50€.
–99€ + 7,50€ = –91,50€

c) Eine Gießkanne fasst 10 Liter Wasser. Eine Pflanze wird mit $\frac{1}{2}$ Liter gegossen.
$10\,l - \frac{1}{2}\,l = 9\frac{1}{2}\,l$

d) Der Weg zur Schule beträgt 2,5 km. Aufgrund eines Umwegs auf dem Weg nach Hause werden auf dem Rückweg 3,5 km zurückgelegt.
2,5 km + 3,5 km = 6 km

e) Der Gefrierschrank hat im Inneren eine Temperatur von –16 °C. Nachdem die Tür nicht richtig geschlossen wurde, ist die Temperatur um 7 °C gestiegen.
–16 °C + 7°C= –9°C

f) Die Temperatur von 16 °C unter null sank in der Nacht um weitere 6 °C.
–16 °C – 6 °C = –22 °C

g) Auf einem Bogen Geschenkpapier sind noch $2\frac{2}{3}\,m^2$. Für ein Geschenk werden $\frac{3}{5}\,m^2$ abgeschnitten.
$2\frac{2}{3}\,m^2 - \frac{3}{5}\,m^2 = 2\frac{1}{15}\,m^2$

h) Ein Forscherteam taucht im Ozean auf 11 034 m Tiefe, um am Meeresboden eine Bohrung von 8848 m durchzuführen.
–11 034 m – 8848 m = –19 882 m

Alternativer Einstieg: Schulbuch Seite 16

Entdecken

- K4 In den Jahren –300, –100, 100 und ca. 950 lag die Meereshöhe bei 0 m NN. In den Jahren ca. –370, –100 und ca. 20 lag die Meereshöhe bei –0,5 m NN.
- K6 Sie beschreiben eine Meereshöhe unter Normalnull.
- K4 Die tiefste Meereshöhe lag bei ca. –1,6 m NN, die höchste bei ca. 1,6 m NN. Die Meereshöhe schwankte also um bis zu 3,2 m.
- K6 Orientierung an einem festen Referenzwert (z. B. durchschnittliche Meereshöhe an festen Orten in Amsterdam oder Sankt Petersburg).
- K6 Verschiedene Lösungen möglich, z. B.: In welchen Zeitspannen veränderte sich die Meereshöhe um 1 m? Wie hoch war der Meerespegel im Jahr 1500? ...

Nachgefragt

- K1 Jede Zahl außer der Null hat eine Gegenzahl, deshalb gibt es gleich viele positive und negative Zahlen. Null ist weder positiv noch negativ.
- K6 Verschiedene Lösungen möglich, z. B.:
  Erweiterung um eine Nachkommastelle: Zwischen 1,3 und 1,4 liegt 1,37.
  oder
  Berechnung des Mittelwertes zweier Zahlen: Die mittlere Zahl zwischen 4,2 und 4,3 ist $\frac{4{,}2 + 4{,}3}{2} = 4{,}25$.
  Das jeweilige Verfahren kann entsprechend an der Zahlengeraden veranschaulicht werden.
  Die neue Zahl liegt auf der Geraden immer im Bereich zwischen den beiden Zahlen.

Aufgaben

K4 **1** **a)** A: $-1{,}1 = -1\frac{1}{10}$ B: $-0{,}5 = -\frac{1}{2}$ C: $0{,}4 = \frac{2}{5}$ D: $0 = \frac{0}{1}$

E: $-0{,}25 = -\frac{1}{4}$ F: $0{,}8 = \frac{4}{5}$ G: $1 = \frac{1}{1}$ H: $-0{,}8 = -\frac{4}{5}$

b) A: $-1{,}75 = -1\frac{3}{4}$ B: $0{,}25 = \frac{1}{4}$ C: $1{,}5 = 1\frac{1}{2}$ D: $-2{,}5 = -2\frac{1}{2}$

E: $-3 = -\frac{3}{1}$ F: $-0{,}75 = -\frac{3}{4}$ G: $-1 = -\frac{1}{1}$ H: $2 = \frac{2}{1}$

c) A: $-2{,}6 = -2\frac{3}{5}$ B: $-2 = -\frac{2}{1}$ C: $-0{,}8 = -\frac{4}{5}$ D: $-1{,}4 = -1\frac{2}{5}$

E: $1{,}8 = 1\frac{4}{5}$ F: $1{,}2 = 1\frac{1}{5}$ G: $0{,}2 = \frac{1}{5}$ H: $-0{,}4 = -\frac{2}{5}$

K4 **2** **a)** Angermünde: –0,4 °C Cottbus: 1,2 °C Neuruppin: –1,8 °C

Coschen: 2,6 °C Berlin-Marzahn: –0,6 °C Lenzen/Elbe: 2,0 °C

b)

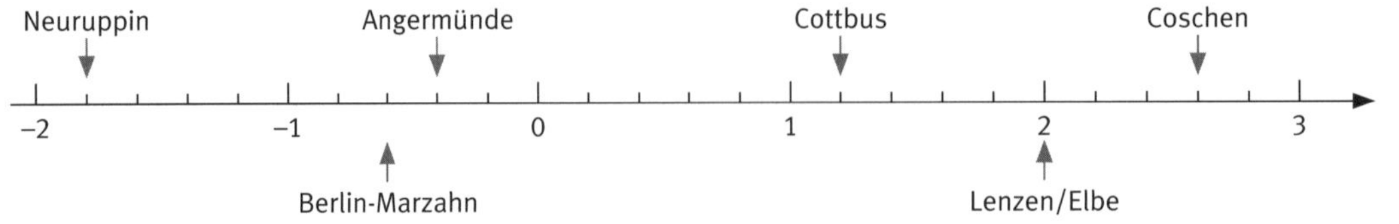

K5 **3** **a)**

a	−a	−(−a)
27	−27	27
−14	14	−14
100	−100	100
0	0	0

b)

a	−a	−(−a)
$-\frac{2}{3}$	$\frac{2}{3}$	$-\frac{2}{3}$
5,6	−5,6	5,6
$-1\frac{3}{4}$	$1\frac{3}{4}$	$-1\frac{3}{4}$
−100,45	100,45	−100,45

K6 **4** Lösungsmöglichkeiten:

a) 1; 2; 3; 4; 5; 6; 7; 8; 9; 10; ...

b) $-1; \frac{7}{6}; -\frac{1}{3}; -5; -9; -\frac{1}{2}; \frac{1}{10}; -2; -1\frac{2}{9}; 1\frac{1}{5}; \dots$

c) 2; 4; 6; 8; 10; 12; 14; 16; 18; 20; ...

d) −1; −3; −5; −7; −9; −11; −13; −15; −17; −19; ...

e) $1\frac{1}{5}; -\frac{1}{3}; \frac{3}{4}; -\frac{3}{8}; \frac{1}{10}; -\frac{4}{7}; \frac{5}{11}; -1\frac{1}{2}; \frac{16}{15}; -\frac{19}{21}$

K3 **5** **a)** −85,5 **b)** −18,4 **c)** −273,15 **d)** −23,95 **e)** −9

K5 **6** **a)** und **c)**

Zahlen	Gegenzahlen	Mitte
−3,4 und +4,3	+3,4 und −4,3	0,45
+8 und +1,2	−8 und −1,2	4,6
−2,3 und −4,3	2,3 und 4,3	−3,3
0 und −10,6	0 und 10,6	−5,3

Mitte zweier Zahlen: Zahlen werden addiert und ihre Summe halbiert

b)

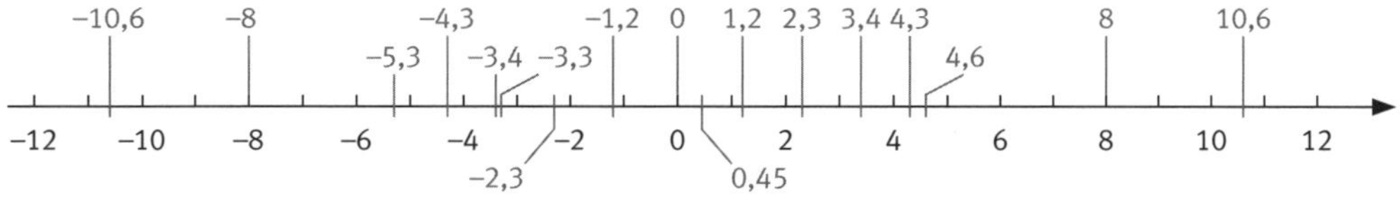

K4 **7** **a)** A: II. Quadrant B: IV. Quadrant C: II. Quadrant D: I. Quadrant E: III. Quadrant
F: IV. Quadrant G: I. Quadrant H: III. Quadrant I: IV. Quadrant J: II. Quadrant
Man stellt fest, dass der Quadrant nur vom Vorzeichen der Koordinaten der Punkte abhängt.

b)

	I. Quadrant	II. Quadrant	III. Quadrant	IV. Quadrant
x-Koordinate	positiv	negativ	negativ	positiv
y-Koordinate	positiv	positiv	negativ	negativ

c) 1 A (1,25 | 1) B (0,75 | 1,5) C (0,5 | 1,5) D (0,5 | 1,75) E (0 | 1,75)
F (0 | 1) G (1,5 | −3,5) H (1,5 | −2,25) I (0 | −2,75) J (0 | −3)
K (0,75 | −1,25) L (0 | −2) M (0 | −2,5) N (0,75 | −0,25)

2 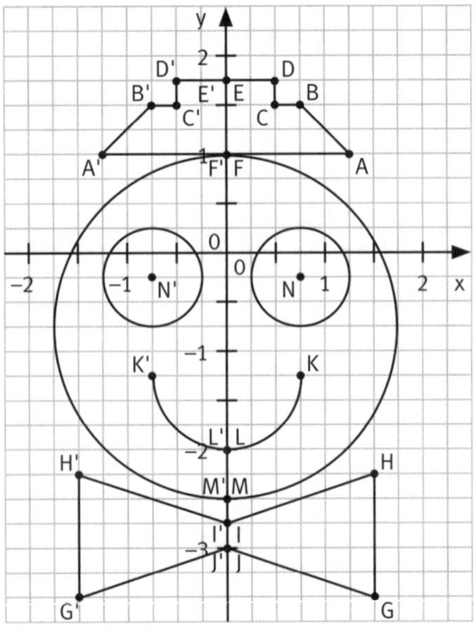

3 A' (–1,25 | 1) B' (–0,75 | 1,5)
C' (–0,5 | 1,5) D' (–0,5 | 1,75)
E' (0 | 1,75) F' (0 | 1)
G' (–1,5 | –3,5) H' (–1,5 | –2,25)
I' (0 | –2,75) J' (0 | –3)
K' (–0,75 | –1,25) L' (0 | –2)
M' (0 | –2,5) N' (–0,75 | –0,25)

K5 **8** **a)** 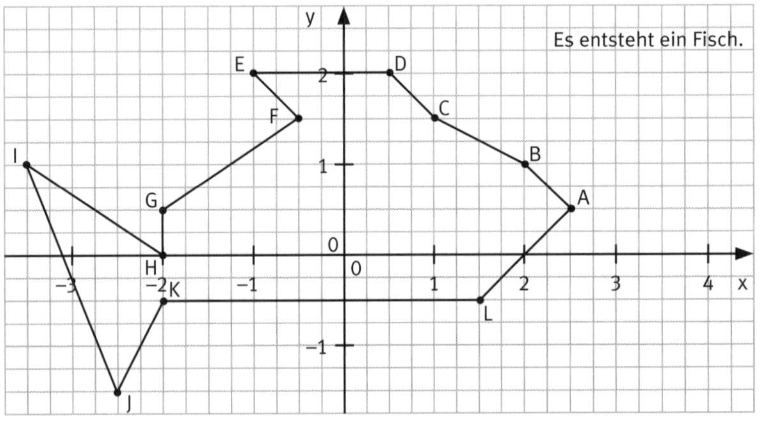

b) 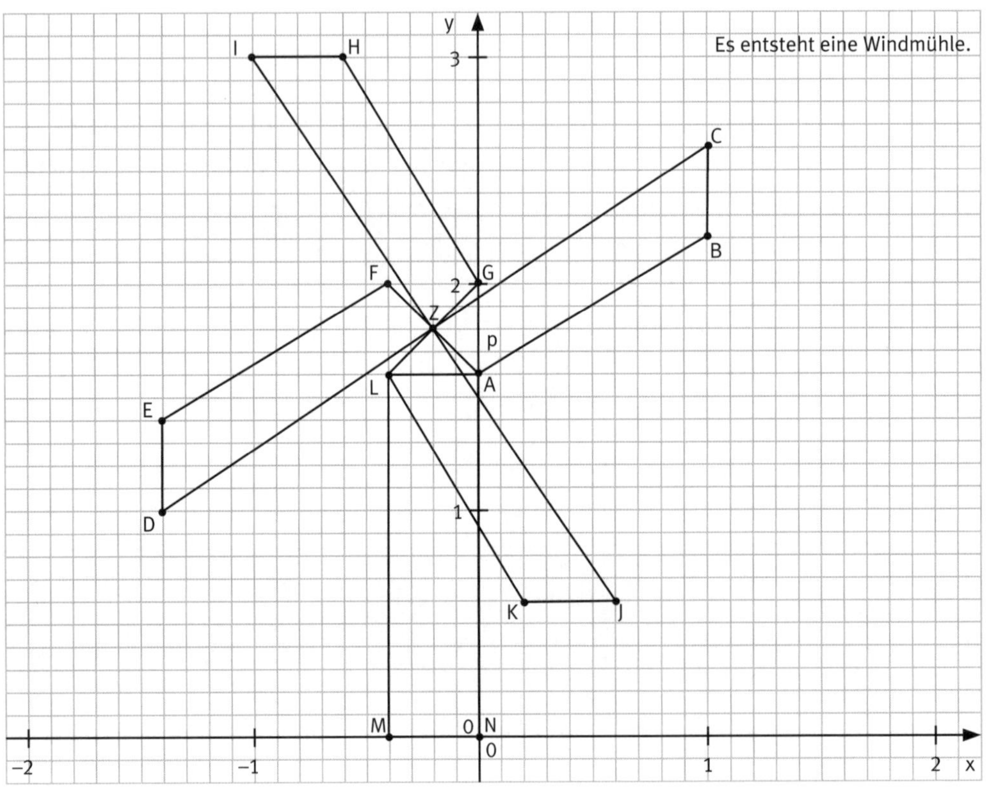

c)

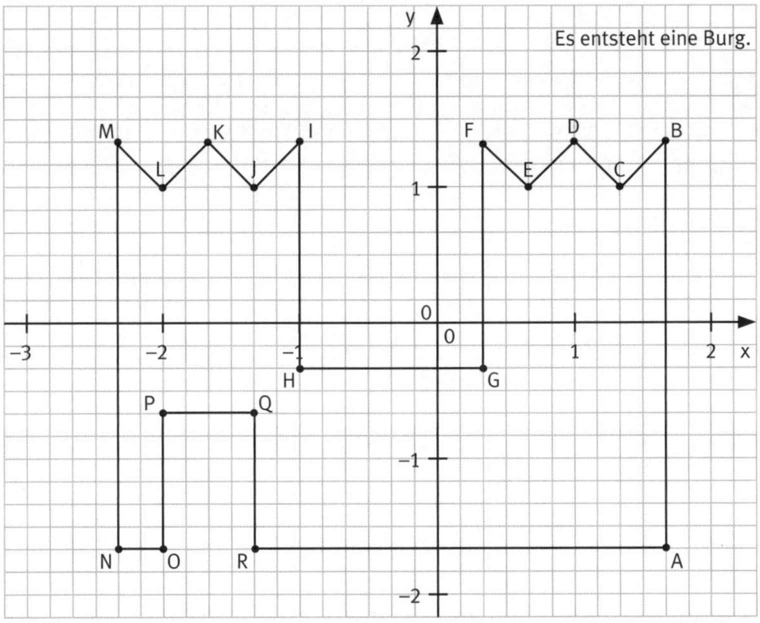

Hinweis: Im ersten Druck der ersten Auflage befindet sich beim „Tipp zu Aufgabe 8" ein Druckfehler.
Es müssten bei Aufgabe c) 6 Kästchen statt der angegebenen 4 sein.

K5 **9 a)** D (–2 | 3,5) **b)** D (–2 | –1) **c)** D (0,5 | –2)

K4 **10 a)**

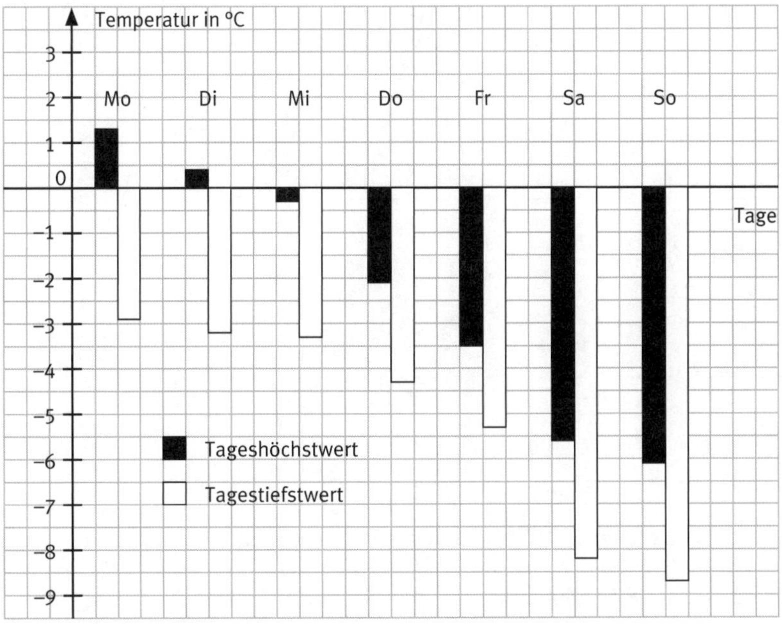

b) Am Montag herrschen die größten Temperaturunterschiede (4,2 °C) und am Freitag die kleinsten (1,8 °C).

c) Es sind individuelle Lösungen möglich.

K2 **10 a)** Die tiefste Stelle, die der Pottwal erreicht, liegt 1500 m unter dem Meeresspiegel.

b) Er taucht etwas über 120 min (etwa 127 min) unter 500 m während der Aufzeichnung.

c) Lösungsmöglichkeit: Um die durchschnittlichen Tiefen herauszubekommen, liest man aus der Zeichnung die Tiefen der einzelnen Spitzen ab, addiert deren Ergebnis und teilt sie durch die Anzahl der Daten.
Durchschnittliche Tauchtiefe beim Flachtauchen: etwa 350 m
Durchschnittliche Tauchtiefe beim Tieftauchen: etwa 930 m

d) Hier sind verschiedene individuelle Fragen möglich.
Beispiele: Wie oft taucht der Wal auf, um Luft zu holen? (Antwort: 9-mal)

Entdecken

K6

Tipp zur Durchführung:

- Die Spielkarten sollten aus Karton oder etwas dickerem Papier angefertigt werden, damit man nicht hindurchsehen und sie besser halten kann. In jedem Fall sollten alle Karten aus dem gleichen Material bestehen, um Schummeleien zu vermeiden.
- Es sollte darauf geachtet werden, dass jede Zahl nur einmal vorkommt.
- Wenn sowohl Dezimalzahlen als auch Brüche vorkommen, müssen die Schülerinnen und Schüler während des Spiels ein wenig mehr nachdenken und die Zahlen im Kopf umwandeln. Als Variante zur Differenzierung können Brüche auch weggelassen und nur Dezimalzahlen verwendet werden.

Nachgefragt

- K1 Negative Zahlen liegen auf der Zahlengeraden immer links von der Null, deswegen sind sie kleiner als die positiven Zahlen.
- K1 Bei den positiven Zahlen sind die aufgerundeten Ergebnisse immer größer, da sie auf der Zahlengeraden weiter rechts liegen. Bei den negativen Zahlen ist das anders: Hier liegt die aufgerundete Zahl weiter links und ist deshalb kleiner als die ursprüngliche Zahl.

Aufgaben

K4 **2** **a)**

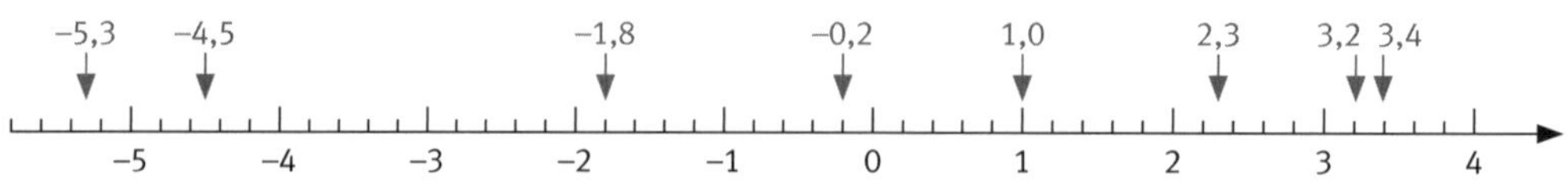

$-5{,}3 < -4{,}5 < -1{,}8 < -0{,}2 < 1{,}0 < 2{,}3 < 3{,}2 < 3{,}4$

b)

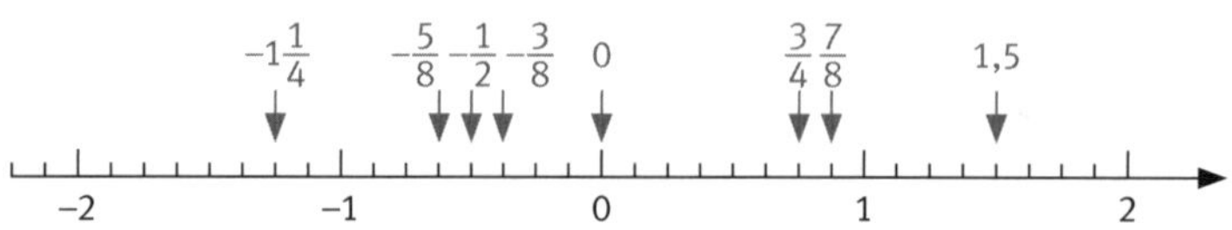

$-1\frac{1}{4} < -\frac{5}{8} < -\frac{1}{2} < -\frac{3}{8} < 0 < \frac{3}{4} < \frac{7}{8} < 1{,}5$

c)

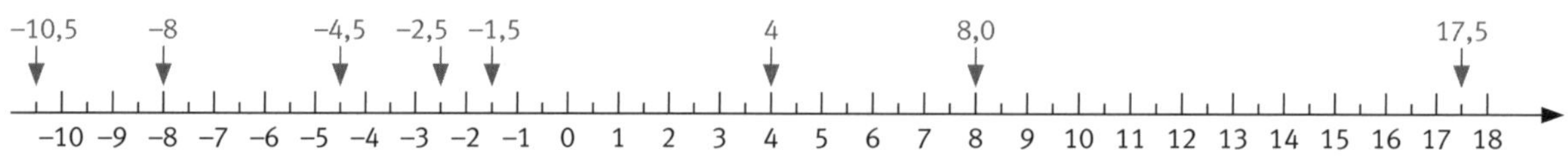

$-10{,}5 < -8 < -4{,}5 < -2{,}5 < -1{,}5 < 4 < 8{,}0 < 17{,}5$

d)

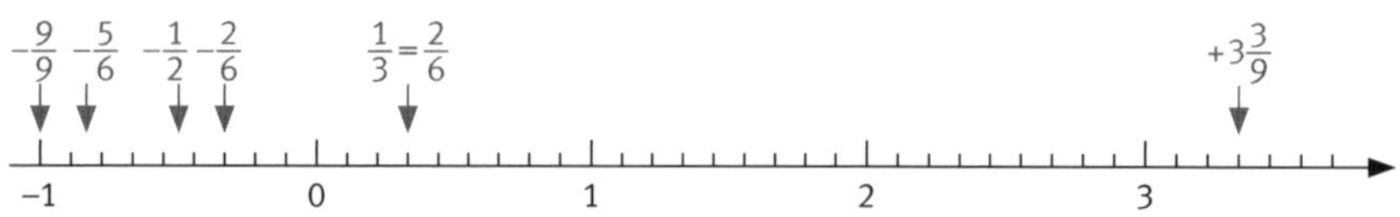

$-\frac{9}{9} < -\frac{5}{6} < -\frac{1}{2} < -\frac{2}{6} < \frac{1}{3} = \frac{2}{6} < +3\frac{3}{9}$

K5 **2** **a)** –12,54 (–12,539)
0,00 (–0,004)

b) 87,33 (87,328)
–27,59 (–27,595)

c) –99,00 (–99,000)
–99,91 (–99,909)

d) 67,35 (67,352)
–56,20 (–56,195)

K5 **3** **a)** $-4{,}2 < -2{,}5 < -1{,}7 < 0 < 0{,}2 < 0{,}4 < 4{,}9$ Lösungswort: ANZEIGE

b) $-\frac{1}{1} < -\frac{1}{10} < -0{,}01 < -\frac{1}{1000} < \frac{1}{100} < 0{,}1 < 1{,}0$ Lösungswort: SUSANNE

c) $-\frac{2}{3} < -\frac{5}{8} < -\frac{2}{5} < -\frac{1}{6} < -\frac{1}{9} < \frac{1}{4} < \frac{1}{3}$ Lösungswort: ELEFANT

d) $-99{,}99 < -99{,}909 < -99{,}9 < -99{,}0 < |-99{,}0| < |-99{,}9| < |-99{,}99|$ Lösungswort: COTTBUS

K5 **4**

gerundet auf	Tausendstel	Hundertstel	Tausendstel	Zehntel
gerundete Zahl	34,475	−16,83	−96,459	7,5
kleinstmögliche Zahl	34,4745	−16,834	−96,4594	7,45
größtmögliche Zahl	34,4754	−16,825	−96,4585	7,54

K5 **5** **a)** $-\frac{2}{3} < \boxed{+}\,\frac{2}{3}$
$|\boxed{\pm}\,1{,}35| = 1{,}35$

b) $-1\frac{3}{5} > \boxed{-}\,4{,}5$
$\boxed{-}\,9{,}4 < -7{,}2$

c) $\boxed{\pm}2{,}46 > \boxed{-}2{,}50$
falsche Aussage

d) $|0| = \boxed{\pm}\,0$
$|\boxed{\pm}\,\frac{5}{6}| < |\boxed{\pm}\,\frac{7}{8}|$

K5 **6** **a)** 7,350 < 7,354
⋮
7,353 < 7,354

b) −0,139 < −0,129
⋮
−0,199 < −0,129

c) −123,322 < −123,222
⋮
−123,922 < −123,222

d) keine Ziffer möglich

e) −45,34 < −35,34
⋮
−95,34 < −35,34

f) |−14,064| < 14,264

|−14,164| < 14,264

K6 **7** Lösungsmöglichkeiten:

a) $-1{,}3;\ -1{,}25;\ -1;\ -1\frac{3}{4}$

b) $-4{,}25;\ -6;\ -4\frac{4}{5};\ -5{,}5$

c) $-1{,}1;\ -1{,}19;\ -1{,}05;\ -1{,}001$

d) Betrag < 10: $-4;\ -\frac{3}{4};\ 2;\ \frac{2}{5}$

Betrag > 10: $11;\ 12\frac{3}{4};\ 10\frac{1}{3};\ 21$

1

1.5 Rationale Zahlen addieren und subtrahieren

Entdecken

K6 ■ **a)** −7 −7 +1 +1

b) +6 +2 +2 +6

K6 ■ **a)** −3 − 4 −3 − 4 −3 + 4 −3 + 4

b) 4 + 2 4 − 2 4 − 2 4 + 2

Durch die Zusammenfassung von Rechenzeichen und Vorzeichen kann man auf dem Zahlenstrahl einfach immer vorwärts gehen. Durch die Zusammenfassung ist das Vorzeichen der zweiten Zahl immer positiv, das Rechenzeichen gibt weiterhin die Blickrichtung vor.

Nachgefragt

K1 ■ Wenn man eine positive oder negative Zahl und ihre Gegenzahl addiert, ist das Ergebnis immer 0. Bei der Subtraktion ist das anders. Wird hier von einer negativen Zahl ihre Gegenzahl subtrahiert, bleibt das Ergebnis negativ (und wird betragsmäßig doppelt so groß). Wird von einer positiven Zahl ihre negative Gegenzahl subtrahiert, so ist das Ergebnis immer positiv und ebenfalls betragsmäßig doppelt so groß.

K1 ■ Diverse Beispiele möglich, z. B. „Gestern Abend waren es +4 °C. Über Nacht hat es sich um 7 °C abgekühlt. Heute Morgen waren es nur noch −3 °C.“

Aufgaben

K4 **1 a)**

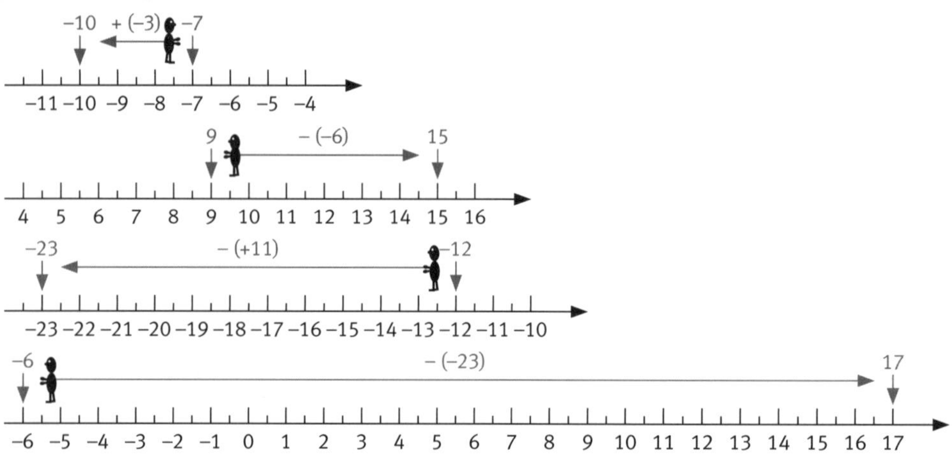

b)

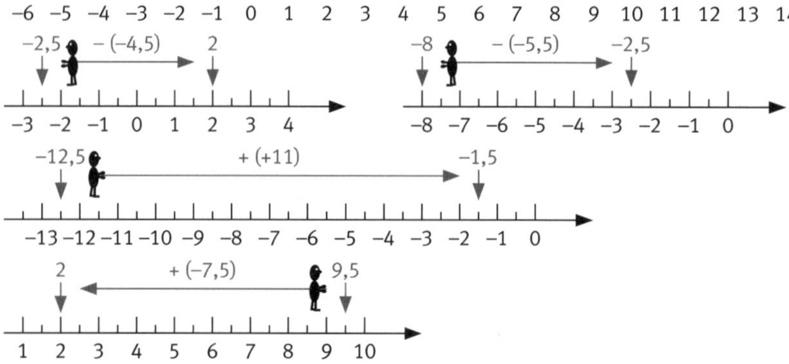

c)

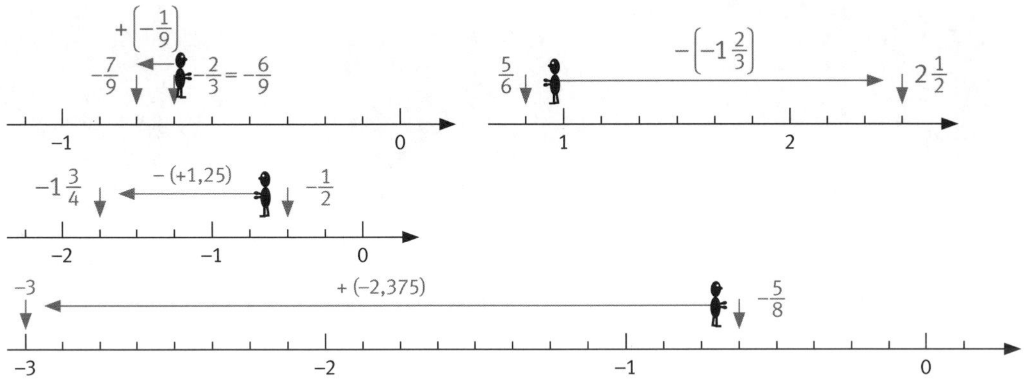

d)

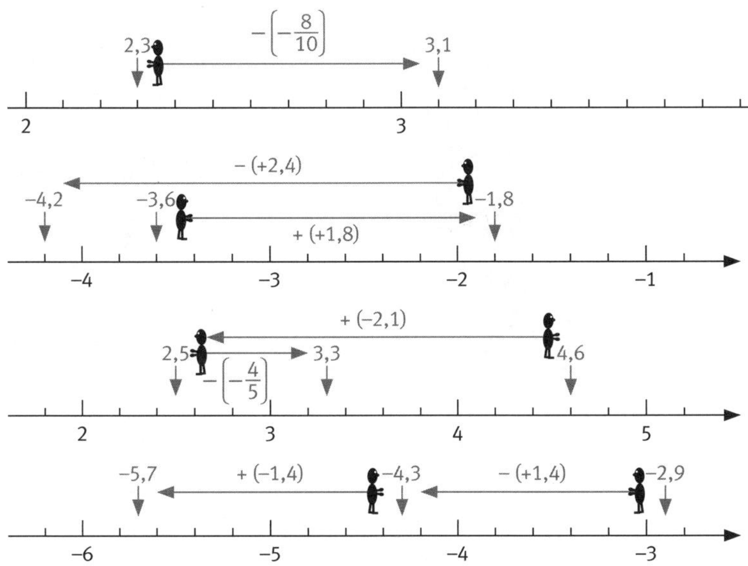

K5 **2** **a)** −41
49
3
−15

b) 130
−148
−435
$-1{,}9 = -1\frac{9}{10}$

c) $-1{,}2 = -1\frac{1}{5}$
$-6{,}7 = -6\frac{7}{10}$
16
$-2{,}8 = -2\frac{4}{5}$

d) $-1\frac{1}{4} = -1{,}25$
$-\frac{9}{10} = -0{,}9$
$-1\frac{2}{3} = -1{,}67$

e) $-\frac{3}{5} = -0{,}6$
$-\frac{3}{2} = -1{,}5$
$-5\frac{5}{6} = -5{,}83$

f) $-\frac{7}{9} = -0{,}78$
$\frac{4}{25} = 0{,}16$
$1\frac{1}{10} = 1{,}1$

K5 **3** **a)** 8
−29

b) 5
−7,7

c) 2,25
$-\frac{1}{18}$

K3 **4** **a)** −453,45 € − 1233,12 € = −1686,57 €
b) −1543,76 € + 2345,32 € = 801,56 €
c) −1914,55 € − 435,76 € = −2350,31 €
d) −596,34 € + 235,50 € = −360,84 €

K5 **5**

a	b	a + b	−a + b	a − b	−a − b	|a| − |b|
0,5	−1,25	−0,75	−1,75	1,75	0,75	−0,75
$-\frac{4}{5}$	1,2	$0{,}4 = \frac{2}{5}$	2	−2	$-0{,}4 = -\frac{2}{5}$	−0,4
−5 [illegible]	−3 [illegible]	−11 [illegible]	−1 [illegible]	1 [illegible]	11 [illegible]	−1 [illegible]

K5 **6** **a)** ①

②

③

b) ①

②

③

K5 **7**

a) 5,9 °C —(+ 6,4 °C)→ 12,3 °C
1,4 °C —(−2,7 °C)→ −1,3 °C

b) −2,8 °C —(+ 9 °C)→ 6,2 °C
+12,6 °C —(−4,9 °C)→ 7,7 °C

c) 7,4 °C —(−3,8 °C)→ 3,6 °C
8,2 °C —(−3,8 °C)→ +4,4 °C

d) −0,4 °C —(−6,1 °C)→ −6,5 °C
0 °C —(−1,8 °C)→ −1,8 °C

K3 **8** Lösungsmöglichkeiten:

a) $-3 = -2 + (-1)$	$-12{,}7 = -5 + (-7{,}7)$	$16{,}25 = +8 + (+8{,}25)$
b) $2{,}5 = +5 + (-2{,}5)$	$\frac{1}{9} = -\frac{7}{9} + \left(+\frac{8}{9}\right)$	$1\frac{3}{4} = +2 + \left(-\frac{1}{4}\right)$
c) $\frac{1}{9} = +\frac{1}{3} - \left(+\frac{2}{9}\right)$	$16{,}25 = +20 - (+3{,}75)$	$2{,}5 = +4 - (+1{,}5)$
d) $-3 = -1 - (+2)$	$-12{,}7 = -1 - (+11{,}7)$	$1\frac{3}{4} = +\frac{2}{4} - \left(-1\frac{1}{4}\right)$

K1 **9**

a) ⊞ 12 + (⊞ 8) = +20	**b)** ⊟ 14,3 − (⊟ 12,9) = −1,4	**c)** ⊞ $\frac{2}{3}$ + (⊞ $\frac{5}{6}$) = $1\frac{1}{2}$
⊟ 123 − (−56) = ⊟ 67	−27,5 + (⊞ 34,2) = ⊞ 6,7	$1\frac{7}{8}$ − (⊟ $1\frac{3}{4}$) = ⊞ $3\frac{5}{8}$
79 + (⊞ 1342) = ⊞ 1421	−76,8 − (⊞ 54,7) = ⊟ 131,5	⊟ $\frac{5}{12}$ − (⊞ $\frac{13}{3}$) = $-\frac{19}{4}$

K5 **10 a)** 1 $+3{,}5-(-1{,}2)=4{,}7$ $\quad -3{,}5-(-1{,}2)=-2{,}3$ $\quad -3{,}5+(-1{,}2)=-4{,}7$

2 $0{,}75+(-0{,}75)=0$ $\quad -12{,}6-(+1{,}95)=-14{,}55$ $\quad +12{,}5-(-0{,}8)=13{,}3$

3 $-\frac{7}{15}+\left(\frac{5}{18}\right)=-\frac{17}{90}$ $\quad \frac{7}{12}+\left(-\frac{1}{9}\right)=\frac{17}{36}$ $\quad -\frac{11}{36}-\left(-\frac{6}{19}\right)=\frac{7}{684}$

4 $-14\frac{2}{3}+\left(-7\frac{5}{9}\right)=-22\frac{2}{9}$ $\quad -112{,}53-(-27{,}914)=-84{,}616$ $\quad 214{,}371+(-483{,}04)=-268{,}669$

b) Addition rationaler Zahlen mit dem Taschenrechner

- Addiert man eine positive Zahl, so wird im Taschenrechner nur ein „+“ eingefügt.
  Beispiel: −3 + (+2) = −1 [−][3][+][2][=]
- Addiert man eine negative Zahl, so wird neben der Additions- die Vorzeichentaste gedrückt.
  Beispiel: −3 + (−2) = −5 [−][3][+][+/−][2][=] oder [−][3][−][2][=]

Subtraktion rationaler Zahlen mit dem Taschenrechner

- Subtrahiert man eine positive Zahl, so wird die „−”-Taste gedrückt.
  Beispiel: −3 − (+2) = −5 [−][3][−][2][=]
- Subtrahiert man eine negative Zahl wird sowohl die normale „−“-Taste als auch die Vorzeichentaste gedrückt.
  Beispiel: −3 − (−2) = −1 [−][3][−][+/−][2][=] oder [−][3][+][2][=]

Hinweis: Wenn man Rechenzeichen und Vorzeichen direkt zusammenfasst, dann werden weniger Fehler am Taschenrechner gemacht.

K5 **11 a)** $\frac{1}{2}-\left(-\frac{1}{3}\right) > \frac{1}{2}+\left(-\frac{1}{3}\right)$ **b)** $0{,}5+(-0{,}7) < 0{,}2$ **c)** $-2{,}5 > 2{,}1+(-4{,}8)$

d) $0 > -\frac{1}{4}-\left(-\frac{1}{8}\right)$ **e)** $-4{,}5+(+2{,}3) < 4{,}5+(-2{,}3)$ **f)** $12{,}3+(-112{,}7) = 12{,}3-(+112{,}7)$

g) $-\frac{1}{3}+\left(-\frac{1}{9}\right) = -\frac{1}{9}+\left(-\frac{1}{3}\right)$ **h)** $0{,}4+(+1{,}32)-(-0{,}8) > 2$

K2 **12 a), b), c)**

Tag	7.12.				8.12.				9.12.				10.12.				11.12.				12.12.			
Uhrzeit	0	6	12	18	0	6	12	18	0	6	12	18	0	6	12	18	0	6	12	18	0	6	12	18
Pegel in cm	50	67	77	70	55	68	57	53	60	60	43	33	27	20	18	18	17	18	20	22	25	27	28	32
Veränderung	+				+				−				−				+				+			
durch. Pegel in cm	$\frac{50+67+77+70+55}{5}$ $= 63{,}8 \approx 64$				$58{,}6 \approx 59$				$44{,}6 \approx 45$				20				$20{,}4 \approx 20$				28			

Man erhält einen genaueren Durchschnittswert, indem man den Pegelstand noch häufiger abliest.

Entdecken

K4

	−20	−15	−10	−5	0	5	10	15	20	25	
II	−16	−12	−8	−4	0	4	8	12	16	20	I
	−12	−9	−6	−3	0	3	6	9	12	15	
	−8	−6	−4	−2	0	2	4	6	8	10	
	−4	−3	−2	−1	0	1	2	3	4	5	
	0	0	0	0	0	0	0	0	0	0	
III	4	3	2	1	0	−1	−2	−3	−4	−5	IV
	8	6	4	2	0	−2	−4	−6	−8	−10	
	12	9	6	3	0	−3	−6	−9	−12	−15	
	16	12	8	4	0	−4	−8	−12	−16	−20	

K6

Quadrant I	Die Vorzeichen (VZ) der Faktoren sind positiv. Das VZ des Produktes auch.
Quadrant II	Die VZ der Faktoren sind unterschiedlich. Das VZ des Produktes ist negativ.
Quadrant III	Die VZ der Faktoren sind negativ. Das VZ des Produktes ist positiv.
Quadrant IV	Die VZ der Faktoren sind unterschiedlich. Das VZ des Produktes ist negativ.

Nachgefragt

K1
- Wenn alle Faktoren eines Produkts positiv sind, ist das Ergebnis immer positiv. Sind drei Faktoren negativ, heben sich zwei der Faktoren gegenseitig auf. Der dritte Faktor sorgt dann dafür, dass das Ergebnis negativ wird.

K1
- Ein Produkt hat als Ergebnis immer null, wenn ein Faktor null ist.

Aufgaben

K1 **1** **a)** $(-3{,}4) \cdot (-27{,}6) = \boxed{+}\,93{,}84$

$(+12{,}3) \cdot (+8{,}9) = \boxed{+}\,109{,}47$

$\left(-\frac{1}{7}\right) \cdot \frac{8}{9} = \boxed{-}\,\frac{8}{63}$

b) $(\boxed{-}\,11{,}7) \cdot (-7{,}3) = 85{,}41$

$(-1{,}7) \cdot (-0{,}2) \cdot (+2) = \boxed{+}\,0{,}68$

$(-4{,}5) \cdot \left(\boxed{+}\,\frac{2}{5}\right) \cdot \left(-\frac{3}{4}\right) = 1\frac{7}{20}$

K5 **2** **a)** -30; 32; 81; -60

b) -63; -56; -121; 144

c) -120; -25; 33; -78

d) $\frac{1}{6}$; $-\frac{40}{40} = -1$; $-\frac{24}{4} = -6$; $-\frac{1}{8}$

K5 **3** **a)**

·	+4,5	−3,2	−10	2,9
−2,1	−9,45	6,72	21	−6,09
+9	40,5	−28,8	−90	26,1
−1,1	−4,95	3,52	11	−3,19
5,6	25,2	−17,92	−56	16,24

b)

·	−2,25	$-\frac{3}{10}$	$-\frac{2}{5}$	0
$-\frac{7}{8}$	$1\frac{31}{32}$	$\frac{21}{80}$	$\frac{7}{20}$	0
7,5	$-16\frac{7}{8}$	−2,25	−3	0
$\lvert -12 \rvert$	−27	$-3\frac{3}{5}$	$-4\frac{4}{5}$	0
$-\frac{5}{6}$	$1\frac{7}{8}$	$\frac{1}{4}$	$\frac{1}{3}$	0

K5 **4** **a)** $4 \cdot (-6) = -24$; $-8 \cdot (-7) = 56$; $+17 \cdot 5 = 85$

b) $4 \cdot (-2{,}5) = -10$; $-15 \cdot 1{,}2 = -18$; $-25 \cdot (-0{,}2) = 5$

c) $\left(-\frac{2}{3}\right) \cdot (-6) = 4$; $-\frac{5}{4} \cdot \frac{4}{5} = -1$; $-0{,}6 \cdot 15 = -9$

d) $-1{,}65 \cdot (-3) = 4{,}95$; $-\frac{1}{2} \cdot \left(-\frac{5}{4}\right) = \frac{5}{8}$; $\left(-\frac{14}{17}\right) \cdot 0 = 0$

K5 **5** **a)** -672; -1200

b) $16{,}464$; $22{,}1$

c) $\frac{1}{16}$; $\frac{16}{405}$

K2 **6** **a)** 1 $(-85) \cdot (-76) = 6460$
oder: $(+85) \cdot (+76) = 6460$
2 $(-92) \cdot (-54) = 4968$
oder: $(+92) \cdot (+54) = 4968$

b) 1 $(-85) \cdot (+76) = -6460$
oder: $(+85) \cdot (-76) = -6460$
2 $(-92) \cdot (+54) = -4968$
oder: $(+92) \cdot (-54) = -4968$

c) 1 $0 \cdot 1 = 0$
oder: $(\pm 10) \cdot (\pm 25) = \pm 250$
2 $(\pm 2) \cdot (\pm 1) = \pm 2$
oder: $(\pm 14) \cdot (\pm 25) = \pm 350$

K6 **7** Wird eine Zahl mit −1 multipliziert, so erhält man ihre Gegenzahl. Auf der Zahlengeraden wird sie an 0 gespiegelt.

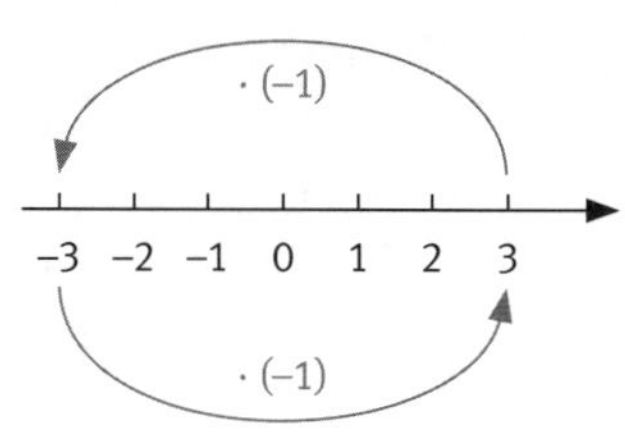

Entdecken

K4
- $-28 \xrightarrow{:4} -7$; $-7 \xrightarrow{\cdot 4} -28$
  $-28{,}7 \xrightarrow{:(-7)} 4{,}1$; $4{,}1 \xrightarrow{\cdot(-7)} -28{,}7$
  $430 \xrightarrow{:2{,}5} 172$; $172 \xrightarrow{\cdot 2{,}5} 430$
  $+\frac{1}{3} \xrightarrow{:\left(-\frac{3}{5}\right)} -\frac{5}{9}$; $-\frac{5}{9} \xrightarrow{\cdot\left(-\frac{3}{5}\right)} +\frac{1}{3}$

K6
- Das Ergebnis hat ein positives Vorzeichen, wenn Dividend und Divisor das gleiche Vorzeichen haben. Das Ergebnis ist negativ, wenn Dividend und Divisor verschiedene Vorzeichen haben.

Nachgefragt

K1
- Wenn der Divisor 1 ist, dann ist der Dividend auch gleichzeitig der Quotient. Ist der Divisor jedoch −1, dann ist die Gegenzahl des Dividenden der Quotient.

K1
- Wenn der Dividend und der Divisor gleich sind, ist der Quotient immer 1. Sind der Dividend und der Divisor Gegenzahlen, ist der Quotient −1.

K1
- Man muss einige Fälle unterscheiden:
  Sind der Dividend und der Divisor positiv, dann muss für ein größeres Ergebnis der Divisor kleiner als 1 sein, für ein kleineres Ergebnis muss der Divisor größer als 1 sein.
  Ist der Dividend negativ und der Divisor positiv, dann wird für ein kleineres Ergebnis ein Divisor kleiner als 1 benötigt, für ein größeres Ergebnis ein Divisor größer als 1.
  Ist der Dividend positiv, der Divisor aber negativ, so können nur Quotienten erzeugt werden, die immer kleiner sind als Dividend bzw. Divisor.
  Sind Dividend und Divisor negativ, so ist der Quotient immer größer als der Dividend bzw. der Divisor.

Aufgaben

K4 **1** **a)** $-90 \xrightarrow{:12} -7{,}5$; $-7{,}5 \xrightarrow{\cdot 12} -90$

b) $-18 \xrightarrow{:(-15)} 1{,}2$; $1{,}2 \xrightarrow{\cdot(-15)} -18$

c) $-17{,}15 \xrightarrow{:(-3{,}5)} 4{,}9$; $4{,}9 \xrightarrow{\cdot(-3{,}5)} -17{,}15$

K4 **2** **a)** Die Regel für die Division rationaler Zahlen lässt sich deshalb ableiten, weil jede rationale Zahl auch als Bruch geschrieben werden kann, und somit eine Division stets in eine Multiplikation umgewandelt werden kann.

b)
① $-\frac{2}{3} \xrightarrow{:\frac{5}{6}} -\frac{4}{5}$ $\left(\text{bzw. } \cdot\frac{6}{5}\right)$; $-\frac{4}{5} \xrightarrow{\cdot\frac{5}{6}} -\frac{2}{3}$

② $-\frac{3}{11} \xrightarrow{:\frac{4}{9}} -\frac{27}{44}$ $\left(\text{bzw. } \cdot\frac{9}{4}\right)$; $-\frac{27}{44} \xrightarrow{\cdot\frac{4}{9}} -\frac{3}{11}$

③ $1\frac{2}{7} \xrightarrow{:\frac{10}{3}} \frac{27}{70}$ $\left(\text{bzw. } \cdot\frac{3}{10}\right)$; $\frac{27}{70} \xrightarrow{\cdot\frac{10}{3}} 1\frac{2}{7}$

④ $-\frac{4}{15} \xrightarrow{:(-8)} \frac{1}{30}$ $\left(\text{bzw. } \cdot\left(-\frac{1}{8}\right)\right)$; $\frac{1}{30} \xrightarrow{\cdot(-8)} -\frac{4}{15}$

⑤ $-\frac{4}{15} \xrightarrow{:\frac{128}{1485}} -3\frac{3}{32}$ $\left(\text{bzw. } \cdot\frac{1485}{128}\right)$; $-3\frac{3}{32} \xrightarrow{\cdot\frac{128}{1485}} -\frac{4}{15}$

K5 **3** **a)** 7
−9
−7

b) −19
17
12

c) −6
−8
7

d) $-\frac{2}{3}$
-2
$\frac{14}{5}$

K5 **4** **a)** +182 : (−13) = −14

b) −212,5 : 17 = −12,5

c) $-\frac{24}{5} : \left(+\frac{2}{5}\right) = -12$

d) (−37,18) : (+2,6) = −14,3

e) −29,04 : (−26,4) = 1,1

f) $\frac{8}{3} : \left(-\left(-\frac{16}{27}\right)\right) = \frac{9}{2}$

K5 **5** **a)**

:	+2	−5	−7	8
−560	−280	112	80	−70
840	420	−168	−120	105
−700	−350	140	100	−87,5

b)

:	+1,5	$-\frac{3}{5}$	$-1\frac{2}{3}$	4,5
−1,5	−1	2,5	0,9	$-\frac{1}{3}$
78,6	52,4	−131	−47,16	$17\frac{7}{15}$
$-\frac{3}{8}$	$-\frac{1}{4}$	$\frac{5}{8}$	$\frac{9}{40}$	$-\frac{1}{12}$

K5 **6**

−7	START	$-\frac{3}{4} : \frac{5}{8}$	→	$-1\frac{1}{5}$	T	$\frac{7}{6} : \left(-\frac{5}{18}\right)$	→
$-4\frac{1}{5}$	E	$1\frac{7}{9} : \frac{5}{27}$	→	$+9\frac{3}{5}$	L	$-\frac{11}{7} : \left(-\frac{5}{7}\right)$	→
$+2\frac{1}{5}$	T	$3\frac{7}{8} : \left(-\frac{5}{16}\right)$	→	$+12\frac{2}{5}$	O	$-\frac{19}{16} : \left(+\frac{95}{324}\right)$	→
$-4\frac{1}{20}$	W	$-\frac{7}{3} : \frac{2}{6}$	→	−7	START		

Alternativer Einstieg: Schulbuch Seite 17

Entdecken

K6
- 1. Was in Klammern steht, wird immer zuerst ausgerechnet.
  Bei mehreren Klammern beginnt man mit der innersten.
  2. Potenzen werden vor den vier Grundrechenarten berechnet.
  3. Punktrechnung (Multiplikation, Division) geht vor Strichrechnung (Addition, Subtraktion). Ebenso können bei alleiniger Addition bzw. Multiplikation rationale Zahlen beliebig vertauscht oder durch Klammern zusammengefasst werden.

K6
- Das Vertauschen ist nur gemäß dem Kommutativgesetz erlaubt. Beliebig kann also nur bei alleiniger Addition bzw. Multiplikation getauscht werden. Gleiches gilt auch für das Setzen von Klammern (Assoziativgesetz).

Nachgefragt

K5
- $-2{,}4-(-4{,}7)=-2{,}4+4{,}7$ bzw. $-2{,}4+(+4{,}7)$

K6
- Mit dem Kommutativgesetz kann man hier $-2{,}4$ und $-4{,}6$ zu einer ganzen Zahl addieren und erleichtert damit die Rechnung: $(-2{,}4)+(-1{,}8)+(-4{,}6)=-2{,}4-4{,}6-1{,}8=-7-1{,}8=-8{,}8$

Aufgaben

K6 **1** **a)** Hier wurde das Assoziativgesetz verwendet, da die Rechnung $15+(-25)$ einfacher ist als die Rechnung $(-25)+132$.

b) Es wurde das Kommutativgesetz verwendet, damit $-12{,}6$ und $4{,}6$ addiert werden können, um eine ganze Zahl zu erhalten.

c) Auch hier wurde das Kommutativgesetz eingesetzt, um bei der Rechnung $1{,}2\cdot(-5)$ eine ganze Zahl als Zwischenergebnis zu erreichen.

K5 **2** **a)** $24+(-27)+16+(-13)=24+16+(-27)+(-13)=40+(-40)=0$

b) $139+25+(-15)+(-19)=139+(-19)+25+(-15)=120+10=130$

c) $-166+34+(-16)+(-14)+116=-166+34+(-14)+116+(-16)=-166+20+100=-46$

d) $-16{,}7+16{,}6+(-11{,}9)+4{,}1+1{,}9=-16{,}7+16{,}6+4{,}1+(-11{,}9)+1{,}9=4-10=-6$

e) $2\cdot(-6)\cdot5\cdot17=2\cdot5\cdot(-6)\cdot17=10\cdot(-102)=-1020$

f) $(-4)\cdot2{,}5\cdot(-25)\cdot(-5)=(-4)\cdot(-25)\cdot(-5)\cdot2{,}5=100\cdot(-12{,}5)=-1250$

g) $125\cdot(-40)\cdot(-8)\cdot2=125\cdot(-8)\cdot2\cdot(-40)=-1000\cdot(-80)=80\,000$

h) $-4\cdot(-6)\cdot(-250)\cdot5\cdot(-5)=-4\cdot(-250)\cdot(-6)\cdot5\cdot(-5)=1000\cdot(-30)\cdot(-5)=1000\cdot150=150\,000$

K5 **3** **a)** $-45+(-69+55)-37=(-45+55)+(-69-37)=10-106=-96$

b) $28+(-17+42)+(-87+66)=66+(28+42)+(-17+(-87))=66+70+(-104)=66-34=32$

c) $(-9{,}3+3{,}7)-6{,}5+(-12{,}3+6{,}1)+3{,}3=(-9{,}3+3{,}3)+(-6{,}5+6{,}1)+(-12{,}3+3{,}7)$
$=-6+(-0{,}4)+(-8{,}6)=-6-9=-15$

d) $-5{,}2+(-2{,}7+4{,}4-5{,}3)+(-1{,}8+3{,}4)=(-5{,}2-1{,}8)+(-2{,}7-5{,}3)+(4{,}4+3{,}4)=-7-8+7{,}8=-7{,}2$

K5 **4** **a)** $-12{,}4 + (-4{,}6) + 17{,}9 = -17 + 17{,}9 = 0{,}9$ (Kommutativgesetz)
$[78{,}6 + 34{,}4] + (-129{,}7) = 113 + (-129{,}7) = -16{,}7$ (Assoziativgesetz)
$-3{,}4 - 5{,}4 + 1{,}8 + 3{,}7 = -8{,}8 + 5{,}5 = -3{,}3$ (Kommutativgesetz)

b) $(-7) \cdot [2{,}25 \cdot (-8)] = (-7) \cdot (-18) = 126$ (Assoziativgesetz)
$(-5) \cdot (-1{,}2) \cdot 12 = 6 \cdot 12 = 72$ (Kommutativgesetz)
$6 \cdot \frac{1}{6} \cdot (-12{,}6) = 1 \cdot (-12{,}6) = -12{,}6$ (Kommutativgesetz)

c) $15 \cdot 4{,}5 - 2{,}5 = 65$ (keine Vereinfachung; „Punkt vor Strich")
$22 - 4 \cdot (-1{,}25) = 22 - (-5) = 27$ (keine Vereinfachung; „Punkt vor Strich")
$(34 + (-16)) \cdot 2{,}3 = 18 \cdot 2{,}3 = 41{,}4$ (keine Vereinfachung; Klammern zuerst)

K6 **5** **a)** Das Ergebnis lautet in allen Fällen 23.

b) größtes Ergebnis: $8 + 2{,}5 - (-26 + (-5) + (-1{,}2)) = 42{,}7$
kleinstes Ergebnis: $-26 - (8 + 2{,}5) + (-1{,}2) + (-5) = -42{,}7$

c) größtes Ergebnis: $(-12) \cdot (-3) \cdot 9 - \frac{1}{6} + 1{,}8 = 325\frac{19}{30}$
kleinstes Ergebnis: $1{,}8 + \frac{1}{6} - (-12) \cdot (-3) \cdot 9 = -322\frac{1}{30}$

K1 **6** **a)** 1 Das Ergebnis der vorgegebenen Rechnung stimmt mit dem zweiten Term überein.
$-13 + 16 + 24 = 27$
$-13 - (-16 + 24) = -13 + 16 - 24 = -21$
$-13 - 16 + 24 = -5$
$-13 - 16 - 24 = -53$

2 Das Ergebnis der vorgegebenen Rechnung stimmt mit dem ersten Term überein.
$29 - (17 - 34) = 29 - 17 + 34 = 46$
$29 - 17 - 34 = -22$
$29 + 17 + 34 = 80$
$29 + 17 - 34 = 12$

b) Eine Minusklammer wird aufgelöst, indem man in der Klammer alle Vorzeichen verändert.
Beispiel: $12 - (-22 + 13) = 12 + 22 - 13 = 21$

Alternativer Einstieg: Schulbuch Seite 17

Entdecken

K2 ■ A und E (Ergebnis jeweils –184 bzw. 1,125) sowie D und F $\left(\text{Ergebnis jeweils } -34 \text{ bzw. } -9\frac{1}{2}\right)$ gehören zusammen. B $\left(54 \text{ bzw. } -13\frac{1}{8}\right)$ und C $\left(816 \text{ bzw. } 5\frac{15}{16}\right)$ gehören nicht zusammen.

K6 ■ Wenn eine Summe mit einer rationalen Zahl multipliziert wird, lässt sich die Zahl auf die einzelnen Teile der Summe „verteilen" („Jedes mit jedem multiplizieren"; Distributivgesetz)

Nachgefragt

K6 ■ Bei der Multiplikation zweier Zahlen kann man eine Zahl additiv so zerlegen und in Klammern setzen, dass die Multiplikation vereinfacht wird. Es wird ausgeklammert und im Anschluss daran addiert.
Beispiel: $(-7) \cdot 32 = (-7) \cdot (30 + 2) = (-7) \cdot 30 + (-7) \cdot 2 = -210 + (-14) = -224$

K1 ■ Das Distributivgesetz kann man auch auf eine Subtraktion anwenden, da eine Differenz das Ergebnis einer Addition mit einer negativen Zahl sein kann.

Aufgaben

K4 **1** **a)** rote Flaschen: $4 + 4 + 4 + 4 = 4 \cdot 4$
gelbe Flaschen: $16 + 16 + 16 + 16 = 16 \cdot 4$
Gesamtzahl an Flaschen: $4 \cdot 4 + 16 \cdot 4 = 4 \cdot (4 + 16) = 80$

b) rote Flaschen: $3 + 3 + 3 + 3 + 3 + 3 = 6 \cdot 3$
gelbe Flaschen: $2 + 2 + 2 + 2 + 2 + 2 = 6 \cdot 2$
blaue Flaschen: $1 + 1 + 1 + 1 + 1 + 1 = 6 \cdot 1$
Gesamtzahl an Flaschen: $6 \cdot 3 + 6 \cdot 2 + 6 \cdot 1 = 6 \cdot (3 + 2 + 1) = 36$

K5 **2** **a)** $(-2) \cdot (19 + (-39)) = (-2) \cdot (-20) = 40$

b) $0{,}4 \cdot (-1{,}8 + (-0{,}2)) = 0{,}4 \cdot (-2) = -0{,}8$

c) $-25 \cdot (50 - 17) = -25 \cdot 33 = -25 \cdot 30 + (-25) \cdot 3 = -750 - 75 = -825$

d) $19{,}2 \cdot (0{,}5 - 10{,}1) = 19{,}2 \cdot (-9{,}6) = -184{,}32$

e) $-28 \cdot \left(\left(\frac{7}{4}\right) + \left(-\frac{4}{7}\right)\right) = -28 \cdot \left(\frac{7}{4}\right) + (-28) \cdot \left(-\frac{4}{7}\right) = -49 + 16 = -33$

f) $\left((-0{,}4) + \left(\frac{3}{4}\right)\right) \cdot 100 = (-0{,}4) \cdot 100 + \frac{3}{4} \cdot 100 = -40 + 75 = 35$

g) $(-36) \cdot \left(\left(-\frac{7}{12}\right) + \frac{7}{18}\right) = (-36) \cdot \left(-\frac{7}{12}\right) + (-36) \cdot \frac{7}{18} = 21 + (-14) = 7$

h) $\frac{4}{5} \cdot 2{,}6 - \frac{4}{5} \cdot (-4{,}6) = \frac{4}{5} \cdot (2{,}6 - (-4{,}6)) = \frac{4}{5} \cdot 7{,}2 = 5{,}76$

i) $7{,}5 \cdot (-16{,}3) + 7{,}5 \cdot 4{,}3 = 7{,}5 \cdot (-16{,}3 + 4{,}3) = 7{,}5 \cdot (-12) = -90$

K5 **3** **a)** –24,95 **b)** –51,072 **c)** –14,6 **d)** –34,2 **e)** –34
f) –8,4 **g)** –161,1 **h)** –82,81 **i)** –0,1 **j)** $11\frac{4}{17}$

K5 **4** **a)** $-45 \cdot (10 + 7) = -45 \cdot 10 + (-45) \cdot 7 = -450 + (-315) = -765$
$-32 \cdot (100 - 2) = -32 \cdot (100 + (-2)) = -32 \cdot 100 + (-32) \cdot (-2) = -3200 + 64 = -3136$
$1{,}6 \cdot (-100 + (-2)) = 1{,}6 \cdot (-100) + 1{,}6 \cdot (-2) = -160 + (-3{,}2) = -163{,}2$
$1{,}27 \cdot (-50 + (-5)) = 1{,}27 \cdot (-50) + 1{,}27 \cdot (-5) = -63{,}5 + (-6{,}35) = -69{,}85$

b) $-27 \cdot (-10 + 0{,}1) = -27 \cdot (-10) + (-27) \cdot 0{,}1 = 270 - 2{,}7 = 267{,}3$
$-6{,}7 \cdot (5 + 0{,}5) = -6{,}7 \cdot 5 + (-6{,}7) \cdot 0{,}5 = -33{,}5 + (-3{,}35) = -36{,}85$
$-12{,}9 \cdot (-10 + (-0{,}5)) = -12{,}9 \cdot (-10) + (-12{,}9) \cdot (-0{,}5) = +129 + 6{,}45 = 135{,}45$
$(-10 + 0{,}5) \cdot 34{,}25 = -10 \cdot 34{,}25 + 0{,}5 \cdot 34{,}25 = -342{,}5 + 17{,}125 = -325{,}375$

K1 **5** **a)** ① $-76 \cdot (20 + 1) = -76 \cdot 20 + (-76) \cdot 1 = -1520 + (-76) = -1596$
$(-70 + (-6)) \cdot 21 = -70 \cdot 21 + (-6) \cdot 21 = -1470 + (-126) = -1596$
② $-126 \cdot (-20 + (-5)) = -126 \cdot (-20) + (-126) \cdot (-5) = 2520 + 630 = 3150$
$-25 \cdot (-100 + (-20) + (-6)) = -25 \cdot (-100) + (-25) \cdot (-20) + (-25) \cdot (-6) = 2500 + 500 + 150 = 3150$
③ $-24{,}8 \cdot (-3 + (-0{,}6)) = -24{,}8 \cdot (-3) + (-24{,}8) \cdot (-0{,}6) = 74{,}4 + 14{,}88 = 89{,}28$
$-3{,}6 \cdot (-20 + (-4) + (-0{,}8)) = -3{,}6 \cdot (-20) + (-3{,}6) \cdot (-4) + (-3{,}6) \cdot (-0{,}8) = 72 + 14{,}4 + 2{,}88 = 89{,}28$
④ $5{,}6 \cdot (-8 + (-0{,}9)) = 5{,}6 \cdot (-8) + 5{,}6 \cdot (-0{,}9) = -44{,}8 + (-5{,}04) = -49{,}84$
$-8{,}9 \cdot (5 + 0{,}6) = -8{,}9 \cdot 5 + (-8{,}9) \cdot 0{,}6 = -44{,}5 + (-5{,}34) = -49{,}84$

b) In der Grundschule wurde der erste Faktor zerlegt in die Stellenwerte und dann mithilfe des Distributivgesetzes die einzelnen Stellenwerte mit dem 2. Faktor multipliziert.
In der Grundschule hat man nur ohne Kenntnis des Distributivgesetzes das Vorgehen als Verfahren kennengelernt.

K1 **6** **a)** ① $-17 = -17$ ② $-30 \neq -7{,}2$ ③ $-192 \neq -47{,}25$ ④ $8{,}5 \neq -6\frac{15}{17}$

b) Das Distributivgesetz gilt bei der Division nur, wenn die Divisoren gleich sind.
Beispiel: $144 : 12 + 48 : 12 = 12 + 4 = 16$ $(144 + 48) : 12 = 16$

1.10 Potzenzen mit rationaler Basis

Alternativer Einstieg: Schulbuch Seite 17

Entdecken

K6
- Nein, es sind maximal 6–7 Faltungen möglich. Nach 6 Faltungen liegen 64 Lagen Papier übereinander, nach 10 Faltungen wären es 1024 Lagen.

K5
-

Anzahl Faltungen	0	1	2	3	4	5	6	7	8	9	10
Anzahl Papierschichten	1	2	4	8	16	32	64	128	256	512	1024

K6
- Die Anzahl der Papierschichten verdoppelt sich mit jeder Faltung. Nach n-Faltungen hat man also $2 \cdot 2 \cdot 2 \ldots \cdot 2 \cdot 2$ (n-mal) oder 2^n Papierschichten.

K6
- Die Fläche halbiert sich mit jeder Faltung. Nach n-Faltungen ist die Fläche also nur noch $\frac{1}{2^n}$-mal so groß wie am Anfang.

Nachgefragt

K1
- Lösungsmöglichkeit: Nicht der Betrag der Basis, sondern die Basis mit ihren Vorzeichen wird potenziert. Bei ungerader Potenz ändert sich das Vorzeichen nicht, der Potenzwert bei negativer Basis ist negativ. Bei gerader Potenz und negativer Basis ändert sich das Vorzeichen, der Potenzwert ist positiv.

K1
- Die Aussage ist nur bei ungeraden Potenzen korrekt. Bei geraden Potenzen wird das Ergebnis positiv, es ist damit größer als –1, also auch größer als die Basis, die gemäß Vorgabe kleiner als –1 ist.

Aufgaben

K5 **1**
a) $8^4 = 4096$
b) $(-2)^5 = -32$
c) $\left(-\frac{2}{5}\right)^4 = \left(-\frac{4}{10}\right)^4 = \frac{256}{10\,000} = 0{,}0256$
d) $-1 \cdot (-1)^5 = -1 \cdot (-1) = 1$
e) $\left(1\frac{2}{3}\right)^5 = \left(\frac{5}{3}\right)^5 = \frac{5^5}{3^5} = \frac{3125}{243} = 12\frac{209}{243}$
f) $(-2{,}5)^4 = 39{,}0625$

K5 **2**
a) $5 \cdot 5 \cdot 5 = 125$
$(-4) = -4$
$8 \cdot 8 \cdot 8 = 512$
$(-5) \cdot (-5) \cdot (-5) \cdot (-5) = 625$
$7 \cdot 7 \cdot 7 = 343$

b) $\left(-\frac{1}{2}\right) \cdot \left(-\frac{1}{2}\right) \cdot \left(-\frac{1}{2}\right) \cdot \left(-\frac{1}{2}\right) \cdot \left(-\frac{1}{2}\right) \cdot \left(-\frac{1}{2}\right) = \frac{1}{64}$
$1{,}3 \cdot 1{,}3 \cdot 1{,}3 = 2{,}197$
$(-0{,}4) \cdot (-0{,}4) = 0{,}16$
$\frac{1}{4 \cdot 4 \cdot 4 \cdot 4} = \frac{1}{256} = 0{,}00390625$
$0 \cdot 0 \cdot 0 \cdot 0 \cdot 0 \cdot 0 \cdot 0 \cdot 0 \cdot 0 = 0$

K5 **3**
a) $-(3)^3 = -27$
$(+3)^3 = +27$
$(-3)^3 = -27$
$-3^3 = -27$

b) $(+5)^4 = +625$
$(-5)^4 = +625$
$(+5)^4 = 625$ und $(-5)^4 = 625$
$-5^4 = -625$

c) $(-1)^2 \cdot (-4)^3 = -64$
$-(-1)^3 \cdot (-4)^3 = +64$
$(-1)^2 \cdot (+4)^3 = +64$
$(-1)^3 \cdot (-4)^3 = +64$

K5 **4**
a) $2^3 < 3^2$
b) $(-1{,}2)^4 = (+1{,}2)^4$
c) $0{,}7^3 > (-0{,}7)^3$
d) $\left(-\frac{1}{7}\right)^3 = \frac{1}{(-7)^3}$
e) $-(-2{,}5)^3 > -2{,}5^3$
f) $\left(-\frac{1}{3}\right)^3 < \left(-\frac{1}{3}\right)^0$

K5 **5**
a) $(-3)^3$; -3^2; $(-2)^3$; $\left(-\frac{1}{2}\right)^3$; $\left(-\frac{1}{2}\right)^2$; 2^3; 3^2
b) $-\left(\frac{1}{6}\right)^2$; $-0{,}6 \cdot 10^{-2}$; $(-0{,}6)^2$; $(-0{,}6)^0$; $0{,}6 \cdot 10^2$

K5

6 **a)** 600; 32 100; 0,076; 0,31; 420 000; 0,02; 0,00003
b) $6{,}3 \cdot 10^5$; $5{,}4 \cdot 10^{-4}$; $6{,}8 \cdot 10^6$; $6{,}4 \cdot 10^0$; $1{,}5 \cdot 10^{-1}$

Wissen

K5
- 1. 4,5 m = 4500 mm 2. 15 l = 0,15 hl 3. 0,02 km = 20 m
  4. 750 g = 750 000 mg 5. 900 mm = 9 dm 6. 50 900 g = 50,9 kg

K6
- Es sind individuelle Lösungen möglich. Zu erwarten sind Werte wie Kilohertz, Megahertz, Megabyte, Gigabyte ...

K5 **1** 7 > 5 > 4 > 0 > −2 > −3 > −9 > −14 > −18 > −20
V O R Z E I C H E N

−30 < −15 < −6 < −1 < 0 < 5 < 8 < 15 < 30 < 50
G U T G E M A C H T

K5 **2** **a)** $+8 \xrightarrow{-6} +2 \xrightarrow{-6} -4$
8 − 12 = −4

b) $-5 \xrightarrow{+3} -2 \xrightarrow{+12} +10$
−5 + 15 = 10

c) $-4 \xrightarrow{+14} +10 \xrightarrow{-6} +4$
−4 + 8 = 4

a) $+10 \xrightarrow{-8} +2 \xrightarrow{-6} -4$
10 − 14 = −4

b) $-4 \xrightarrow{+20} +16 \xrightarrow{-7} +9$
−4 + 13 = 9

c) $+10 \xrightarrow{-6} +4 \xrightarrow{+4} +8$
10 − 2 = 8

K4 **3**

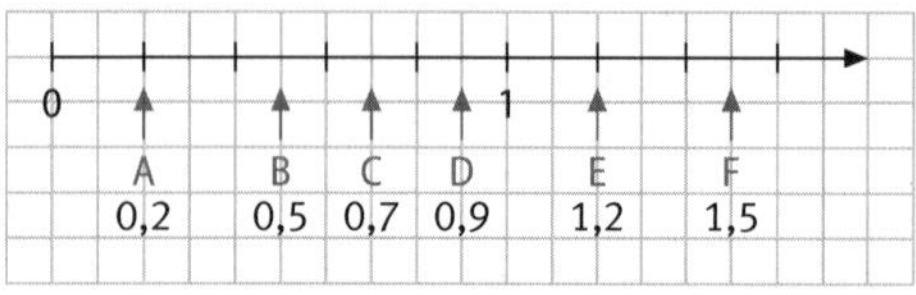

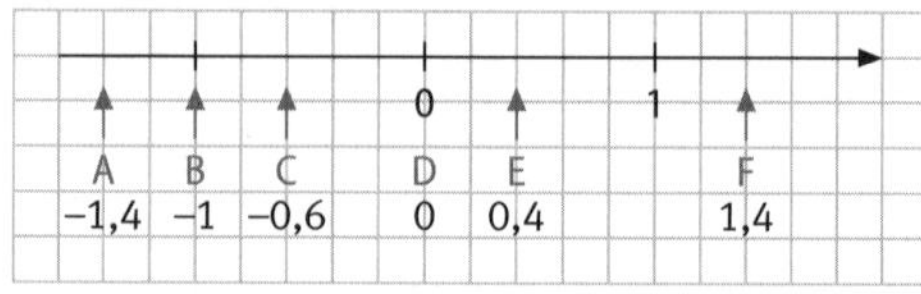

K6 **4** −7,5 gehört zu ℚ

$\frac{3}{11}$ gehört zu ℚ

5 gehört zu ℕ, ℤ, ℚ

1,8 gehört zu ℚ

−1000 gehört zu ℤ, ℚ

$3\frac{1}{7}$ gehört zu ℚ

$-\frac{1}{2}$ gehört zu ℚ

0 gehört zu ℕ, ℤ, ℚ

a) z. B. Wenn gleich viele Mädchen und Jungs vorhanden sind: 75 und 50; 33 und 22; 120 und 80; 9 und 6; 60 und 40; $\frac{3}{4}$ und $\frac{1}{2}$; 15 und 10; 45 und 30; 3 und 2; 2100 und 1400

b) z. B. Wenn die Anzahl der Mädchen einem Vielfachen von 8 entspricht: 7; 14; 21; 28; 35; 42; 49; 56; 63; 70
z. B. Wenn die Anzahl der Jungen einem Vielfachen von 6 entspricht: 5; 10; 15; 20; 25; 30; 35; 40; 45; 50

K5 **5** **a)** 5 und 6 **b)** −1 und 0 **c)** −2 und −3
d) 7 und 8 **e)** −7 und −8 **f)** 0 und 1
g) −6 und −7 **h)** −15 und −16

a) −1,5 (Die Zahl liegt auf dem Zahlenstrahl am weitesten rechts.)
b) 3,8 (s. o.)
c) 3,5 (s. o.)
d) $8\frac{1}{2}$ (s. o.)

K5 **6** **a)** z. B. $\frac{1}{20}$; 0,001; −2; −73,6
b) z. B. −2,6; −2,51; −10; −42,7
c) z. B. −1,2; −0,5; 0; 12,2

a) z. B. 0,3; 0; −0,02; −1,25
b) z. B. −2,93; −3; −3,5; −4,1
c) z. B. 0,02; 0; −0,1; −0,11

K5 **7**

−3
−1,55 −1,45
0,8 −2,35 0,9
2,6 −1,8 −0,55 1,45

20
−8,7 28,7
−4 −4,7 33,4
−5,02 1,02 −5,72 39,12

K5 **8** **a)** $\left(-\frac{1}{2}\right)+\left(\frac{1}{8}\right)=\left(-\frac{4}{8}\right)+\left(\frac{1}{8}\right)=-\frac{3}{8}$
b) $\left(-\frac{3}{19}\right)+\left(-\frac{16}{19}\right)=-\frac{19}{19}=-1$
c) $\left(\frac{2}{3}\right)-\left(-\frac{4}{18}\right)=\left(\frac{12}{18}\right)-\left(-\frac{4}{18}\right)=\frac{16}{18}=\frac{8}{9}$
d) $\left(\frac{4}{13}\right)+\left(-\frac{20}{65}\right)=\left(\frac{20}{65}\right)+\left(-\frac{20}{65}\right)=0$
e) $\left(\frac{7}{15}\right)-\left(\frac{1}{2}\right)=\left(\frac{14}{30}\right)-\left(\frac{15}{30}\right)=-\frac{1}{30}$
f) (−0,09) + (−0,11) = −0,2

a) Der Wert ist positiv, da eine kleinere positive Zahl von einer größeren positiven Zahl abgezogen wird.
b) Der Wert ist negativ, da von einer negativen Zahl eine positive Zahl abgezogen wird.
c) Der Wert ist negativ (siehe b))
d) Der Wert ist positiv, da $\frac{1}{3}=0,\overline{3}$ und somit zu einer negativen Zahl eine größere positive Zahl addiert wird.

K1 **9** **a)** $-2 \cdot \left(-\frac{3}{2}\right), -2 \cdot (-1), -2 \cdot 0, -\frac{3}{2} \cdot (-1), -\frac{3}{2} \cdot 0,$
$-1 \cdot 0, \frac{1}{2} \cdot 0, \frac{1}{2} \cdot 1\frac{1}{2}, 1\frac{1}{2} \cdot 0$
(Kommutativität wird vorausgesetzt)

b) $-2 \cdot \left(-\frac{3}{2}\right), -2 \cdot (-1), -2 \cdot 0, -2 \cdot \frac{1}{2}, -2 \cdot 1\frac{1}{2},$
$-\frac{3}{2} \cdot 0, -1 \cdot 0, 0 \cdot \frac{1}{2}, 0 \cdot 1\frac{1}{2}$
(Kommutativität wird vorausgesetzt)

a) richtig, da ein Bruch (kleiner als 1) mit sich selbst multipliziert immer kleiner 1 bleibt.

b) falsch, da der Exponent ungerade ist, muss das Ergebnis negativ sein.

c) falsch, da $\left(-\frac{1}{3}\right)^3$ negativ ist und $\left(-\frac{1}{4}\right)^4$ positiv ist, kann die Ungleichung nicht gelten

d) falsch, da $(-1)^{100}$ die Zahl 1 ergibt (egal, wie oft ich 1 mit sich selbst multipliziere, es bleibt 1) und (–10) mit sich selbst multipliziert (im Betrag) immer größer wird.

K5 **10**

	a)	b)	c)	d)
x	$-\frac{2}{5}$	–2	1	$\frac{4}{5}$
y	$-\frac{3}{4}$	–4	–1	$-\frac{4}{5}$
x · y	$\frac{3}{10}$	8	–1	$-\frac{16}{25}$
x : y	$\frac{8}{15}$	$\frac{1}{2}$	–1	–1

	a)	b)	c)	d)
x	$-\frac{2}{5}$	$-1\frac{1}{3}$	4,1	$-\frac{4}{15}$
y	$-\frac{1}{3}$	–4	–0,01	$-\frac{5}{12}$
x · y	$\frac{2}{15}$	$5\frac{1}{3}$	–0,041	$\frac{1}{9}$
x : y	$1\frac{1}{5}$	$\frac{1}{3}$	–410	$\frac{16}{25}$

K5 **11** **a)** $x = -11{,}41$
b) $x = -2{,}25$
c) $x = 22$

a) $-2x + \frac{5}{2} = -12x$
$x = -\frac{1}{4}$

b) $-8{,}75x + 273{,}75 = 2x$
$x \approx 25{,}465$

c) $21x - 24x + 7{,}5 = 0$
$x = 2{,}5$

K6 **12** **a)** $(66{,}8 + 21{,}2) : (-0{,}88) = -100$
b) $(17 \cdot 3432) + (-10) = 58\,334$
c) $(0{,}289 : (-0{,}17)) \cdot (100 + (-98{,}3)) =$
$-1{,}7 \cdot 1{,}7 = -2{,}89$

a) $\frac{3}{4} - \frac{4}{5} = -\frac{1}{20}$ und $\frac{4}{5} - \frac{3}{4} = \frac{1}{20}$
$\frac{1}{20} : \frac{1}{40} = \frac{1}{20} \cdot 40 = 2$

b) $\left(\frac{1}{5} - \frac{3}{8}\right) : (-0{,}5)^2 = -\frac{7}{40} : 0{,}25 = -0{,}7$

K5 **13** **a)** $4648 = 4{,}648 \cdot 10^3$
b) $-0{,}0207 = -207 \cdot 10^{-4}$
c) $13{,}97457 = 1\,397\,457 \cdot 10^{-5}$

a) $0{,}000\,000\,000\,318\,g^2 = 318 \cdot 10^{-12}\,g^2$
b) $2{,}346222\,m^2 = 2\,346\,222 \cdot 10^{-6}\,m^2$

K1 **1** **a)**

natürliche Zahl	77; 125; 21; 1054; 0
ganze Zahl	−22; −34; −366; 77; 125; 21; 1054; 0
gebrochene Zahl	$1\frac{2}{7}$; $\frac{5}{8}$; $4\frac{3}{4}$; 0,45; 12,36; 77; 125; 21; 1054; 0
rationale Zahl	alle genannten Zahlen

b) Es fällt auf, dass die Zahlenmengen teils ineinander enthalten sind. Die natürlichen Zahlen sind auch Teil der ganzen Zahlen und der gebrochenen Zahlen. In der Menge der rationalen Zahlen sind auch alle anderen Zahlenmengen enthalten.

K4 **2** **a)** A: −1,6 B: −0,5 C: 0 D: −1,2 E: −2,8 F: −2,5 G: 1
H: 1,7 I: 0,5 J: −2,2 K: −0,8 L: 1,3

b) A‘: 1,6 |−1,6| = 1,6 B‘: 0,5 |−0,5| = 0,5 C‘: 0 |0| = 0
D‘: 1,2 |−1,2| = 1,2 E‘: 2,8 |−2,8| = 2,8 F‘: 2,5 |−2,5| = 2,5
G‘: −1 |1| = 1 H‘: −1,7 |1,7| = 1,7 I‘: −0,5 |0,5| = 0,5
J‘: 2,2 |−2,2| = 2,2 K‘: 0,8 |−0,8| = 0,8 L‘: −1,3 |1,3| = 1,3

c) 1
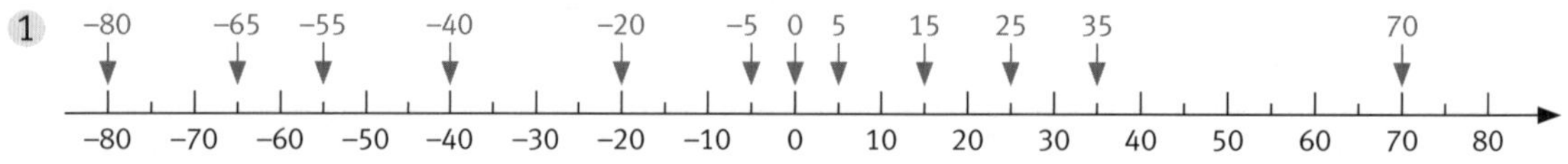

2
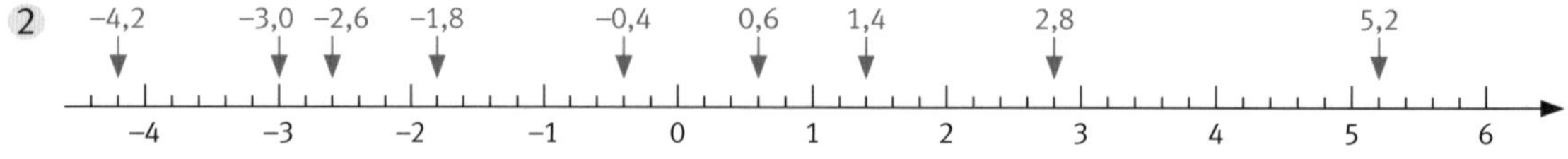

K5 **3** **a)** −34,0 < −17,5 < −12,5 < −4,1 < −0,1 < 3,9 < 9,0 < 27,5 < 56,3
−34 < −17 < −13 < −4 < 0 < 4 < 9 < 27 < 56

b) −1,0 = −1,0 < −0,9 < −0,6 < −0,4 < 0,2 < 1,1 < 1,2 < 1,5
−1 = −1 = −1 = −1 < 0 = 0 < 1 = 1 < 2

K5 **4** **a)** +

−9,3
−6,1 | −3,2
−7,5 | 1,4 | −4,6
−12,4 | +4,9 | −3,5 | −1,1

b) −

−51,6
−29,3 | 22,3
−11,2 | 18,1 | −4,2
−4,9 | +6,3 | −11,8 | −7,6

c) ·

4915,515
−170,5 | −28,83
−11 | 15,5 | −1,86
2,2 | −5 | −3,1 | 0,6

d) :

0,275
$-3\frac{7}{16}$ | −12,5
27,5 | −8 | 0,64
−70,4 | −2,56 | 0,32 | 0,5

Hinweis: Im ersten Druck der ersten Auflage befindet sich ein Druckfehler in Steinmauer d). An der Spitze müsste 0,275 anstatt −0,275 stehen.

K1 **5** **a)** Wenn man bei der Multiplikation den Faktor −1 hinzufügt, wird die Gegenzahl des ursprünglichen Ergebnisses erzeugt.

b) Bei einer geraden Anzahl an negativen Zahlen wird das Ergebnis positiv, bei einer ungeraden Anzahl an negativen Zahlen wird das Ergebnis negativ.

K4 **6** **a)** A (3|−6) B (7|5) C (5|6) D (5|10) E (3|6) F (0|6) G (0|−2)
H (0|−4) I (0|−5) J (2|−2) K (3|3) L (5|3) M (3|5)

b)

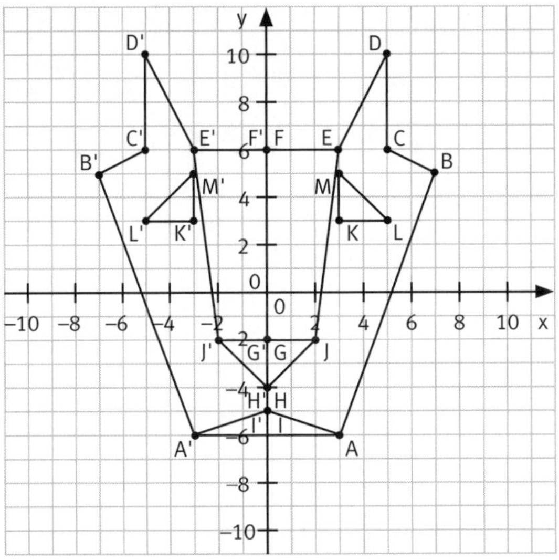

c) A' (−3|−6) B' (−7|5) C' (−5|6) D' (−5|10) E' (−3|6) F' (0|6) G' (0|−2)
H' (0|−4) I' (0|−5) J' (−2|−2) K' (−3|3) L' (−5|3) M' (−3|5)

d)

I. Quadrant	B, C, D, E, K, L, M
II. Quadrant	B', C', D', E', K', L', M'
III. Quadrant	A', J'
IV. Quadrant	A, J
Koordinatenachsen	F, G, H, I, F', G', H', I'

e) Bei der Spiegelung der gegebenen Punkte an der y-Achse ändert sich nur die x-Koordinate, der Bildpunkt hat dabei die Gegenzahl der x-Koordinate des ursprünglichen Punktes.

K6 **7** **a)** $4{,}8 + 3{,}2 \cdot 4{,}3 = 4{,}8 + 13{,}76 = 18{,}56$ („Punkt-vor-Strich"-Regel missachtet)
b) $-2{,}4 + 2{,}5 \cdot 0{,}5 = -2{,}4 + 1{,}25 = -1{,}15$ (Vorzeichenfehler)
c) $(1{,}5 - 2{,}5) : (-4) = -1 : (-4) = \frac{1}{4}$ (Rechenzeichenfehler)
d) $\frac{3}{4} \cdot \left(\frac{1}{2} + \frac{5}{8}\right) - \frac{1}{8} = \frac{3}{4} \cdot \frac{9}{8} - \frac{1}{8} = \frac{23}{32}$ (Distributivgesetz nicht richtig angewendet)

K5 **8** In den Rechenschlangen stehen immer dieselben Zahlen, nur in einer anderen Reihenfolge, mit anderem Vorzeichen oder in Klammern.
grüne Rechenschlange: $-17\,715 + 12\,320 - 7912 + 14\,739 - 1877 + 7413 = 6968$
rote Rechenschlange: $+12\,320 - 1877 - 7912 - 17\,715 + 7413 + 14\,739 = 6968$
blaue Rechenschlange: $+1877 + 7912 + 17\,715 - (12\,320 + 7413 + 14\,739) = -6968$
gelbe Rechenschlange: $+17\,715 - 12\,320 + 7912 - 14\,739 + 1877 - 7413 = -6968$

Knobeln

K4 **Schritt 1: Tabellen erstellen**

a) Es sind individuelle Lösungen möglich.

b) Es sind individuelle Lösungen möglich.

K4 **Schritt 2: Zellen markieren**

a) Es sind die Zellen B2, B3, B4, C2, C3, C4, D2, D3 und D4 markiert. In der Syntax der Tabellenkalkulation fasst man diese Zellen zu einem Bereich zusammen, der mit B2:D4 bezeichnet wird.

b) Man kann die Zellen entweder mit der Maus markieren, indem man einen Rahmen um die entsprechenden Zellen zieht, oder aber in der Eingabeleiste den Befehl =G4:H6 eintippen.

K4 **Schritt 3: Zahlen berechnen und ordnen**

a)

Name	1. Runde	2. Runde	Gesamtzeit
Luca	45,4	56,7	102,1
Martina	49,6	53,2	102,8
Michael	44,8	54,3	99,1
Sabine	54,8	50,3	105,1

b) Die Gesamtzeit wird automatisch mit den neuen Zeiten berechnet. Der Grund: Bei der Berechnung der Gesamtzeit werden nicht die Zahlen herangezogen, sondern die Zellbezeichnungen B2, C2, ... Somit werden bei der Gesamtzeit die aktuellen Einträge in der jeweiligen Zelle berücksichtigt.

c) Sortierung nach der 1. Runde:

	A	B	C	D
1	Name	1. Runde	2. Runde	Gesamtzeit
2	Michael	44,8	54,3	99,1
3	Luca	45,4	56,7	102,1
4	Martina	49,6	53,2	102,8
5	Sabine	54,8	50,3	105,1

Sortierung nach der 2. Runde:

	A	B	C	D
1	Name	1. Runde	2. Runde	Gesamtzeit
2	Sabine	54,8	50,3	105,1
3	Martina	49,6	53,2	102,8
4	Michael	44,8	54,3	99,1
5	Luca	45,4	56,7	102,1

Sortierung nach der Gesamtzeit:

	A	B	C	D
1	Name	1. Runde	2. Runde	Gesamtzeit
2	Michael	44,8	54,3	99,1
3	Luca	45,4	56,7	102,1
4	Martina	49,6	53,2	102,8
5	Sabine	54,8	50,3	105,1

K4 **Schritt 4: Diagramme erstellen**

a)

	A	B
1	Name	Stimmen
2	Inga	19
3	Martin	31
4	Marion	32
5	Anke	35
6	Peter	45
7	Jussuf	46
8	Kati	54
9	Klaus	55
10	Summe	317

Klaus ist Schülersprecher.

b) Es haben insgesamt 317 Schülerinnen und Schüler abgestimmt.
(hier: = B2+B3+B4+...+B9 = SUMME(B2:B9))

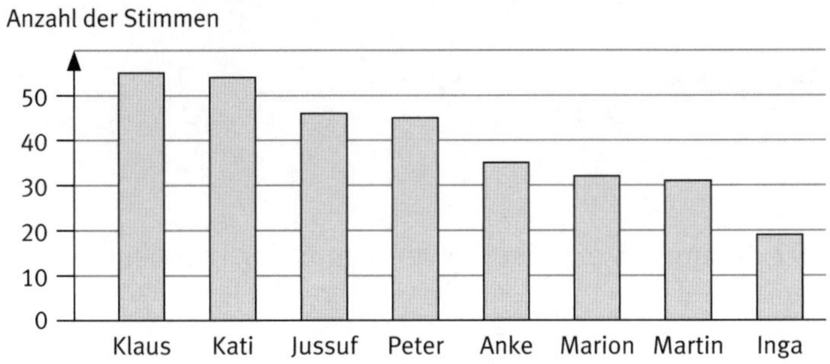

K4 **1** **a)**

	A	B
1	Verwendungszweck	Liter
2	Trinken, kochen	3
3	Toilette	4
4	Garten	5
5	Körperpflege	7
6	Geschirrspüler	8
7	Putzen, Sonstiges	10
8	Wäsche waschen	15
9	Baden, duschen	39

b) Lösungsmöglichkeit:

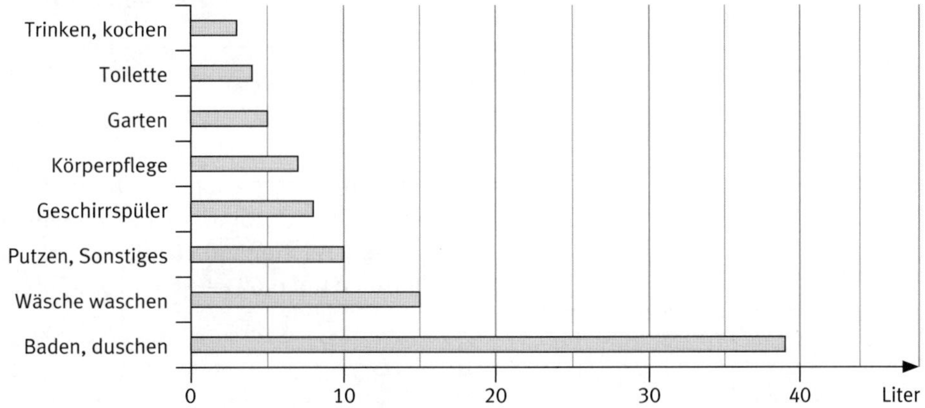

c) Es sind individuelle Lösungen möglich. Beispiel: Duschen statt baden.

K2 **Luftige Sprünge**

a)

Name	Abweichung 1. Durchgang	Abweichung 2. Durchgang
Hautamäki	5,0 m	17,5 m
Freund	7,0 m	10,5 m
Morgenstern	11,5 m	18,0 m
Ammann	3,0 m	14,5 m
Kofler	8,5 m	6,0 m
Fettner	10,0 m	11,5 m

b) ① Die 60,0 Punkte sind der Ausgangswert bei jedem Sprung. Der Klammerterm ist die (hier positive) Abweichung vom K-Punkt und 1,8 ist der Faktor für die Bewertung der Abweichung.

②

Name	Weitenpunkte 1. Durchgang	Weitenpunkte 2. Durchgang
Hautamäki	69,0	91,5
Freund	72,6	78,9
Morgenstern	80,7	92,4
Ammann	65,4	86,1
Kofler	75,3	70,8
Fettner	78,0	80,7

③

Name	1. Durchgang	2. Durchgang	Gesamt	Platzierung
Hautamäki	122,0	148,0	270,0	2
Freund	126,6	133,4	260,0	4
Morgenstern	136,2	149,4	285,6	1
Ammann	118,4	141,1	259,5	5
Kofler	130,3	124,8	255,1	6
Fettner	132,0	135,7	267,7	3

K4 **Eisige Höhen**

a)

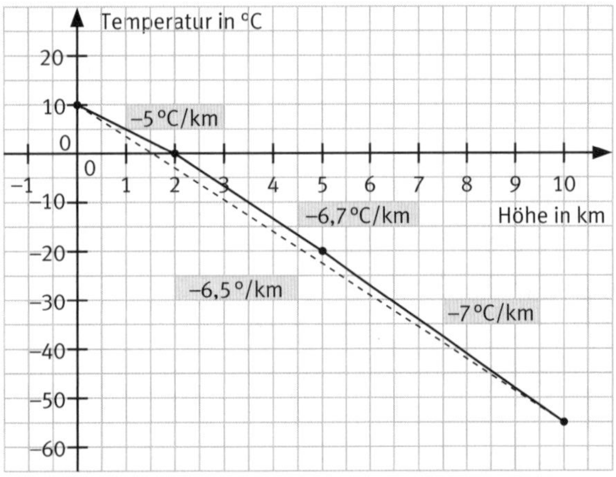

b) Die Abnahme zwischen den Daten pro Kilometer ist im Schaubild von a) angegeben. Bei einem Anstieg um 10 km wird es durchschnittlich um 6,5° (= −65°/10) kühler.

K3 **Bergiges Rätsel**

a) 0,1 mg = 0,0001 g. Bis 10 g Gestein abgetragen sind, sind 10 g : 0,0001 g = 100 000 Flüge nötig. Folglich dauert es 100 000 · 100 Jahre = 10 000 000 Jahre. Beim Körpergewicht sind individuelle Ergebnisse möglich. Bei einem Körpergewicht von 40 kg wären es 40 000 000 000 Jahre.

b) Abschätzaufgabe, es sind individuelle Lösungen möglich. Die Schüler vergleichen und diskutieren ihre Ansätze, Annahmen, Modellierungen und Lösungen.

K2 **Höhenrekord**

a) Die gesamte Flugzeit beträgt 455 min. Für den Aufstieg werden $\frac{2}{3}$ dieser Zeit veranschlagt, also ungefähr 303 min. Der Aufstieg auf 10 500 m erfolgt dann mit einer Geschwindigkeit von $34{,}7\,\frac{m}{min}$. Der Sinkflug erfolgt entsprechend mit $69{,}4\,\frac{m}{min}$.

b) 1

Höhe in m	Sauerstoffgehalt in %
0	21,00
1000	18,90
2000	17,01
3000	15,31
4000	13,78
5000	12,40
6000	11,16
7000	10,04
8000	9,04
9000	8,14
10 000	7,32
11 000	6,59

2 Der Sauerstoffgehalt fällt von 21 % bei 0 m auf etwa 6,6 % bei 11 000 m. Der Graph fällt die ganze Zeit über ab, wird aber bei zunehmender Höhe immer flacher.

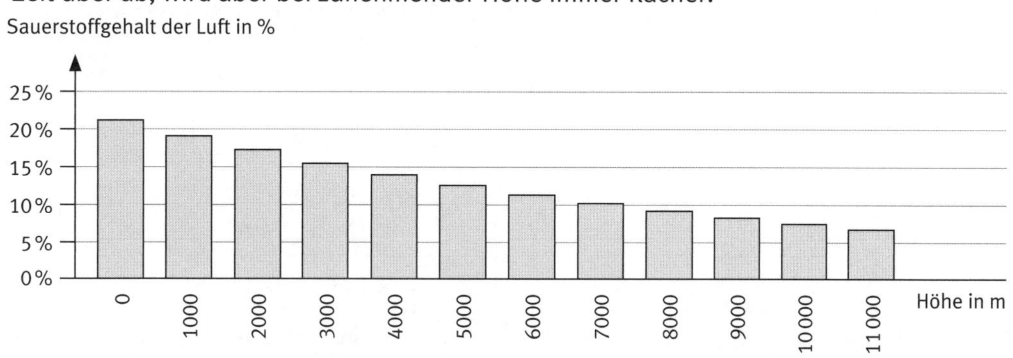

Das kann ich!

K3 **1** **a)** Die Personen tauchen 14,5 m unter dem Wasserspiegel, also –14,5 m.
b) Die Temperaturen schwanken zwischen –4,8 °C und +3,2 °C.

K4 **2** **a)** A: –300 B: –200 C: –50 D: 0 E: +150
b) A: $-1\frac{1}{4}$ B: $-\frac{1}{2}$ C: $-\frac{1}{4}$ D: 0 E: $+\frac{3}{4}$ F: $+1\frac{1}{4}$

K4 **3**

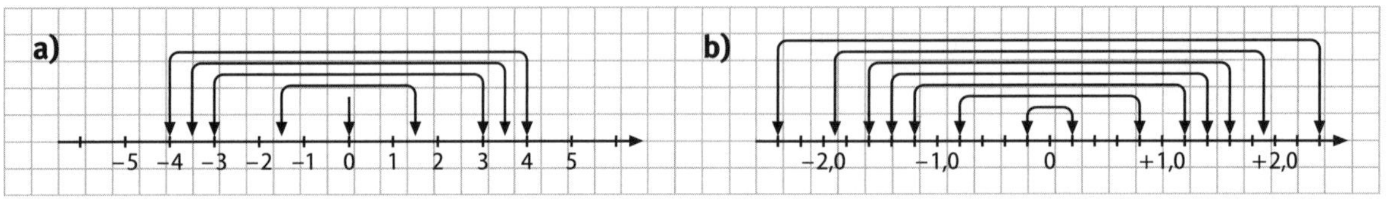

K4 **4** **a)** –5,5 **b)** +20 **c)** –8,9 **d)** $-6\frac{3}{4}$ **e)** $-\frac{1}{7}$ **f)** $-\frac{5}{18}$

K5 **5** **a)** –11,49 (–11)
–87,21 (–87)
35,00 (35)
b) –12,00 (–12)
–45,99 (–46)
–18,89 (–19)
c) –254,95 (–255)
–153,91 (–154)
–9999,92 (–10 000)

K5 **6** **a)** $-17 < -4{,}5 < -4 < 0 < 2{,}1 < 3{,}5 < 22\frac{1}{7}$
b) $-33\frac{1}{3} < -33{,}3 < -33{,}2 < -33{,}1 < |-33{,}1| < |-33{,}2|$

K5 **7** **a)** $0{,}235 > -0{,}235$
$|-12{,}35| = 12{,}35$
b) $|-17{,}14| > -17{,}14$
$-35{,}78 > -35{,}79$
c) $+123{,}21 > |-123{,}20|$
$|-15{,}993| > |-15{,}992|$
d) $-\frac{15}{3} < -\frac{15}{4}$
$\left|-16\frac{1}{2}\right| > \left|16\frac{1}{3}\right|$

K5 **8** **a)**

+	–2,75	+4,3	$-\frac{7}{10}$	$-2\frac{1}{5}$
–3,4	–6,15	+0,9	–4,1	–5,6
9,2	+6,45	+13,5	+8,5	+7
$-\frac{2}{3}$	$-3\frac{5}{12}$	$+3\frac{19}{30}$	$-1\frac{11}{30}$	$-2\frac{13}{15}$
+0,9	–1,85	+5,2	+0,2	–1,3

b)

–	7,2	–14,8	$-\frac{5}{8}$	+12,34
–15,7	–22,9	–0,9	–15,075	–28,04
+4,6	–2,6	+19,4	+5,225	–7,74
$-\frac{9}{10}$	–8,1	+13,9	$-\frac{11}{40}$	–13,24
2,78	–4,42	+17,58	+3,405	–9,56

c) Die Subtraktion ist nicht kommutativ, also wird durch die ausgefüllte Zelle die Reihenfolge der Berechnung festgelegt.

K3 **9** $x + (-56) - (-44) = x - 56 + 44 = x - 12 = 100$ ⇒ Markus hat sich die Zahl 112 gedacht.

K5 **10**

·	–3,5	+9,8	$-\frac{3}{5}$	–17,1
–6,7	+23,45	–65,66	+4,02	+114,57
$+2\frac{3}{4}$	$-9\frac{5}{8}$	+26,95	$-1\frac{13}{20}$	–47,025
–7,5	+26,25	–73,5	+4,5	+128,25
+0,25	–0,875	+2,45	–0,15	–4,275

K1 **11** **a)** Das Ergebnis ist positiv. **b)** Das Ergebnis ist negativ.

K5 **12**

:	−2,1	+5	$-\frac{3}{4}$	−3,5
220,5	−105	+44,1	−294	−63
−15,75	+7,5	−3,15	+21	+4,5
−94,5	+45	−18,9	+126	+27
$-12\frac{3}{5}$	+6	−2,52	$+16\frac{4}{5}$	+3,6

K5 **13** **a)** $-5 \cdot (3{,}5 + 4{,}5) = -5 \cdot 8 = -40$

b) $36{,}7 + (-6{,}7) + (-12{,}9) + (-5{,}1) = 36{,}7 - 6{,}7 + (-12{,}9 - 5{,}1) = 30 - 18 = 12$

c) $\frac{1}{4} + \left(-\frac{7}{8}\right) + \left(-\frac{1}{6}\right) + \left(-\frac{5}{12}\right) = \frac{1}{4} - \frac{7}{8} + \left(-\frac{1}{6} - \frac{5}{12}\right) = -\frac{5}{8} - \frac{7}{12} = -1\frac{5}{24}$

d) $-22{,}1 \cdot 98 + (-5{,}6) \cdot 98 = (-22{,}1 - 5{,}6) \cdot 98 = -27{,}7 \cdot 98 = -2714{,}6$

e) $-14{,}7 \cdot \left(-\frac{3}{4} + \frac{4}{3}\right) = -14{,}7 \cdot \frac{7}{12} = -8{,}575 = -8\frac{23}{40}$

f) $0{,}01 \cdot (-27{,}1 - 15{,}9) = 0{,}01 \cdot (-43) = -0{,}43$

K5 **14** **a)** $(4{,}3)^3 > (3{,}1)^3 > (-4{,}3)^2 > (-3{,}1)^2 > (-3{,}1)^3$

b) $(4{,}3)^3a^3 > (-2)^2a^3 > 2a^3 > \frac{1}{(-2)^2}a^3 > \frac{1}{-2^2}a^3$

Aufgaben für Lernpartner

K 1/6 **A** Die Aussage ist falsch. Beispiel: $-\frac{3}{4}$ ist eine rationale, aber keine ganze Zahl.

K 1/6 **B** Die Aussage ist richtig.

K 1/6 **C** Die Aussage ist für zwei verschiedene rationale Zahlen richtig. Man kann beispielsweise stets die Mitte nehmen.

K 1/6 **D** Die Aussage ist richtig.

K 1/6 **E** Die Aussage ist falsch. Treffen zwei Minuszeichen aufeinander, dann kann man sie durch ein Pluszeichen ersetzen.

K 1/6 **F** Die Aussage ist falsch. Wird eine Zahl durch einen negativen Bruch dividiert, dann wird diese Zahl auch mit dem negativen Kehrwert multipliziert.

K 1/6 **G** Die Aussage ist falsch. Die beiden Gesetze gelten für die alleinige Multiplikation und die alleinige Addition rationaler Zahlen. Für die Division gelten sie im Allgemeinen nicht.

K 1/6 **H** Die Aussage ist falsch. Man kann die Division einer rationalen Zahl durch die Multiplikation mit ihrem Kehrwert ersetzen.
Beispiel: $15 : \left(-\frac{3}{4}\right) = 15 \cdot \left(-\frac{4}{3}\right)$

K 1/6 **I** Die Aussage ist richtig.

2 Zuordnungen und Zinsrechnung

Einstieg

Die Auftaktseite eines Kapitels enthält zwei verschiedene Elemente:
Zunächst werden die Schüler mit einem offenen Einstiegsbeispiel an das neue Kapitel herangeführt. Zentral ist dabei immer der Anwendungsbezug: Kein Lehrplaninhalt ist rein innermathematisch, sodass den Schülern von Beginn an gezeigt werden sollte, dass Mathematik nichts Abstraktes ist, sondern oft im Leben der Schüler vorkommt. In einem Unterrichtsgespräch zur Auftaktseite können viele der kommenden Lerninhalte schon heuristisch erarbeitet, Vermutungen geäußert und Zusammenhänge erschlossen werden.

K6
- Verschiedene Antworten sind möglich, z. B.:
  Wahlergebnisse können in Prozentwerten angegeben werden, z. B. in der Zeitung; ein Preisnachlass beim Einkauf kann in Prozent angegeben werden; das Angebot einer Bank kann mit einem hohen Zinssatz werben.

K3
- Australien (5 %) < Europa (7 %) < Antarktika (9 %) < Afrika (20 %) < Amerika (29 %) < Asien (30 %)

K4
-

Kontinent	Landfläche	%	Anteil als Bruch	Anteil als Dezimalzahl
Asien	44,4 Mio. km^2	30 %	$\frac{44,4}{148,9}$	0,2982
Amerika	42,5 Mio. km^2	29 %	$\frac{42,5}{148,9}$	0,2854
Afrika	30,2 Mio. km^2	20 %	$\frac{30,2}{148,9}$	0,2028
Antarktika	14,0 Mio. km^2	9 %	$\frac{14,0}{148,9}$	0,0940
Europa	10,1 Mio. km^2	7 %	$\frac{10,1}{148,9}$	0,0678
Australien	7,7 Mio. km^2	5 %	$\frac{7,7}{148,9}$	0,0517
gesamt	148,9 Mio. km^2	100 %	$\frac{148,9}{148,9}$	1

An dieser Stelle bietet es sich an, die drei unterschiedlichen Schreibweisen für die Beschreibung des Anteils (Prozent, Bruch, Dezimalzahl) miteinander zu vergleichen und Gemeinsamkeiten hervorzuheben.

Ausblick

Die Aufzählung am Ende der Seite bietet einen Ausblick auf die wesentlichen Lernziele des Kapitels und schafft so eine hohe Transparenz für Schüler und Lehrer. Durch einen informierenden Unterrichtseinstieg können sich Schüler und Lehrer auf das Kommende einstellen.
Idealerweise wird im Unterricht der Bezug hergestellt zwischen der Einstiegssituation und den

K3 **1** **a)** und **b)** Lösungsmöglichkeit:

① Stadt → Einwohnerzahl
Cottbus → 99 491
Falkensee → 41 777
Teupitz → 1812
Hier wäre ein Balkendiagramm sinnvoll.

② Zeit in s → Strecke in m (Fahrradfahrer)
1 s → 7 m
10 s → 70 m
30 s → 210 m
Hier könnte man die Zuordnung in einem Liniendiagramm darstellen, um die gesamte zurückgelegte Strecke darzustellen.

③ Anzahl Eiskugeln → Preis in €
1 → 0,80 €
3 → 2,40 €
5 → 4,00 €
Diese Zuordnung kann man in einem Punktediagramm darstellen.

④ Wochentag → Höhe des Flusspegels
Montag → 5,00 m
Mittwoch → 5,70 m
Freitag → 5,25 m
Hier ist es sinnvoll, ein Liniendiagramm zu wählen, um die Entwicklung darzustellen.

K4 **2** **a)** Hierbei handelt es sich um eine Zuordnung: Der Ausgangsgröße „Note" wird die zugeordnete Größe „Anzahl der Schüler" zugeordnet.

b)

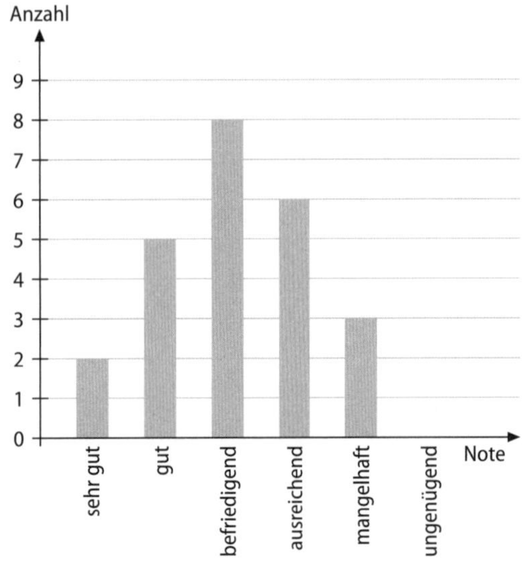

K5 **3** **a)** $\frac{12}{25}; \frac{20}{25}; \frac{32}{40}$ **b)** $\frac{4}{6}; \frac{8}{12}; \frac{20}{30}$ **c)** $\frac{56}{88}; \frac{63}{99}; \frac{84}{132}$ **d)** $\frac{48}{36}; \frac{60}{45}; \frac{84}{63}$

K5 **4** **a)** $\frac{1}{3}; \frac{5}{4}; \frac{13}{24}; \frac{33}{37}$ **b)** $\frac{2}{3}; \frac{5}{8}; \frac{9}{13}; \frac{22}{24}$ **c)** $\frac{2}{6}; \frac{3}{9}; \frac{5}{12}; \frac{14}{15}$
d) $\frac{1}{4}; \frac{3}{2}; \frac{9}{12}$ **e)** $\frac{3}{4}; \frac{5}{8}; \frac{9}{15}$ **f)** $\frac{3}{4}; \frac{11}{14}; \frac{37}{51}$

K5 **5** **a)** $\frac{2}{9} \overset{9}{=} \frac{18}{81}; \frac{8}{7} \overset{6}{=} \frac{48}{42}$ **b)** $\frac{11}{12} \overset{11}{=} \frac{121}{132}; \frac{7}{12} \overset{8}{=} \frac{56}{96}$ **c)** $\frac{9}{12} \overset{6}{=} \frac{54}{72}; \frac{13}{3} \overset{9}{=} \frac{117}{27}$
d) $\frac{12}{16} \underset{4}{=} \frac{3}{4}; \frac{56}{64} \underset{8}{=} \frac{7}{8}$ **e)** $\frac{121}{77} \underset{11}{=} \frac{11}{7}; \frac{9}{42} \underset{3}{=} \frac{3}{14}$ **f)** $\frac{105}{84} \underset{21}{=} \frac{5}{4}; \frac{13}{52} \underset{13}{=} \frac{1}{4}$

K1 **6** Jedes 5. Los ein Treffer:
$\frac{1}{5} = \frac{20}{100}$ Gewinnwahrscheinlichkeit
Auf 10 Lose 3 Gewinne:
$\frac{3}{10} = \frac{30}{100}$ Gewinnwahrscheinlichkeit
100 Lose – 22 Gewinne:
$\frac{22}{100}$ Gewinnwahrscheinlichkeit
Auf 3 Nieten 1 Gewinn:
$\frac{1}{4} = \frac{25}{100}$ Gewinnwahrscheinlichkeit
Die Gewinnchancen sind beim zweiten Los („Auf 10 Lose 3 Gewinne“) am größten.

K5 **7** **a)** $\frac{3}{10}$; $\frac{6}{1000}$; $\frac{12}{100}$; $\frac{105}{1000}$; $\frac{35}{100}$; $\frac{125}{10\,000}$; $\frac{12}{10}$; $\frac{54}{10}$; $\frac{10\,012}{10\,000}$
b) 0,4; 0,003; 0,017; 0,34; 0,0242; 1,2; 15,00; 25,5

K5 **8** **a)** $\frac{2}{10} = 0{,}2$ **b)** $\frac{3}{10} = 0{,}3$ **c)** $\frac{34}{100} = 0{,}34$ **d)** $\frac{16}{100} = 0{,}16$
e) $\frac{14}{10} = 1{,}4$ **f)** $\frac{75}{100} = 0{,}75$ **g)** $\frac{30}{10} = 3{,}0$ **h)** $\frac{96}{1000} = 0{,}096$

Kap. 2.1 und 2.2

Bügeln für Schuhe

K3
- Proportionalitätsfaktor: $\frac{0{,}40\,€}{1\ \text{Kleidungsstück}}$

  Für 18 € muss Sophia 45 Kleidungsstücke bügeln.

K3
- Anzahl Kleidungsstücke: 4 · 7 = 28

  28 · 0,40 € = 11,20 €

  Sophia verdient 11,20 €.

K4
-

Anzahl Kleidungsstücke	Lohn in €	Arbeitszeit in min
0	0,00	0
1	0,40	5
2	0,80	10
3	1,20	15
4	1,60	20
5	2,00	25
6	2,40	30
7	2,80	35
8	3,20	40
9	3,60	45
10	4,00	50
11	4,40	55
12	4,80	60

K4
-

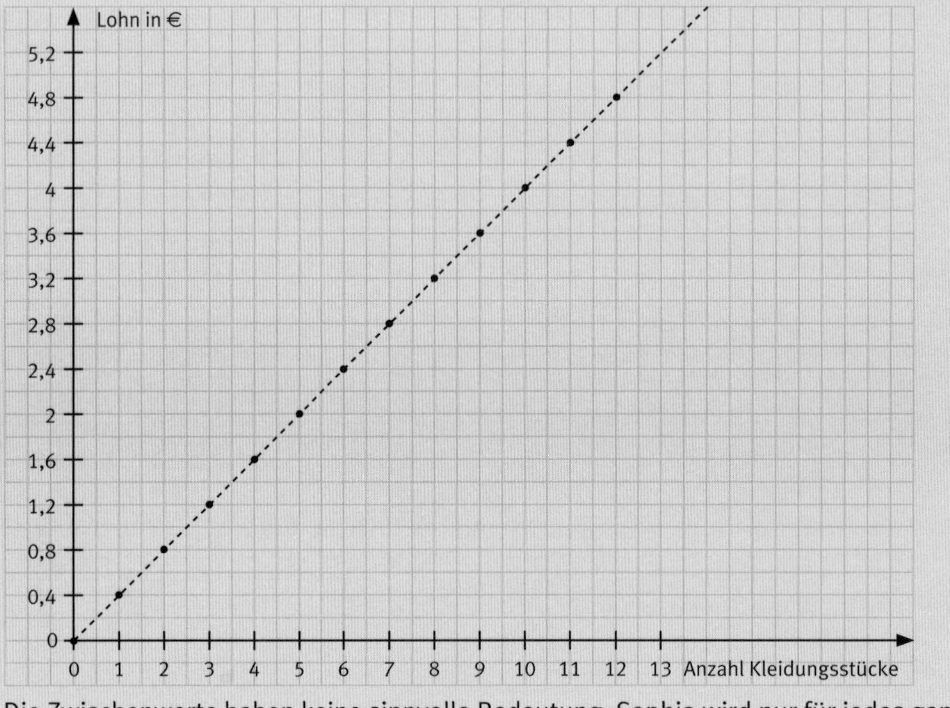

Die Zwischenwerte haben keine sinnvolle Bedeutung. Sophia wird nur für jedes ganz gebügelte Kleidungsstück den Geldbetrag erhalten.

Kap. 2.4 und 2.5

Monatliche Kosten

K5 ■ Auto: 51° Wohnen: 82° Kleidung: 69° Nahrung: 114° Sonstiges: 44°
Auto: ≈ 14 % Wohnen: ≈ 23 % Kleidung: ≈ 19 % Nahrung: ≈ 32 % Sonstiges: ≈ 12 %

K3 ■ Auto: $P = 14\,\% \cdot 2200\,€ : 100\,\% = 308\,€$
Wohnen: $P = 23\,\% \cdot 2200\,€ : 100\,\% = 506\,€$
Kleidung: $P = 19\,\% \cdot 2200\,€ : 100\,\% = 418\,€$
Nahrung: $P = 32\,\% \cdot 2200\,€ : 100\,\% = 704\,€$
Sonstiges: $P = 12\,\% \cdot 2200\,€ : 100\,\% = 264\,€$

Kap. 2.5 und 2.6

Schlussverkauf

K6 ■ Beispiele: prozentuale Preisnachlässe, Mengenrabatt

K6 ■ Die Werbung ist natürlich korrekt, da ein einziges Paar tatsächlich auf (und um) die Hälfte reduziert ist. Andererseits ruft die Werbung falsche Vorstellungen hervor, da diese Reduzierung um die Hälfte nur auf ein einziges von insgesamt fünf Paaren zutrifft. „Bis zu 50 % günstiger" bedeutet hier also, dass der Preis der Schuhe maximal um 50 % reduziert wird.

Kap. 2.7

Beim Friseur

K3 ■

Trends

1 x Perform	21,82
1 x Trocknen	9,20
1 x Wimpern färben	5,00
1 x Augen zupfen	2,50
1 x Nagel Design	25,00
1 x Dauerwelle	65,00
Gesamt EUR:	128,52
Gegeben:	130,00
Rückgeld:	1,48
Nettobetrag:	108,00
MwSt. 19,00 %:	20,52
Service: Frau Kutter	16.47
10.10.15	

K3 ■ Individuelle Lösungen möglich. Bei Lebensmitteln beträgt die Mehrwertsteuer 7 %.

K3 ■ Es gibt zwei Mehrwertsteuersätze in Deutschland:
7 % werden aufgeschlagen, wenn es sich um Grundnahrungsmittel oder Güter des lebensnotwendigen Bedarfs handelt. In allen anderen Fällen sind es 19 %.

Kap. 2.9

Mobilität hat ihren Preis

K3

	Drive and fun	Classic	Easy and go
Laufzeit in Monaten	12	9	6
monatliche Rate	143,65 €	192,00 €	281,60 €
Gesamtpreis	1723,80 €	1728,00 €	1689,60 €

„Easy and go" ist der günstigste Kredit, mit hohen Raten und einer kurzen Laufzeit. Kredite mit längerer Laufzeit und niedrigeren Raten sind entsprechend teurer, weil man (absolut betrachtet) mehr Geld zurückzahlt. Daher ist „Drive and fun" auch der teuerste Kredit.

K6

- Lösungsmöglichkeit:
Wenn die Rate zum vereinbarten Termin nicht bei der Bank eingeht, wird zunächst der Kundenbetreuer benachrichtigt. Sofort, also ab dem Tag der Fälligkeit, werden Überziehungszinsen berechnet. Man erhält anschließend eine Mahnung oder wird zu einem persönlichen Termin bei der Bank eingeladen. Falls nicht bezahlt werden kann, werden weitere Mahnungen folgen, die unweigerlich zur Kündigung des Kredits führen, falls die Rate (und die aufgelaufenen Zinsen) nicht bezahlt werden. Weitere juristische Schritte können folgen.
Es lohnt sich also auf jeden Fall, im Vorfeld genau zu prüfen, ob der Kredit abbezahlt werden kann oder nicht.

Alternativer Einstieg: Schulbuch Seite 56

Entdecken

K4 ■ Der Flug startet um 14:30 Uhr und das Flugzeug hat um 15:00 Uhr bereits eine Höhe von 6000 m erreicht. Um 16:00 Uhr ist eine Flughöhe von 9000 m erreicht, wenngleich der Anstieg nicht mehr so steil war wie noch zu Beginn des Fluges. Anschließend bleibt das Flugzeug für zwei Stunden auf dieser Flughöhe und zwischen 18:00 Uhr und 19:00 Uhr erfolgt ein weiterer leichter Anstieg auf 10 000 m. Zwischen 19:00 Uhr und 21:00 Uhr sinkt das Flugzeug, bis es schließlich nach 6,5 Stunden Flugzeit um 21:00 Uhr landet.

K6 ■ Ja, Anna hat recht. Die letzten zwei Stunden befindet sich das Flugzeug im Sinkflug.

K1 ■ Nein. Es ist immer nur eine eindeutige Zuordnung möglich, das Flugzeug kann nicht an zwei Orten gleichzeitig sein.

Nachgefragt

K6 ■ Eine Zuordnung ist eindeutig, wenn jedem Wert einer Augangsgröße x genau eine Größe y zugeordnet wird. Sie ist nicht eindeutig, wenn einem Wert der Ausgangsgröße mehrere Größen zugeordnet werden.

K6 ■ Veränderungen lassen sich im Graphen ablesen, indem man untersucht, an welchen Stellen der Graph steigt bzw. fällt. Bei steigendem Graphen werden die zugeordneten Werte größer, bei fallendem Graphen nehmen sie ab.

Aufgaben

K3 **1**

	Zuordnung	eindeutig?	Begründung
a)	Parkdauer in min ↦ Gebühr in €	ja	Jeder vergangenen Minute kann eine Gebühr zugeordnet werden.
b)	Gebühr in € ↦ Parkdauer in min	nein	Diese Zuordnung ist nicht eindeutig, da es mehrere zugeordnete Werte mit gleicher Ausgangsgröße gibt.
c)	Zeit in s ↦ Regenmenge in cm	ja	Diese Zuordnung ist eindeutig, da jeder Sekunde genau ein Wert in cm zugeordnet werden kann. Die Punkte können sogar verbunden werden.
d)	Euro ↦ US Dollar	ja	Jedem Wert in € kann genau ein eindeutiger Wert in Dollar zugeordnet werden.
e)	Temperatur in °C ↦ Uhrzeit	nein	Dieselbe Temperatur kann zu unterschiedlichen Uhrzeiten gemessen werden, somit ist die Zuordnung nicht eindeutig.
f)	Uhrzeit ↦ Temperatur in °C	ja	Jeder Uhrzeit kann ein eindeutiger Wert in °C zugeordnet werden.
g)	Benzinmenge in l ↦ Preis in €	ja	Für jede Menge Benzin steht der zugeordnete Preis eindeutig fest.
h)	Preis in € ↦ Benzinmenge in l	ja	Jedem Geldwert kann eindeutig (bei festem Benzinpreis) eine bestimmte Menge Benzin zugeordnet werden.

K4 **2** **a)** Uhrzeit ↦ Temperatur in °C

b) Höchstwert: 15.40 Uhr ↦ 7 °C   Tiefstwert: 4.00/1.10 Uhr ↦ −3 °C

c) 9.00 Uhr ↦ 2 °C   20.40 Uhr ↦ 2 °C   12.00 Uhr ↦ 4 °C   18.20 Uhr ↦ 4 °C
6.00 Uhr ↦ −2 °C   24.00 Uhr ↦ −2 °C

d)

Uhrzeit	4.00 Uhr	6.00 Uhr	8.00 Uhr	10.00 Uhr	12.00 Uhr	14.00 Uhr
Temperatur in °C	−3	−2	1	3	4	5

Uhrzeit	16.00 Uhr	18.00 Uhr	20.00 Uhr	22.00 Uhr	24.00 Uhr

K3 **3** **a)** ① Lösungsmöglichkeit: Jakob läuft los zur Schule. An einer Fußgängerampel bleibt er bei Rot stehen. Bei Grün läuft er weiter. Da Annika, die er unterwegs abholt, noch nicht ganz fertig ist, wartet er fünf Minuten auf sie, bevor sie zusammen weitergehen. Nach insgesamt 1500 m sind sie an der Schule angekommen.

② Lösungsmöglichkeit: Jakob läuft los zur Schule. Nach 750 m bemerkt er, dass er sein Mäppchen daheim vergessen hatte. Schnell läuft er wieder zurück, um es zu holen. Nun läuft er schneller als gewöhnlich wieder Richtung Schule. Wie gewohnt muss er an der roten Fußgängerampel warten. Nach 1000 m Entfernung von daheim kommt er an Annikas Haus vorbei, wo er fünf Minuten auf sie warten muss. Anschließend laufen beide gemeinsam zur Schule, die Jakob nach insgesamt 35 Minuten erreicht.

b)
- Aus dem Graphen ① kann man die Entfernung von Klaus' Zuhause in Metern entnehmen, ebenso ist ersichtlich, dass die Schule 1500 m von Klaus' Zuhause entfernt ist. Am Graphenverlauf sieht man, dass Klaus einen Teil der Strecke dreifach läuft, vielleicht hat er unterwegs etwas verloren.
- Aus beiden Graphen geht hervor, dass Klaus für die Strecke zur Schule an diesem Tag 45 Minuten braucht.
- Graph ② veranschaulicht die von Klaus insgesamt gelaufene Strecke in Metern. Insgesamt läuft er 2500 m zur Schule, obwohl die Schule nur 1500 m entfernt liegt. Daraus lässt sich errechnen, dass er 1000 m zuviel gelaufen ist, was man allerdings auch schon aus Graph ① entnehmen könnte.

c) Es sind individuelle Lösungen möglich.

K2 **4** Lösungsmöglichkeit:

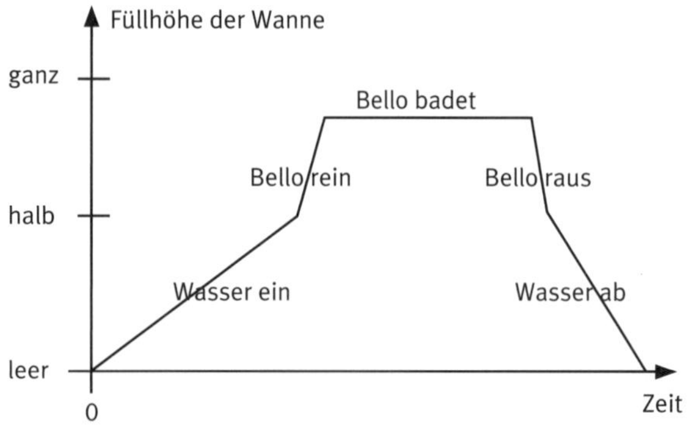

Alternativer Einstieg: Schulbuch Seite 56

Entdecken

K4 ■ Es sind individuelle Lösungen möglich.

K6 ■ Wenn sich die Anzahl der Gegenstände verdoppelt (verdreifacht, verzehnfacht), so verdoppelt (verdreifacht, verzehnfacht) sich auch deren Masse.

K4 ■ Alle Punkte liegen auf einer Geraden, die durch den Ursprung geht. Die Gerade hat eine positive Steigung.
Skizze:

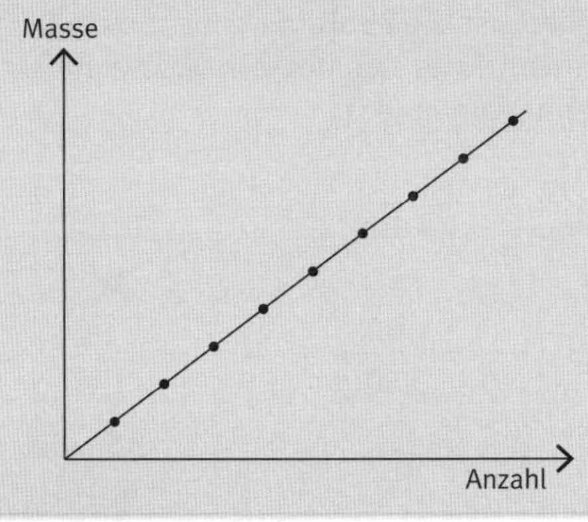

Nachgefragt

K6 ■ Lösungsmöglichkeiten:
Anzahl Personen ↦ Fahrpreis in €
Anzahl Tafeln Schokolade ↦ Preis in €
Länge Stoff in m ↦ Preis in €

K1 ■ Eine direkt proportionale Zuordnung ist stets eindeutig, denn jeder Ausgangsgröße ist immer genau eine Größe zugeordnet. Zudem lässt sich aus einer direkt proportionalen Zuordnung jeweils ein Graph zeichnen.

K6 ■ Bei vielen Zuordnungen sind Zwischenwerte nicht sinnvoll. Wenn eine CD beispielsweise 5 € kostet, dann kosten zwei CDs 10 €, drei CDs 15 €, usw. Man darf die Punkte dieses Graphen nicht miteinander verbinden, da es keine halben CDs gibt. Um trotzdem einen anschaulicheren Graphen zu erhalten, bietet es sich hier an, die Punkte durch eine gestrichelte Linie zu verbinden.

Aufgaben

K3 **1**

	direkt proportional?	Beispiele
a)	nein	50 kg ↦ 15 Jahre; 100 kg ↦ 43 Jahre Die Zuordnung ist nicht direkt proportional, denn das Körpergewicht ist im Allgemeinen nicht direkt proportional vom Alter abhängig.
b)	ja	1 CHF ↦ 0,82 €; 2 CHF ↦ 1,64 € Diese Zuordnung ist direkt proportional.
c)	nein	1 Bauarbeiter ↦ 10 h; 2 Bauarbeiter ↦ 5 h Diese Zuordnung ist keinesfalls direkt proportional. Eher ist sie indirekt proportional, denn mit doppelter Arbeitskraft halbiert sich in manchen Fällen die Arbeitszeit. Allerdings steigt mit der Zahl der Mitarbeiter der Koordinationsbedarf, und manche Gewerke können nicht gleichzeitig, sondern nur nacheinander ausgeführt werden. Also wird die Zuordnung (wenn überhaupt) nur annähernd indirekt proportional sein.
d)	ja	1,22 € ↦ 1 Liter; 2,44 € ↦ 2 Liter Die Zuordnung ist direkt proportional.

f)	nein	z.B. 1 Min ↦ 1 Player; 2 Min ↦ 1 Player Diese Zuordnung ist inhaltlich nicht sinnvoll. Eher könnte man die Anzahl von CDs der Anzahl der CD-Player zuordnen.
g)	ja/nein	Hier muss man zwei Fälle unterscheiden. Wenn eine Seitenlänge fest ist und nur die andere variiert wird, ist die Zuordnung direkt proportional, da sich der Flächeninhalt dann immer aus dem Vielfachen der festen Seite ergibt. Werden beide Seiten variiert, ist die Zuordnung nicht direkt proportional. Bei einem Quadrat würde es sich beispielsweise um einen quadratischen Zusammenhang handeln.

K5 **2** **a)**

Äpfel in kg	Preis in €
2	4,30
1	2,15
9	19,35

b)

Anzahl Hefte	Masse in g
3	225
1	75
8	600

c)

Erdbeeren in g	Preis in €
250	1,50
50	0,30
800	4,80

d)

Euro	US-Dollar
120	180
60	90
180	270

e)

Anzahl Bausteine	Turmhöhe in cm
7	10,5
1	1,5
15	22,5

f)

Anzahl Kopien	Preis in €
450	13,50
100	3,00
800	24,00

K4 **3** Der Graph b) gehört zu einer direkt proportionalen Zuordnung. Hier verändert sich der x-Wert direkt proportional zum y-Wert. In den Graphen a) und c) hingegen verändern sich die x- und y-Werte nicht im gleichen Verhältnis. Graph b) ist zudem der einzige Graph, der als Halbgerade dargestellt ist, die im Ursprung des Koordinatensystems beginnt.

K3 **4** **a)**

Benzin in l	18	36	54	9
Preis in €	21,60	43,20	64,8	10,8

b)

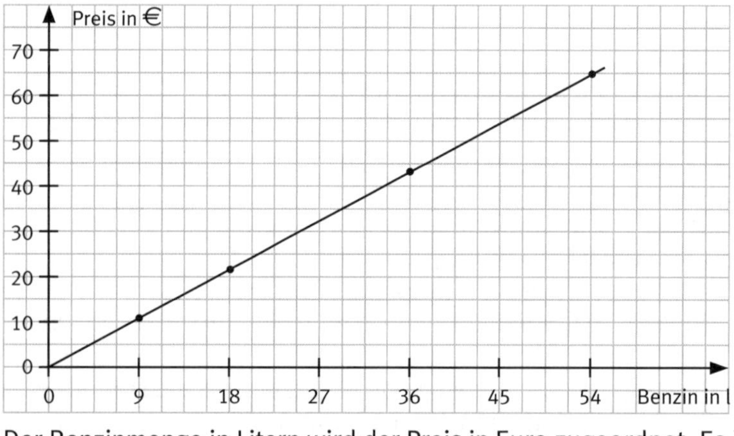

Der Benzinmenge in Litern wird der Preis in Euro zugeordnet. Es handelt sich dabei um eine direkt proportionale Zuordnung, der Graph ist eine Gerade durch den Ursprung.

c) 20 l ↦ 24,00 € 30 l ↦ 36,00 € 42 l ↦ 50,40 €

d) Ein Proportionalitätsfaktor gibt das Verhältnis von zwei Größen an, das bei Vervielfachung immer gleich bleibt. Es ist ein anderer Begriff für Quotientengleichheit.

K5 **5 a)** und **b)** Ob die Zuordnung direkt proportional ist, kann grafisch, durch eine Tabelle oder durch die Quotientengleichheit überprüft werden. Aus Platzgründen entfällt die grafische Darstellung.

① Lösungsmöglichkeit: Preis für Käseaufschnitt

$\xrightarrow{\cdot 3}$ $\xrightarrow{\cdot \frac{2}{3}}$

Gewicht in g	300	900	600
Preis in €	3,45	10,35	6,90

$\xrightarrow[\cdot 3]{}$ $\xrightarrow[\cdot \frac{2}{3}]{}$

$\frac{300\,\text{g}}{3{,}45\,€} = \frac{900\,\text{g}}{10{,}35\,€} = \frac{600\,\text{g}}{6{,}90\,€} \approx 87\frac{\text{g}}{€}$

Die Zuordnung ist direkt proportional.

② Lösungsmöglichkeit: Preis für (verschiedene) Arten von Stoffen

$\xrightarrow{:3{,}5}$ $\xrightarrow{\cdot 2}$

Länge in m	7	2	4
Preis in €	14,70	4,20	8,40

$\xrightarrow[:3{,}5]{}$ $\xrightarrow[\cdot 2]{}$

$\frac{7\,\text{m}}{14{,}70\,€} = \frac{2\,\text{m}}{4{,}20\,€} = \frac{4\,\text{m}}{8{,}40\,€} \approx 0{,}48\frac{\text{m}}{€}$

Die Zuordnung ist direkt proportional.

③ Lösungsmöglichkeit: Preis für eine Kette

$\xrightarrow{\cdot 1{,}4}$ $\xrightarrow{:1{,}75}$

Länge in cm	5	7	4
Preis in €	2	2,80	1,60

$\xrightarrow[\cdot 1{,}4]{}$ $\xrightarrow[:1{,}75]{}$

$\frac{5\,\text{cm}}{2\,€} = \frac{7\,\text{cm}}{2{,}80\,€} = \frac{4\,\text{cm}}{1{,}60\,€} = 2{,}5\frac{\text{cm}}{€}$

Die Zuordnung ist direkt proportional

④ Lösungsmöglichkeit: Gebrauchte Zeit für eine Wanderung

$\xrightarrow{\cdot \frac{4}{3}}$ $\xrightarrow{\cdot 1{,}5}$

Weg in km	3	4	6
Zeit in min	39	52	78

$\xrightarrow[\cdot \frac{4}{3}]{}$ $\xrightarrow[\cdot 1{,}5]{}$

$\frac{3\,\text{km}}{39\,\text{min}} = \frac{4\,\text{km}}{52\,\text{min}} = \frac{6\,\text{km}}{78\,\text{min}} \approx 0{,}077\frac{\text{km}}{\text{min}}$

Die Zuordnung ist direkt proportional.

K3 **6** **a)** Die Zutatenmenge wird jeweils verdoppelt.

Reissalat für 6 Personen	Reissalat für 12 Personen
200 g Reis	400 g Reis
3 Paprika	6 Paprika
1 Dose Mais	2 Dosen Mais
5 Gewürzgurken	10 Gewürzgurken
50 g Sahne	100 g Sahne
250 g Mayonaise	500 g Mayonaise

b) Für die dreifache, vierfache, ... Menge wird die Menge jeder Zutat mit drei, vier, ... multipliziert.

c) Bei 15 Personen tritt das Problem auf, dass bei Mengenangaben mit ganzer Einheit (eine Dose Mais, eine Paprika) keine ganze Einheit mehr gebraucht wird und etwas übrig bleibt. Dieses Problem könnte man praktisch lösen, indem man auf die genau ausgerechnete Mengenangabe verzichtet und auf- oder abrundet. Beispielsweise könnte man statt 2,5 Dosen Mais 2 oder 3 Dosen Mais verwenden. Ebenso könnte man versuchen, kleinere Maisdosen zu bekommen oder größere bzw. kleinere Paprika.

K4 **7** Es sind individuelle Lösungen möglich.

K3 **8** **a)** ① $\frac{x}{24} = \frac{3}{8} = \frac{9}{24}$ (· 3) 3 kg Weintrauben kosten 9 €.

② $\frac{x}{63} = \frac{30}{45} = \frac{2}{3} = \frac{42}{63}$ (: 15, · 21) 30 l Benzin kosten 42 €.

③ $\frac{x}{100} = \frac{60}{75} = \frac{20}{25} = \frac{80}{100}$ (: 3, · 4) Für 60 kg Holzkohle benötigt man 80 kg Holz.

b) Die Aufgabe kann mit Dreisatz, grafisch oder über die Verhältnisgleichung gelöst werden.

K3 **9** **a)** Die Zuordnung ist direkt proportional, da sich beim Verdoppeln eines Faktors der Wert des Produkts verdoppelt.

b)

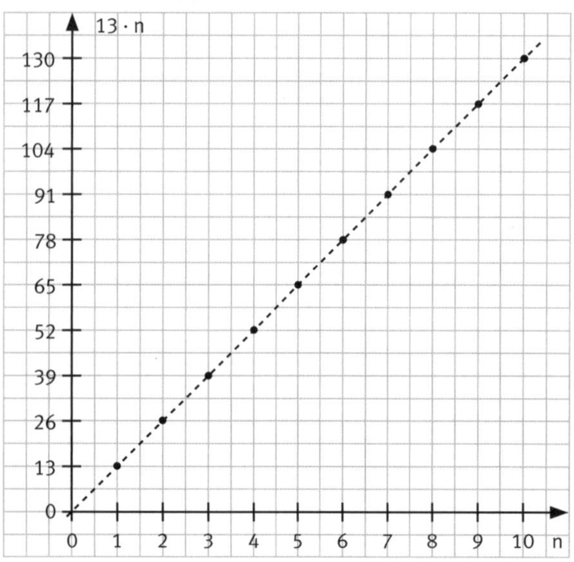

Die Zwischenwerte haben keine sinnvolle Bedeutung.

1 Lösungsmöglichkeiten:

$1 \mapsto 13$; $2 \mapsto 26$; $3 \mapsto 39$; $4 \mapsto 52$; $5 \mapsto 65$; $6 \mapsto 78$; $7 \mapsto 91$; $8 \mapsto 104$; $9 \mapsto 117$; $10 \mapsto 130$; ...

2 Zwischenwerte des Graphen geben eine Dezimalzahl bzw. Bruch und sein 13-Faches an.

c) Wenn die Ausgangsgröße ...
- halbiert wird, halbiert sich auch die zugeordnete Größe.
- versechsfacht wird, versechsfacht auch die zugeordnete Größe.
- um 1 erhöht wird, wächst die zugeordnete Größe um 13.

K6 **10**

b = 4 Kästchen	Quadrat	**a)**	**b)**	**c)**	**d)**
Seitenlänge a in Kästchenlängen	4	2	8	10	12
Flächeninhalt A in Kästchen	16	8	32	40	48

Durch den Vergleich wird folgender Zusammenhang sichtbar:
Verdoppelt, verdreifacht, halbiert, ... sich die Länge a des Rechtecks bei gleichbleibender Seitenlänge b (hier: 4 Kästchenlängen), dann verdoppelt, verdreifacht, halbiert, ... sich der Flächeninhalt des Rechtecks.

K4 **11** **a)** Der Graph stellt dar, welche Strecke ein Fahrradfahrer bzw. ein Motorradfahrer in einer bestimmten Zeit zurücklegt. Dabei haben die beiden Fahrer unterschiedliche Startzeiten.

b)

Uhrzeit	8.00	9.00	10.00	11.00	12.00
Motorradfahrer Weg in km	0	0	47	94	141
Fahrradfahrer Weg in km	0	20	40	60	80

c) Motorradfahrer: 47 km/h Fahrradfahrer: 20 km/h

d) Auch die Zeit-Weg-Zuordnung des Motorradfahrers ist direkt proportional, allerdings muss man dafür den Nullpunkt verschieben, da die Fahrt des Motorradfahrers nicht um 8:00 h, sondern erst um 9:00 h beginnt. Ab 9:00 h fährt der Motorradfahrer konstant 47 km/h, bei doppelter/dreifacher ... Zeit verdoppelt/verdreifacht ... sich der zurückgelegte Weg.

e) Es gibt individuelle Lösungsmöglichkeiten. Interessant ist dabei insbesondere auch der Schnittpunkt der beiden Graphen. Fahren beide auf derselben Straße, wird der Fahrradfahrer an dieser Stelle vom Motorradfahrer überholt.

K3

Alltag

- Anhand praktischer Übungen mit unterschiedlich geformten Gefäßen beobachten die Schüler direkt und indirekt proportionale und nicht proportionale Zuordnungen; sie erheben die Daten zu ihren

Entdecken

K4
Länge	1	2	3	4	6	9	12	18	36
Breite	36	18	12	9	6	4	3	2	1

  z. B. 2 ⟶ 18; 4 ⟶ 9

K6
- Verdoppelt (verdreifacht, versechsfacht, halbiert) sich die Länge, so halbiert (drittelt, sechstelt, verdoppelt) sich die Breite.

K4
- 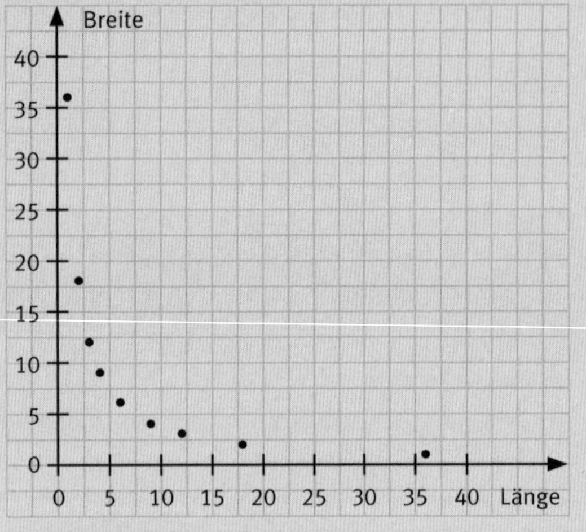

  Der Graph fällt zunächst sehr steil ab und wird dann immer flacher. Er nähert sich dabei immer mehr der x-Achse an, schneidet diese jedoch nicht.

Nachgefragt

K1
- Marion hat mit ihrer Behauptung nicht Recht, denn auch bei indirekt proportionalen Zuordnungen ist jeder Ausgangsgröße genau eine Größe zugeordnet.

K6
- Bei indirekt proportionalen Zuordnungen gibt es weder Tiefst- noch Höchstwerte, denn der Verlauf des Graphen fällt stetig, sodass keine Extremwerte vorkommen können.

Aufgaben

K4 **1** Der Graph c) kann zu einer indirekt proportionalen Zuordnung gehören, da er die Form einer Hyperbel hat. Unterschiede können aus verschiedenen Einteilungen der Achsen resultieren.
Die Graphen a) und d) gehören zu einer direkt proportionalen Zuordnung: Die Graphen sind Halbgeraden, die im Ursprung beginnen.

K5 **2** **a)**

Anzahl Personen	12	4	8
Beitrag	140	420	210

b)

Anzahl Lkw	6	3	9
Fahrten pro Lkw	12	24	8

c)

Anzahl Arbeiter	4	2	10
Arbeitszeit in h	$7\frac{3}{4}$	$15\frac{1}{2}$	$3\frac{1}{10}$

d)

Expeditionsteilnehmer	10	1	12
Essensvorrat in Tagen	24	240	20

K5 **3** **a)** ①

Anzahl der Arbeiter	6	3	2	12	18	54	36	4
Arbeitszeit in Tagen	18	36	54	9	6	2	3	27

②

Schrittlänge in cm	50	100	10	25	80	$33\frac{1}{3}$	$26\frac{2}{3}$	200
Gesamtzahl Schritte	40	20	200	80	25	60	75	10

Beispiele für ausformulierte Zusammenhänge:
Halbiert (drittelt) sich die Anzahl der Arbeiter, so verdoppelt (verdreifacht) sich die Arbeitszeit. Verdoppelt (verfierfacht) sich die Schrittlänge, so halbiert (viertelt) sich die Gesamtanzahl der Schritte.

b) ① Damit die Ergebnisse, wie in der Tabelle dargestellt, richtig sind, müssen gewisse Arbeitsbedingungen gegeben sein, wie z. B. die Wetterlage, jeweils einheitliche Arbeitsstunden am Tag, d. h. es dürfen keine Überstunden gezählt werden. Zudem muss man annehmen, dass jeder Arbeiter gleich viel schafft und auch die gleiche Arbeitskraft aufweist. Es ist eher unwahrscheinlich, dass all diese Kriterien erfüllt werden können. Meist besteht bei steigender Zahl der Arbeiter auch ein erhöhter Koordinationsbedarf, sodass die vorliegende indirekte Proportionalität meist schon aus logistischen Gründen nicht realistisch ist.

② Die Werte sind teils recht unrealistisch, denn es werden wohl kaum Schrittlängen von beispielsweise 2 m vorkommen.

c) ① Produkt: 2 Tage · 54 = 108 Tage. Insgesamt müssen an dem Projekt 108 Tage gearbeitet werden.

② Produkt: 100 cm · 20 = 1 m · 20 = 20 m. Die Gesamtstrecke beträgt 20 m.

K5 **4** Die indirekte Proportionalität einer Zuordnung kann grafisch, durch eine Tabelle oder durch Produktgleichheit überprüft werden. Aus Platzgründen entfällt die grafische Darstellung.

a)

(Länge: · 1,2 ; : 1,5)

Länge in cm	4	4,8	3,2
Breite in cm	6	5	7,5

(Breite: : 1,2 ; · 1,5)

$4\,cm \cdot 6\,cm = 4{,}8\,cm \cdot 5\,cm = 3{,}2\,cm \cdot 7{,}5\,cm = 24\,cm^2$

Die Zuordnung ist indirekt proportional.

b)

(Geschwindigkeit: · 1,5 ; : 2)

Geschwindigkeit in $\frac{km}{h}$	80	120	60
Fahrzeit in min	36	24	48

(Fahrzeit: : 1,5 ; · 2)

$80\,\frac{km}{h} \cdot 36\,min = 120\,\frac{km}{h} \cdot 24\,min = 60\,\frac{km}{h} \cdot 48\,min = 48\,km$

Die Zuordnung ist indirekt proportional.

K3 **5** **a)** 20 · 1,20 € = 24 €   24 € : 1 € = 24 Stücke

Christina rechnet wohl mit 24 Kuchenstücken.

b) Das Produkt aus der Anzahl von Kuchenstücken und dem dazugehörigen Verkaufspreis gibt die Einnahmen aus dem Kuchenverkauf wieder.

Alternativer Einstieg: Schulbuch Seite 56

Entdecken

K3 ■ Insgesamt sind bei den Torhütern 24 Tore gefallen.

K6 ■ Ich würde Frank in meine Mannschaft wählen. Frank hält $\frac{9}{21}$ (≈ 43 %) der Bälle, Lisa hält nur $\frac{6}{18} = \frac{7}{21}$ (≈ 33 %).

K4 ■ Lösungsmöglichkeit:

Frank:

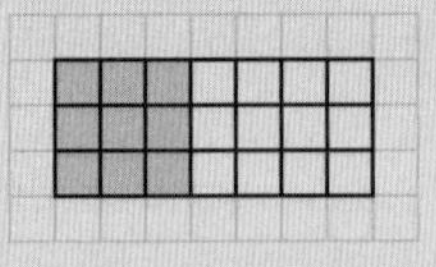

Lisa:

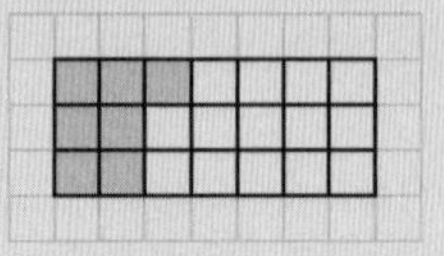

Nachgefragt

K6 ■ Der Bruch gibt Anteile eines Ganzen an, dabei gibt der Nenner an, in wie viele Teile das Ganze zerlegt wurde. Der Zehnerbruch gibt die Zerlegung des Ganzen in zehn Teile an. Die Dezimalzahlen sind eine andere Schreibweise für Brüche mit 10-er Potenz im Nenner; sie setzen die Stellenwerttafel der natürlichen Zahlen fort. Prozente geben immer den Anteil von 100 an, sind also eine andere Schreibweise für Zehnerbrüche.

K6 ■ 100% beschreiben 1 Ganzes. Wenn jemand 150% gibt, dann erfüllt er, z.B. eine Aufgabe, übermäßig gut, also mehr als ein Ganzes.

Aufgaben

K5 **1** **a)** $0{,}07 = \frac{7}{100}$; $0{,}85 = \frac{85}{100} = \frac{17}{20}$; $0{,}4 = \frac{40}{100} = \frac{4}{10} = \frac{2}{5}$; $0{,}36 = \frac{36}{100} = \frac{9}{25}$; $0{,}66 = \frac{66}{100} = \frac{33}{50}$

b) $0{,}57 = \frac{57}{100}$; $0{,}21 = \frac{21}{100}$; $0{,}55 = \frac{55}{100} = \frac{11}{20}$; $0{,}96 = \frac{96}{100} = \frac{24}{25}$; $0{,}95 = \frac{95}{100} = \frac{19}{20}$

c) $0{,}01 = \frac{1}{100}$; $1{,}0 = \frac{100}{100} = \frac{1}{1}$; $1{,}25 = \frac{125}{100} = 1\frac{1}{4}$; $1{,}85 = \frac{185}{100} = 1\frac{17}{20}$

d) $1{,}2 = 1\frac{1}{5}$; $0{,}99 = \frac{99}{100}$; $2{,}5 = 2\frac{1}{2}$; $0{,}45 = \frac{9}{20}$; $0{,}0 = \frac{0}{100} = \frac{0}{x}$

K5 **2** **a)** 0,06 = 6 %; 0,37 = 37 %; 0,19 = 19 %; 0,15 = 15 %

b) 1,5 = 150 %; 0,12 = 12 %; 0,14 = 14 %; 0,04 = 4 %

c) 0,9 = 90 %; 0,2 = 20 %; 0,75 = 75 %; 0,7 = 70 %

d) 0,15 = 15 % ; 0,15 = 15 %; 1 = 100 %; 1,3 = 130 %

e) 0,4 = 40 %; 1,1 = 110 %; 4 = 400 %; 3,9 = 390 %

f) 0,035 = 3,5 %; 0,012 = 1,2 %; 0,064 = 6,4 %; 0,75 = 75 %

K5 **3** **a)** $\frac{2}{24} < \frac{6}{24} < \frac{3}{8} < \frac{7}{12} < \frac{9}{12} = \frac{3}{4} < \frac{7}{3}$

b) $\frac{6}{50} < 0{,}14 < 16\,\% < 48\,\% < \frac{14}{25} < 0{,}99 < \frac{14}{10}$

c) $\frac{12}{125} < 0{,}12 < \frac{33}{150} < 33\,\% < 0{,}54 = 54\,\% < \frac{5}{4}$

d) $1{,}01 < 112{,}4\,\% < \frac{9}{8} < \frac{25}{20} = 125\,\% < 1\frac{2}{5} < 1{,}5$

K5 **4**

Prozent	1 %	5 %	10 %	20 %	25 %	50 %	75 %	100 %	200 %
Dezimalzahl	0,01	0,05	0,1	0,2	0,25	0,5	0,75	1,0	2
Bruch	$\frac{1}{100}$	$\frac{5}{100}$	$\frac{1}{10}$	$\frac{1}{5}$	$\frac{1}{4}$	$\frac{1}{2}$	$\frac{3}{4}$	$\frac{1}{1}$	$\frac{2}{1}$

K6 **5** **a)** Sonja fasst die Division als Bruch auf. Sie erweitert dann auf Tausendstel, um ihn dann als Dezimalzahl darstellen zu können. Svetlana nutzt die schriftliche Division um die Aufgabe zu berechnen. Sie gelangt dadurch zum gleichen Ergebnis wie Sonja.

b) Lösung analog zu a).

① 5:8 = 0,625 ② 7:4 = 1,75 ③ 5:16 = 0,3125 ④ 7:16 = 0,4375

K3 **6** **a)** 2:5 = 0,4 **b)** 7:8 = 0,875 **c)** 3:40 = 0,075 **d)** 7:25 = 0,28

e) 150:200 = 0,75

Für die Sachsituationen sind verschiedene Lösungen möglich, beispielsweise die Trefferquote beim Elfmeterschießen oder das Aufteilen eines Kuchens.

K5 **7** **a)** $0{,}05 \boxed{=} 5\,\%$ **b)** $0{,}54 \boxed{>} \frac{1}{3}$ **c)** $\frac{3}{25} \boxed{>} 10\,\%$ **d)** $0 \boxed{=} \frac{0}{7}$

$0{,}3 \boxed{=} 30\,\%$ $13\,\% \boxed{<} 1{,}3$ $0{,}033 \boxed{<} 33\,\%$ $133\,\% \boxed{>} 0{,}133$

K6 **8** **a)** Felix hat mehr Losglück, da er im Vergleich zu Timon mehr Gewinne erzielt.

Timon: $\frac{380}{40} = \frac{1140}{120}$ Felix: $\frac{290}{30} = \frac{1160}{120}$

b) Wenn Felix das Losglück von Timon hätte, dann müsste er bei 30 Losen 285 Punkte erhalten. Wenn Timon das Losglück von Felix hätte, dann hätte er bei 40 Losen fast 387 Punkte gehabt.

K6 **9** **a)** Der Anteil an verkehrssicheren Rädern ist im Jahr 2015 höher als im Jahr 2014. 2015 sind 40 % der geprüften Fahrräder sicher, 2014 sind das nur 35 %.

b) Hier sind individuelle Lösungen möglich. Bei ① wird der relative Vergleich genutzt, wonach der Anteil verkehrssicherer Fahrräder von 35 % in 2014 auf 40 % im Jahr 2015 anstieg. Bei ② kann ein absoluter Vergleich die entsprechende These stützen, wonach in 2015 nur noch 64 Fahrräder verkehrssicher sind gegenüber 84 Fahrrädern im Vorjahr.

K5 **10** **a)** $0{,}\overline{4}$; $0{,}5$; $0{,}525$; $0{,}25$; $0{,}425$; $0{,}58\overline{3}$; $0{,}\overline{45}$; $0{,}21875$; $2{,}\overline{7}$

b) $0{,}\overline{3}$; $0{,}4$; $0{,}6\overline{1}$; $0{,}7\overline{3}$; $0{,}19\overline{4}$; $0{,}\overline{3}$; $0{,}0\overline{72}$; $0{,}25$; $0{,}\overline{714285}$

K6 **11** **a)** gemischtperiodisch

b) reinperiodisch

c) reinperiodisch

d) gemischtperiodisch

e) endlich

K5 **12** **a)** $0{,}\overline{1}$; $0{,}\overline{2}$; $0{,}\overline{3}$; $0{,}\overline{4}$; $0{,}\overline{5}$; $0{,}\overline{7}$; $0{,}\overline{8}$

Ein Bruch in der Form $\frac{n}{9}$ mit $n \in \mathbb{N}$ und $n \leq 8$ wird immer zu einem reinperiodischen Dezimalbruch $0{,}\overline{n}$.

b) $0{,}\overline{01}$; $0{,}\overline{02}$; $0{,}\overline{04}$; $0{,}\overline{53}$; $0{,}\overline{65}$

Ein Bruch in der Form $\frac{n}{99}$ mit $n \in \mathbb{N}$ und $1 \leq n \leq 98$ wird immer zu einem reinperiodischen Dezimalbruch
$0{,}\overline{0n}$ (für $1 \leq n \leq 9$) bzw.
$0{,}\overline{n}$ (für $10 \leq n \leq 98$).

c) $0{,}\overline{001}$; $0{,}\overline{002}$; $0{,}\overline{041}$; $0{,}\overline{559}$

Ein Bruch in der Form $\frac{n}{999}$ mit $n \in \mathbb{N}$ und $1 \leq n \leq 998$ wird immer zu einem reinperiodischen Dezimalbruch
$0{,}\overline{00n}$ (für $1 \leq n \leq 9$) bzw.
$0{,}\overline{0n}$ (für $10 \leq n \leq 99$) bzw.
$0{,}\overline{n}$ (für $100 \leq n \leq 998$).

K5 **13 a)** $\frac{2}{9}; \frac{4}{9}; \frac{7}{9}; \frac{16}{99}; \frac{65}{99}; \frac{61}{99}$

b) $\frac{6}{99} = \frac{2}{33}; \frac{4}{99}; \frac{9}{999} = \frac{1}{111}; \frac{156}{999} = \frac{52}{333}; \frac{37}{99}$

K5 **14** K – 0,404
E – $0,4\overline{29}$
H – 0,43
R – $0,4\overline{3}$
W – $0,\overline{43}$
E – 0,4375
R – 0,44
T – $0,\overline{4}$

K5 **15** $\frac{2}{5} = 0,4 = 40\,\%$
$\frac{1}{3} = 0,\overline{3} = 33,\overline{3}\,\%$
$\frac{4}{5} = 0,8 = 80\,\%$
$\frac{7}{10} = 0,7 = 70\,\%$
$\frac{7}{20} = 0,35 = 35\,\%$
$\frac{1}{6} = 0,1\overline{6} = 16,\overline{6}\,\%$
$\frac{11}{8} = 1,375 = 137,5\,\%$
$\frac{6}{4} = 1,5 = 150\,\%$
$\frac{6}{8} = 0,75 = 75\,\%$
$\frac{26}{20} = 1,3 = 130\,\%$
$\frac{11}{10} = 1,1 = 110\,\%$
$\frac{7}{9} = 0,\overline{7} = 77,\overline{7}\,\%$
$\frac{6}{10} = 0,6 = 60\,\%$

K3 **16 a)** $\frac{42}{60} = 0,7 = 70\,\%$ der Spielzeit entfallen auf die Serie, $\frac{18}{60} = 0,3 = 30\,\%$ auf die Werbung.
b) gleicher Anteil: $90 + 0,3 \cdot 90 = 117$ Minuten
doppelter Anteil: $90 + 0,6 \cdot 90 = 144$ Minuten
halber Anteil: $90 + 0,15 \cdot 90 = 103,5$ Minuten

K6 **17** 1 Liter kostet 1,65 €
3 x 0,33 Liter = 0,99 Liter und kosten 3 x 0,55 € = 1,65 €
Tobias Idee ist nicht geschickter. Man bekäme 0,01 Liter weniger Apfelsaft im Vergleich zu Carmens Vorschlag.

K1 **18 a)** Aron baut auf der Überlegung auf, dass $0,\overline{1} = \frac{1}{9}$ ist. Dadurch kommt er auf die Aussage, dass $0,\overline{9} = \frac{9}{9} = 1$ ist. Dies sieht widersprüchlich aus, ist jedoch korrekt hergeleitet.
b) Überlegung wie in Arons Argumentation: Reihen fortsetzen und Kürzungen nutzen; $0,0\overline{1} = \frac{1}{90}$
$0,8\overline{1} = \frac{73}{90}$; $0,8\overline{2} = \frac{74}{90}$; $0,8\overline{3} = \frac{75}{90}$; $0,8\overline{4} = \frac{76}{90}$;
$0,8\overline{5} = \frac{77}{90}$; $0,8\overline{6} = \frac{78}{90}$; $0,8\overline{7} = \frac{79}{90}$; $0,\overline{8} = \frac{80}{90}$;
$0,8\overline{9} = \frac{81}{90} = \frac{9}{10} = 0,9$
Alternative Herleitung unter Zuhilfenahme von Arons Überlegung:
$0,0\overline{1} = \frac{1}{90}$; $0,0\overline{2} = \frac{2}{90}$; ... $0,0\overline{9} = \frac{9}{90} = \frac{1}{10} = 0,1$; $0,8\overline{9} = 0,8 + 0,0\overline{9} = \frac{8}{10} + \frac{1}{10} = \frac{9}{10} = 0,9$
c) Beispiel:
$0,4\overline{9} = 0,4 + 0,0\overline{9} = \frac{4}{10} + \frac{1}{10} = \frac{5}{10} = 0,5$

K2 **19** Es gibt unendliche viele Möglichkeiten für den Bruch $\frac{n}{7}$ mit $n \in \mathbb{N}$.
Für die Dezimalzahl gibt es jedoch nur 7 verschiedene Varianten für die Ziffern nach dem Komma:

$\frac{21}{7} = 3$	$\frac{22}{7} = 3,\overline{142857}$	$\frac{23}{7} = 3,\overline{285714}$	$\frac{24}{7} = 3,\overline{428571}$
	$\frac{25}{7} = 3,\overline{571428}$	$\frac{26}{7} = 3,\overline{714285}$	$\frac{27}{7} = 3,\overline{857142}$
$\frac{28}{7} = 4$	$\frac{29}{7} = 4,\overline{142857}$	$\frac{30}{7} = 4,\overline{285714}$	$\frac{31}{7} = 4,\overline{428571}$
	$\frac{32}{7} = 4,\overline{571428}$	$\frac{33}{7} = 4,\overline{714285}$	$\frac{24}{7} = 4,\overline{857142}$

D. h.: Entweder ist die Zahl n durch 7 teilbar, dann liegt eine endliche Dezimalzahl vor.
Oder es liegt eine reinperiodische Dezimalzahl vor mit der Periode
$\overline{142857}, \overline{285714}, \overline{428571}, \overline{571428}, \overline{714285}, \overline{857142}$
Erklärbar ist diese Beobachtung dadurch, dass bei der Division durch 7 der Nenner entweder durch 7 teilbar ist oder es einen Rest von 1, 2, 3, 4, 5 oder 6 gibt. Hier erhält man dann:

$\frac{1}{7} = 0,\overline{142857}$	$\frac{2}{7} = 0,\overline{285714}$	$\frac{3}{7} = 0,\overline{428571}$
$\frac{4}{7} = 0,\overline{571428}$	$\frac{5}{7} = 0,\overline{714285}$	$\frac{6}{7} = 0,\overline{857142}$

Alternativer Einstieg: Schulbuch Seite 56

Entdecken

K4
- Individuelle Lösungen möglich.
  Beispiel:

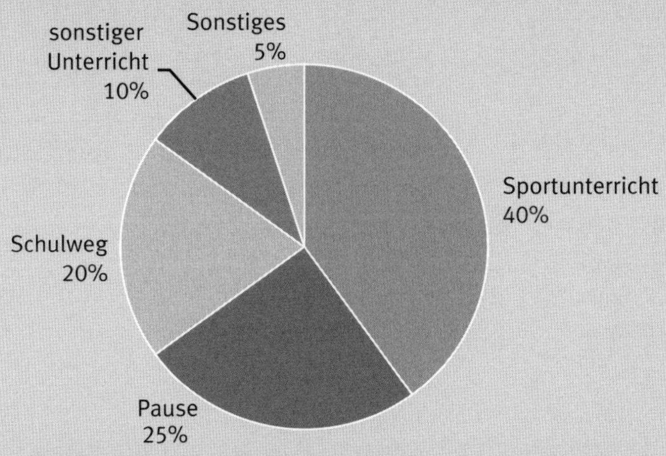

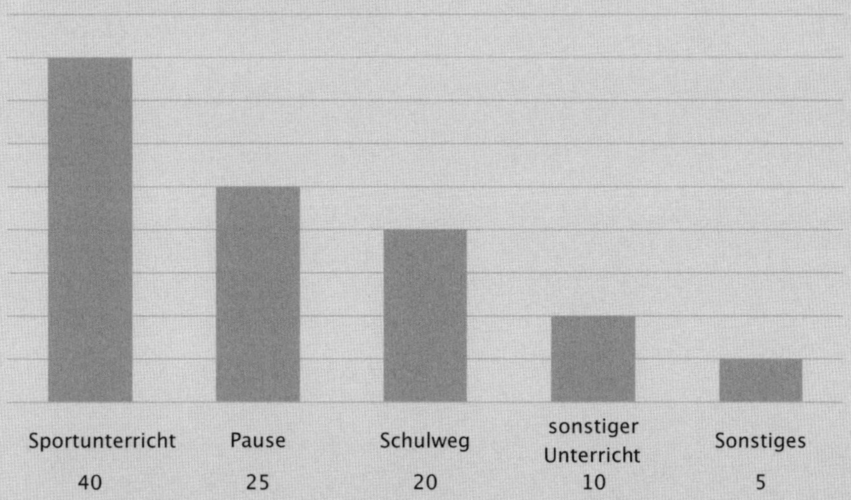

K6
- Für den Vergleich eignen sich beide Diagramme. Das Säulendiagramm ist vortelihaft, da die Höhe der Säulen direkt miteinander verglichen werden können. Das Kreisdiagramm ist allerdings sinnvoller, da es in sich abgeschlossen ist und somit besser die 100 % darstellt.

Nachgefragt

K1
- Ja, das stimmt. Zur doppelten (dreifachen, ...) Prozentangabe gehört die doppelte (dreifache, ...) Länge des Streifens.

K4
- Bei Zehnerfeldern entspricht jedes Kästchen 10 % und bei Fünfzigerfeldern je 2 %.

Aufgaben

K4 **1**

	a)	b)	c)	d)	e)	f)
Anteil vom Kreis	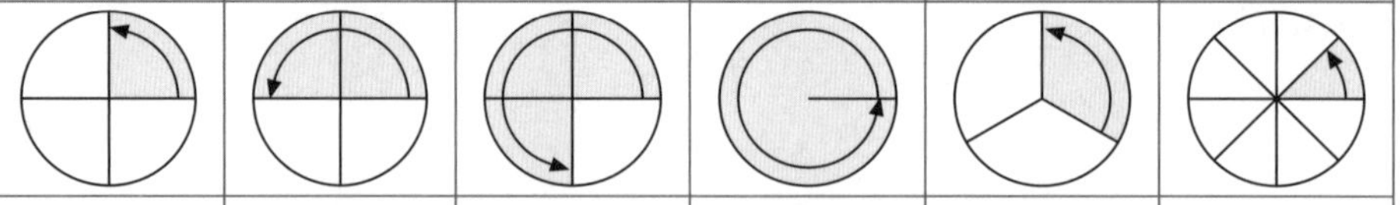					
Winkel	90°	180°	270°	360°	120°	45°
Anteil	25 %	50 %	75 %	100 %	≈ 33 %	12,5 %

K4 **2**
a) Rot: 18 % Weiß: 25 % Blau: 30 % Grün: 27 %
b) Rot: 55 % Weiß: 22 % Blau: 20 % Grün: 3 %
c) Rot: 24 % Weiß: 8 % Blau: 36 % Grün: 32 %
d) Rot: 8 % Weiß: 71 % Blau: 11 % Grün: 10 %

K4 **3** **a)**

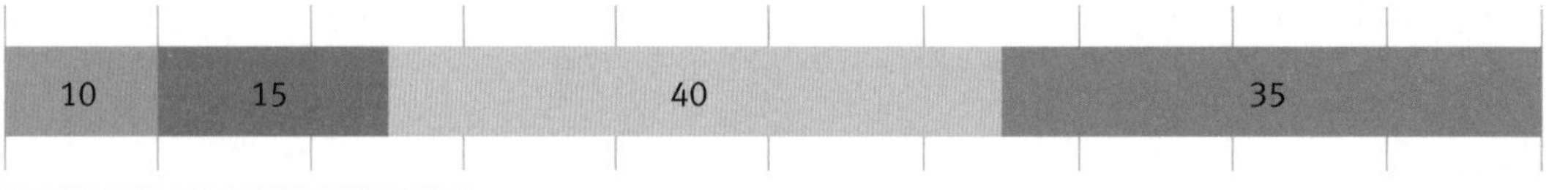

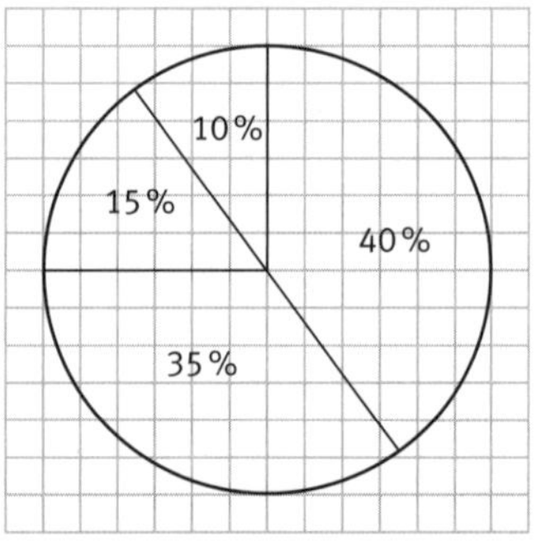

b)

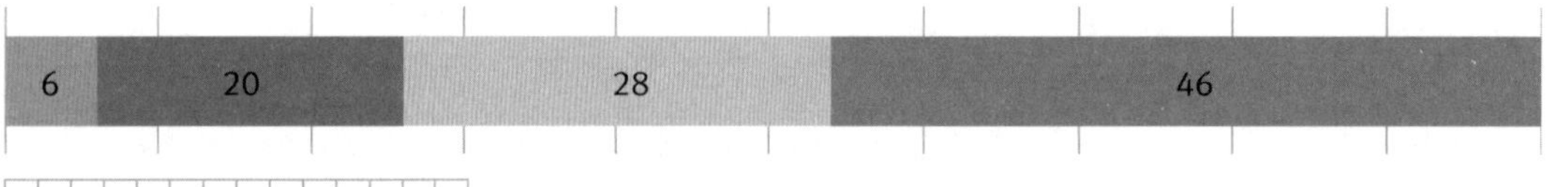

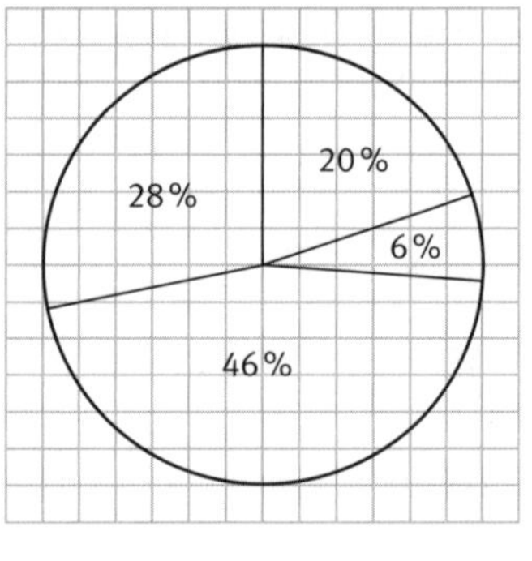

c)

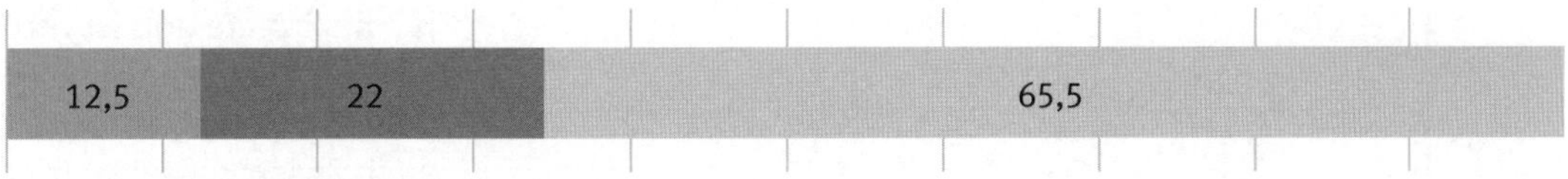

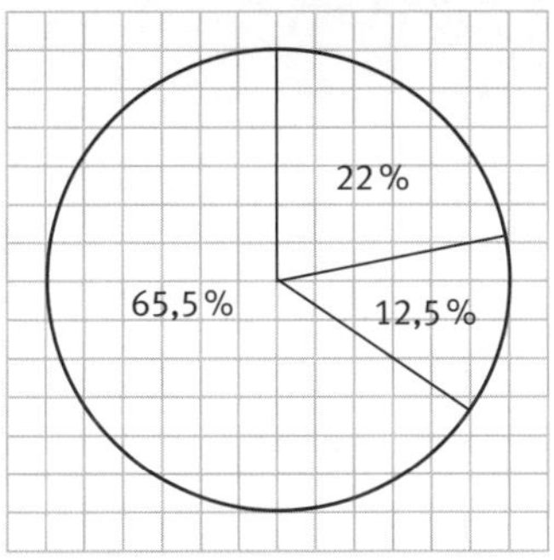

d)

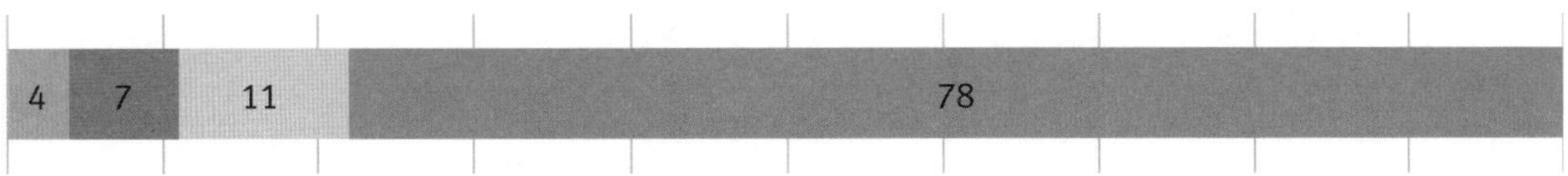

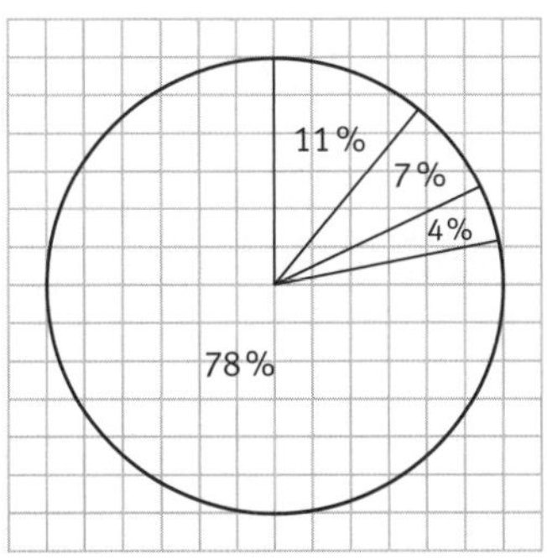

K4 **4** **a)** $\frac{10}{30} = \frac{1}{3} \approx 0{,}33 = 33\,\% < \frac{10}{25} = \frac{2}{5} = 0{,}4 = 40\,\%$

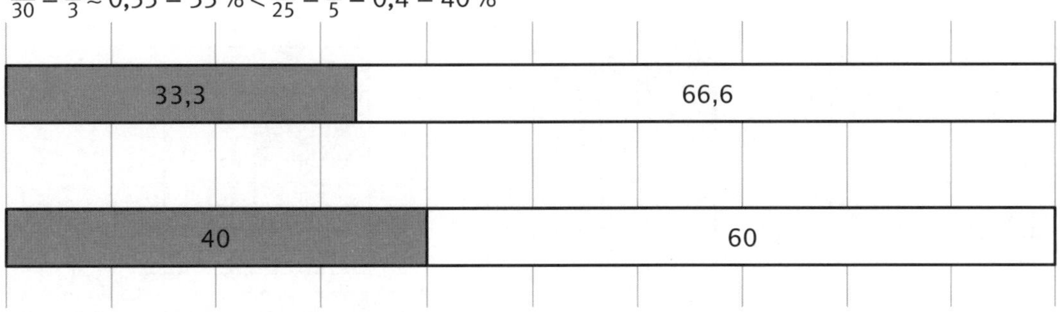

b) $\frac{6}{15} = \frac{2}{5} = 0{,}4 = 40\,\% < \frac{6}{9} = \frac{2}{3} \approx 0{,}66 = 66\,\%$

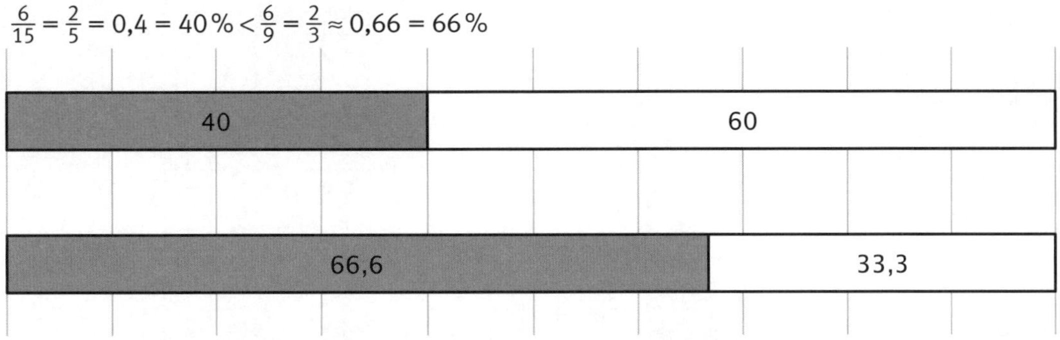

K4 **5** **a)**

Anteil in %	4	10	23	35	50	65	72	85
Winkel in °	14,4	36	82,8	126	180	234	259,2	306

b)

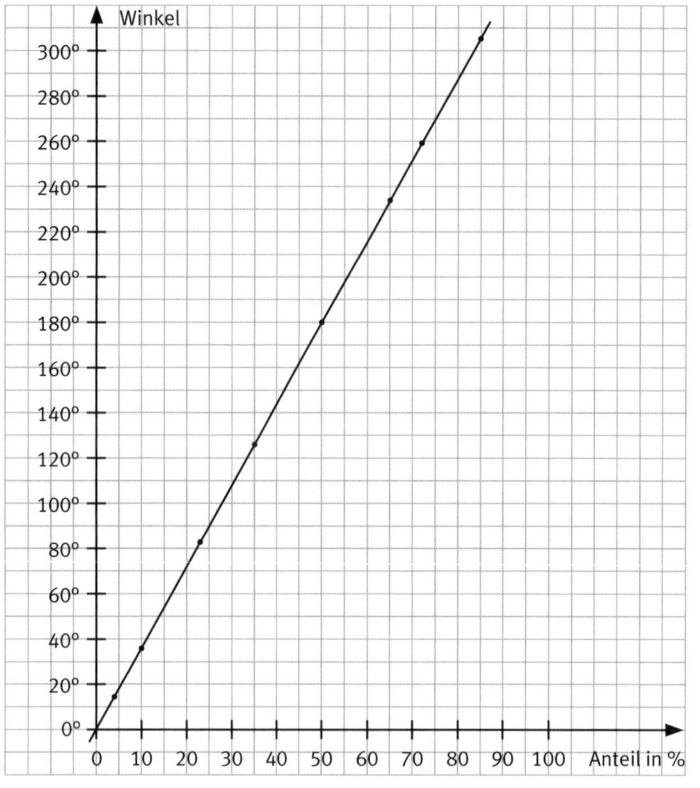

Ja, die Punkte dürfen verbunden werden, da eine direkt proportionale Zuordnung vorliegt, bei der auch Zwischenwerte existieren.

c) ① 3 %; 7 %; 13 %; 22 %; 33 %; 42 %; 53 %; 56 %; 69 %

② 54°; 72°; 90°; 173°; 202°; 259°; 302°; 334°

K4 **6** **a)** Im abgebildeten Quadrat sind $\frac{25}{100} = 0{,}25 = 25\,\%$ dargestellt.

b) Lösungsmöglichkeiten:

17 %

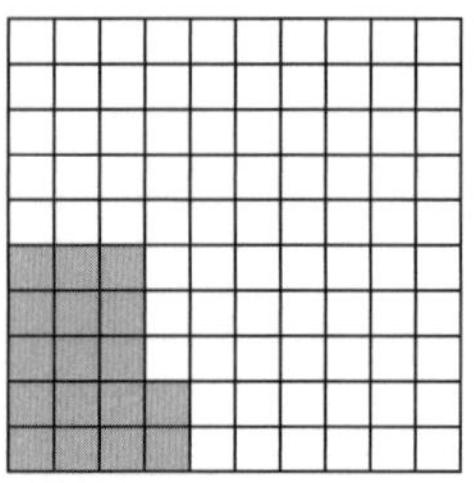

30 %

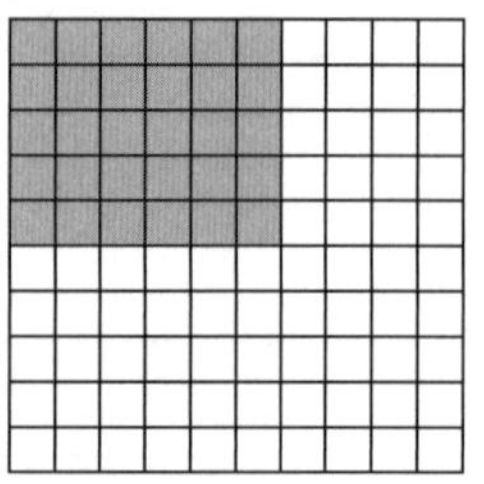

25 %

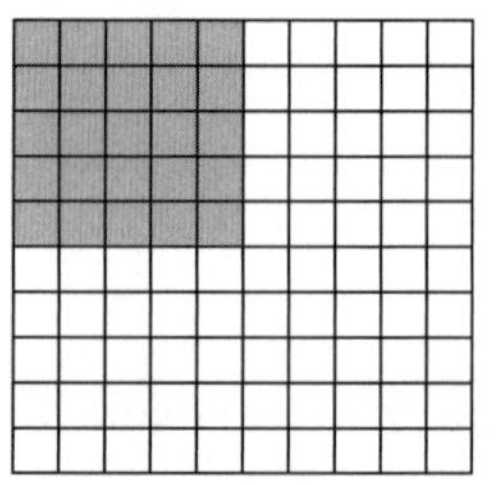

70 %

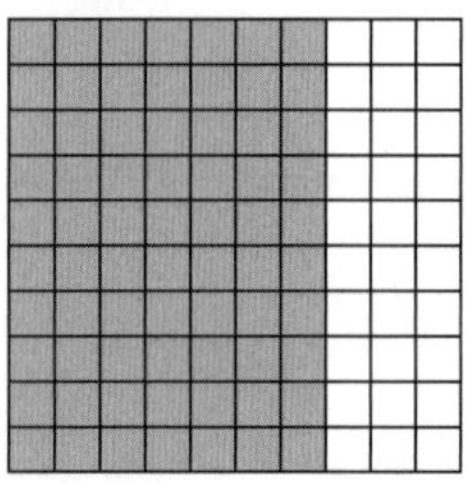

55 %

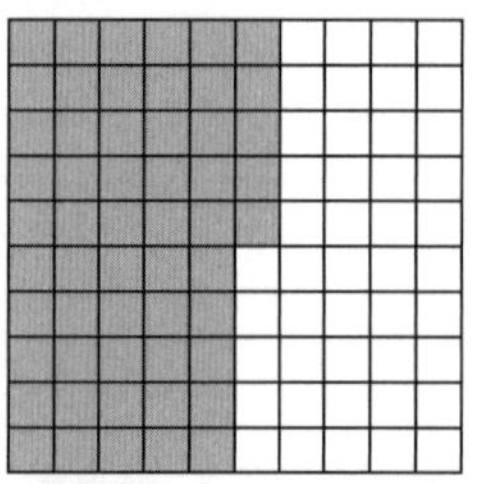

67 %

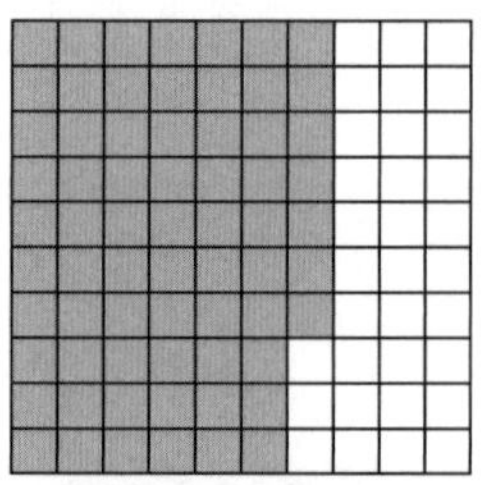

6 %

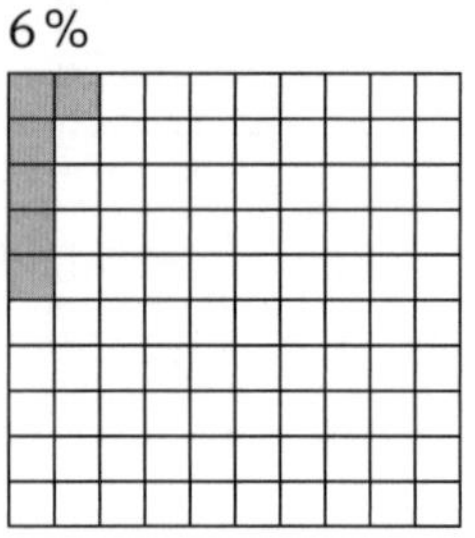

15 %

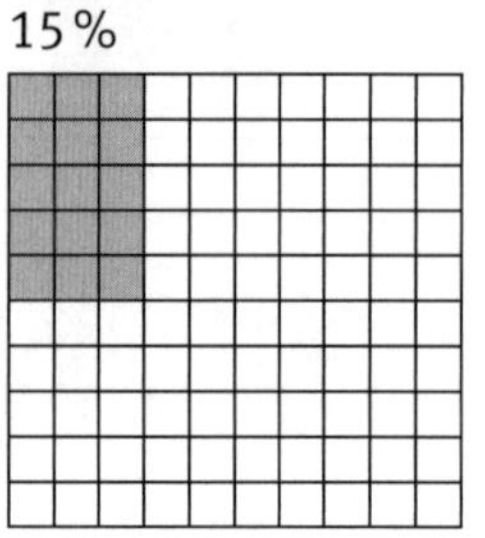

81 %

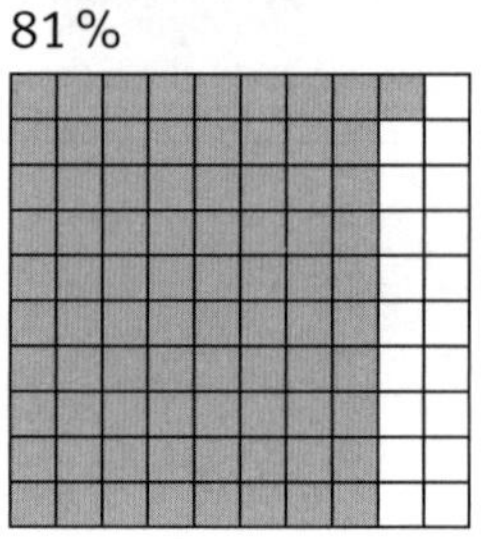

K3 **7** **a)** Zur Veranschaulichung von Prozentangaben, die zusammen 100 % ergeben, eignen sich insbesondere Kreis-, Säulen- und Streifendiagramme.

b) und **d)** Kreisdiagramm:

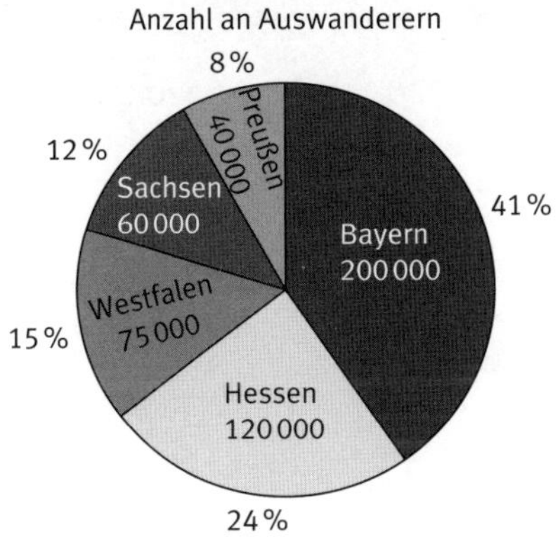

Säulendiagramm:

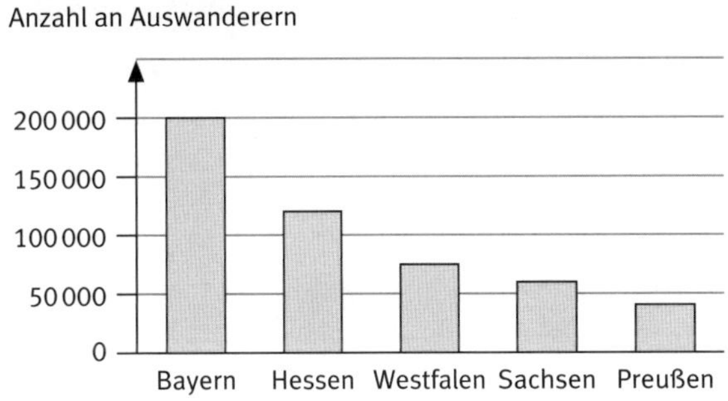

c) Auswanderer insgesamt: 200 000 + 120 000 + 75 000 + 60 000 + 40 000 = 495 000

e) Individuelle Antworten sind möglich, u. a. durch Zugriff auf Daten des statistischen Bundesamtes.

K6 **8** Lösungsmöglichkeiten:

a) 80 % der Schüler haben ein Handy.
Das Verhältnis von „Handy-Schülern" zu allen Schülern beträgt 8 : 10.

b) Bei 70 % des Teiges wurde Roggenmehl verwendet, bei den restlichen 30 % Weizenmehl.
Das Verhältnis von Roggenmehl zum gesamten Anteil an Mehl ist 7 : 10.

c) Bei 25 % der Radfahrer ist die Lampe kaputt.
Das Verhältnis von Radfahrern mit kaputter Lampe zu denen mit ganzer Lampe ist 1 : 3.

d) 2 von 9 Gummibärchen sind rot.
22 % der Gummibärchen sind rot.

e) 50 % aller Geburten sind Mädchen.
Das Verhältnis von Jungen und Mädchen bei den Geburten ist 1 : 1.

f) 35 % waren verregnet. Das Verhältnis von Regentagen zu trockenen Tagen ist 5:9.

K3 **9** **a)** Gewinnchancen bei Glückslos: $\frac{2}{5} = 0{,}4 = 40\,\%$

Gewinnchancen bei Losexpress: $\frac{1}{3} \approx 0{,}33 = 33\,\%$

Gewinnchancen bei Los-gelöst: $\frac{4}{10} = 0{,}4 = 40\,\%$

b) Bei Glückslos oder Los-gelöst kann man am ehesten einen Gewinn erzielen, da bei beiden Losbuden die Gewinnchance jeweils 40 % ist. Beim Vergleich der Gewinnchancen ist wichtig, dass man die Gewinne immer mit einer gleichen Grundgröße (z. B. immer mit der Gesamtzahl an Losen) in Beziehung setzt.

K3 **10 a)** Kirsch: $\frac{4}{8} = 50\,\%$ Erdbeere: $\frac{2}{8} = \frac{1}{4} = 25\,\%$ Banane: $\frac{2}{8} = \frac{1}{4} = 25\,\%$

oder

Kirsch: $\frac{96}{192} = 50\,\%$ Erdbeere: $\frac{48}{192} = 25\,\%$ Banane: $\frac{48}{192} = 25\,\%$

b) Kirsch: $\frac{4}{9} \approx 44\,\%$ Erdbeere: $\frac{2}{9} \approx 22\,\%$ Banane: $\frac{2}{9} \approx 22\,\%$ Schoko: $\frac{1}{9} \approx 11\,\%$

oder

Kirsch: $\frac{96}{216} \approx 44\,\%$ Erdbeere: $\frac{48}{216} \approx 22\,\%$ Banane: $\frac{48}{216} \approx 22\,\%$ Schoko: $\frac{24}{216} \approx 11\,\%$

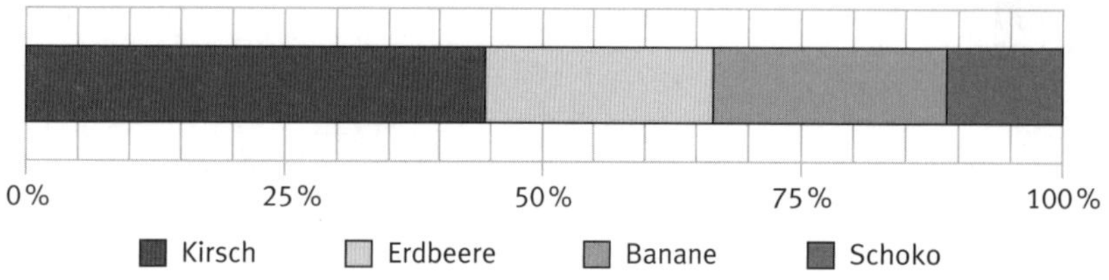

c) $\frac{39}{216} \approx 0{,}18 = 18\,\%$ der Schulmilch sind noch übrig. Es wurden 82 % verkauft.

K3 **11 a)** Das Gewicht der Brote ist vor dem Backen höher als danach, da die Brote durch die Hitze Flüssigkeit verlieren. 100 % entsprechen dem Gewicht des fertigen Brotes, 160 % entsprechen dem Gewicht des Teiges vor dem Backen.

b) Für das Herstellen von Kleidung wird mehr Stoff benötigt als später getragen wird, da man mit Verschnitt rechnen muss. 100 % entspricht dem Stoff, der in der fertigen Kleidung verarbeitet ist, 125 % entsprechen der gesamten Stoffbahn, aus der die Kleidung gefertigt wurde.

c) Die Preise in einem Geschäft sind immer höher als der Preis, den das Geschäft bezahlen muss, da von dem Gewinn noch die Mitarbeiter usw. bezahlt werden müssen. 150 % entsprechen dem Zuschlag auf die Ware (der Verkaufspreis liegt also bei 250 %), 100 % entsprechen dem Preis, zu dem die Ware eingekauft wurde.

K5

Spiel

- Anhand eines selbst gebastelten Kartenspiels lernen die Schülerinnen und Schüler, mit unterschiedlichen Darstellungen von Anteilen umzugehen und diese miteinander zu vergleichen.

Alternativer Einstieg: Schulbuch Seite 56

Entdecken

K4
- Summe: 593 000 + 157 000 + 228 000 + 282 000 + 1 739 000 + 3 752 000 = 6 751 000

  Sonstige: $\frac{593\,000}{82\,000\,000} \approx 0{,}72\,\%$

  Bosnien-H.: $\frac{157\,000}{82\,000\,000} \approx 0{,}19\,\%$

  Kroatien: $\frac{228\,000}{82\,000\,000} \approx 0{,}28\,\%$

  Serbien: $\frac{282\,000}{82\,000\,000} \approx 0{,}34\,\%$

  Türkei: $\frac{1\,739\,000}{82\,000\,000} \approx 2{,}12\,\%$

  EU-Staaten: $\frac{3\,752\,000}{82\,000\,000} \approx 4{,}58\,\%$

  Gesamt: $\frac{6\,751\,000}{82\,000\,000} \approx 8{,}23\,\%$

K6
- Im Nenner steht die Gesamtsumme aller Menschen in Deutschland. Der Zähler gibt die Anzahl der Menschen aus einem bestimmten Staat wieder.

Nachgefragt

K6
- Individuelle Lösungen möglich.

K1
- Ja, der Prozentwert kann auch größer sein als der Grundwert. Das ist genau dann der Fall, wenn der Prozentsatz größer als 100 % ist.

Aufgaben

K3 **1** **a)** Grundwert und Prozentsatz **b)** Prozentwert und Prozentsatz **c)** Grundwert und Prozentwert

K4 **2** **a)** G = 30 Schüler P = 12 Schüler p % = 40 %

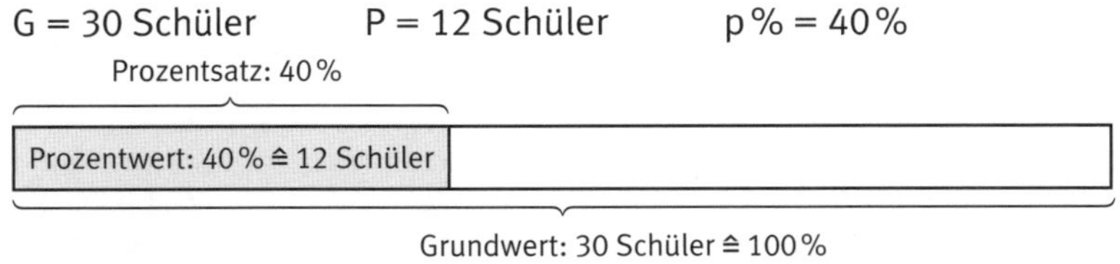

b) G = 1,20 m P = 36 cm p % = 30 %

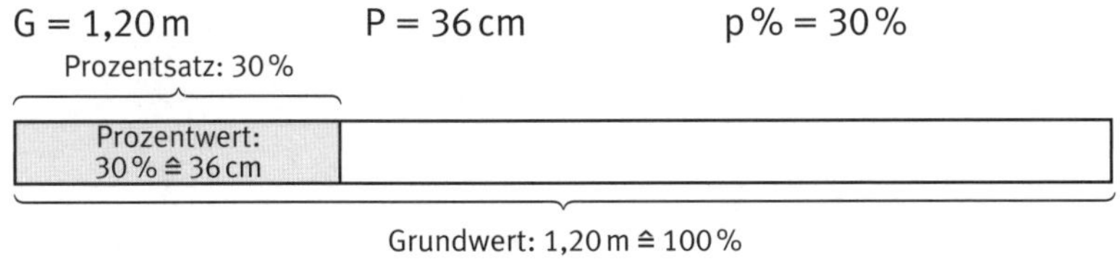

c) G = 600 m^2 P = 360 m^2 p % = 60 %

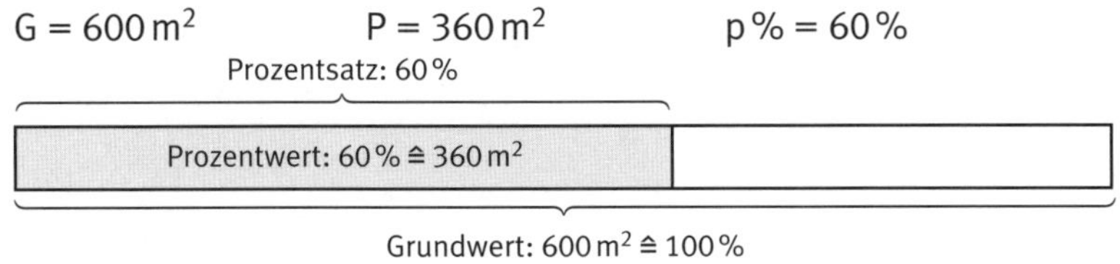

d) G = 200 ml P = 180 ml p % = 90 %

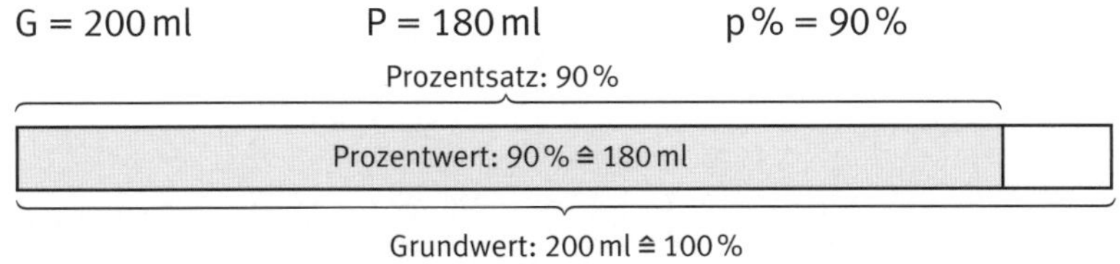

e) G = 1000 ml P = 450 ml p % = 45 %

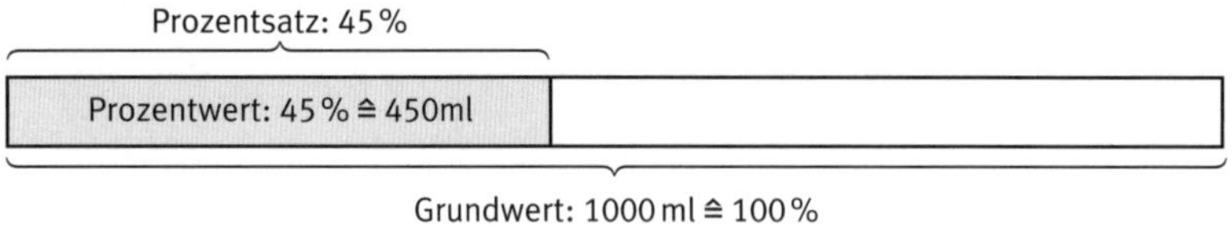

f) G = 150 g P = 48 g p % = 32 %

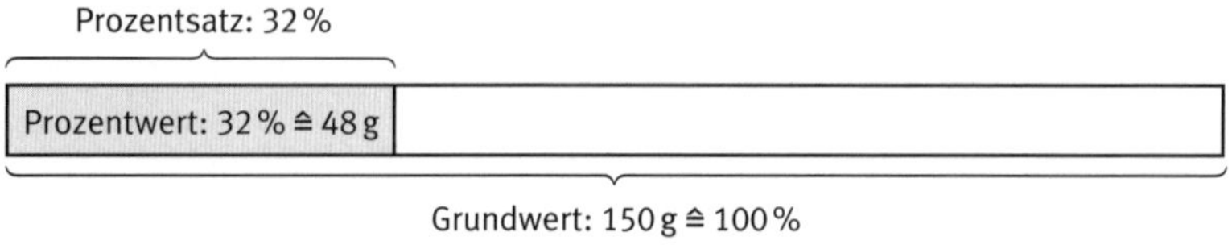

K3 **3** (A) und (2) (B) und (3) (C) und (1)

K3 **4** Lösungsmöglichkeiten:

a) Auf einem Hühnerhof werden pro Tag 480 Eier gelegt. Da jetzt einige Hühner fehlen, können die verbleibenden nur 5 % weniger legen. Das sind 24 Eier am Tag weniger.

b) Ein Sessel kostet 79 €. Heute gibt es eine Vergünstigung von 20 % auf alle Möbelstücke. Das macht bei dem Sessel 15,08 €.

c) Von einem Schlauch der Gesamtlänge 15 m werden 15 %, also 2,25 m, abgetrennt.

Alternativer Einstieg: Schulbuch Seite 56

Entdecken

K3 ■ Grundwert: 800 befragte Personen
Prozentwert: Anzahl der Handynutzer
Prozentsatz: Anteil

K3 ■

Anzahl Nutzer	200	40	120	720
Anteil	25 %	5 %	15 %	90 %

K1 ■ Quotientengleichheit: Das Verhältnis aus zugeordneter Größe und Ausgangsgröße ist stets gleich, also $\frac{528}{66\,\%} = \frac{600}{75\,\%} = \ldots = 800$
Über den Dreisatz lässt sich jede Zwischengröße in eine andere überführen.
Der Graph ist eine lineare Funktion durch den Ursprung.

K4 ■

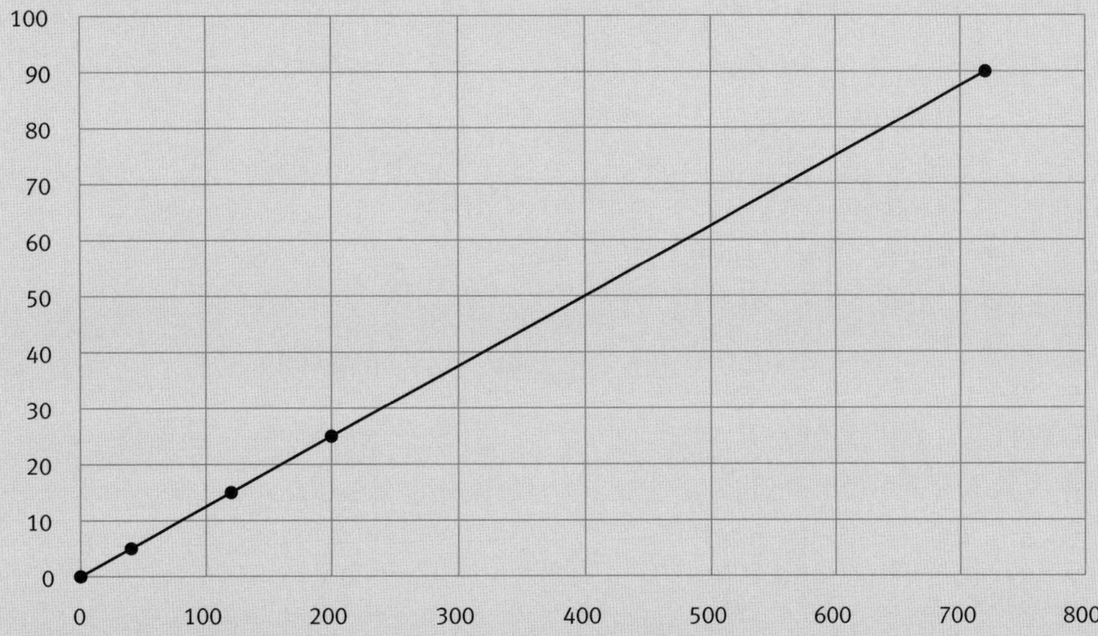

Weitere Werte: (400 | 50 %); (0 | 0 %); (300 | 37,5 %); (800 | 100 %)

Nachgefragt

K6 ■ Nein, denn Anteile lassen sich sowohl als Bruch als auch in Prozent angeben. Dabei unterscheiden sich Brüche und Prozente nicht in der Genauigkeit der Angabe, sondern nur in der Darstellungsform. Brüche sind jedoch präziser als gerundete Prozentangaben.

K1 ■ Dieser Zusammenhang ist richtig, wie man sich leicht anhand eines Zahlenbeispiels klarmachen kann: Angenommen, der Grundwert G ist 1000 € und der Prozentsatz liegt bei 25 %, dann beträgt der Prozentwert 250 €. Steigt der Prozentsatz auf 50 %, so steigt auch der Prozentwert (500 €).

Aufgaben

K5 **1** **a)** p % = 27 % **b)** p % = 33 % **c)** p % = 30 %
d) p % = 7 % **e)** p % = 33 % **f)** p % = 150 %
g) p % = 75 % **h)** p % = 60 % **i)** p % = 33 %

K5 **2** **a)** Gegeben: G = 78 min; P = 39 min Gesucht: p %

Rechnung:

$\frac{p\,\%}{100\,\%} = \frac{39\,\text{min}}{78\,\text{min}} \Rightarrow p\,\% = \frac{39\,\text{min}}{78\,\text{min}} \cdot 100\,\% = 50\,\%$

Antwort: 39 min von 78 min sind 50 %. Die weiteren Rechnungen erfolgen analog.

b) p % = 16 % **c)** p % = 17 % **d)** p % = 48 % **e)** p % = 105 %

K4 **3**

a)	p % = 75 %	P = 9 Kästchen (3 Spalten)	G = 12 Kästchen (4 Spalten)
b)	p % = 75 %	P = 3 Dreiecke	G = 4 Dreiecke
c)	p % ≈ 66,7 %	P = 2 Kreisteile	G = 3 Kreisteile
d)	p % ≈ 16,7 %	P = 1 Kreisteil	G = 6 Kreisteile
e)	p % ≈ 83 %	P = 5 Dreiecke	G = 6 Dreiecke

K5 **4** **a)** G = 540 € P = 81 € p % = 15 %

Tabelle mit Dreisatz

	Geldbetrag	Prozentsatz p %	
	540 €	100 %	
: 60	9 €	≈ 1,67 %	: 60
· 9	81 €	15 %	· 9

Gleichung

$p\,\% = \frac{81\,€}{540\,€} \cdot 100\,\% = 15\,\%$

	G = 8 t	P = 2,4 t	p % = 30 %
	G = 680 m	P = 476 m	p % = 70 %
b)	G = 68 a	P = 27,2 a	p % = 40 %
	G = 840 Schüler	P = 336 Schüler	p % = 40 %
	G = 16 km	P = 12,8 km	p % = 80 %
c)	G = 6 l	P = 0,66 l	p % = 11 %
	G = 40 dm	P = 76 cm	p % = 19 %
	G = 325 €	P = 50 €	p % ≈ 15,4 %

K5 **5** **a)** 10 € **b)** 27 m **c)** 62,5 l

d) 3 min **e)** 270 kg **f)** 1,5 h (90 min)

K5 **6** **a)** Gegeben: G = 268 m; p % = 21 % Gesucht: P

Rechnung:

$\frac{P}{268\,\text{m}} = \frac{21\,\%}{100\,\%} \Rightarrow P = \frac{21\,\%}{100\,\%} \cdot 268\,\text{m} = 56{,}28\,\text{m}$

Antwort: 21 % von 268 m sind 56,28 m.
Die weiteren Rechnungen erfolgen analog.

b) 53,55 kg **c)** 61,36 € **d)** 49,14 t **e)** 61,23 l

K5 **7** **a)** 48 m **b)** 1500 € **c)** 20 s

d) 10 t **e)** 210 cm (2,1 m) **f)** 150 kg

g) 480 € **h)** 100 min **i)** 7 €

K5 **8** **a)** Gegeben: P = 79,35 €; p % = 23 % Gesucht: G

Rechnung:

$\frac{G}{79{,}35\,€} = \frac{100\,\%}{23\,\%} \Rightarrow G = \frac{100\,\%}{23\,\%} \cdot 79{,}35\,€ = 345\,€$

Antwort: Wenn 23 % 79,35 € sind, dann entsprechen dem Ganzen 345 €.
Die weiteren Rechnungen erfolgen analog.

b) 15,5 kg **c)** 246 m **d)** 390 € **e)** 280 g

K3 **9** Gegeben: G = 443 €; p % = 6 % Gesucht: P
Rechnung: $443\,€ \cdot \frac{6}{100} = 26{,}58\,€$
Antwort: Die Miete wird um 26,58 € erhöht.

K3 **10** Gegeben: p % = 3,5 %; P = 8470 € Gesucht: G
Rechnung: $8470\,€ \cdot \frac{100}{3{,}5} = 242\,000\,€$
Antwort: Die Bausumme beträgt 242 000 €.

K3 **11** Gegeben: G = 10,2 Mrd €; P_1(Personal) = 2,3 Mrd €; P_2(Baumaßnahmen) = 0,2 Mrd € Gesucht: p
Rechnung: $P_1 = \frac{2{,}3}{10{,}2} \cdot 100 \approx 22{,}55\,\%$; $P_2 = \frac{0{,}2}{10{,}2} \cdot 100 \approx 1{,}96\,\%$
Antwort: Die Personalkosten nehmen einen Anteil von rund 22,55 % ein, die Baukosten von rund 1,96 %.

K5 **12**

	T-Shirt	Milch	Salat	Handy	Auto
alter Preis	5,50 €	0,79 €	0,80 €	78,50 €	18 600 €
Preisänderung	+ 6 %	+ 12,7 %	− 5 %	− 4 %	+ 4,5 %
Preisänderung	+ 0,33 €	+ 0,10 €	− 0,04 €	− 3,14 €	+ 837 €
neuer Preis	5,83 €	0,89 €	0,76 €	75,36 €	19 437 €

K3 **13** **a)** G = 100 % · 52,50 € : 15 % = 350 €
b) G = 100 % · 225 € : 30 % = 750 €
c) G = 100 % · 38 € : 19 % = 200 €

K3 **14** ① P = 50 % · 490 € : 100 % = 245 €
② P = 20 % · 799 € : 100 % = 159,80 €
③ P = 30 % · 23,90 € : 100 % = 7,17 €
① neuer Preis: 490 € − 245 € = 245 €
② neuer Preis: 799 € − 159,80 € = 639,20 €
③ neuer Preis: 23,90 € − 7,17 € = 16,73 €

K4 **15** **a)** Comics: 12 % Zeitschriften: 24 % Märchen: 16 % Jugendkrimis: 32 % Sonstiges: 16 %
b) Comics: P = 12 % · 680 : 100 % ≈ 82 Schüler
Zeitschriften: P = 24 % · 680 : 100 % ≈ 163 Schüler
Märchen: P = 16 % · 680 : 100 % ≈ 109 Schüler
Jugendkrimis: P = 32 % · 680 : 100 % ≈ 218 Schüler
Sonstiges: P = 16 % · 680 : 100 % ≈ 109 Schüler
Die Rundung auf ganze Schüler ergibt in der Summe eine Schülerzahl von 681.

K6 **16** **a)** Grundwert: gesamte Strecke Prozentsatz: Anteil in Prozent Prozentwert: bisherige Stecke
b)

Anteil	10 %	20 %	30 %	35 %	40 %	70 %	80 %
Strecke	3,2 km	6,4 km	9,6 km	11,2 km	12,8 km	22,4 km	25,6 km

c) Gesamte Strecke: 32 km z.B. 10 % = 3,2 km, also sind 100 % = 32 km
d) direkt proportionale Zuordnung; verdoppelt sich ein Wert, so verdoppelt sich auch der andere.

K2

Ernährung

- Die gesamte Pyramide besteht aus insgesamt 21 Bausteinen. Die folgende Nummerierung ist absteigend von oben nach unten.

1.	Reihe:	Süßigkeiten:	1 von 21 ≈ 4,7 %
2.	Reihe:	Fette und Öle:	2 von 21 ≈ 9,5 %
3.	Reihe:	Milch und Milchprodukte:	2 von 21 ≈ 9,5 %
		Fisch und Fleisch:	1 von 21 ≈ 4,7 %
4.	Reihe:	Gemüse:	3 von 21 ≈ 14,2 %
		Obst:	1 von 21 ≈ 4,7 %
5.	Reihe:	Getreide:	5 von 21 ≈ 23,8 %
6.	Reihe:	Saft:	1 von 21 ≈ 4,7 %
		Wasser:	5 von 21 ≈ 23,8 %

- Lösungsmöglichkeit:

Süßigkeiten:	4,7 % ≙≈ 16°
Fette und Öle:	9,5 % ≙≈ 34°
Milch und Milchprodukte, Fisch und Fleisch:	14,3 % ≙≈ 51°
Obst und Gemüse:	19,0 % ≙≈ 9°
Getreide:	23,8 % ≙≈ 86°
Saft und Wasser:	28,6 % ≙≈ 103°

Die Abweichung von 360° bzw. 100 % kommt durch Rundung zustande.

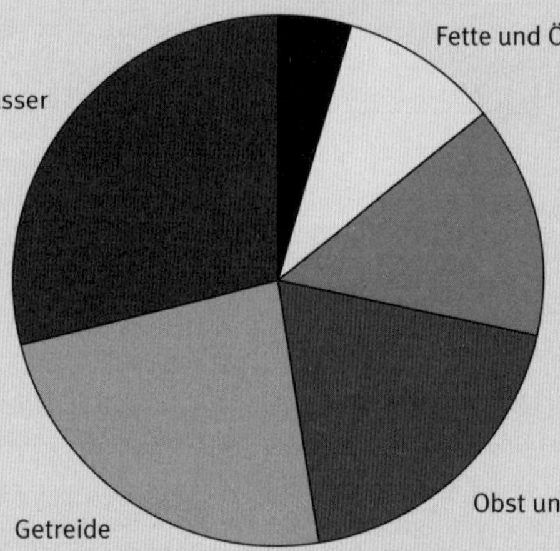

In der Pyramide können die Anteile zwischen den einzelnen Nahrungsmittelgruppen besser miteinander verglichen werden. Anhand des Kreisdiagramms sieht man schneller den Anteil einer Nahrungsmittelgruppe in Relation zur Gesamtheit, da das Auge einen Kreis besser als eine Gesamtheit wahrnimmt als eine Pyramide.

- Beispielrechnung für den Tagesbedarf an Brennwerten (Berechnung mittels Verhältnisgleichung): Die Angaben sind teils gerundet.

Milch:

8 % ≙ 168 kcal
100 % ≙ G
G = 100 % · 168 kcal : 8 %
G = 2100 kcal

Die Berechnungen für die anderen Angaben werden analog durchgeführt.

Zucker:	92 g
Fett:	119 g
gesättigte Fettsäuren:	20 g
Natrium:	2,6 g

Ernährung (Forts.)

Chips:

Brennwert:	2310 kcal
Zucker:	70 g
Fett:	73 g
gesättigte Fettsäuren:	120 g
Natrium:	2,5 g

Die teils großen Abweichungen kommen durch unterschiedliche Empfehlungen zustande und auch dadurch, dass nicht immer eindeutig definiert ist, was gesättigte Fettsäuren sind.

- Beispielrechnung, die anderen Lösungen erhält man analog:

In 100 ml Milch sind enthalten:

	Menge	Brennwert	
: 5	250 ml	168 kcal	: 5
· 2	50 ml	33,6 kcal	· 2
	100 ml	67,2 kcal	

Brennwert:	67,2 kcal
Zucker:	4,8 g
Fett:	3,8 g
gesättigte Fettsäuren:	0,6 g
Natrium:	0,052 g

100 g Chips enthalten:

	Menge	Brennwert	
· 100	30 g	162 kcal	· 10
: 3	300 g	1620 kcal	: 3
	100 g	540 kcal	

Brennwert:	540 kcal
Zucker:	2,3 g
Fett:	36,7 g
gesättigte Fettsäuren:	20 g
Natrium:	0,7 g

Entdecken

K3 K6

- 20 % von 899 € sind 179,80 €. Der neue Preis ist also 899 € – 179,80 € = 719,20 €.
- 719,20 € enthält 114,83 € Mehrwertsteuer.
  719,20 € können als 119 % des Grundwertes betrachtet werden.

Nachgefragt

K1
- Der Grundwert muss mit 1,02 multipliziert werden. Bei der Multiplikation mit dem Faktor 1,2 würde der Preis um 20 % steigen.

K1
- Ja, denn der vermehrte Grundwert errechnet sich durch 100 % + p %, was in der Summe (bei p > 0) stets mehr als 100 % ergibt.

Aufgaben

K3 **1** **a)** 105 % = 1,05 **b)** 80 % = 0,8 **c)** 88 % = 0,88
d) 98 % = 0,98 **e)** 130 % = 1,3 **f)** 107 % = 1,07
g) 91 % = 0,91 **h)** 60 % = 0,6 **i)** 125 % = 1,25

K3 **2** Lösungsmöglichkeiten:
a) Erhöhung um 20 %; Minderung um 5 %; Erhöhung um 4 %; Minderung um 17 %; Erhöhung um 1 %
b) Minderung um 1 %; Erhöhung um 10 %; Erhöhung um 25 %; Minderung um 16 %; Erhöhung um 2 %
c) Minderung um 23 %; Erhöhung um 75 %; Erhöhung um 80 %; Minderung um 19 %; Minderung um 10 %
d) Erhöhung um 100 % (Verdopplung), Minderung um 98 %; Erhöhung um 50 %; Minderung um 50 % (Halbierung); Minderung um 50 % (Halbierung)

K5 **3** **a)**

Länge in cm	12	20	18
Anteil	60 %	100 %	90 %

b)

Preis in €	62,72	56,00	42,00
Anteil	112 %	100 %	75 %

c)

Masse in kg	82,46	86,80	95,48
Anteil	95 %	100 %	110 %

d)

Fläche in cm²	107,44	126,40	189,60
Anteil	85 %	100 %	150 %

K5 **4**

	a)	b)	c)	d)	e)	f)
alter Preis	340 €	125 €	1450 €	324 €	3600 €	630 €
Änderung um ...	+ 8 %	– 17 %	+ 2 %	– 25 %	+ 12 %	– 10 %
vermehrter/verminderter Prozentsatz	108 %	83 %	102 %	75 %	112 %	90 %
Änderungsfaktor als Dezimalzahl	1,08	0,83	1,02	0,75	1,12	0,9
neuer Preis	367,20 €	103,75 €	1479 €	243 €	4032 €	567 €

Alternativer Einstieg: Schulbuch Seite 57

Entdecken

K3
- Nach einem Jahr
  Girokonto: 15 € Tagesgeldkonto: 190 € Festgeldkonto: 375 €

K3
- Nach 3 Monaten
  Girokonto: 3,75 € Tagesgeldkonto: 47,50 € Festgeldkonto: 93,75 €

  Nach 8 Monaten
  Girokonto: 10 € Tagesgeldkonto: 126,66 € Festgeldkonto: 250 €

  Nach 220 Tagen (ausgehend von einem Jahr mit 360 Tagen)
  Girokonto: 9,17 € Tagesgeldkonto: 116,11 € Festgeldkonto: 229,17 €

Nachgefragt

K6
- Tageszinsen: Zinsen für eine bestimmte Anzahl an Tagen bestimmt man, indem man die Anzahl der Tage, die das Geld angelegt wird, durch die Anzahl der Tage eines Jahres (meist 360) dividiert. Man erhält den Anteil an Tagen des Jahres, an denen das Geld ausgelegt wurde. Diesen Anteil multipliziert man mit den Jahreszinsen.
  Monatszinsen: Zinsen für eine bestimmte Anzahl an Monaten bestimmt man, indem man die Anzahl der Monate, die das Geld angelegt wird, durch die Anzahl der Monate eines Jahres (12) dividiert. Man erhält den Anteil an Monaten des Jahres, an denen das Geld ausgelegt wurde. Diesen Anteil multipliziert man mit den Jahreszinsen.

K6
- Ja, denn 100 % entsprechen immer dem Grundwert. Hätte man also ein Konto mit einem Zinssatz von 100 %, so würde sich das Guthaben jedes Jahr verdoppeln.

Aufgaben

K5 **1**

	a)	b)	c)	d)	e)	f)	g)
K	2445 €	6250 €	3600 €	5000 €	7434 €	26 540 €	90 588 €
p %	5 %	2 %	4,5 %	3 %	0,75 %	9 %	11 %
Z	122,25 €	125 €	162 €	150 €	55,76 €	2388,60 €	9964,68 €

K3 **2** **a)** $Z = 564\,€ \cdot \frac{2}{100} = 11{,}28\,€$

Antwort: Chanel werden am Jahresende 11,28 € gutgeschrieben.

b) $p\,\% = \frac{124{,}80\,€}{2600\,€} = 0{,}048 = 4{,}8\,\%$

Antwort: Das Geld wurde mit einem Zinssatz von 4,8 % verzinst.

c)

	Prozentsatz	Geldbetrag	
· 31,25	3,2 %	250 €	· 31,25
	100 %	7812,50 €	

Antwort: Um jedes Jahr 250 € Zinsen abheben zu können, muss Sandra bei einem Zinssatz von 3,2 % (mindestens) 7812,50 € anlegen.

K5 **3**

Laufzeit		① Z bei 3000 € und 5 %	② Z bei 1200 € und 2 %	③ Z bei 7000 € und 0,5 %	④ Z bei 3600 € und 1,5 %
a)	1 Jahr	150 €	24 €	35 €	54 €
b)	Ⓐ $\frac{1}{4}$ Jahr	37,50 €	6 €	8,75 €	13,50 €
	Ⓑ 9 Monate	112,50 €	18 €	26,25 €	40,50 €
	Ⓒ 120 Tage	50 €	8 €	11,67 €	18 €
	Ⓓ Mitte März bis Ende Juli ($4\frac{1}{2}$ Monate)	56,25 €	9 €	13,13 €	20,25 €

K5 **4** Bei den folgenden Aufgaben werden Monate mit 30 Tagen angesetzt, selbst dann, wenn sie real länger bzw. kürzer sind (vgl. Merkwissen im Schülerbuch). Am Einzahlungstag werden keine Zinsen bezahlt, dafür am Ausgabetag. Die Zinsen sind teils gerundet.

a) Zeitraum: 29 + 20 = 49 (Tage) $Z\ (49\text{ Tage}) = 5500\,€ \cdot 2{,}8\,\% \cdot \frac{49}{360} = 20{,}96\,€$

b) Zeitraum: 15 + 30 + 25 = 70 (Tage) $Z\ (70\text{ Tage}) = 39\,000\,€ \cdot 4{,}2\,\% \cdot \frac{70}{360} = 318{,}50\,€$

K3 **5** **a)** Gegeben: K = 1200 €; Z = 48 €; Anlagedauer: 240 Tage Gesucht: p %

Rechnung:

$Z\ (240\text{ Tage}) = 48\,€ = 1200\,€ \cdot p\,\% \cdot \frac{240}{360}$

$p\,\% = \frac{48\,€}{1200\,€} \cdot \frac{360}{240} = 0{,}06 = 6\,\%$

Der Zinssatz betrug 6 %.

Beschreibung: In die Formel zur Berechnung von Tageszinsen wurden die gegebenen Angaben eingesetzt. Durch Umstellung der Formel konnte dann der Prozentsatz errechnet werden.

b) Gegeben Z (9 Monate) = 45 €; p % = 4 % Gesucht: K

$Z\ (9\text{ Monate}) = 45\,€ = K \cdot 4\,\% \cdot \frac{9}{12}$

$K = \frac{45\,€}{4\,\%} \cdot \frac{12}{9} = 1500\,€$

Antwort: Frau Guthoff hatte 1500 € angelegt.

Beschreibung: In die Formel zur Berechnung von Monatszinsen wurden die gegebenen Angaben eingesetzt. Durch Umstellung der Formel konnte dann das angelegte Kapital errechnet werden.

K3 **6** $p\,\% = \frac{Z}{K}$

$p\,\% = \frac{11\,700\,€}{180\,000\,€} = 0{,}065 = 6{,}5\,\%$

Antwort: Der Zinssatz des Kredits beträgt 6,5 %.

K3 **7** $8\,\% \mathrel{\widehat{=}} 9600\,€$

$100\,\% \mathrel{\widehat{=}} 9600\,€ \cdot \frac{100}{8} = 120\,000\,€$

275 000 € – 120 000 € = 155 000 €

155 000 € Eigenkapital sind nötig.

K3 **8** 8820 € – 5000 € = 3820 €

Z = 3820 € · 14,3 % = 546,26 €

8820 € + 546,26 € = 9366,26 €

Das Motorrad kostet tatsächlich 9366,26 €.

K5 **1** **a)** y erhält man aus 3 + x.

5	10	0,5
8	13	3,5

b) y erhält man aus 4 · x.

10	2,5	0,8
40	10	3,2

a) y erhält man, indem aus x der Kehrwert gebildet wird.

5	...	$\frac{2}{5}$	$0{,}9 = \frac{9}{10}$
$\frac{1}{5}$		$\frac{5}{2}$	$\frac{10}{9}$

b) y erhält man, indem x quadriert und mit 1 subtrahiert wird.

4	5	2,5
15	24	5,25

K1 **2** **a)** direkt proportional (Quotientengleichheit)
b) indirekt proportional (Produktgleichheit)

a) direkt proportional (Quotientengleichheit)
b) keine bekannte Zuordnung (weder Produkt- noch Quotientengleichheit)

K3 **3** **a)** eindeutige Zuordnung: Alter in Jahren $\mapsto$ Körpergröße in cm
Individuelle Beschreibung des Graphen möglich. (z. B. Der Graph beschreibt einen Normalbereich für die Körpergröße von Mädchen. Es werden durch den Median Durchschnittswerte dargestellt usw.)
b) 2 Jahre → 96 cm; 6 Jahre → 110 cm
3 Jahre → 99 cm; 7 Jahre → 116 cm
4 Jahre → 102 cm; 8 Jahre → 124 cm
5 Jahre → 108 cm
c) z. B. im Alter von 2 Jahren hatte Gesa eine Auffälligkeit in ihrer Körpergröße. Zwischen dem 3. und 8. Lebensjahr hat Gesa überdurchschnittliche Werte ihrer Körpergröße, aber die Werte liegen nicht im auffälligem Bereich.
d) Individuelle Lösungen möglich.

a) Individuelle Beschreibung der Graphen möglich. (z. B. Zwischen der oberen und der unteren Kurve sind die Daten unauffällig. usw ...)
b) siehe c) links
c) Lisa: überdurchschnittlich, aber unauffällig
Sina: unterdurchschnittlich, aber unauffällig
Eva: unauffällig

K5 **4** **a)** 8 % und 0,08; 28 % und 0,28; 40 % und 0,4; 15 % und 0,15; 75 % und 0,75; 40 % und 0,4
b) 3,85 % und 0,0385; 6,18 % und 0,0618
c) 23,30 % und 0,233; 61,54 % und 0,6154

a) 45 % und 0,45; 12,5 % und 0,125; 25 % und 0,25; 46,67 % und 0,4667; $33{,}\overline{3}$ % und $0{,}\overline{3}$; 28,13 % und 0,2813
b) 8,24 % und 0,0824; 19,36 % und 0,1936
c) 24,16 % und 0,2416; 217,46 % und 2,1746

K4 **5** **a)** lila: $\frac{11}{100}$, 11 %
grün: $\frac{10}{100} = \frac{1}{10}$, 10 %
b) lila: $\frac{3}{4}$, 75 %

a) blau: $\frac{7}{16}$, 43,75 %
b) blau: $\approx 15° \rightarrow 4{,}1\overline{6}\,\%$, $\frac{416}{10000} = \frac{26}{625}$
orange: $\frac{1}{4} - \frac{26}{625} = \frac{521}{2500} = 20{,}84\,\%$

K3 **6** **a)** 260 € → Grundwert G
45 % → Prozentsatz p %
b) 15 Stimmen → Prozentwert P
25 Stimmen → Grundwert G
c) 78 Karten → Prozentwert P
65 % → Prozentsatz p %

a) 20 Plätze → Prozentwert P
2 % → Prozentsatz p %
b) 750 € → Grundwert G
780 € → Prozentwert P
c) 198 € → Grundwert G
15 % → Prozentsatz p %
d) 35 € → Prozentwert P
12 % → Prozentsatz p %

K1 **7** G = 200 €
p % = 10 % → P = 20 €
p % = 50 % → P = 100 €
p % = 100 % → P = 200 €
p % = 200 % → P = 400 €
p % = 500 % → P = 1000 €
Der Prozentwert ist kleiner als der Grundwert, wenn der Prozentsatz kleiner als 100 % ist und größer als der Grundwert, wenn der Prozentsatz größer als 100 % ist.

a) p % bleibt gleich: G wird verdoppelt → P wird verdoppelt, G wird verdreifacht → P wird verdreifacht, G wird halbiert → P wird halbiert
b) G bleibt gleich: p % wird verdoppelt → P wird verdoppelt, p % wird verdreifacht → P wird verdreifacht, p % wird halbiert → P wird halbiert

K3 **8** **a)** Kapital 12 000 €:
Z = K · p % = 12 000 € · 8,5 % = 1020 €
Kapital 4800 €:
Z = K · p % = 4800 € · 8,5 % = 408 €
Kapital 125 000 €:
Z = K · p % = 125 000 € · 8,5 % = 10 625 €

b) 1,5 % von 15 000 € → 225 €
2,5 % von 15 000 € → 375 €
14,5 % von 15 000 € → 2175 €

a) Z = K · p % = 16 400 € · 3,5 % = 574 €
Monatszinsen:
574 € : 12 Monate ≈ 47,83 €/Monat

b) Z = K · p % = 135 000 € · 3,25 % = 4387,50 €
Monatszinsen:
4387,50 € : 12 Monate ≈ 365,63 €/Monat
Z = K · p % = 70 000 € · 5,2 % = 3640 €
Monatszinsen:
3640 € : 12 Monate ≈ 303,33 €/Monat
Gesamtzinsbelastung pro Monat:
365,63 € + 303,33 € = 668,96 €

K5 **1** **a)** 0,12 > 1,2 % **b)** 0,24 < $\frac{1}{4}$ **c)** $\frac{7}{20}$ > 24 % **d)** 1 > $\frac{0}{100}$

$\frac{19}{100}$ = 0,19 100 % > 0,1 0,30 < $\frac{1}{3}$ 450 % = 4,5

0,04 < 14 % $\frac{1}{5}$ = 20 % 0,041 < 41 % 2,5 % < $\frac{25}{10}$

K4 **2** **a)**

	Länge	Breite	Umfang	Flächeninhalt	gefärbter Anteil
1	6 cm	3 cm	18 cm	18 cm²	65 %
2	10 cm	3 cm	26 cm	30 cm²	40 %
3	4 cm	4 cm	16 cm	16 cm²	80 %

b) 1

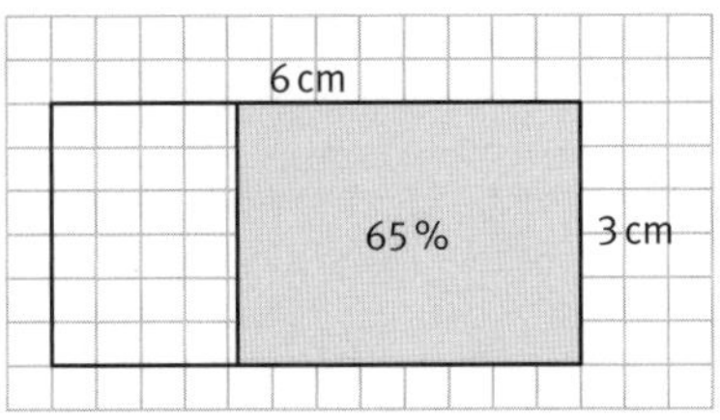

2

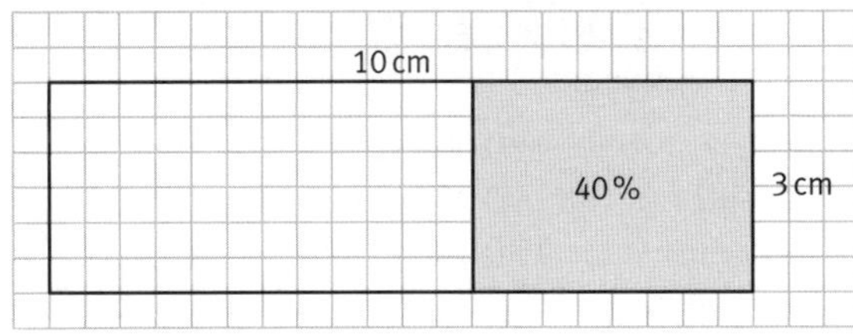

3

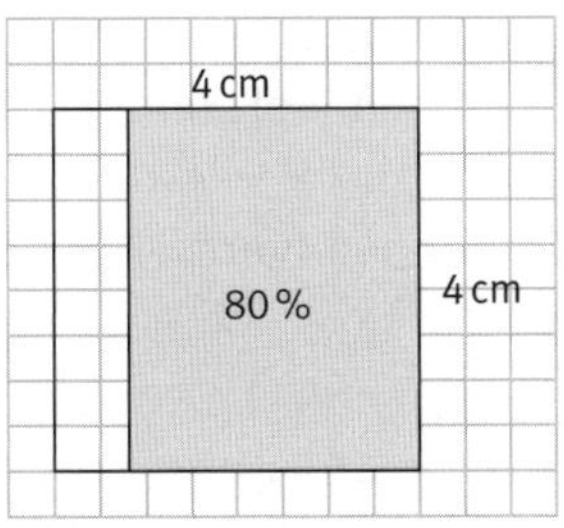

K4 **3** **a)** 1 1 Kästchen im Hunderterfeld entspricht 1 %. Die Veranschaulichung an der Hundertertafel zeigt, dass sie 24 % von 500 € von ihrem Konto abgehoben hat.

2 160 € ≙ 32 % 245 € ≙ 49 % 320 € ≙ 64 % 465 € ≙ 93 % 495 € ≙ 99 %

K5 **4**

	a)	b)	c)	d)	e)	f)	g)
G	438 m	420 m²	1413 €	51,00 t	512,07 a	91,00 a	877 l
P	297,84 m	357 m²	1384,74 €	43,17 t	588,80 a	89,12 a	464,81 l
p %	68 %	85 %	98 %	≈ 84,6 %	115 %	≈ 97,9 %	53 %

K3 **5** Grundschule: p % = 298 · 100 % : 1143 ≈ 26 %
Regelschule: p % = 112 · 100 % : 525 ≈ 21 %
Gymnasium: p % = 200 · 100 % : 948 ≈ 21 %
Berufsschule: p % = 56 · 100 % : 312 ≈ 18 %
Die Schülerinnen und Schüler der Grundschule haben die meisten Mängel, an der Berufsschule wird am fleißigsten geputzt.

K4 **6 a)** Musikschule: 126° ≙ 35 %
VHS: 54° ≙ 15 %
Vereine: 90° ≙ 25 %
Bücherei: 72° ≙ 20 %
Sonstiges: 18° ≙ 5 %

b) Berechnung des Grundwerts mittels Verhältnisgleichung:
Gegeben: P = 45 500 €; p % = 35 %
Gesucht: G
35 % ≙ 45 500 €
100 % ≙ G
G = 100 % · 45 500 € : 35 %
G = 130 000 €

VHS: 130 000 € · 15 % = 19 500 €
Vereine: 130 000 € · 25 % = 32 500 €
Bücherei: 130 000 € · 20 % = 26 000 €
Sonstiges: 130 000 € · 5 % = 6500 €

K1 **7 a)** Verdoppelt (verdreifacht, halbiert, drittelt) sich der Grundwert, verdoppelt (verdreifacht, halbiert, drittelt) sich auch der Prozentwert bei konstantem Prozentsatz.

b) Verdoppelt (verdreifacht, halbiert, drittelt) sich der Prozentsatz, verdoppelt (verdreifacht, halbiert, drittelt) sich auch der Prozentwert bei konstantem Grundwert.

K4 **8 a)**

Augenzahl 1:	G = 200	P = 32	p % = 32 · 100 % : 200 = 16 %
Augenzahl 2:	G = 200	P = 46	p % = 46 · 100 % : 200 = 23 %
Augenzahl 3:	G = 200	P = 38	p % = 38 · 100 % : 200 = 19 %
Augenzahl 4:	G = 200	P = 35	p % = 35 · 100 % : 200 = 17,5 %
Augenzahl 5:	G = 200	P = 15	p % = 15 · 100 % : 200 = 7,5 %
Augenzahl 6:	G = 200	P = 34	p % = 34 · 100 % : 200 = 17 %

b)

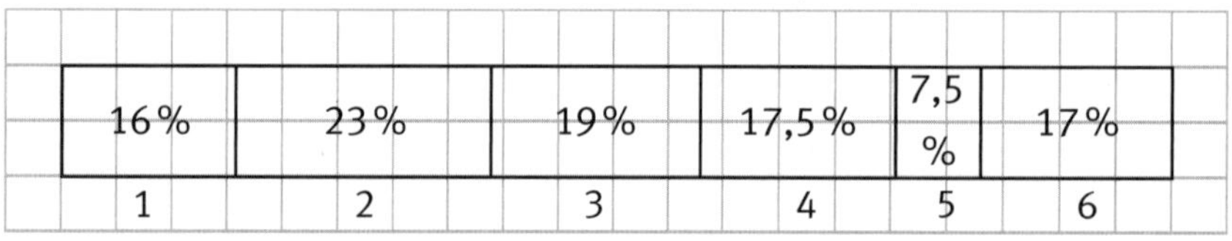

K2 **9** Trikotsatz Raul: 3 % · 749 € : 100 % = 22,47 €
Preis gesamt bei Barzahlung: 749 € – 22,47 € = 726,53 €
Koppa Trikots: 19 % · 649 € : 100 % = 123,31 €
Preis gesamt mit MwSt.: 649 € + 123,31 € = 772,31 €

Das Angebot „Trikotsatz Raul" ist günstiger, da bei den „Koppa Trikots" zusätzlich noch Mehrwertsteuer hinzukommt. Daran ändert auch der 25 € Gutschein nichts.

K3 **10 a)** Der Bruttolohn beträgt 1099,00 €, der Nettolohn 874,26 €.

b) p % = 874,26 € · 100 % : 1099,00 € ≈ 79,6 %

c) Krankenversicherung: p % = 74,18 € · 100 % : 1099,00 € ≈ 6,7 %
Rentenversicherung: p % = 105,50 € · 100 % : 1099,00 € ≈ 9,6 %
Arbeitslosenversicherung: p % = 35,72 € · 100 % : 1099,00 € ≈ 3,3 %
Pflegeversicherung: p % = 9,34 € · 100 % : 1099,00 € ≈ 0,8 %

d) Abzüge: 74,18 € + 105,50 € + 35,72 € + 9,34 € = 224,74 €
prozentualer Anteil der Abzüge: p % = 224,74 € · 100 % : 1099,00 € = 20,4 %
oder mit a): 100 % – 79,6 % = 20,4 %

K3 **11** **a)** 360 € : 6 = 60 €
Jedes der Enkelkinder muss 60 € aufbringen.

b) Anzahl zahlender Personen: 6 Enkelkinder + 6 Elternpaare = 12 Parteien
360 € : 12 = 30 €
Jedes Kind bzw. jedes Elternpaar zahlt nun je 30 €.

c)
- Eltern zahlen doppelt so viel, damit müssen insgesamt 18 Anteile zu 20 € bezahlt werden, von denen die Elternpaare 12 Anteile übernehmen.
  Die Kinder müssen nun 20 € zahlen, die Eltern hingegen 40 €.
- Eltern zahlen dreimal so viel, damit müssen insgesamt 24 Anteile zu 15 € bezahlt werden, von denen die Elternpaare 18 Anteile übernehmen.
  Die Kinder müssen nun 15 € zahlen, die Eltern hingegen 45 €.

d) Es gibt verschiedene Lösungsmöglichkeiten.
Beispiel wie in c) oder: ein Kind bezahlt 20 €, die anderen Enkelkinder jeweils 340 € : 5 = 68 €

K5 **12**

	a)	b)	c)	d)	e)	f)
alter Preis	150 €	2350 €	477,27 €	1800 €	1868,09 €	352,88 €
Änderung um	−20 %	−1 %	+10 %	+15 %	−6 %	+4 %
Änderungsfaktor	0,8	0,99	1,1	1,15	0,94	1,04
neuer Preis	120 €	2326,50 €	525 €	2070 €	1756 €	367 €

K3 **13** **a)**

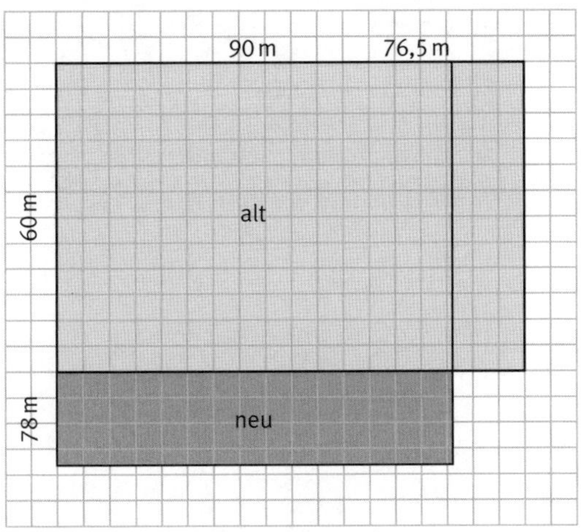

b) Gegeben: a = 60 m; b = 90 m   Gesucht: A
Rechnung:
$A_{Rechteck} = a \cdot b$ $A_1 = 60\,m \cdot 90\,m = 5400\,m^2$
Verlängerung der kurzen Seiten um 30 %: $60\,m \cdot 1{,}30 = 78\,m$
Verkürzung der langen Seiten um 15 %: $90\,m \cdot 0{,}85 = 76{,}5\,m$
Berechnung des neuen Flächeninhalts: $A_2 = 78\,m \cdot 76{,}5\,m = 5967\,m^2$
Bestimmung des Faktors, um den sich der Flächeninhalt des Ackers insgesamt verändert hat:
Gegeben: $G = 5400\,m^2$; $G^+ = 5967\,m^2$ Gesucht: p %
$p\,\% = G^+ : G \cdot 100\,\% = 5967\,m^2 : 5400\,m^2 \cdot 100\,\% = 110{,}5\,\%$
Der Flächeninhalt des Ackers hat sich um 10,5 % vergrößert.

K3 **14 a)** Gegeben: $G^+ = 18€ \mathrel{\hat=} 107\,\%$ Gesucht: $G \mathrel{\hat=} 100\,\%$

Rechnung mit Verhältnisgleichung:

$18€ \mathrel{\hat=} 107\,\%$

$G \mathrel{\hat=} 100\,\%$

$G = 18€ \cdot 100\,\% : 107\,\% = 18€ \cdot 100 : 107 \approx 16{,}82€$

Antwort: Das Buch kostet ohne MwSt. 16,82€.

b) Gegeben: $G = 16{,}82€ \mathrel{\hat=} 100\,\%$; $G^+ = 18{,}50€$ Gesucht: p%

Rechnung mit Verhältnisgleichung:

$16{,}82€ \mathrel{\hat=} 100\,\%$

$18{,}50€ \mathrel{\hat=} (100 + p)\,\%$

$(100 + p)\,\% = 18{,}50€ \cdot 100 : 16{,}82€ \approx 110{,}0\,\%$

$p = 10\,\%$

Antwort: Der MwSt.-Satz in Österreich beträgt etwa 10%.

K6 **15** Es sind individuelle Lösungen möglich, beispielsweise:

Prozentrechnung	Zinsrechnung
Grundwert G	Kapitel K (auch: Guthaben, Darlehen, Kreditbetrag, ...)
Prozentwert P	Zinsen Z (auch: Jahreszinsen, Dividende)
Pozentsatz p%	Zinssatz p% (auch: Verzinsung, Zinsfluß)

K5 **16**

	a)	b)	c)	d)	e)	f)
K	3600€	≈933,33€	560€	4850€	7500€	3500€
p%	4%	6%	7%	3,5%	12%	3%
Zeit	1 Jahr	1 Jahr	$\frac{1}{2}$ Jahr	2 Monate	120 Tage	240 Tage = 8 Monate
Z	144€	56€	19,60€	28,29€	300€	70€

K3 **17** $Z = 120\,000€ \cdot 5{,}5 : 100 \cdot \frac{3}{12}$

$Z = 1650€$

Der Betrieb muss 1650€ Zinsen zahlen.

K2 **18 a)**

① Höhenunterschied für 200m: $P = 6\,\% \cdot 200\,m : 100\,\% = 12\,m$
Höhenunterschied für 1km: $P = 6\,\% \cdot 1\,km : 100\,\% = 0{,}06\,km = 60\,m$
Höhenunterschied für 1800m: $P = 6\,\% \cdot 1800\,m : 100\,\% = 108\,m$

② Höhenunterschied für 200m: $P = 12\,\% \cdot 200\,m : 100\,\% = 24\,m$
Höhenunterschied für 1km: $P = 12\,\% \cdot 1\,km : 100\,\% = 0{,}12\,km = 120\,m$
Höhenunterschied für 1800m: $P = 12\,\% \cdot 1800\,m : 100\,\% = 216\,m$

③ Höhenunterschied für 200m: $P = 18\,\% \cdot 200\,m : 100\,\% = 36\,m$
Höhenunterschied für 1km: $P = 18\,\% \cdot 200\,m : 100\,\% = 0{,}18\,km = 180\,m$
Höhenunterschied für 1800m: $P = 18\,\% \cdot 1800\,m : 100\,\% = 324\,m$

④ Höhenunterschied für 200m: $P = 20\,\% \cdot 200\,m : 100\,\% = 40\,m$
Höhenunterschied für 1km: $P = 20\,\% \cdot 1\,km : 100\,\% = 0{,}2\,km = 200\,m$
Höhenunterschied für 1800m: $P = 20\,\% \cdot 1800\,m : 100\,\% = 360\,m$

⑤ Höhenunterschied für 200m: $P = 22\,\% \cdot 200\,m : 100\,\% = 44\,m$
Höhenunterschied für 1km: $P = 22\,\% \cdot 1\,km : 100\,\% = 0{,}22\,km = 220\,m$
Höhenunterschied für 1800m: $P = 22\,\% \cdot 1800\,m : 100\,\% = 396\,m$

b) ① Das Verhältnis 1 : 4 bedeutet, dass bei einer Grundlänge von g = 4m die Höhe 1m beträgt.

② Das Verhältnis 1 : 5 bedeutet, dass bei einer Grundlänge von g = 5m die Höhe 1m beträgt.

③ Das Verhältnis 1 : 6 bedeutet, dass bei einer Grundlänge von g = 6m die Höhe 1m beträgt.

① $\frac{1}{4} = 0{,}25 = 25\,\%$ ② $\frac{1}{5} = 0{,}20 = 20\,\%$ ③ $\frac{1}{6} \approx 0{,}167 = 16{,}7\,\% \approx 17\,\%$

K2

Wirtschaft

- p % = P · 100 % : G

  Commerzbank: p % = 11 € · 100 % : 5 113 429 053 € ≈ 0,000001 % (des Grundkapitals)
  Siemens: p % = 3 € · 100 % : 2 742 610 263 € ≈ 0,0000001 % (des Grundkapitals)
  BMW: p % = 10,23 € · 100 % : 601 995 196,21 € ≈ 0,000002 % (des Grundkapitals)
  RWE: p % = 25,56 € · 100 % : 1 339 916 800 € ≈ 0,000002 % (des Grundkapitals)
- Commerzbank: 1 138 506 941 € : 11 € ≈ 103 500 631 (ausgegebene Aktien)
  Siemens: 914 203 421 ausgegebene Aktien
  BMW: 58 870 013 ausgegebene Aktien
  RWE: 52 412 989 ausgegebene Aktien
-

Anteil am Grundkapital	Commerzbank (11 €/Aktie)	Siemens (3 €/Aktie)	BMW (10,23 €/Aktie)	RWE (25,56 €/Aktie)
1 %	11 385 069	9 142 034	588 461	524 224
5 %	56 925 347	45 710 171	2 942 303	2 621 121
16 %	182 161 111	146 272 547	9 415 370	8 387 586

- Gegeben: (13.10.2008):
  G = (Schlusskurs in Punkten) – (Zunahme gegenüber Vortag in Punkten) = 4544,31; P = 518,14
  Gesucht: p %
  Rechnung: $p\,\% = \frac{P}{G} \cdot 100\,\%$
  $p\,\% = \frac{518{,}14}{4544{,}31} \cdot 100\,\% \approx 11{,}4\,\%$
  Antwort: Der Dax ist vom 12.10–13.10.2008 um 11,4 % gestiegen.
  Weitere Ergebnisse:
  27.10–28.10.2008: 11,3 %
  23.11–24.11.2008: 10,3 %
  28.07–29.07.2002: 7,8 %
  07.12–08.12.2008: 7,6 %
- Es sind individuelle Lösungen möglich.
- Der Bulle steht für anhaltend steigende, der Bär für anhaltend fallende Aktienkurse. Man spricht auch vom „Bullenmarkt", der sogenannten Hausse, und dem „Bärenmarkt", der Baisse.

K2 **Spare, Spare**

a)

Monat	1	2	3	4	5
Rate	250€	250€	250€	250€	250€
Monate	12	11	10	9	8
Zinsanteil pro Jahr	$\frac{12}{12}$	$\frac{11}{12}$	$\frac{10}{12}$	$\frac{9}{12}$	$\frac{8}{12}$
Zinsen	$250€ \cdot \frac{12}{12} \cdot 2{,}5\,\% = 6{,}25€$	≈ 5,73€	≈ 5,21€	≈ 4,69€	≈ 4,17€

Monat	6	7	8	9	10	11	12
Rate	250€	250€	250€	250€	250€	250€	250€
Monate	7	6	5	4	3	2	1
Zinsanteil pro Jahr	$\frac{7}{12}$	$\frac{6}{12}$	$\frac{5}{12}$	$\frac{4}{12}$	$\frac{3}{12}$	$\frac{2}{12}$	$\frac{1}{12}$
Zinsen	≈ 3,65€	≈ 3,13€	≈ 2,60€	≈ 2,08€	≈ 1,56€	≈ 1,04€	≈ 0,52€

Zinsen im ersten Jahr:
6,25€ + 5,73€ + 5,21€ + 4,69€ + 4,17€ + 3,65€ + 3,13€ + 2,60€ + 2,08€ + 1,56€ + 1,04€ + 0,52€ = 40,63€

Guthaben nach dem ersten Jahr:
12 · 250€ + 40,63€ = 3040,63€

b) 1 $100€ \cdot 3\,\% = 3€$ $100€ \cdot 3\,\% \cdot \frac{11}{12} = 2{,}75€$ $100€ \cdot 3\,\% \cdot \frac{10}{12} = 2{,}50€$ usw.

Beginn des Monats	Jan.	Feb.	März	April	Mai	Juni	Juli	Aug.	Sept.	Okt.	Nov.	Dez.
Rate in €	100	100	100	100	100	100	100	100	100	100	100	100
Monate	12	11	10	9	8	7	6	5	4	3	2	1
Zinsen in €	3,00	2,75	2,50	2,25	2,00	1,75	1,50	1,25	1,00	0,75	0,50	0,25

2 Zinsen für 1 Jahr bei Ratenzahlung:
(3,00 + 2,75 + 2,50 + 2,25 + 2,00 + 1,75 + 1,50 + 1,25 + 1,00 + 0,75 + 0,50 + 0,25)€ = 19,50€
Zinsen bei einmaliger Zahlung zu Jahresbeginn:
12 · 100€ = 1200€
1200€ · 3 % = 36€
Wenn man das gesamte Geld zu Jahresbeginn angelegt hätte, würde man 36€ Zinsen bekommen. Das sind 36€ – 19,50€ = 16,50€ mehr als die Zinsen bei Ratenzahlung.

3 Gegeben: p% = 3%; Z = 19,50€ Gesucht: K
Rechnung: K = Z : p%
K = 19,50€ : 3% = 650€

4

	A	B	C	D	E	F	G	H	I	J	K	L	M
1	Beginn des Monats	Januar	Februar	März	April	Mai	Juni	Juli	August	September	Oktober	November	Dezember
2	Rate	100€	100€	100€	100€	100€	100€	100€	100€	100€	100€	100€	100€
3	Monate	12	11	10	9	8	7	6	5	4	3	2	1
4	Zinsen	3,00€	2,75€	2,50€	2,25€	2,00€	1,75€	1,50€	1,25€	1,00€	0,75€	0,50€	0,25€
5												Z gesamt	19,50€

Die Formel in Zelle B4 lautet: =B2*3%*B3/12
Die Formel in Zelle C4 lautet: =C2*3%*C3/12
Nach 3 Jahren hätte man 166,50€ an Zinsen erhalten.

K2 **Immer mehr**

a) 1000 € zu 4 %
nach 1 Jahr: 1040 €
nach 2 Jahren: 1081,60 €
nach 3 Jahren: 1124,86 €
nach 4 Jahren: 1169,86 €
nach 5 Jahren: 1216,65 €

b)
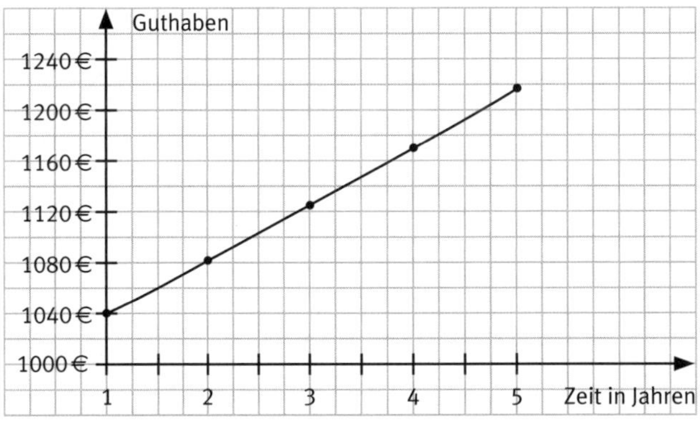

Die Zuordnung ist nicht direkt proportional, da sie bei $x = 0$ den Wert 1000 hat und auch die Quotientengleichheit nicht gegeben ist.

c) $K(2) = 3000\,€ \cdot 1{,}04^2 = 3244{,}80\,€$
$K(3) = 12\,000\,€ \cdot 1{,}035^3 = 13\,304{,}61\,€$
$K(4) = 45\,000\,€ \cdot 1{,}03^4 = 50\,647{,}90\,€$
$K(3) = 7000\,€ \cdot 1{,}06^3 = 8337{,}11\,€$
$K(2) = 25\,000\,€ \cdot 1{,}025^2 = 26\,265{,}63\,€$

K2 **Wechselnde Zinsen**

a)

	1. Jahr	2. Jahr	3. Jahr
Guthaben zu Jahresbeginn	3500,00 €	3552,50 €	3641,31 €
Jahreszinsen	52,50 €	88,81 €	145,65 €
Guthaben am Jahresende	3552,50 €	3641,31 €	3786,96 €

b) Bei dem Angebot erhält man bei einer einmaligen Einzahlung von 3500 € und einer Laufzeit von drei Jahren 3786,96 € – 3500 € = 286,96 € Zinsen.

K1 **1** **a)** Die Zuordnung ist indirekt proportional, weil die Wertepaare aus Ausgangsgröße und zugeordneter Größe produktgleich sind (260).

b) Die Zuordnung ist direkt proportional, weil der Quotient aus Ausgangsgröße und zugeordneter Größe stets gleich ist $\left(\frac{1}{14}\right)$.

c) Die Zuordnung ist indirekt proportional, weil die Wertepaare aus Ausgangsgröße und zugeordneter Größe produktgleich sind (128,8).

d) Die Zuordnung ist weder direkt noch indirekt proportional, weil die einander zugeordneten Wertepaare weder produkt- noch quotientengleich sind.

K4 **2** Der Graph von ② gehört zu einer direkt proportionalen Zuordnung, der Graph von ④ zu einer indirekt proportionalen Zuordnung. Die Graphen von ① und ③ gehören zu keinem von beiden.

K5 **3** **a)** $25\,\% = 0{,}25 = \frac{1}{4}$ $\quad$ $20\,\% = 0{,}2 = \frac{1}{5}$

$65\,\% = 0{,}65 = \frac{13}{20}$ $\quad$ $80\,\% = 0{,}8 = \frac{4}{5}$

$95\,\% = 0{,}95 = \frac{19}{20}$ $\quad$ $100\,\% = 1 = \frac{1}{1}$

$140\,\% = 1{,}4 = \frac{7}{5}$

b) $6\,\% = 0{,}06 = \frac{3}{50}$ $\quad$ $17\,\% = 0{,}17 = \frac{17}{100}$

$29\,\% = 0{,}29 = \frac{29}{100}$ $\quad$ $33\,\% = 0{,}33 = \frac{33}{100}\ \left(\approx \frac{1}{3}\right)$

$57\,\% = 0{,}57 = \frac{57}{100}$ $\quad$ $72\,\% = 0{,}72 = \frac{18}{25}$

$105\,\% = 1{,}05 = \frac{21}{20}$

c) $0{,}5\,\% = 0{,}005 = \frac{1}{200}$ $\quad$ $1{,}25\,\% = 0{,}0125 = \frac{1}{80}$

$4{,}5\,\% = 0{,}045 = \frac{9}{200}$ $\quad$ $22{,}5\,\% = 0{,}225 = \frac{9}{40}$

$66{,}8\,\% = 0{,}668 = \frac{167}{250}$ $\quad$ $77{,}2\,\% = 0{,}772 = \frac{193}{250}$

K5 **4** **a)** $\frac{27}{100} = 0{,}27 = 27\,\%$ $\quad$ $\frac{3}{50} = 0{,}06 = 6\,\%$

$\frac{37}{50} = 0{,}74 = 74\,\%$ $\quad$ $\frac{6}{25} = 0{,}24 = 24\,\%$

$\frac{17}{25} = 0{,}68 = 68\,\%$ $\quad$ $\frac{3}{20} = 0{,}15 = 15\,\%$

$\frac{7}{20} = 0{,}35 = 35\,\%$

b) $\frac{7}{10} = 0{,}7 = 70\,\%$ $\quad$ $\frac{4}{5} = 0{,}8 = 80\,\%$

$\frac{3}{4} = 0{,}75 = 75\,\%$ $\quad$ $\frac{9}{10} = 0{,}9 = 90\,\%$

$\frac{6}{5} = 1{,}2 = 120\,\%$ $\quad$ $2\frac{1}{2} = 2{,}5 = 250\,\%$

$3\frac{2}{5} = 3{,}4 = 340\,\%$

c) $\frac{32}{40} = 0{,}8 = 80\,\%$ $\quad$ $\frac{34}{60} = 0{,}566... \approx 57\,\%$

$\frac{17}{45} = 0{,}377... \approx 38\,\%$ $\quad$ $\frac{7}{9} = 0{,}777... \approx 78\,\%$

$\frac{1}{11} = 0{,}0909... \approx 9\,\%$ $\quad$ $\frac{5}{12} = 0{,}4166... \approx 42\,\%$

$\frac{5}{6} = 0{,}833... \approx 83\,\%$

K3 **5** Sabine: $\frac{8}{20} = 0{,}4 = 40\,\%$ $\quad$ Simon: $\frac{10}{25} = 0{,}4 = 40\,\%$

Jakob: $\frac{9}{21} = \frac{3}{7} = 0{,}429... \approx 43\,\%$x

Absolut spart Simon am meisten, nämlich 10 €. Bezogen auf die Höhe des Taschengeldes spart jedoch Jakob am meisten, nämlich fast 43 %, während Sabine und Simon 40 % ihres Taschengeldes sparen.

K4 **6** **a)**

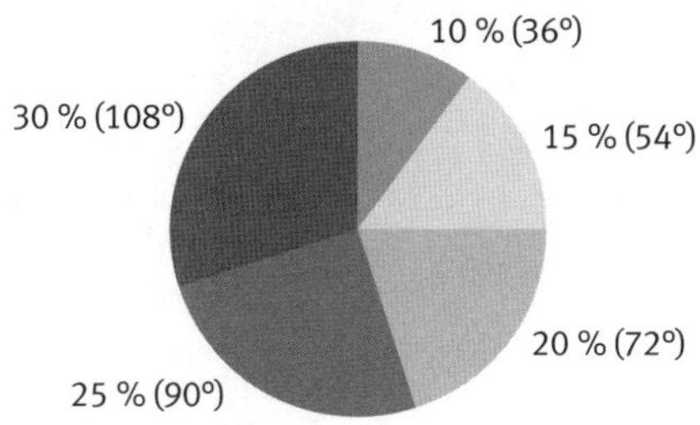

b)

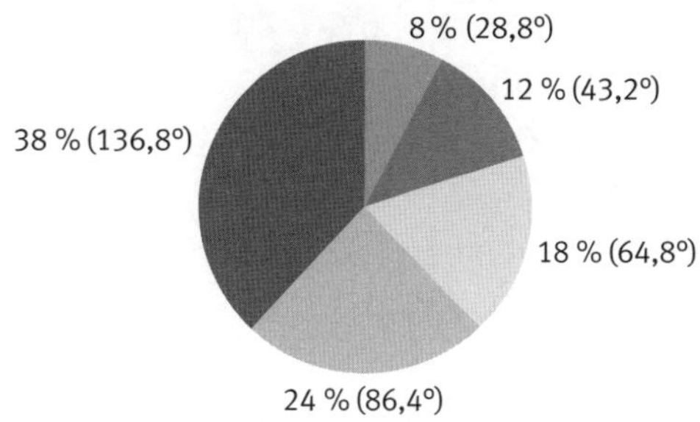

K4 **7**

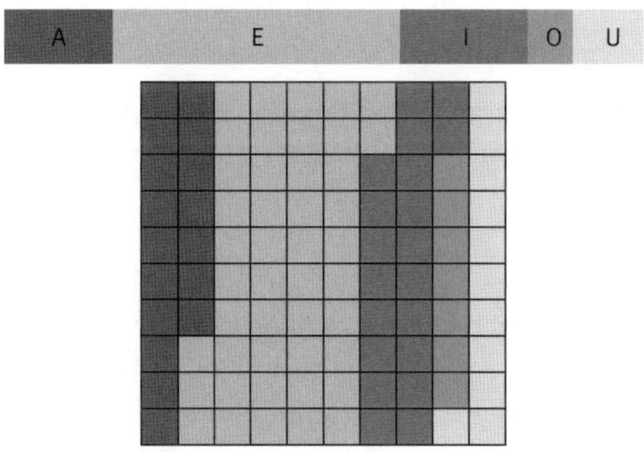

K3 **8** **a)** G: 32 Kinder; P: 12 Mädchen
Gesucht: Prozentsatz p % der Mädchen

b) G: 20 €; p % = 10 %;
Gesucht: Prozentwert P, um den das Taschengeld erhöht wird

c) P = 240 €; p % = 16 %
Gesucht: Grundwert G, also der ursprüngliche Preis

d) G: 20 Stimmen; P: 15 Stimmen
Gesucht: Prozentsatz p % der Stimmen

K5 **9** **a)** 78 % **b)** 36 % **c)** 20 % **d)** 38 %

K5 **10** **a)** P = 36 kg (54 kg) **b)** P = 7,5 m (35 m)

K5 **11** **a)** 40 % ≙ 230 l 100 % ≙ 575 l (≈ 418,18 l)
b) G ≈ 1420,45 € (7812,50 €)

K5 **12** **a)** 150 € **b)** 24 € **c)** 35 €

K3 **13** $\frac{p\,\%}{100\,\%} = \frac{234}{1179} \Rightarrow p\,\% = 19{,}8\,\%$

K3 **14** Gegeben: Z = 3000 €, p % = 5,5 %; Gesucht: K
$K = \frac{100\,\%}{5{,}5\,\%} \cdot 3000\,€ = 54\,545{,}46\,€$
Antwort: Das Kapital betrug 54 545,46 €.

K3 **15** **a)** Gegeben: G = 145 000 €; p % = 40 %; Gesucht: P
$P = \frac{40\,\%}{100\,\%} \cdot 145\,000\,€ = 58\,000\,€$
(G = 76 000 €: P = 30 400 €
G = 240 000 €: P = 96 000 €)

b) Gegeben: P = 12 600 €; p % = 40 %; Gesucht: G
$G = \frac{100\,\%}{40\,\%} \cdot 12\,600\,€ = 31\,500\,€$
(P = 36 500 €: G = 91 250 €
P = 58 000 €: G = 145 000 €)
Antwort: Die vereinbarte Summe beträgt 31 500 €.

Aufgaben für Lernpartner

K1/6 **A** Die Aussage ist so nicht richtig. Vielmehr muss man jedes Mal überprüfen, ob die Punkte sinnvoll miteinander verbunden werden können.

K1/6 **B** Die Aussage ist falsch. Beispielsweise ist die Zuordnung Preis in € ↦ Parkdauer in min nicht eindeutig, denn wenn die erste Stunde 1,50 € kostet, kann man nicht sagen, ob jemand 20 min, 40 min oder nur 12 min geparkt hat.

K1/6 **C** Die Aussage ist falsch. Direkt und indirekt proportionale Zuordnungen sind wichtig, aber es gibt eine Vielzahl an Zuordnungen in diesem Kapitel, die weder direkt noch indirekt proportional sind.

K1/6 **D** Die Aussage ist richtig. Anteile lassen sich als Brüche, Dezimalzahlen, Verhältnisse und in Prozent angeben.

K1/6 **E** Die Aussage ist falsch. Jeden Bruch kann man in Prozente umwandeln, indem man beispielsweise Zähler durch Nenner dividiert und die erhaltene Dezimalzahl dann in Prozent angibt.

K1/6 **F** Die Aussage ist falsch. Die Anteile müssen dieselben sein (sonst wären sie nicht umwandelbar).

K1/6 **G** Die Aussage ist richtig.

K1/6 **H** Die Aussage ist falsch. Wenn man beispielsweise bei einer Lotterie 1 € einsetzt und 10 € gewinnt, dann ist der Prozentwert höher als der Grundwert.

K1/6 **I** Die Aussage ist richtig.

K1/6 **J** Die Aussage ist richtig.

K1/6 **K** Die Aussage ist richtig.

K1/6 **L** Die Aussage ist falsch. Rabatte sind Abschläge auf einen Rechnungsbetrag.

K1/6 **M** Die Aussage ist richtig.

K1/6 **N** Die Aussage ist richtig.

K1/6 **O** Die Aussage ist richtig.

K1/6 **P** Die Aussage ist falsch. Die Zinsen entsprechen dem Prozentwert, der Zinssatz dem Prozentsatz in der Prozentrechnung.

3 Terme und Gleichungen

Einstieg

Die Auftaktseite eines Kapitels enthält zwei verschiedene Elemente:
Zunächst werden die Schüler mit einem offenen Einstiegsbeispiel an das neue Kapitel herangeführt. Zentral ist dabei immer der Anwendungsbezug: Kein Lehrplaninhalt ist rein innermathematisch, sodass den Schülern von Beginn an gezeigt werden sollte, dass Mathematik nichts Abstraktes ist, sondern oft im Leben der Schüler vorkommt. In einem Unterrichtsgespräch zur Auftaktseite können viele der kommenden Lerninhalte schon heuristisch erarbeitet, Vermutungen geäußert und Zusammenhänge erschlossen werden.

K4

- 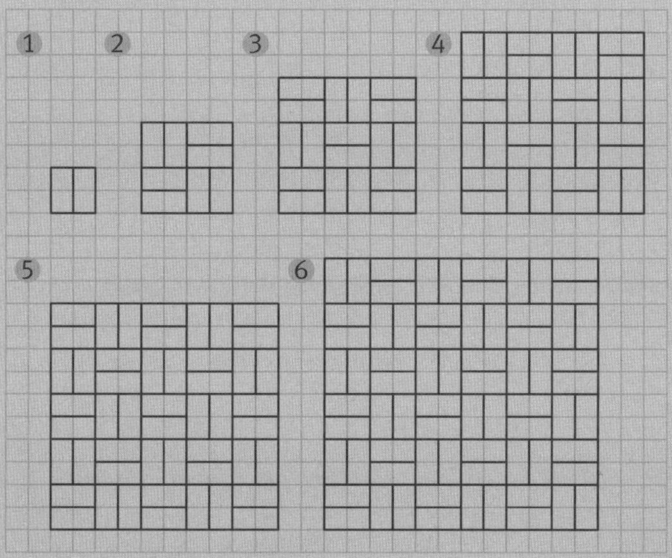

K1

- Für den ersten Schritt werden zwei, für den zweiten Schritt acht, für den dritten Schritt 18, für den vierten Schritt 32, für den vierten Schritt 50 und für den sechsten Schritt 72 Pflastersteine benötigt.
  Man erkennt: Beim 2. Schritt benötigt man $3 \cdot 2$ Steine zusätzlich,
  beim 3. Schritt benötigt man $5 \cdot 2$ Steine zusätzlich,
  beim 4. Schritt benötigt man $7 \cdot 2$ Steine zusätzlich, usw.

K1

- Der Term lautet $2 \cdot n^2$.

Ausblick

Die Aufzählung am Ende der Seite bietet einen Ausblick auf die wesentlichen Lernziele des Kapitels und schafft so eine hohe Transparenz für Schüler und Lehrer. Durch einen informierenden Unterrichtseinstieg können sich Schüler und Lehrer auf das Kommende einstellen.
Idealerweise wird im Unterricht der Bezug hergestellt zwischen der Einstiegssituation und den

K1 **1** Bei **a)** und **c)** herrscht Gleichgewicht, weil bei der Multiplikation und Addition das Kommutativgesetz gilt, für den Rest ist es bei Subtraktion und Division falsch.

K6 **2**
a) Multipliziere die Differenz aus 96 und 15 mit 4. (324)
Subtrahiere das Produkt von 15 und 4 von 96. (36)
b) Multipliziere die Quotienten von 135 und 5 mit 3. (81)
Dividiere 135 durch das Produkt aus 5 und 3. (9)
c) Multipliziere zur Summe aus 12 und 18 die Differenz aus 18 und 12. (180)
Multipliziere die Summe aus 12 und 18 mit 18 und subtrahiere davon 12. (528)
d) Dividiere 45 durch 3 und multipliziere das Ergebnis mit der Summe aus 2 und 3. (75)
Der Dividend heißt 45. Der Divisor ergibt sich als Produkt aus 3 und 2 vermehrt um 3. (5)

K5 **3**
a) $(9{,}7 + 3{,}6) \cdot 1{,}9 + 0{,}69 = 25{,}96$
b) $(112{,}5 + 261) : 45 = 8{,}3$
c) $169 : 13 - 12{,}2 : 2 + 153 : 17 = 15{,}9$
d) $\frac{1}{7} \cdot \left(\frac{3}{5} \cdot 5 + \frac{2}{3} \cdot 3 - \frac{1}{4} \cdot 4\right) = \frac{4}{7}$

K3 **4** **a)** 78,75 € **b)** L: 53,5 cm; B: 16 cm; H: 180 cm

K5 **5**

a)		b)		c)	
1148	KG	2888	Potenz	18474	Kl, PvS
27000	KG, AG	46305	Potenz	190730	Potenz, Kl
634	KG, AG	30	Potenz, PvS	349	Kl
658	KG, AG	343	Kl, Potenz	87	Potenz, Kl

KG: Kommutativgesetz; AG: Assoziativgesetz; Potenz: Potenz zuerst; PvS: Punkt vor Strich; Kl: Klammern zuerst

K5 **6** **a)** $x = 5$ **b)** $x = 6$ **c)** $x = 5$ **d)** $x = 10$

K5 **7**
a) $x \xrightarrow{\cdot 4} 4x$; $4x = 22$; $22 \xrightarrow{:4} 5{,}5$; $x = 5{,}5$
b) $x \xrightarrow{\cdot(-2)} -2y$; $-2y = -7$; $-7 \xrightarrow{:(-2)} 3{,}5$; $x = 3{,}5$
c) $x \xrightarrow{-5} x - 5$; $x - 5 = 65$; $65 \xrightarrow{+5} 70$; $x = 70$
d) $u \xrightarrow{+8} u + 8$; $u + 8 = 39$; $39 \xrightarrow{-8} 31$; $u = 31$
e) $z \xrightarrow{\cdot 2} 2 \cdot z \xrightarrow{-3} 2z - 3$; $2z - 3 = 15$; $15 \xrightarrow{+3} 18 \xrightarrow{:2} 9$; $z = 9$
f) $k \xrightarrow{\cdot(-4)} -4k \xrightarrow{+1{,}5} -4k + 1{,}5$; $-4k + 1{,}5 = 13{,}5$; $13{,}5 \xrightarrow{-1{,}5} 12 \xrightarrow{:(-4)} -3$; $k = -3$
g) $w \xrightarrow{\cdot\left(-\frac{1}{2}\right)} -\frac{1}{2}w \xrightarrow{+\frac{3}{4}} -\frac{1}{2}w + \frac{3}{4}$; $-\frac{1}{2}w + \frac{3}{4} = 3\frac{1}{4}$; $3\frac{1}{4} \xrightarrow{-\frac{3}{4}} 2\frac{1}{2} \xrightarrow{:\left(-\frac{1}{2}\right)} -5$; $w = -5$
h) $6 : x = \frac{9}{2}$ bzw. $\frac{6}{x} = \frac{9}{2}$
ist gleichwertig zu $\frac{x}{6} = \frac{2}{9}$.
$x \xrightarrow{:6} \frac{x}{6}$; $\frac{x}{6} = \frac{2}{9}$; $\frac{2}{9} \xrightarrow{\cdot 6} 1\frac{1}{3}$; $x = 1\frac{1}{3}$

Kap. 3.1 und 3.2

Muster fortsetzen

K1 **a)** Sei n die Anzahl der Schritte, wobei n = 1 die Grundfigur – ein Quadrat – beschreibt. Dann sind in der n-ten Figur n^2 Grundfiguren vorhanden. Da beim (n–1)-ten Schritt $(n-1)^2$ Quadrate vorhanden sind, kommen jeweils $n^2 - (n-1)^2 = 2n - 1$ Quadrate hinzu. Für den 8. (10., 15., 25.) Schritt sind also 64 (100, 225, 625) Quadrate vorhanden und es kommen 15 (19, 29, 49) im Vergleich zum Schritt davor hinzu.

K5 **b)** In diesem Fall ist die Grundfigur ein Dreieck. Man erkennt, dass die Anzahlen sich genau wie bei den Quadraten verhalten. Die Terme sind also dieselben.

Kap. 3.3 und 3.4

Strukturen erkennen

K6 ■ Man startet mit den beiden oberen Zahlen a und 3b und addiert diese. Das Zwischenergebnis a + 3b wird in das entsprechende Ergebnisfeld eingetragen und mit b multipliziert. Dies gibt das im unteren Feld angegebene Ergebnis $ab + 3b^2$.

K5 ■

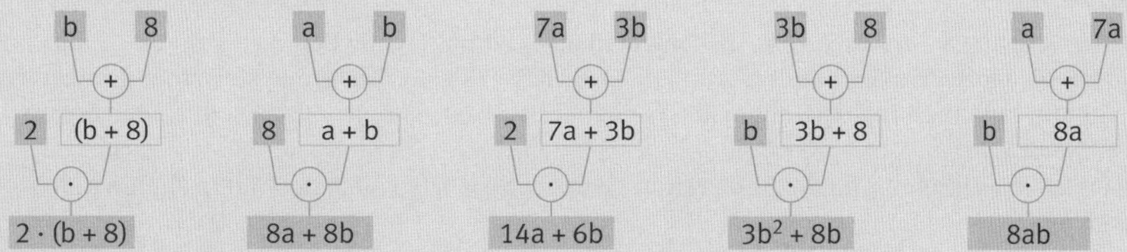

K5 ■ Verschiedene Antworten möglich, z. B. 28ab, $7a^2 + 14a$, 21ab + 56a, ...

Kap. 3.5

Terme nutzen

K3 ■ Seien G die monatlichen Gesamtkosten, x die Gesprächseinheiten ins Festnetz und y die Anzahl der SMS. Da die Kosten für x und y jeweils identisch sind, lassen sich beide Variablen in E = x + y zusammenfassen.
Easy-Tarif: G = 0,19x + 0,19y = 0,19 · (x + y) = 0,19 E
Business-Tarif: G = 0,09x + 0,09y + 9,95 = 0,09 · (x + y) + 9,95 = 0,09 E + 9,95

K3 ■ Der Business-Tarif ist günstiger, wenn das Handy besonders häufig genutzt wird, sodass die Zahl der Einheiten E groß ist. Das minimale E findet man durch Gleichsetzen der monatlichen Grundpreise: 0,19 E = 0,09 E + 9,95 $\Rightarrow$ E = 99,5.
Bei mehr als hundert SMS und Gesprächseinheiten in der Summe wird der Business-Tarif also günstiger. Bei der Verteilung der Einheiten auf SMS oder Gesprächseinheiten hat man verschiedene Möglichkeiten.

K3 ■ Individuelle Lösungen möglich.

Kap. 3.7

Alles gleich

K4 ■ Die Anzahl der Quadrate auf der Waage sei x, während die Anzahl der Kreise als natürliche Zahl in den Gleichungen verwendet wird.
① 2x + 6 = 10 ② 2x = 4 ③ x = 2

K6 ■ Die folgenden Umformungen sind möglich, da es Äquivalenzumformumgen sind, die den Wahrheitsgehalt der Gleichung bzw. das Gleichgewicht der Waage nicht verändern.
① 2x + 6 = 10 | –6 ② 2x = 4 | : 2 ③ x = 2

K4 ■ Lösungen für die zeichnerischen Aufgaben:

Alternativer Einstieg: Schulbuch Seite 98

Entdecken

K4
-

Anzahl Würfel	1	2	3	4	5
Anzahl sichtbarer Seitenflächen	5	9	13	17	21

K6
- Es kommen jedes Mal 5 sichtbare Flächen dazu, während die oberste des letzten Würfels verdeckt wird. Somit kommen mit jedem Würfel 4 neue Flächen hinzu.

K1
- Bei jedem Würfel sind 4 Seitenflächen sichtbar, dazu kommt die Deckfläche des obersten Würfels. Wenn n die Anzahl der Würfel darstellt, sind also 4n + 1 Seitenflächen sichtbar.

K5
- 10 Würfel: $4 \cdot 10 + 1 = 41$ Seitenflächen
  20 Würfel: $4 \cdot 20 + 1 = 81$ Seitenflächen
  25 Würfel: $4 \cdot 25 + 1 = 101$ Seitenflächen

Nachgefragt

K6
- $2 \cdot x + 7{,}3$; $8 \cdot c + 1$; $a + 0$ sind Terme, da diese Variablen enthalten, die Platzhalter für eine Zahl und mit einem Rechenzeichen verbunden sind. $3{,}5 - 7{,}6$; $1{,}7 - 35$ sind Zahlterme, sie enthalten zwar keine Variablen, sind aber trotzdem mit einem Rechenzeichen verbunden. –35 ist kein Term, sondern eine rationale Zahl.

K1
- Der Term ist eine Differenz, da die Subtraktion („Punkt vor Strich“) nach der Multiplikation durchgeführt wird.

Aufgaben

K5
1 **a)** 30 (–40; –10)
12,5 (5,5; –3,5)
–8 (–15; –24)

b) 12 (6,75; 0)
14 (–3,5; –26)
44 (–33; –132)

c) 9 (–12; –39)
–2,7 (4,3; 13,3)
2,05 (–0,4; 0,65)

K4
2 **a)** ①

Schritt	1	2	3	4	5
Anzahl Streichhölzer	3	5	7	9	11

②

Schritt	1	2	3	4	5
Anzahl Streichhölzer	4	7	10	13	16

③

Schritt	1	2	3	4	5
Anzahl Streichhölzer	3	9	18	30	45

b) ① Die Änderung ist konstant und beträgt zwischen den einzelnen Schritten 2.
② Die Änderung ist konstant und beträgt zwischen den einzelnen Schritten 3.
③ Die Änderung ist nicht konstant; der Zuwachs wächst in 3er-Schritten.

c) ① $3 + (x - 1) \cdot 2$
$= 2x + 1$
21 (41; 101)

② $4 + (x - 1) \cdot 3$
$= 3x + 1$
31 (61; 151)

③ $\frac{3}{2}x \cdot (x + 1)$
165 (630; 3825)

K5 **3**

x	−5	−3	−1,5	0	1	4,5	7,2
1 x + 5	0	2	3,5	5	6	9,5	12,2
2 3 + 2x	−7	−3	0	3	5	12	17,4
3 2 + 2 · x + 1	−7	−3	0	3	5	12	17,4
4 x + x + 1 · x	−15	−9	−4,5	0	3	13,5	21,6
5 3 · x	−15	−9	−4,5	0	3	13,5	21,6
6 2 + x + 3	0	2	3,5	5	6	9,5	12,2

1 und 6, 2 und 3 sowie 4 und 5 führen zu gleichen Werten.

K3 **4** **a)** $u = 2 \cdot a + 2 \cdot 2 \cdot a = 6a$

b) $u = a + a + (a + 5) = 3a + 5$

c) $u = 2 \cdot a + 2 \cdot (a - 2) = 4a - 4$ (oder: $u = 4a + 4$)

d) $u = 2 \cdot a + 2 \cdot 3 \cdot a = 8a$

e) $u = a + a + 4a = 6a$

K6 **5** **a)** Die Summe aus dem 3-Fachen einer Zahl und 7.

b) Die Summe aus einer Zahl und 15.

c) Das Produkt aus 4 und der Differenz einer Zahl und 8.

d) Die Differenz aus 13 und dem 2-Fachen einer Zahl.

e) Das Produkt aus −5 und dem Quotienten einer Zahl und 3.

f) Die Summe aus dem vierten Teil einer Zahl und 7,5.

g) Die Differenz des 2,5-Fachen einer Zahl und dem 3-Fachen einer anderen Zahl.

h) Man erhält den Term, wenn man vom vierten Teil einer Zahl zwei Siebtel einer anderen Zahl subtrahiert und anschließend 4,5 addiert.

Alternativer Einstieg: Schulbuch Seite 98

Entdecken

K3 ■ Beim ersten Würfel sind 5 Seitenflächen sichtbar. Für jeden weiteren Würfel kommen 6 neue Flächen hinzu, von denen die Unterseite und die Seite zum vorherigen Würfel verdeckt sind. Da auch vom vorherigen Würfel die vordere Seite verdeckt wird, stoßen effektiv 3 Seiten hinzu. Der Term lautet dann $5 + 3 \cdot (n - 1)$ mit n als Anzahl der Würfel, sodass $(n - 1)$ zusätzliche Würfel an den ersten Würfel angelegt wurden.

Alternativ: Bei jedem Würfel sind die vordere, hintere und obere Seite sichtbar, also 3n Seitenflächen. Dazu kommen noch die Seitenflächen des ersten und letzten Würfels, also $3n + 2$.

K3 ■ Einsetzen verschiedener Werte für n zeigt, dass die Terme gleichwertig sind.

Beispiele:

$n = 6$: $5 + 3 \cdot (6 - 1) = 5 + 3 \cdot 5 = 20$; $3 \cdot 6 + 2 = 18 + 2 = 20$

$n = 43$: $5 + 3 \cdot (43 - 1) = 5 + 3 \cdot 42 = 131$; $3 \cdot 43 + 2 = 129 + 2 = 131$

K5 ■ Umformen der Terme unter Anwendung der Rechengesetze:

$5 + 3 \cdot (n - 1) = 5 + 3n - 3 = 2 + 3n = 3n + 2$.

Nachgefragt

K1 ■ Term (1) wurde mithilfe des Distributivgesetzes richtig umgeformt. Bei den anderen beiden Termen wurden bei der Umformung Fehler gemacht, da Variablen addiert wurden, die nicht gleichartig sind.

K1 ■ Der erste Term ist linear, der zweite quadratisch in x. Deshalb können beide nicht äquivalent sein. Dies sieht man auch, wenn man z. B. den Wert 2 einsetzt:

$3 \cdot 2 + 1{,}5 \cdot 2 = 9 \neq 12 = 1{,}5 \cdot 2^2 + 3 \cdot 2$.

Aufgaben

K5 **1** **a)** $4 \cdot y$ **b)** $3 \cdot a$ **c)** $4 \cdot b$ **d)** $9 \cdot x$ **e)** $-10 \cdot r$ **f)** $147 \cdot y$
g) $2 \cdot (b + c)$ **h)** $5{,}5 \cdot x$ **i)** $-5{,}2 \cdot t$ **j)** $-6{,}1 \cdot q$ **k)** $0 \cdot x = 0$ **l)** $-\frac{1}{6} \cdot p - \frac{7}{8} \cdot p^2$

K5 **2** **a)** $6 \cdot a + 8 \cdot b$ **b)** $-2 \cdot s + 0 \cdot t = -2 \cdot s$ **c)** $-2 \cdot m + 2 \cdot n$
d) $22 \cdot x + 30 \cdot y$ **e)** $15 \cdot a + 10 \cdot b$ **f)** $0 \cdot m + (-8) \cdot x$

K5 **3**

a) $30x + 8$	Ergebnis für $x = -2$:	-52
b) $2x + 14$	Ergebnis für $x = -2$:	10
c) $7x + 2$	Ergebnis für $x = -2$:	-12
d) $1{,}3$	Ergebnis für $x = -2$:	$1{,}3$
e) $18x + 12y$	Ergebnis für $x = -2$ und $y = 4$:	12
f) $-3y + 2x$	Ergebnis für $x = -2$ und $y = 4$:	-16
g) $-3x + 6y - 5$	Ergebnis für $x = -2$ und $y = 4$:	25
h) $12x - 15y$	Ergebnis für $x = -2$ und $y = 4$:	-84
i) $4{,}7x + 5y$	Ergebnis für $x = -2$ und $y = 4$:	$10{,}6$
j) $2{,}5x + 8y$	Ergebnis für $x = -2$ und $y = 4$:	27
k) $7y - 3x$	Ergebnis für $x = -2$ und $y = 4$:	34
l) $2y + x - 7$	Ergebnis für $x = -2$ und $y = 4$:	-1
m) $0{,}2y - 0{,}4x - 2{,}5$	Ergebnis für $x = -2$ und $y = 4$:	$-0{,}9$
n) $5x - 4y - 5{,}2$	Ergebnis für $x = -2$ und $y = 4$:	$-31{,}2$
o) $-8 + \frac{5}{8}y + \frac{1}{4}x$	Ergebnis für $x = -2$ und $y = 4$:	-6

K5 **4** **a)** $6a + 4a = 10a$ **b)** $2x + 3x + 4x = 9x$ **c)** $12z - 7z + 3z = 8z$
d) $15q - 22q = -7q$ **e)** $222s - 91s + 3s = 134s$ **f)** $2{,}8x + 2{,}2x = 5x$
g) $7r + (-2r) - 3s + s = 5r - 2s$ **h)** $3y + 4y - 8x - 4x = 7y - 12x$

K5 **5** Lösungsmöglichkeiten:

a) $15a + 3a - 3a = 15a$ | $18a + 2a - 5a = 15a$ | $10a + 9a - 4a = 15a$
b) $-5b - 6b + 31b = 20b$ | $-b - 3b + 24b = 20b$ | $-9b - b + 30b = 20b$
c) $6c - 8c + 3 \cdot c = c$ | $7c - 9c + 3 \cdot c = c$ | $-c - c + 3 \cdot c = c$
d) $-9d - 0{,}5d = -9{,}5d$ | $-10d - (-0{,}5d) = -9{,}5d$ | $-d - 8{,}5d = -9{,}5d$
e) $2 \cdot e - 0{,}8e + 0{,}1e = 1{,}3e$ | $2 \cdot e - e + 0{,}3e = 1{,}3e$ | $2 \cdot e - 5e + 4{,}3e = 1{,}3e$
f) $-2f + 4f - 0{,}5f + 0{,}6f = 2{,}1f$ | $-4 + 2{,}2f - 0{,}1f + 4 = 2{,}1f$ | $-2f + 3f - 0{,}9f + 2f = 2{,}1f$

K5 **6** **a)**

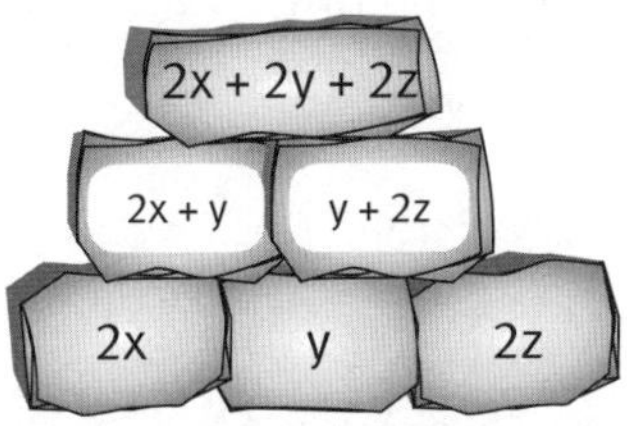

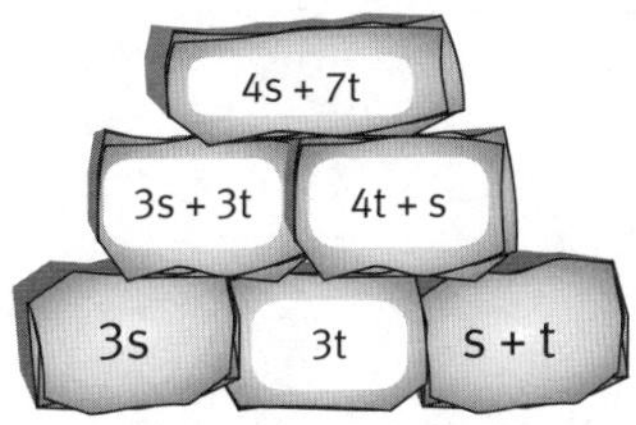

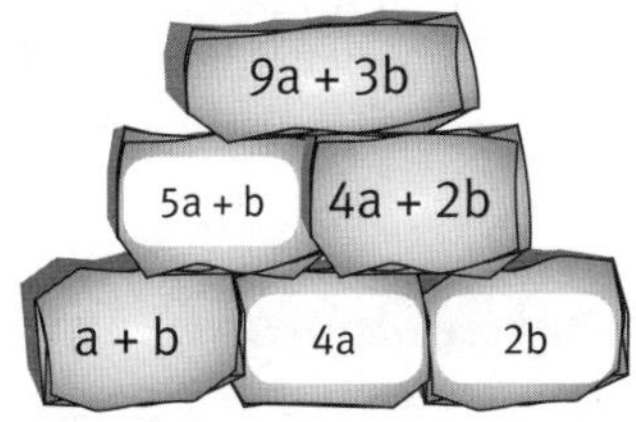

b) Für das Ergebnis im obersten Stein werden die äußeren Steine jeweils einmal benötigt, der mittlere Stein dafür zweimal. Für die Zahlenmauern sind individuelle Lösungen möglich.

K2 **7** **a)** Lösungswort: SALAT
b) Es gibt insgesamt $2^5 = 32$ mögliche Worte, die erraten werden könnten.

Alternativer Einstieg: Schulbuch Seite 98

Entdecken

K5
- $5x \cdot 2 = 10x$ $x \cdot x^2 = x^3$
  $-3x \cdot 4 = -12x$ $36x : (-6) = -6x$
  $2x \cdot 3y = 6xy$ $15x : 3 = 5x$

K6
- Individuelle Lösungen möglich. Es ergeben sich die bekannten Rechengesetze.

Nachgefragt

K6
- Bei 3a wird eine Zahl mit einer Variablen multipliziert. Bei a^3 wird eine Variable mehrmals mit sich selbst multipliziert.

K6
- Jede rationale Zahl kann als Bruch dargestellt werden; die Division durch einen Bruch (die rationale Zahl) ist gleich der Multiplikation mit dem Kehrwert.

Aufgaben

K5 **1** **a)** $48y$ **b)** $4a$ **c)** $84x$ **d)** $15ab$
e) $144xy$ **f)** $6a^2b$ **g)** $6rs$ **h)** $168p^2q$

K5 **2** **a)** q^4 **b)** g^6 **c)** x^8 **d)** $(ax)^4 = a^4x^4$
e) $(lo)^4 = l^4o^4$ **f)** a^2b^3 **g)** m^4n^3 **h)** f^7 **i)** s^3t^5

K5 **3** **a)** $8v$ **b)** $85d$ **c)** $540sx$ **d)** $32f$ **e)** $-3q$
f) $6bcs$ **g)** a **h)** $-5{,}25cfk$ **i)** $42q^2w^3$ **j)** $120a^3b^2c$
k) $42x^3y^2$ **l)** $180x^2$ **m)** $5r^2$ **n)** $32a^3b$ **o)** $0{,}5x^4y^2$
p) $72a^3b^2c$ **q)** $6x^4y^2$

K5 **4** **a)**

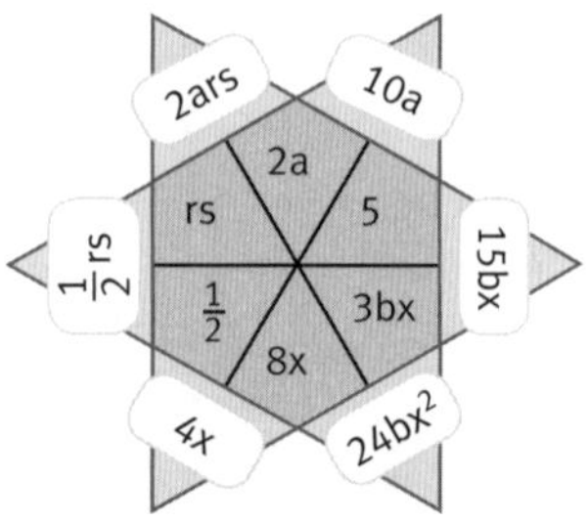

b)

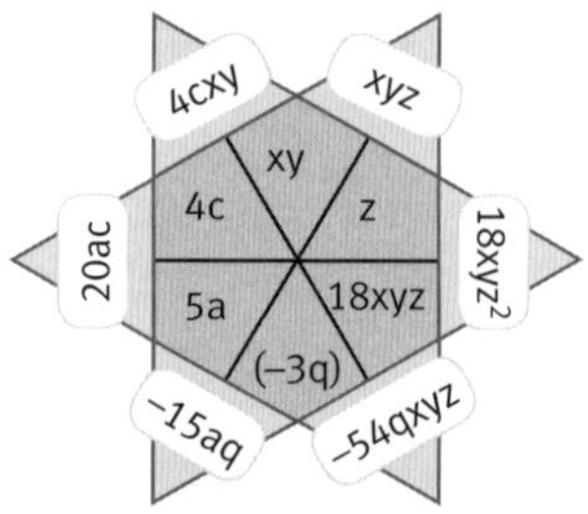

c)

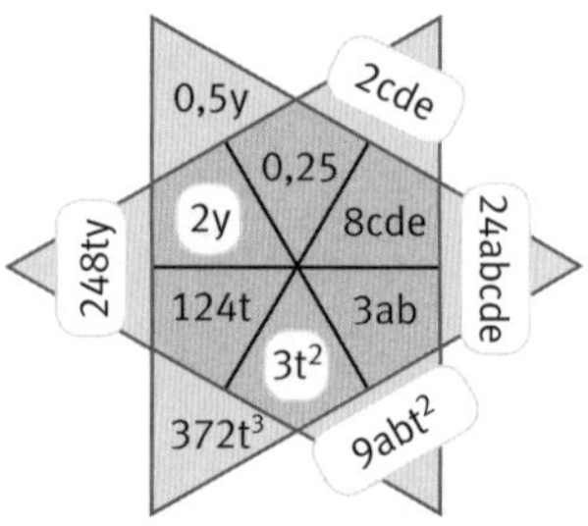

d)

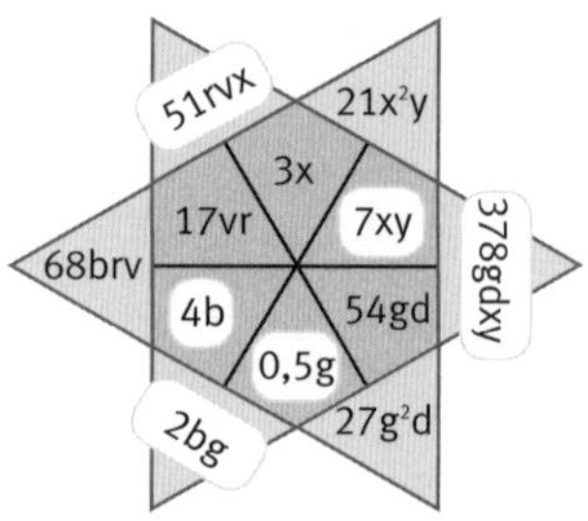

K2 **5** **a)** Die zugrunde liegende Strecke s habe die Länge 5,23 cm = a + b mit a = 3,23 cm bzw. b = 2 cm.
Nach dem goldenen Schnitt muss gelten: $\frac{s}{a} = \frac{a}{b}$
Die Strecken a = 3,23 cm bzw. b = 2 cm erfüllen ziemlich genau den goldenen Schnitt:
$\frac{s}{a} = \frac{5{,}23}{3{,}23} \approx 1{,}619 \approx 1{,}615 = \frac{3{,}23}{2} = \frac{a}{b}$

b) $\frac{a+b}{a} = \frac{a}{b}$

3.4 Terme mit Klammern auflösen

Alternativer Einstieg: Schulbuch Seite 98

Entdecken

K1
- Sei B die Breite und L die Länge der alten Halle. Dann ist der alte Flächeninhalt $B \cdot L$. Für die neue Halle ist der Flächeninhalt dann $(L + 17\,m) \cdot (B + 12\,m)$.

K5
- Für $L = 27\,m$ und $B = 15\,m$ erhält man:
  $(27\,m + 17\,m) \cdot (15\,m + 12\,m) = 44\,m \cdot 27\,m = 1188\,m^2$

Nachgefragt

K1
- Man kann die Klammern bei der Addition von Summen weglassen, da das Vorzeichen gleich bleibt.

K1
- Das Ergebnis des zweiten Terms wird größer, da nicht die Klammer von 2a subtrahiert wird, sondern nur die 6.

Aufgaben

K5 **1** **a)** $144x + 60y$ **b)** $-50c - 20d$ **c)** $13 - x + z$ **d)** $17c - 3$
e) $8a - 4b$ **f)** $-2x + 8$ **g)** $y - z - 3{,}3$ **h)** $-2g + h$
i) $6x + 3y$ **j)** $0{,}6x + 0{,}2$ **k)** $-2 - 0{,}1t$ **l)** $0{,}9 - 0{,}5x$

K5 **2** **a)** 1 → D: Zum Produkt aus x und 0,4 wird ein Fünftel addiert.
2 → A: x wird mit der Summe aus einem Fünftel und 0,4 multipliziert.
3 → C: Zu einem Fünftel wird das Produkt aus x und 0,4 addiert.
4 → B: Ein Fünftel und 0,4 werden addiert und mit x multpliziert.

b)

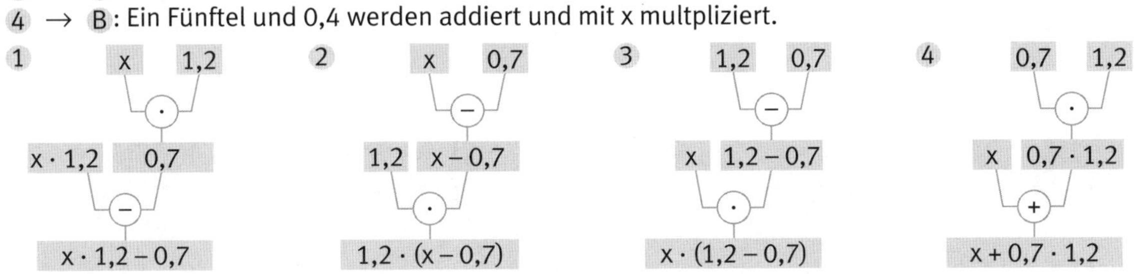

K5 **3** **a)** $23q + 63r$ **b)** $39xy - 65x^2 + 13rx$ **c)** $-11\,218pq + 158p$ **d)** 0 **e)** $-2{,}5tp - 2ms$
f) $-6x - 9y$ **g)** $-1{,}6x - 9{,}6g$ **h)** $x + 14y$ **i)** $-24r - 2rs - 12s$

K5 **4** **a)** $x \cdot (13a + 5)$ **b)** $5 \cdot (2r - s)$ **c)** $yz \cdot (x + 2)$ **d)** $6a \cdot (b - c)$
e) $0{,}5x \cdot (1 - y)$ **f)** $a \cdot (ax - y)$ **g)** $5r \cdot (3 - 5s)$ **h)** $3a \cdot (4b + 1 - 5c)$
i) $7p \cdot (7pq - 2)$ **j)** $g \cdot \left(-\frac{4}{3}gh + 1\right)$ **k)** $r \cdot (1{,}8rs - 2 + s)$ **l)** $\frac{2}{5}xy \cdot (x + 2y)$

K5 **5** **a)** $64\,cm^2 - 3\,cm \cdot 8\,cm = 40\,cm^2$ $(8\,cm - 3\,cm) \cdot 8\,cm = 40\,cm^2$
b) Das entstandene Rechteck hat die Seitenlängen 5 cm und 8 cm.

K3 **6** **a)** $(8x + y) \cdot (-3) = -24x - 3y$ **b)** $(7a + 4b) - (-8b - 12a) = 19a + 12b$
c) $y \cdot (-4x - (-8{,}2)) = -4xy + 8{,}2y$

K6 **7** **a)** Die Minusklammer wurde nicht berücksichtigt, der Term heißt richtig: $-x - 4$
b) Hier wurde nur der erste Faktor mit 3 multipliziert, der Term heißt: $12a + 21$
c) Hier wurde ausmultipliziert

Alternativer Einstieg: Schulbuch Seite 99

Entdecken

K5 ■ Man erkennt, dass ab D = 166,25 MB sich „mobile 4ever" lohnt, während bei geringerem Verbrauch „happy mobile" preiswerter ist.

K3 ■ Sei D die Datenmenge in MB.
Bei „happy mobile" lautet der Kostenterm in € dann 0,24 D.
Bei „mobile 4ever" lautet der Kostenterm in € dann 39,9. Dieser ist unabhängig von der Datennutzung.

Nachgefragt

K6 ■ Beim Lösen einer Gleichung sind zwei Terme mit Variablen durch ein Gleichheitszeichen verbunden. Die Variablen auf den beiden Seiten haben denselben Wert, der berechnet werden soll.

K6 ■ Beim systematischen Probieren werden Werte in die Gleichung eingesetzt und untersucht, ob die Werte die Gleichung lösen. Ist dies nicht der Fall, muss das Verfahren verfeinert werden.

Aufgaben

K5 **1 a)** Lösen durch systematisches Probieren:

a	9a – 19
1	–10
2	–1
3	8
4	17 ✓

Lösen durch die Umkehraufgabe:

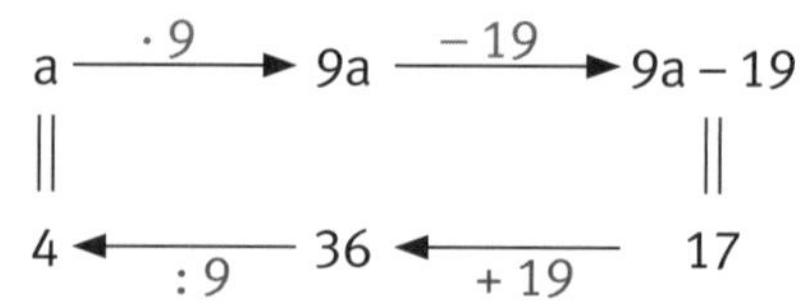

b) b = –8 **c)** c = 15 **d)** d = –12 **e)** e = –3 **f)** f = 7
g) g = –0,25 **h)** h = –4,5 **i)** i = –9 **j)** j = –7,2 **k)** k = –3,2
l) l = 0 **m)** w = 0 **n)** x = –1,7 **o)** z = –0,425 **p)** y = 3,75

K1 **2 a)** ① u = 7,5x ② u = 4x + 8,4 cm ③ u = 4,5x – 2,5 cm

b) Umfang 24 cm:

① 24 cm = 7,5x
x = 3,2 cm
3x = 9,6 cm
3,5x = 11,2 cm

② 24 cm = 4x + 8,4 cm
x = 3,9 cm
x + 4,2 cm = 8,1 cm

③ 24 cm = 4,5x – 2,5 cm
x = $5\frac{8}{9}$ cm
1,75x = $10\frac{11}{36}$ cm
x – 1,8 cm = $4\frac{4}{45}$ cm
x – 0,7 cm = $5\frac{17}{90}$ cm
$\frac{3}{4}$x = $4\frac{5}{12}$ cm

Umfang 39 cm:

① 39,3 cm = 7,5x
x = 5,24 cm
3x = 15,72 cm
3,5x = 18,34 cm

② 39,3 cm = 4x + 8,4 cm
x = 7,725 cm
x + 4,2 cm = 11,925 cm

③ 39,3 cm = 4,5x – 2,5 cm
x = $9\frac{13}{45}$ cm
1,75x = $16\frac{23}{90}$ cm
x – 1,8 cm = $7\frac{22}{45}$ cm
x – 0,7 cm = $8\frac{53}{90}$ cm
$\frac{3}{4}$x = $6\frac{29}{30}$ cm

K5 **3** **a)**

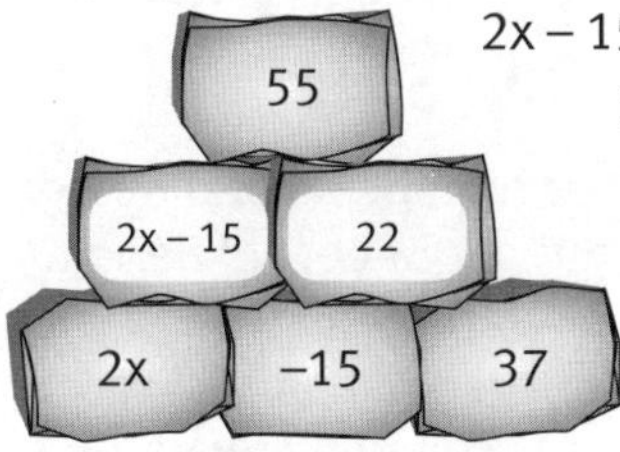

$$2x - 15 + 22 = 55$$
$$2x + 7 = 55$$
$$x = 24$$

b)

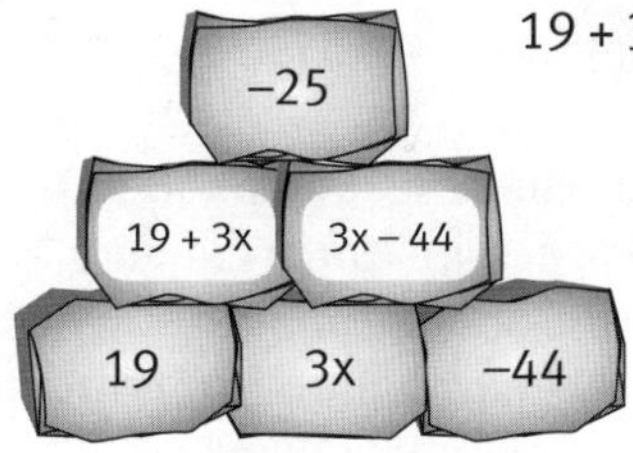

$$19 + 3x + 3x - 44 = -25$$
$$6x - 25 = -25$$
$$x = 0$$

c)

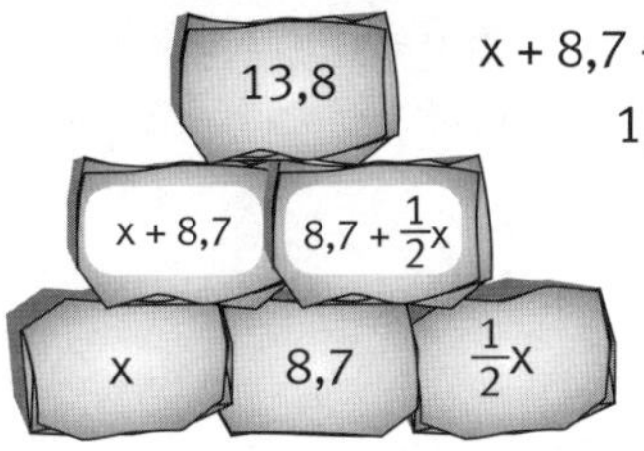

$$x + 8{,}7 + 8{,}7 + \tfrac{1}{2}x = 13{,}8$$
$$1{,}5x + 17{,}4 = 13{,}8$$
$$x = -2{,}4$$

d)

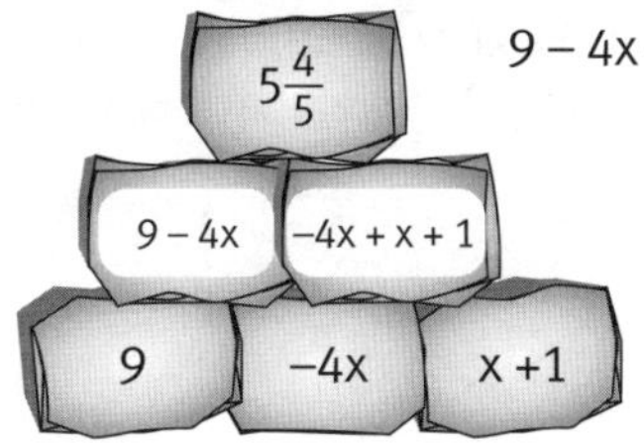

$$9 - 4x - 4x + x + 1 = 5\tfrac{4}{5}$$
$$-7x + 10 = 5\tfrac{4}{5}$$
$$x = 0{,}6$$

K1 **4** **a)** Die Lösung ist eine negative Zahl, da das Ergebnis der Gleichung kleiner ist als die andere Seite.

b) Die Lösung ist eine negative Zahl, da das Ergebnis der Gleichung eine positive Zahl ist.

c) Die Lösung ist eine positive Zahl, da das Ergebnis der Gleichung positiv ist.

d) x ist eine negative Zahl, da der Faktor vor dem x negativ ist, aber das Ergebnis positiv.

e) x ist eine negative Zahl, da eine Differenz gebildet werden soll, deren Ergebnis negativ ist.

f) x ist eine positive Zahl, da ein negatives Ergebnis entstehen soll, aber der Faktor vor dem x schon negativ ist.

g) Die Lösung der Gleichung ist eine negative Zahl, da ein größeres Ergebnis als –6 erzeugt werden soll, aber der Faktor vor dem x negativ ist.

h) Die Lösung der Gleichung ist eine negative Zahl, da ein negatives Ergebnis entstehen soll, der Faktor vor dem x aber positiv ist.

i) x ist eine positive Zahl, da das Ergebnis der Gleichung negativ ist und der Faktor vor dem x auch negativ ist.

j) x ist eine negative Zahl, da das Ergebnis der Gleichung negativ sein soll, der Faktor vor dem x aber positiv ist.

k) Die Lösung der Gleichung ist eine positive Zahl, da sowohl das Ergebnis als auch der Faktor vor dem x positiv sind.

l) x ist eine negative Zahl, da das Ergebnis positiv wird, aber der Faktor vor dem x negativ ist.

K3 **5** Gleichung: $2 \cdot 4x + x = 27{,}90\,€$
$$9x = 27{,}90\,€$$
$$x = 3{,}10\,€$$

Die Kinderkarte kostet 3,10 € und die Karte für die Erwachsenen 12,40 €.

Entdecken

K3
- Das Ziel ist es, am Ende auf einer Seite nur noch einen einzelnen Becher zu haben und die Würfel alle auf der anderen Seite. Dazu nimmt man beispielsweise zunächst auf der Seite, auf der die wenigsten Becher stehen, alle Becher weg. Dieselbe Anzahl an Bechern entfernt man dann auch auf der anderen Seite. Anschließend entfernt man auf der Seite, wo noch Becher stehen, sämtliche Würfel und nimmt die entsprechende Anzahl auch auf der anderen Seite weg. Steht auf der einen Seite noch mehr als ein Becher, teilt man auf der anderen Seite die Anzahl der Würfel durch die Anzahl der Becher und nimmt alle Becher bis auf einen weg.

K1
- $x + 7 = 2x + 3$
  $3x + 2 = x + 6$

K6
- ① $x + 7 = 2x + 3 \quad | -x$
  $7 = x + 3 \quad | -3$
  $4 = x$

  ② $3x + 2 = x + 6 \quad | -x$
  $2x + 2 = 6 \quad | -2$
  $2x = 4 \quad | :2$
  $x = 2$

Nachgefragt

K6
- Äquivalenzumformungen müssen auf beiden Seiten durchgeführt werden, da die Gleichung immer gleichwertig bleiben und die Waage immer im Gleichgewicht stehen muss.

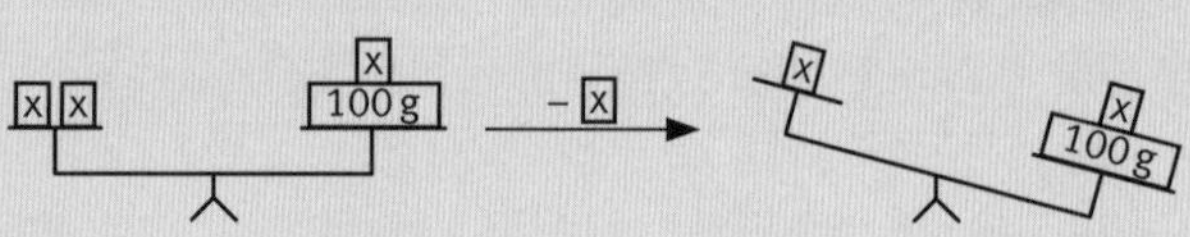

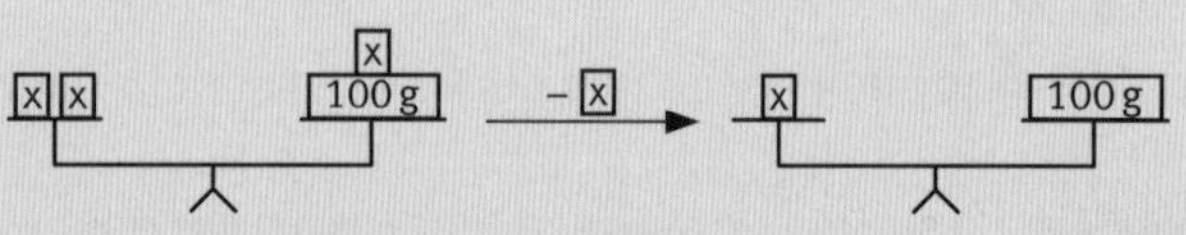

K1
- Die Multiplikation mit null ist nicht erlaubt, da sie nicht umkehrbar ist. Die Division durch null ist überhaupt nicht möglich. Beide Verfahren verändern den Wahrheitswert der Gleichung.

Aufgaben

K4 **1** **a)** ① $3x = 500\,g + x \quad | -x$ ② $2x = 500\,g \quad | :2$ ③ $x = 250\,g$ $\mathbb{L} = \{250\,g\}$

b) ① $4M = 200\,g + 2M \quad | :2$ ② $2M = 100\,g + M \quad | -M$ ③ $M = 100\,g$ $\mathbb{L} = \{100\,g\}$

Hinweis: Im ersten Druck der ersten Auflage befindet sich bei der zweiten Waage in b) ein Druckfehler. Statt der 250 g müssten dort 100 g stehen.

c) ① $5y + 16 = 3y + 48 \quad | -3y - 16$ ② $2y = 32 \quad | :2$ ③ $y = 16$ $\mathbb{L} = \{16\}$

K4 **2** **a)** ① $3x + 1 = 2x + 5 \quad | -2x - 1$ ② $x = 4$ $\mathbb{L} = \{4\}$

b) ① $2x + 8 = 5x + 2 \quad | -2x - 2$ ② $3x = 6 \quad | :3$ ③ $x = 2$ $\mathbb{L} = \{2\}$

c) ① $3x + 3 = 2x + 6 \quad | -2x - 3$ ② $x = 3$ $\mathbb{L} = \{3\}$

K5 **3** **a)** $5x = 45 \quad |:5$
$x = 9$
$\mathbb{L} = \{9\}$

b) $x - 2 = 8 \quad |+2$
$x = 10$
$\mathbb{L} = \{10\}$

c) $8x + 4 = 20 \quad |-4$
$8x = 16 \quad |:8$
$x = 2$
$\mathbb{L} = \{2\}$

d) $7 - x = 5 \quad |-5+x$
$2 = x$
$\mathbb{L} = \{2\}$

e) $7x = 7 \quad |:7$
$x = 1$
$\mathbb{L} = \{1\}$

f) $123x = 0 \quad |:123$
$x = 0$
$\mathbb{L} = \{0\}$

g) $13 - 2x = -1 \quad |+2x+1$
$14 = 2x \quad |:2$
$x = 7$
$\mathbb{L} = \{7\}$

h) $3 + 4x + 5 = 7 \quad |-3-5$
$4x = -1 \quad |:4$
$x = -\frac{1}{4}$
$\mathbb{L} = \{-\frac{1}{4}\}$

i) $17 - a = 8{,}5 \quad |+a-8{,}5$
$8{,}5 = a$
$\mathbb{L} = \{8{,}5\}$

j) $8 + 2x = -52 \quad |-8$
$2x = -60 \quad |:2$
$x = -30$
$\mathbb{L} = \{-30\}$

k) $\frac{1}{3}c + 3 = 0 \quad |-3$
$\frac{1}{3}c = -3 \quad |:\frac{1}{3}$
$c = -9$
$\mathbb{L} = \{-9\}$

l) $4f + 2 = 2 + 4f \quad |-4f-2$
$0 = 0$
$\mathbb{L} = \mathbb{Q}$

m) $2m + 7 = m \quad |-m-7$
$m = -7$
$\mathbb{L} = \{-7\}$

n) $18 - 2s = 3s \quad |+2s$
$18 = 5s \quad |:5$
$3{,}6 = s$
$\mathbb{L} = \{3{,}6\}$

o) $4t - 120 = 4t \quad |-4t$
$-120 = 0$
$\mathbb{L} = \{\,\}$

p) $4 - 8p = 2p - 8 \quad |+8p+8$
$12 = 10p \quad |:10$
$1{,}2 = p$
$\mathbb{L} = \{1{,}2\}$

K3 **4** **a)** $x + 3 = 14 \quad |-3$
$x = 11$
$\mathbb{L} = \{11\}$

b) $6x = 18 \quad |:6$
$x = 3$
$\mathbb{L} = \{3\}$

c) $3x - 12 = 36 \quad |+12$
$3x = 48 \quad |:3$
$x = 16$
$\mathbb{L} = \{16\}$

d) $\frac{1}{4}x + 3 = 5 \quad |-3$
$\frac{1}{4}x = 2 \quad |:\frac{1}{4}$
$x = 8$
$\mathbb{L} = \{8\}$

e) $x : 8 = 8 \quad |\cdot 8$
$x = 64$
$\mathbb{L} = \{64\}$

f) $5x - 6{,}3 = -28{,}8 \quad |+6{,}3$
$5x = -22{,}5 \quad |:5$
$x = -4{,}5$
$\mathbb{L} = \{\,\}$, da $-4{,}5$ keine ganze Zahl

K6 **5**
a) Subtrahiert man von einer ganzen Zahl 7, erhält man 128. $\mathbb{L} = \{135\}$
b) Die Summe aus dem Fünffachen einer ganzen Zahl und 8 ergibt 13. $\mathbb{L} = \{1\}$
c) Die Differenz aus 210 und einer ganzen Zahl ist 158. $\mathbb{L} = \{52\}$
d) Die Summe aus der Gegenzahl von a und 3 ergibt 7. $\mathbb{L} = \{-4\}$
e) Addiert man zum Vierfachen einer ganzen Zahl 5, erhält man 5. $\mathbb{L} = \{0\}$
f) Die Differenz aus 12 und dem Quotienten einer ganzen Zahl und 2 ist 3. $\mathbb{L} = \{18\}$

K6 **6** **a)**

$$\begin{aligned} 8 + 3x &= x + 7 && \mid -8 \\ 3x &= x - 1 && \mid -x \\ 2x &= -1 && \mid :2 \\ x &= -\tfrac{1}{2} \end{aligned}$$

b)

$$\begin{aligned} \tfrac{2}{3}a + 2 &= 4 && \mid -2 \\ \tfrac{2}{3}a &= 2 && \mid :\tfrac{2}{3} \\ a &= 3 \end{aligned}$$

c)

$$\begin{aligned} 2{,}6s - 9{,}2 &= 0{,}4s + 18{,}3 && \mid +9{,}2 \\ 2{,}6s &= 0{,}4s + 27{,}5 && \mid -0{,}4s \\ 2{,}2s &= 27{,}5 && \mid :2{,}2 \\ s &= 12{,}5 \end{aligned}$$

K3 **7** $34 = 10 + 3x \quad \mid -10$

$24 = 3x \quad \mid :3$

$x = 8$

$\mathbb{L} = \{8\}$

Cedric muss 8 Wochen sparen, damit er sich sein Modellflugzeug kaufen kann.

K3 **8** **a)** $y = 3 \cdot (x + 2)$, wobei $x = 3$

$y = 15$

$\mathbb{L} = \{3; 15\}$

Betül ist jetzt 15 Jahre alt und ihr kleiner Bruder Tarik 3.

b) $2 \cdot (x + 3) + (x + 3) = 24$

$3x + 9 = 24 \quad \mid -6$

$3x = 15 \quad \mid :3$

$x = 5$

$\mathbb{L} = \{5; 13\}$

Martin ist im Moment 13 und seine kleine Schwester 5 Jahre alt.

c) $85 + 2 = 3x$

$87 = 3x \quad \mid :3$

$29 = x$

$\mathbb{L} = \{29\}$

Opa Herrmanns jüngster Neffe ist 29 Jahre alt.

K5 **9** **a)**

$2 \cdot (a + 1) = a + 3 \cdot (a - 5)$

1 $2a + 2 = a + 3a - 15$

1 $2a + 2 = 4a - 15$ | $-4a$

2 $-2a + 2 = -15$ | -2

3 $-2a = -17$ | $:(-2)$

4 $a = \frac{17}{2}$

$\frac{17}{2} \notin \mathbb{Z}$, also $\mathbb{L} = \{\}$

b)

$2 \cdot (b - 3) - (b + 1) = 8$

1 $2b - 6 - b - 1 = 8$

1 $b - 7 = 8$ | $+7$

2 $b = 15$

4 $15 \in \mathbb{Z}$, also $\mathbb{L} = \{15\}$

5 Probe: $2 \cdot (15 - 3) - (15 + 1)$

$= 24 - 16$

$= 8$ ✓

c)

$c = 8 + (3 - c)$

1 $c = 11 - c$ | $+c$

2 $2c = 11$ | $:2$

3 $c = \frac{11}{2}$

4 $\frac{11}{2} \notin \mathbb{Z}$, also $\mathbb{L} = \{\}$

d)

$(3d - 6) : 3 = 13 - (d + 1)$

1 $d - 2 = 13 - d - 1$

1 $d - 2 = 12 - d$ | $+d$

2 $2d - 2 = 12$ | $+2$

2 $2d = 14$ | $:2$

3 $d = 7$

4 $7 \in \mathbb{Z}$, also $\mathbb{L} = \{7\}$

5 Probe: $(3 \cdot 7 - 6) : 3 = 13 - (7 + 1)$

$15 : 3 = 5$

$5 = 5$ ✓

e)

$\frac{1}{2} \cdot (6e - 7) = 12$

1 $3e - \frac{7}{2} = 12$ | $+\frac{7}{2}$

2 $3e = 15{,}5$ | $:3$

3 $e = 5\frac{1}{6}$

4 $5\frac{1}{6} \notin \mathbb{Z}$, also $\mathbb{L} = \{\}$

f)

1		$-0{,}2\,(8f + 7) = 8 - (0{,}6f - 0{,}6)$	
1	$+ 0{,}6f$	$-1{,}6f - 1{,}4 = 8 - 0{,}6f + 0{,}6$	$+ 0{,}6f$
2	$+ 1{,}4$	$-f - 1{,}4 = 8 + 0{,}6$	$+ 1{,}4$
2		$-f = 8 + 2$	
3	$\cdot (-1)$	$-f = 10$	$\cdot (-1)$
3		$f = -10$	
4		$-10 \in \mathbb{Z}$, also $\mathbb{L} = \{-10\}$	
5		Probe: $-0{,}2\,(8 \cdot (-10) + 7) = 8 - (0{,}6 \cdot (-10) - 0{,}6)$	
		$-0{,}2\,(-80 + 7) = 8 - (-6 - 0{,}6)$	
		$-0{,}2 \cdot (-73) = 8 + 6 + 0{,}6$	
		$14{,}6 = 14 + 0{,}6$	
		$14{,}6 = 14{,}6$ ✓	

g)

		$3g - 7 = g - 1 + 2 \cdot (g + 4)$	
1		$3g - 7 = g - 1 + 2g + 8$	
1	$- 3g$	$3g - 7 = 3g + 7$	$- 3g$
2		$-7 = 7$	
4		keine Lösung, also $\mathbb{L} = \{\,\}$	

h)

		$-8{,}5 + 3h + 2{,}4 = 3 \cdot (2 + h) - 5$	
1		$-6{,}1 + 3h = 6 + 3h - 5$	
1	$- 3h$	$-6{,}1 + 3h = 1 + 3h$	$- 3h$
2		$-6{,}1 = 1$	
4		keine Lösung, also $\mathbb{L} = \{\,\}$	

K6 **10 a)** Hier wurde die 15 nicht durch 5 dividiert. Richtig heißt die Gleichung:

$x + 3 = 17 \quad | - 3$

$x = 14$

b) Das Minuszeichen wurde weggelassen. Richtige Lösung:

$-2x = -28 \quad | : (-2)$

$x = 14$

c) Es wurde der falsche Wert subtrahiert und der Faktor vor dem x weggelassen. Richtig:

$-\frac{1}{4}x = -53 \quad | \cdot (-4)$

$x = 212$

K5 **11 a)** $\mathbb{L} = \{2\}$ **b)** $\mathbb{L} = \{4\}$ **c)** $\mathbb{L} = \{5\}$ **d)** $\mathbb{L} = \{17\}$ **e)** $\mathbb{L} = \{3\}$
f) $\mathbb{L} = \{2\}$ **g)** $\mathbb{L} = \{3{,}6\}$ **h)** $\mathbb{L} = \{0\}$ **i)** $\mathbb{L} = \{\,\}$

K6 **12 a)**

$$\begin{aligned} 13 + 0{,}8y &= -\tfrac{2}{5}y - 4 && \mid -13 \\ 0{,}8y &= -\tfrac{2}{5}y - 17 && \mid +\tfrac{2}{5}y \\ 0{,}8y + \tfrac{2}{5}y &= -17 \\ 0{,}8y + 0{,}4y &= -17 && \mid :1{,}2 \\ 1{,}2y &= -17 \\ y &= -14\tfrac{1}{6} \end{aligned}$$

Nicole, achte in Zukunft besser auf die Vorzeichen und die Umwandlung von Brüchen in Dezimalzahlen.

b)

$$\begin{aligned} (x + 4) \cdot 2 &= \tfrac{1}{3}x - 2 \\ 2x + 8 &= \tfrac{1}{3}x - 2 && \mid -8 \\ 2x &= \tfrac{1}{3}x - 10 && \mid -\tfrac{1}{3}x \\ 1\tfrac{2}{3}x &= -10 && \mid :1\tfrac{2}{3} \\ x &= -6 \end{aligned}$$

Nicole, achte genau auf die Klammern, dann kannst du einige Fehler vermeiden. Man teilt durch einen Bruch, indem man mit dem Kehrwert multipliziert.

K5 **13 a)** $\mathbb{L} = \{-8\}$ **b)** $\mathbb{L} = \left\{\frac{23}{4}\right\}$ **c)** $\mathbb{L} = \left\{3\frac{2}{3}\right\}$ **d)** $\mathbb{L} = \left\{4\frac{4}{13}\right\}$ **e)** $\mathbb{L} = \{\,\}$ **f)** $\mathbb{L} = \{2\}$

K6 **14** $G = P \cdot \frac{100\,\%}{p\,\%}$; $p\,\% = 100\,\% \cdot \frac{P}{G}$

„G“ steht für den Grundwert; „p%“ steht für den Prozentsatz; „P“ steht für den Prozentwert

K3 **15 a)** $F = m \cdot a$: $m = \frac{F}{a}$; $a = \frac{F}{m}$

$W = F \cdot s$: $F = \frac{W}{s}$; $s = \frac{W}{F}$

$U = R \cdot I$: $R = \frac{U}{I}$; $I = \frac{U}{R}$

b) Es sind individuelle Lösungen möglich.

K5 **16 a)** 1 $\mathbb{D} = \mathbb{Q} \setminus \{0\}$ 2 $\mathbb{D} = \mathbb{Q} \setminus \{1\}$ 3 $\mathbb{D} = \mathbb{Q}$ 4 $\mathbb{D} = \mathbb{Q} \setminus \{4\}$

5 $\mathbb{D} = \mathbb{Q} \setminus \{0; 3\}$ 6 $\mathbb{D} = \mathbb{Q} \setminus \{0\}$ 7 $\mathbb{D} = \mathbb{Q} \setminus \{-2; 0\}$ 8 $\mathbb{D} = \mathbb{Q} \setminus \{0; 2\}$

9 $\mathbb{D} = \mathbb{Q} \setminus \{-5; 3\}$ 10 $\mathbb{D} = \mathbb{Q} \setminus \{-2; 1; 2\}$ 11 $\mathbb{D} = \mathbb{Q} \setminus \{-9; 3\}$ 12 $\mathbb{D} = \mathbb{Q} \setminus \{0; 5\}$

b) Die rechte Seite der Verhältnisgleichung lässt sich auch mit dem Nenner 1 schreiben: $\frac{T_1}{T_2} = \frac{T_3}{1}$.
Somit kann man diese Gleichung durch „über Kreuz“-Multiplikation mit $(T_2 \cdot 1)$ lösen.

c) 1 $\mathbb{D} = \mathbb{Q} \setminus \{-6\}$

$\frac{4}{x+6} = \frac{8}{22}$ | Kürzen

$\Leftrightarrow \frac{4}{x+6} = \frac{4}{11}$ | $\cdot\, 11 \cdot (x + 6)$

$\Leftrightarrow 44 = 4x + 24$ | $-\,24$

$\Leftrightarrow 20 = 4x$ | $:4$

$\Leftrightarrow 5 = x$

$5 \in \mathbb{D}$

$\mathbb{L} = \{5\}$

Probe: $\frac{4}{11} = \frac{8}{22}$

2 $\mathbb{D} = \mathbb{Q} \setminus \{-4\}$

$\frac{36}{x+4} = \frac{2}{3}$ | $\cdot\, 3 \cdot (x + 4)$

$\Leftrightarrow 108 = 2x + 8$ | $-\,8$

$\Leftrightarrow 100 = 2x$ | $:2$

$\Leftrightarrow 50 = x$

$50 \in \mathbb{D}$

$\mathbb{L} = \{50\}$

Probe: $\frac{36}{54} = \frac{2}{3}$

3 $\mathbb{D} = \mathbb{Q} \setminus \{-3\}$

$\frac{6}{x+3} = 0 \quad | \cdot (x+3)$

$\Leftrightarrow 6 = 0 \quad |$ Widerspruch

$\mathbb{L} = \{\,\}$

4 $\mathbb{D} = \mathbb{Q} \setminus \{0\}$

$\frac{6}{x} = \frac{9}{x} \quad | \cdot x$

$\Leftrightarrow 6 = 9 \quad |$ Widerspruch

$\mathbb{L} = \{\,\}$

5 $\mathbb{D} = \mathbb{Q} \setminus \{4\}$

$\frac{6x}{x-4} = \frac{3x}{0{,}5} \quad | \cdot 0{,}5 \cdot (x-4)$

$\Leftrightarrow 3x = 3x^2 - 12x \quad | -3x$

$\Leftrightarrow 0 = 3x^2 - 15x \quad | : 3$

$\Leftrightarrow 0 = x^2 - 5x$

$\Leftrightarrow 0 = x \cdot (x-5)$

$\Leftrightarrow x = 0$ oder $x = 5$

$0 \in \mathbb{D}$ und $5 \in \mathbb{D}$

$\mathbb{L} = \{0; 5\}$

Probe: $0 = 0$ bzw. $\frac{30}{1} = \frac{15}{0{,}5}$

6 $\mathbb{D} = \mathbb{Q} \setminus \{-5; 4\}$

$\frac{2}{x-4} = \frac{3}{x+5} \quad | \cdot (x-4) \cdot (x+5)$

$\Leftrightarrow 2x + 10 = 3x - 12 \quad | -2x + 12$

$\Leftrightarrow 22 = x$

$22 \in \mathbb{D}$

$\mathbb{L} = \{22\}$

Probe: $\frac{2}{18} = \frac{3}{27}$

7 $\mathbb{D} = \mathbb{Q} \setminus \{-3; 0{,}5\}$

$\frac{0{,}8}{x-0{,}5} = \frac{4}{x+3} \quad | \cdot (x-0{,}5) \cdot (x+3)$

$\Leftrightarrow 0{,}8x + 2{,}4 = 4x - 2 \quad | -0{,}8x + 2$

$\Leftrightarrow 4{,}4 = 3{,}2x \quad | : 3{,}2$

$\Leftrightarrow \frac{11}{8} = 1{,}375 = x$

$1{,}375 \in \mathbb{D}$

$\mathbb{L} = \{1{,}375\}$

Probe: links: $\frac{\frac{8}{10}}{\frac{11-4}{8}} = \frac{8}{10} \cdot \frac{8}{7} = \frac{32}{35}$

rechts: $\frac{4}{\frac{11+24}{8}} = 4 \cdot \frac{8}{35} = \frac{32}{35}$

8 $\mathbb{D} = \mathbb{Q} \setminus \{3; 7\}$

$\frac{4}{x-3} = \frac{8}{x-7} \quad | : 4$

$\Leftrightarrow \frac{1}{x-3} = \frac{2}{x-7} \quad | \cdot (x-3) \cdot (x-7)$

$\Leftrightarrow x - 7 = 2x - 6 \quad | -x + 6$

$\Leftrightarrow -1 = x$

$-1 \in \mathbb{D}$

$\mathbb{L} = \{-1\}$

Probe: $\frac{4}{-4} = \frac{8}{-8}$

9 $\mathbb{D} = \mathbb{Q} \setminus \{11\}$

$\frac{17+x}{11-x} = 3 \quad | \cdot (11-x)$

$\Leftrightarrow 17 + x = 33 - 3x \quad | +3x - 17$

$\Leftrightarrow 4x = 16 \quad | : 4$

$\Leftrightarrow x = 4$

$4 \in \mathbb{D}$

$\mathbb{L} = \{4\}$

Probe: $\frac{21}{7} = 3$

10 $\mathbb{D} = \mathbb{Q} \setminus \{-4\}$

$\frac{x-6}{x+4} = 6 \quad | \cdot (x+4)$

$\Leftrightarrow x - 6 = 6x + 24 \quad | -x - 24$

$\Leftrightarrow -30 = 5x \quad | : 5$

$\Leftrightarrow -6 = x$

$-6 \in \mathbb{D}$

$\mathbb{L} = \{-6\}$

Probe: $\frac{-12}{-2} = 6$

11 $\mathbb{D} = \mathbb{Q} \setminus \{4\}$

$\frac{6x+3}{2x-8} = 0 \quad | \cdot (2x-8)$

$\Leftrightarrow 6x + 3 = 0 \quad | : 6$

$\Leftrightarrow x + 0{,}5 = 0 \quad | -0{,}5$

$\Leftrightarrow x = -0{,}5$

$-0{,}5 \in \mathbb{D}$

$\mathbb{L} = \{-0{,}5\}$

Probe: $\frac{-3+3}{-1-8} = 0$

12 $\mathbb{D} = \mathbb{Q} \setminus \{3{,}5\}$

$\frac{2{,}5-x}{-x+3{,}5} = \frac{5}{3} \quad | \cdot (-x+3{,}5) \cdot 3$

$\Leftrightarrow 7{,}5 - 3x = -5x + 17{,}5 \quad | +5x - 7{,}5$

$\Leftrightarrow 2x = 10 \quad | : 2$

$\Leftrightarrow x = 5$

$5 \in \mathbb{D}$

$\mathbb{L} = \{5\}$

Probe: $\frac{-2{,}5}{-1{,}5} = \frac{5}{3}$

13 $\mathbb{D} = \mathbb{Q} \setminus \{-2; -1\}$

$\frac{8}{x+2} = \frac{12}{x+1}$ | : 4

$\frac{2}{x+2} = \frac{3}{x+1}$ | $\cdot (x+2) \cdot (x+1)$

$\Leftrightarrow 2x + 2 = 3x + 6$ | $-2x - 6$

$\Leftrightarrow -4 = x$

$-4 \in \mathbb{D}$

$\mathbb{L} = \{-4\}$

Probe: $\frac{8}{-2} = \frac{12}{-3}$

14 $\mathbb{D} = \mathbb{Q} \setminus \{5\}$

$\frac{3}{x-5} = \frac{5}{6}$ | $\cdot (x-5) \cdot 6$

$\Leftrightarrow 18 = 5x - 25$ | $+ 25$

$\Leftrightarrow 43 = 5x$ | : 5

$\Leftrightarrow x = 8{,}6$

$8{,}6 \in \mathbb{D}$

$\mathbb{L} = \{8{,}6\}$

Probe: $\frac{3}{3{,}6} = \frac{1}{1{,}2} = \frac{5}{6}$

15 $\mathbb{D} = \mathbb{Q} \setminus \{-0{,}05\}$

$\frac{10x + 0{,}5}{80x + 4} = \frac{3}{8}$ | Faktorisieren

$\Leftrightarrow \frac{(10x + 0{,}5)}{8 \cdot (10x + 0{,}5)} = \frac{3}{8}$ | Kürzen

$\Leftrightarrow \frac{1}{8} = \frac{3}{8}$ | Widerspruch

$\mathbb{L} = \{\,\}$

16 $\mathbb{D} = \mathbb{Q} \setminus \{3{,}7\}$

$\frac{5x - 3}{3{,}7 - x} = 2{,}25$ | $\cdot (3{,}7 - x)$

$\Leftrightarrow 5x - 3 = 8{,}325 - 2{,}25x$ | $+ 2{,}25x + 3$

$\Leftrightarrow 7{,}25x = 11{,}325$ | : 7,25

$\Leftrightarrow x = \frac{11{,}325}{7{,}25} = 1\frac{4{,}075}{7{,}25} = 1\frac{163}{290} \approx 1{,}562$

$1\frac{163}{290} \in \mathbb{D}$

$\mathbb{L} = \left\{1\frac{163}{290}\right\}$

Probe: $\frac{\frac{5 \cdot 11{,}325}{7{,}25} - 3}{3{,}7 - \frac{11{,}325}{7{,}25}} = \frac{34{,}875}{15{,}5} = 2{,}25$

K1 **d)** Bei 1 und bei 5 kann jede rationale Zahl eingesetzt werden, da der Nenner immer größer null ist.
Bei 2, 3 und 4 darf man nicht jede rationale Zahl einsetzen:
$\mathbb{D}_2 = \mathbb{Q} \setminus \{0\}$; $\mathbb{D}_3 = \mathbb{Q} \setminus \{-2\}$; $\mathbb{D}_4 = \mathbb{Q} \setminus \{2\}$

K1 **e)** Es sind individuelle Antworten möglich, wobei darauf zu achten ist, dass der Nenner nie null wird.
Dies ist z. B. bei Termen der Form $\frac{a}{x^2 + b}$ sichergestellt (a beliebig, b positiv), z. B. $\frac{1}{x^2 + 3}$; $\frac{2x}{x^2 + 0{,}05}$.

K5 **17** (Hier ohne Probe)

a) $\mathbb{D} = \mathbb{Q} \setminus \{-46; -5\}$

$\frac{x-3}{x+5} = \frac{x+6}{46+x}$ | $\cdot (x+5) \cdot (46+x)$

$\Leftrightarrow (x-3) \cdot (46+x) = (x+5) \cdot (x+6)$

$\Leftrightarrow 46x + x^2 - 138 - 3x = x^2 + 6x + 5x + 30$

$\Leftrightarrow x^2 + 43x - 138 = x^2 + 11x + 30$ | $-x^2 - 11x + 138$

$\Leftrightarrow 32x = 168$ | : 32

$\Leftrightarrow x = \frac{168}{32} = \frac{21}{4} = 5\frac{1}{4}$; $5\frac{1}{4} \in \mathbb{D}$; $\mathbb{L} = \left\{5\frac{1}{4}\right\}$

b) $\mathbb{D} = \mathbb{Q} \setminus \{3; 9\}$

$\frac{x+4}{x-9} = \frac{x+2}{x-3}$ | $\cdot (x-9) \cdot (x-3)$

$\Leftrightarrow (x+4) \cdot (x-3) = (x-9) \cdot (x+2)$

$\Leftrightarrow x^2 - 3x + 4x - 12 = x^2 + 2x - 9x - 18$

$\Leftrightarrow x^2 + x - 12 = x^2 - 7x - 18$ | $-x^2 + 7x + 12$

$\Leftrightarrow 8x = -6$ | : 8

$\Leftrightarrow x = -\frac{3}{4} = -0{,}75$; $-0{,}75 \in \mathbb{D}$; $\mathbb{L} = \{-0{,}75\}$

c) $\mathbb{D} = \mathbb{Q} \setminus \{0\}$

$\frac{x(x - 1{,}5)}{3{,}5x} = \frac{2x}{7}$ | Kürzen

$\Leftrightarrow \frac{x - 1{,}5}{3{,}5} = \frac{2x}{7}$ | $\cdot 7$ (Hauptnenner)

$\Leftrightarrow 2x - 3 = 2x$ | $-2x$

$\Leftrightarrow -3 = 0$ | Widerspruch

$\mathbb{L} = \{\,\}$

d) $\mathbb{D} = \mathbb{Q} \setminus \{1; 7\}$

$\frac{x-22}{7-x} = \frac{x+14}{1-x}$ $\quad | \cdot (7-x) \cdot (1-x)$

$\Leftrightarrow (x-22) \cdot (1-x) = (7-x) \cdot (x+14)$

$\Leftrightarrow x - x^2 - 22 + 22x = 7x + 98 - x^2 - 14x$

$\Leftrightarrow -x^2 + 23x - 22 = -x^2 - 7x + 98$ $\quad | + x^2 + 7x + 22$

$\Leftrightarrow 30x = 120$ $\quad | : 30$

$\Leftrightarrow x = 4; 4 \in \mathbb{D}; \mathbb{L} = \{4\}$

e) $\mathbb{D} = \mathbb{Q} \setminus \{0; 3\}$

$\frac{x+2}{x} = \frac{x}{x-3}$ $\quad | \cdot x \cdot (x-3)$

$\Leftrightarrow (x+2) \cdot (x-3) = x \cdot x$

$\Leftrightarrow x^2 - 3x + 2x - 6 = x^2$ $\quad | - x^2 + x$

$\Leftrightarrow -6 = x; -6 \in \mathbb{D}; \mathbb{L} = \{-6\}$

f) $\mathbb{D} = \mathbb{Q} \setminus \{-1{,}5; -0{,}5\}$

$\frac{2x-4}{4x+6} = \frac{3x-5{,}5}{3+6x}$ $\quad |$ Kürzen

$\Leftrightarrow \frac{x-2}{2x+3} = \frac{3x-5{,}5}{3+6x}$ $\quad | \cdot (2x+3) \cdot (3+6x)$

$\Leftrightarrow (x-2) \cdot (3+6x) = (2x+3) \cdot (3x-5{,}5)$

$\Leftrightarrow 3x + 6x^2 - 6 - 12x = 6x^2 - 11x + 9x - 16{,}5$

$\Leftrightarrow 6x^2 - 6 - 9x = 6x^2 - 2x - 16{,}5$ $\quad | - 6x^2 + 9x + 16{,}5$

$\Leftrightarrow 10{,}5 = 7x$ $\quad | : 7$

$\Leftrightarrow 1{,}5 = x; 1{,}5 \in \mathbb{D}; \mathbb{L} = \{1{,}5\}$

g) $\mathbb{D} = \mathbb{Q} \setminus \{-5{,}5; -0{,}5\}$

$\frac{2x-6}{0{,}5x+2{,}75} = \frac{4x-15}{x+0{,}5}$ $\quad | \cdot (0{,}5x + 2{,}75) \cdot (x + 0{,}5)$

$\Leftrightarrow (2x-6) \cdot (x+0{,}5) = (0{,}5x+2{,}75) \cdot (4x-15)$

$\Leftrightarrow 2x^2 + x - 6x - 3 = 2x^2 - 7{,}5x + 11x - 41{,}25$

$\Leftrightarrow 2x^2 - 5x - 3 = 2x^2 + 3{,}5x - 41{,}25$ $\quad | - 2x^2 + 5x + 41{,}25$

$\Leftrightarrow 38{,}25 = 8{,}5x$ $\quad | : 8{,}5$

$\Leftrightarrow 4{,}5 = x; 4{,}5 \in \mathbb{D}; \mathbb{L} = \{4{,}5\}$

h) $\mathbb{D} = \mathbb{Q} \setminus \{-6; 4\}$

$\frac{x+6}{x-4} = \frac{x+4}{x+6}$ $\quad | \cdot (x+6) \cdot (x-4)$

$\Leftrightarrow (x+6) \cdot (x+6) = (x-4) \cdot (x+4)$

$\Leftrightarrow x^2 + 12x + 36 = x^2 - 16$ $\quad | - x^2 - 36$

$\Leftrightarrow 12x = -52$ $\quad | : 12$

$\Leftrightarrow x = \frac{13}{3} = -4\frac{1}{3}; -4\frac{1}{3} \in \mathbb{D}; \mathbb{L} = \left\{-4\frac{1}{3}\right\}$

i) $\mathbb{D} = \mathbb{Q} \setminus \{-1; -0{,}2\}$

$\frac{2x-1{,}4}{5x+1} = \frac{0{,}4x+3}{x+1}$ $\quad | \cdot (x+1) \cdot (5x+1)$

$\Leftrightarrow (2x-1{,}4) \cdot (x+1) = (5x+1) \cdot (0{,}4x+3)$

$\Leftrightarrow 2x^2 + 2x - 1{,}4x - 1{,}4 = 2x^2 + 15x + 0{,}4x + 3$

$\Leftrightarrow 2x^2 + 0{,}6x - 1{,}4 = 2x^2 + 15{,}4x + 3$ $\quad | - 2x^2 - 0{,}6x - 3$

$\Leftrightarrow -4{,}4 = 14{,}8x$ $\quad | : 14{,}8$

$\Leftrightarrow -\frac{4{,}4}{14{,}8} = -\frac{44}{148} = -\frac{11}{37} = x; -\frac{11}{37} \in \mathbb{D}; \mathbb{L} = \left\{-\frac{11}{37}\right\}$

K3 **18 a)** $\frac{24}{n} = \frac{28}{n+1}$; $\mathbb{D} = \mathbb{N}$
$6 \cdot (n + 1) = 7 \cdot n$
$6n + 6 = 7n$
$n = 6$; $\mathbb{L} = \{6\}$
Probe: $\frac{24}{6} = \frac{28}{7}$

b) $\frac{27+n}{n-5} = 17$; $\mathbb{D} = \mathbb{N} \setminus \{5\}$
$27 + n = (n - 5) \cdot 17$
$27 + n = 17n - 85$
$112 = 16n$
$n = 7$; $\mathbb{L} = \{7\}$
Probe: $\frac{34}{2} = 17$

c) $\frac{x+12}{(x+2)+6} = \frac{x}{x+2}$; $\mathbb{D} = \mathbb{Q} \setminus \{-8; -2\}$
$(x + 12) \cdot (x + 2) = (x + 8) \cdot x$
$x^2 + 14x + 24 = x^2 + 8x$
$6x = -24$
$x = -4$; $\mathbb{L} = \{-4\}$
Der ursprüngliche Bruch ist $\frac{-4}{-2}$.
Der neue Bruch ist $\frac{8}{4}$.
Probe: $\frac{-4}{-2} = \frac{8}{4} = 2$

K3 **19** Es sind individuelle Antworten möglich, z. B.:
a) $\frac{1}{x} = 1$ **b)** $\frac{1}{x+9} = 1$ **c)** $\frac{1}{x} = \frac{1}{x-3}$ **d)** $\frac{1}{x-5} = \frac{1}{x+5}$
e) $\frac{1}{x+1} = \frac{2}{x-1}$ **f)** $\frac{3}{x-1} = \frac{4}{x-8}$ **g)** $\frac{1}{x} + \frac{1}{x-1} = \frac{4}{x-2}$ **h)** $\frac{9}{x^2-9} = \frac{1}{x^2-1}$

K2 **20** Ausgangsbruch: $T(x) = \frac{x-2}{x}$
Neuer Bruch mit verändertem Zähler: $T_1(x) = \frac{x-2+2}{x} = \frac{x}{x} = 1$
Neuer Bruch mit verändertem Nenner: $T_2(x) = \frac{x-2}{x-2} = 1$
Für alle Zahlen, außer für 0 und 2, gilt: $T_1(x) = T_2(x) = 1$
Beispielsweise sei $x = 10$, dann ist $T(10) = \frac{8}{10}$; $T_1(10) = \frac{10}{10} = 1$; $T_2(10) = \frac{8}{8} = 1$.
Jede Zahl $x \in \mathbb{Q} \setminus \{0; 2\}$ als Nenner des Bruchs $\frac{x-2}{x}$ erfüllt die Bedingung.

K1 **21 a)** 1 – B; 2 – F; 3 – D; 4 – E; 5 – C; 6 – A
b) Es sind individuelle Antworten möglich.

K2 **22 a)** Die Gleichung heißt: $8 \cdot (x + 3) = (2x - 6) : 3$. Die Zahl heißt $-3\frac{6}{11}$.
b) Die Gleichung heißt: $(3 \cdot (y + 2) - 9) : 3 = y - 1$. Das Ergebnis der Gleichung ist $0 = 0$, das heißt alle Zahlen aus dem Zahlenbereich $\mathbb{Z}$ sind Lösung der Gleichung.

K2 **23** Ein Tag hat $24 \cdot 3600\,s = 86\,400\,s$. Dann gilt:
$0{,}5x = 86\,400 \quad | : 0{,}5$
$x = 172\,800$
Es dauert 172 800 Tage ≈ 471 Jahre, bis die Uhr wieder richtig läuft.

Alternativer Einstieg: Schulbuch Seite 99

Entdecken

K6 ▪ Die Höhe der 2 €-Münze hat den Anteil $\frac{2{,}20\,\text{mm}}{2{,}33\,\text{mm}}$ = 94,4 % der Höhe der 1 € Münze.
Der Durchmesser der 1 €-Münze hat den Anteil $\frac{23{,}25\,\text{mm}}{25{,}75\,\text{mm}}$ = 90,3 % des Durchmessers der 2 €-Münze.
Die Masse der 1 €-Münze hat den Anteil $\frac{7{,}50\,\text{g}}{8{,}50\,\text{g}}$ = 88,2 % der Masse der 2 €-Münze.

K1 ▪ N 1 €-Münzen wiegen N · (7,50 g), während N 2 €-Münzen N · (8,50 g) wiegen.

Nachgefragt

K6 ▪ Eine Skizze anzufertigen ist sinnvoll, da oft so viele Informationen gegeben sind, dass man den Überblick leicht verliert.

K6 ▪ Die übersichtliche Angabe von Informationen aus dem Text ermöglicht es, sich schnell einen Überblick über die Situation zu verschaffen, ohne den Text erneut zu lesen. Außerdem ist es leichter, diese Stichworte in mathematische Gleichungen zu übersetzen.

Aufgaben

K3 **1** Term: 147 – 31 – 76 = 40 Prinzessinnenkostüme
Der Kostümhändler verkauft 40 Prinzessinnenkostüme.

K3 **2** Rechnung: (2468,40 € – 150 €) : 20,70 €/m = 112 m.
Die Länge des Rechtecks beträgt 23 m: (112 m – 23 m) : 2 = 44,5 m. Das Grundstück ist 44,5 m breit.

K4 **3** **a)**

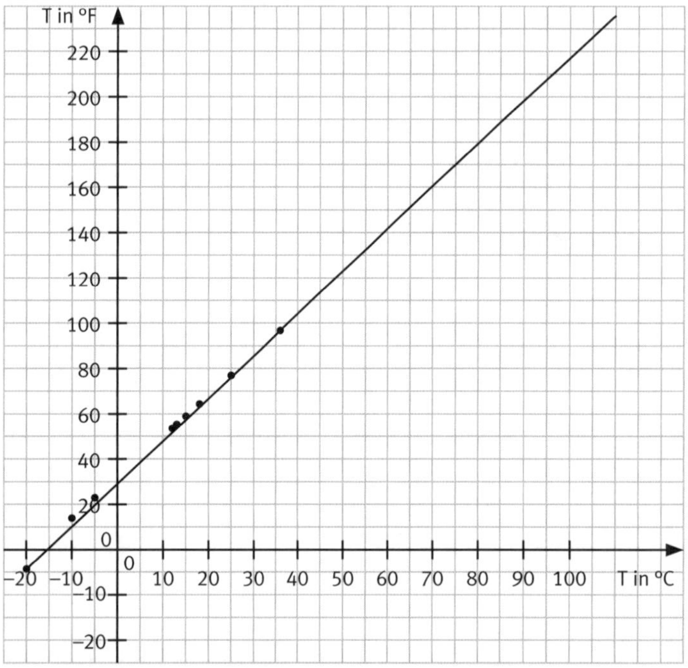

Temperatur in °C	−20	−10	−5	12	13	15	18	25	36
Temperatur in °F	−4	14	23	53,6	55,4	59	64,4	77	96,8

b) Wasser siedet bei 212 °F und gefriert bei 32 °F.

c) ① $T_F = \frac{9}{5} \cdot T_C + 32$

② Ja, der Term stimmt mit den Werten der Tabelle überein.

K3 **4** Rechnung: $17 + x + 16 + x + 15 + x + 14 + x + 3 + x = 200$

$$5x + 65 = 200 \quad | -65$$
$$5x = 135 \quad | :5$$
$$x = 27$$

In 27 Jahren ist Anna 44, Thomas 43, Verena 42, Laurenz 41 und Marie 30 Jahre alt; zusammen sind sie 200 Jahre alt.

K3 **5** $35\,€ - 60 \cdot 0{,}29\,€ - 45 \cdot 0{,}22\,€ = 7{,}70\,€$

$$7{,}70\,€ : 35 = 0{,}22\,€$$

Eine Flasche Mineralwasser kostet 22 ct.

K2 **6** In einer Minute befördert Pumpe 1 $\frac{1}{60}$ des Wassers, Pumpe 2 pumpt $\frac{1}{48}$.
Dann gilt: $\left(\frac{1}{60} + \frac{1}{48}\right) \cdot x = 1$

$$\frac{3}{80}x = 1 \quad |: \frac{3}{80}$$
$$x = 26\tfrac{2}{3}$$

Die Pumpen brauchen zusammen 26 Minuten 40 Sekunden, um den Pool zu füllen.

K3 **7** **a)** Gleichung: $0{,}5x + 3 = 3x - 7$. Die gesuchte Zahl ist 4.
b) Gleichung: $x + 13 = 3 \cdot (-5)$. Die gesuchte Zahl heißt −28.
c) Gleichung: $x + y = 15$, wobei x die Zehnerstelle und y die Einerstelle der zweistelligen Zahl ist. Da die Gleichung unterbestimmt ist, sind verschiedene Lösungen möglich: 69, 78, 87 oder 96.
d) Gleichung: $x^2 = 2x + 3$. Die gesuchte Zahl heißt 3.

K1 **1**

a) Rechteck: Das Quadrat im ersten Schritt beinhaltet 4 Kästchen. Bei jedem Schritt bleibt die Breite unverändert, die Länge verdoppelt sich. Daher ist die Figur beim vierten Schritt 16 Kästchen lang, beim fünften Schritt 32.

Dreieck: Die Kanten des Dreiecks werden in jedem Schritt um ein Kästchen verlängert. Beim fünften Schritt ist die eine Seite also 5 Kästchen lang, die andere 6. Beim sechsten Schritt sind es entsprechend 6 und 7 Kästchen.

b) Rechteck: 4 Kästchen; 8 Kästchen; 16 Kästchen; 32 Kästchen; 64 Kästchen

Dreieck: 1 Kästchen; 3 Kästchen; 6 Kästchen; 10 Kästchen; 15 Kästchen; 21 Kästchen

c) Rechteck: Bei jedem Schritt verdoppelt sich die Fläche. Für die n-te Figur gilt: $A_n = 2^{n+1}$

Dreieck: Die Kanten des Dreiecks werden in jedem Schritt um ein Kästchen verlängert. Die Höhe h des Dreiecks beträgt $h = n + 1$, während die Länge $L = n$ beträgt. Da die Fläche eines Dreiecks $\frac{1}{2}g \cdot h$ beträgt, lautet der Term für den Flächeninhalt: $A_n = \frac{1}{2}n \cdot (n + 1)$.

a) Parallelogramm: Die Grundseite des Parallelogramms wird bei jedem Schritt verdoppelt. Die Höhe wird immer um ein Kästchen erhöht. Im vierten Schritt ist die Grundseite 16 Kästchen lang, die Höhe beträgt 4. Im fünften Schritt sind es dann 32 und 5.

Trapez: Die untere Seite wird bei jedem Schritt um ein Kästchen verlängert, die obere Seite um drei Kästchen. Im vierten Schritt ist die untere Seite 4 Kästchen lang, die obere 12. Im fünften Schritt sind es dann 5 und 15.

b) Parallelogramm: 2 Kästchen; 8 Kästchen; 24 Kästchen; 64 Kästchen; 160 Kästchen

Trapez: 4 Kästchen; 8 Kästchen; 12 Kästchen; 16 Kästchen; 20 Kästchen

c) Parallelogramm: Die Grundseite ist im n-ten Schritt 2^n Kästchen lang, die Höhe n Kästchen. Daher gilt für den Flächeninhalt: $A_n = n \cdot 2^n$

Trapez: Die untere Seite ist im n-ten Schritt n Kästchen lang, die obere 3n Kästchen. Die Höhe bleibt unverändert bei 2 Kästchen. Daher gilt für den Flächeninhalt:
$A_n = \frac{1}{2} \cdot (n + 3n) \cdot 2 = 4n$

K5 **2**

a) $15 - 2a$
b) $8 + 4b - 8a$
c) $7y - 10x + 9{,}5xy$
d) $13b$
e) $280x^2$
f) $4{,}5r^2$

a) $3{,}8x - 8{,}9z - 0{,}9$
b) $6{,}2c + 2{,}6a - 1{,}5ac$
c) $2x$
d) $8pqrw^2$
e) $12x^3y^2$
f) $24x^2 + 2x^4$

K5 **3**

a) ① $(x + 4) : 2$
② $2 \cdot x - 4$

b) $(x - 4) \cdot 2$ entspricht:
Von einer Zahl wird 4 subtrahiert und die Differenz mit 2 multipliziert.

a) ① $3x + 4x$
② $\left(\frac{x}{4} - 3\right) : 2$

b) $3 \cdot (x + 4)$ entspricht:
Die Summe aus einer Zahl und 4 wird verdreifacht.

K5 **4**

a) $10x + 3y$
b) $-8z + 5$
c) $6e - f$
d) $4z + 5$
e) $2s - t$
f) $18y - 12x$

a) $-4a - ab$
b) $-4x + 3y$
c) $20 - 15b$
d) $-2s + r$
e) $-21xy + 15y^2$
f) $-2e - 2f$

K4

5 **a)** $x + 40\,g = 80\,g \Rightarrow x = 40\,g$

b) $120\,g = 60\,g + x \Rightarrow x = 60\,g$

a) $2x + 20\,g = 140\,g \Rightarrow x = 60\,g$

b) $100\,g = 3x + 40\,g \Rightarrow x = 20\,g$

K1

6 **a)** Die Lösung ist eine negative Zahl, da das Ergebnis der Gleichung kleiner ist als die andere Seite.

b) Die Lösung ist eine negative Zahl, da das Ergebnis der Gleichung eine positive Zahl ist.

c) Die Lösung ist eine positive Zahl, da das Ergebnis der Gleichung positiv ist.

d) x ist eine negative Zahl, da der Faktor vor dem x negativ ist, aber das Ergebnis positiv.

a) x ist eine negative Zahl, da eine Differenz gebildet werden soll, deren Ergebnis negativ ist.

b) x ist eine positive Zahl, da ein negatives Ergebnis entstehen soll, aber der Faktor vor dem x schon negativ ist.

c) Die Lösung der Gleichung ist eine negative Zahl, da ein negatives Ergebnis entstehen soll, der Faktor vor dem x aber positiv ist.

d) Die Lösung der Gleichung ist eine positive Zahl, da sowohl das Ergebnis als auch der Faktor vor dem x positiv sind.

K6

7 Umformungsschritte und Fehler:

$\left(x - \frac{1}{4}\right) \cdot 2 = \frac{1}{5}x - 0{,}2$ | ausmultiplizieren

f $\bigcirc x - \frac{1}{2} = 0{,}2x - 0{,}2$ | zusammenfassen

$x - \frac{1}{2} = 0x$ f | $+\frac{1}{2}$

$x = \frac{1}{2}$

Richtige Lösung:

$\left(x - \frac{1}{4}\right) \cdot 2 = \frac{1}{5}x - 0{,}2$

$2x - \frac{1}{2} = 0{,}2x - 0{,}2$ | $-0{,}2x + \frac{1}{2}$

$1{,}8x = 0{,}3$ | $:1{,}8$

$x = \frac{1}{6}$

Umformungsschritte und Fehler:

$\frac{1}{5}x + 7{,}5 = -\frac{2}{5}x - 0{,}6$ | $-7{,}5$

$\frac{1}{5}x = -\frac{2}{5}x - 6{,}9$ f | $+\frac{2}{5} + x$

f $-\frac{1}{5}x = -6{,}9$ | Bruch umwandeln

f $-0{,}1x = -6{,}9$ | $:(-0{,}1)$

$x = 69$

Richtige Lösung:

$\frac{1}{5}x + 7{,}5 = -\frac{2}{5}x - 0{,}6$ | $-7{,}5$

$\frac{1}{5}x = -\frac{2}{5}x - 8{,}1$ | $+\frac{2}{5}x$

$\frac{3}{5}x = -8{,}1$ | Bruch umwandeln

$0{,}6x = -8{,}1$ | $:0{,}6$

$x = -13{,}5$

K5

8 **a)** $\mathbb{L} = \{9\}$

b) $\mathbb{L} = \{-27\}$

c) $\mathbb{L} = \{\,\}$

a) $\mathbb{L} = \{4\}$

b) $\mathbb{L} = \{157\}$

c) $\mathbb{L} = \{\,\}$

K5 **9** **a)** $\mathbb{D} = \mathbb{Q} \setminus \{-5; 1\}$

$\frac{6}{x-1} - \frac{6}{x+5} = \frac{-4}{x^2+4x-5}$

$\frac{6}{x-1} - \frac{6}{x+5} = \frac{-4}{(x-1)\cdot(x+5)}$

$6 \cdot (x+5) - 6 \cdot (x-1) = -4$

$6x + 30 - 6x + 6 = -4$

$36 = -4; \mathbb{L} = \{\,\}$

b) $\mathbb{D} = \mathbb{Q} \setminus \{-3; 3\}$

$\frac{x}{x+3} - \frac{x}{x-3} = \frac{27}{x^2-9}$

$\frac{x}{x+3} - \frac{x}{x-3} = \frac{27}{(x+3)\cdot(x-3)}$

$x \cdot (x-3) - x \cdot (x+3) = 27$

$-6x = 27$

$x = -4{,}5; \mathbb{L} = \{-4{,}5\}$

a) $\mathbb{D} = \mathbb{Q} \setminus \{-3; 3\}$

$\frac{1}{x+3} = \frac{3}{3x^2-27} - \frac{x}{x^2-9}$

$\frac{1}{x+3} = \frac{3}{3\cdot(x^2-9)} - \frac{x}{x^2-9}$

$\frac{1}{x+3} = \frac{1-x}{x^2-9}$

$x - 3 = 1 - x$

$2x = 4$

$x = 2; \mathbb{L} = \{2\}$

b) $\mathbb{D} = \mathbb{Q} \setminus \{-4; 4\}$

$\frac{4x+3}{2x-8} - \frac{1-12x}{8+2x} = \frac{8x^2+1}{x^2-16}$

$\frac{4x+3}{2\cdot(x-4)} + \frac{12x-1}{2\cdot(x+4)} = \frac{8x^2+1}{(x-4)\cdot(x+4)}$

$(4x+3)\cdot(x+4) + (12x-1)\cdot(x-4) = 16x^2 + 2$

$4x^2 + 19x + 12 + 12x^2 - 49x + 4 = 16x^2 + 2$

$-30x + 16 = 2$

$x = \frac{7}{15}; \mathbb{L} = \left\{\frac{7}{15}\right\}$

K3 **10** (4) $2 \cdot x + 20$ $x \mathrel{\hat=}$ Anzahl Kinder

(1), (C); $x \mathrel{\hat=}$ Alter von Stefan

(2), (D); $x \mathrel{\hat=}$ Anzahl Briefmarken Torben

(3), (B); $x \mathrel{\hat=}$ Taschengeld Ivan

K3 **11** $6x + 15{,}95\,€ = 17x + 5{,}50\,€$

$x = 0{,}95\,€$

$x \cdot 0{,}4 + x = 6{,}30\,€$

$x = 4{,}50\,€$ (Mutter)

$0{,}4 \cdot 4{,}50\,€ = 1{,}80\,€$ (Theresa)

K1 **1** **a)** (Bei 2 und 4 sind nur die äußeren Kanten zu zählen.)
1 $4a + 10b$ 2 $6a + 10b$
3 $11a + 14b$ 4 $8a + 4b$

b) (a = 7,5 cm; b = 4,3 cm)
1 u = 73 cm 2 u = 88 cm
3 u = 142,7 cm 4 u = 77,2 cm

(a = 9 cm; b = 2,3 cm)
1 u = 59 cm 2 u = 77 cm
3 u = 131,2 cm 4 u = 81,2 cm

K1 **2** **a)** 1 $2l + 4k$ 2 $4k + l$ 3 $6k + 3l$ 4 $10k + 6l$

b) 1
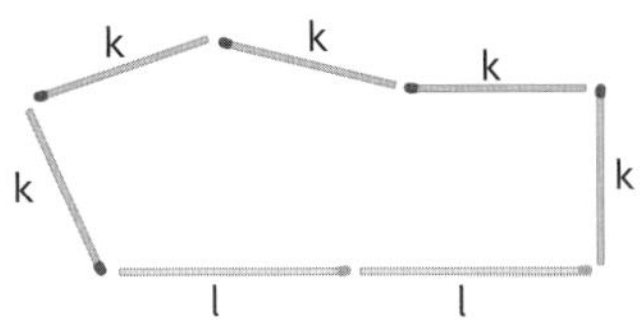

2
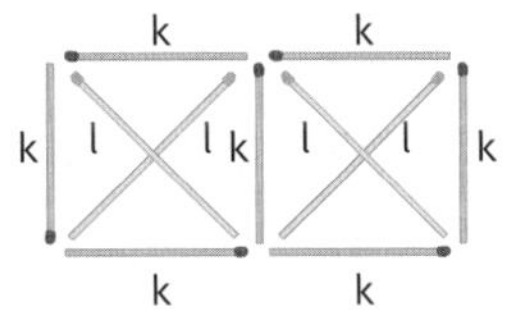

3
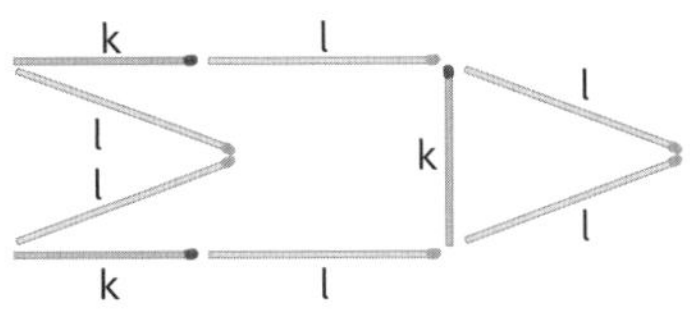

4
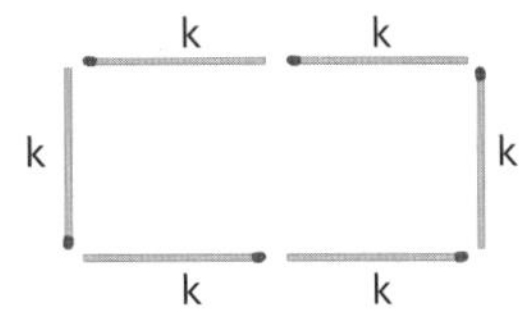

5
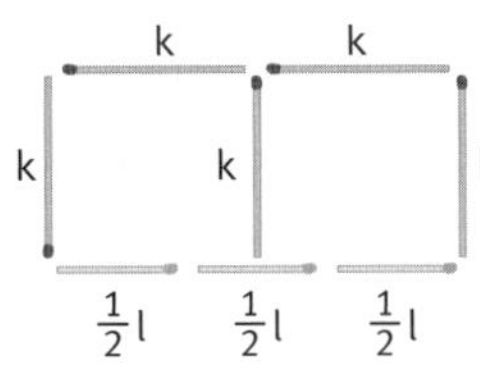

K5 **3** **a)** 33; 24; 20,4
b) 560; –448; –851,2
c) 37,24; –46,55; –24,5
d) $5\frac{5}{8}$; $2\frac{13}{16}$; $11\frac{11}{16}$
e) 20,3; –15,7; –30,1
f) 16; –7,4; –16,76
g) 3,28; –1,85; –0,5
h) 3,5; 7,1; 8,54

K5 **4** $1 + 2 \cdot x + 2$ und $x + 3 + x$

K5 **5** **a)** $95b + 2$ **b)** $-5y$ **c)** $89t$ **d)** $9{,}5x + 6y$ **e)** $29y - 158$ **f)** $136q$ **g)** $13b$
h) $280x^2$ **i)** $4{,}5r^2$ **j)** $8pqrw^2$ **k)** $12x^3y^2$ **l)** $48x^6$ **m)** $-2r + 2m + 7x - 10$
n) $\frac{5}{3}m + 9n - o + 2p$

K5 **6** **a)** $a + b - 128$ **b)** $-3f + 12g$ **c)** $76xy + 1212xz$ **d)** $-22 - y$
e) $1 - 9t$ **f)** $8 + \frac{1}{8}x$ **g)** $2y$ **h)** $36x + 20$

K2 **7** $x = 4$: $(4 + 3 - 2) \cdot x \cdot x = 80$ $x = -10$: $(4 + 3 - 2) \cdot x \cdot x = 500$
$x = \frac{1}{2}$: $4 \cdot 3 \cdot 2 + (x - x) = 24$ $x = 0$: $4 \cdot 3 \cdot 2 + (x - x) = 24$

K5 **8** **a)** $4l \cdot mo \cdot 3n = 12lmno$
b) $4ab + 3ab - 2ac + 10ac = 7ab + 8ac$
c) $x \cdot 189y \cdot z \cdot \frac{17}{189}xz^2 = 17x^2yz^3$
d) $15t \cdot 5r : 3 \cdot (-2s) : 10 = -5rst$
e) $s \cdot 0{,}7st \cdot 3tu = 2{,}1s^2t^2u$
f) $7k \cdot \frac{1}{2}lt \cdot (-4k) : (0{,}2k^2) = -70lt$

K3 **9** **a)** $(72 - 21c) \cdot 3x = 216x - 63cx$
b) $7t - (8r + 2s) = 7t - 8r - 2s$
c) $(176e + 64c) : 8 = 22e + 8c$

K5 **10** **a)** $\mathbb{L} = \{1{,}5\}$ **b)** $\mathbb{L} = \left\{-\frac{3}{7}\right\}$ **c)** $\mathbb{L} = \{-10\}$ **d)** $\mathbb{L} = \{-11\}$
e) $\mathbb{L} = \{\ \}$ **f)** $\mathbb{L} = \{0\}$ **g)** $\mathbb{L} = \left\{-6\frac{5}{8}\right\}$ **h)** $\mathbb{L} = \{-1\}$
Lösungswort: brackets, auf Deutsch heißt das Wort: „Klammern“

K1 **11** **a)**
$$\begin{aligned} 2a + 4 - 7 + a &= -12 \\ 3a - 3 &= -12 && \mid +3 \\ 3a &= -9 && \mid :3 \\ a &= -3 \end{aligned}$$
$\mathbb{L} = \{-3\}$

b)
$$\begin{aligned} (-2{,}5b - 8) \cdot 4 + 3 &= -94 \\ -10b - 32 + 3 &= -94 \\ -10b - 29 &= -94 && \mid +29 \\ -10b &= -65 && \mid :(-10) \\ b &= 6{,}5 \end{aligned}$$
$\mathbb{L} = \{6{,}5\}$

c)
$$\begin{aligned} \left(\tfrac{1}{4}c - \tfrac{4}{5}\right) \cdot 10 + 2{,}5c &= -6 \\ 2{,}5c - 8 + 2{,}5c &= -6 \\ 5c - 8 &= -6 && \mid +8 \\ 5c &= 2 && \mid :5 \\ c &= \tfrac{2}{5} \end{aligned}$$
$\mathbb{L} = \left\{\frac{2}{5}\right\}$

K1 **12** **a)** Die Gleichung ist nur im Bereich von $\mathbb{Q}$ lösbar, nicht aber im Bereich von $\mathbb{Z}$ oder $\mathbb{N}$.
b) Die Gleichung hat keine Lösung.
c) Die Gleichung ist im Bereich von $\mathbb{Z}$ und $\mathbb{Q}$ lösbar, nicht aber im Bereich von $\mathbb{N}$.

K5 **13** **a)** $\mathbb{L} = \{7{,}8\}$ **b)** $\mathbb{L} = \left\{-\frac{16}{9}\right\}$ **c)** $\mathbb{L} = \{4{,}2\}$ **d)** $\mathbb{L} = \left\{-3\frac{3}{17}\right\}$

K3 **14** Gleichung:
$$\begin{aligned} 4 \cdot (x + 2) &= 120 && \mid :4 \\ x + 2 &= 30 && \mid -2 \\ x &= 28 \end{aligned}$$
$28 : 8 = 3{,}5$
Das Schachbrett hat eine ursprüngliche Länge von 28 cm. Ein Feld ist also ursprünglich 3,5 cm lang.

K3 **15**
$$\begin{aligned} x + (x + 0{,}28) + (x + 0{,}28 + 0{,}13) + (x + 0{,}28 + 0{,}13 + 0{,}38) &= 10 \\ 4x + 1{,}48 &= 10 && \mid -1{,}48 \\ 4x &= 8{,}52 && \mid :4 \\ x &= 2{,}13\,\text{m} \end{aligned}$$
Seil 1: 2,13 m Seil 2: 2,41 m Seil 3: 2,54 m Seil 4: 2,92 m

K3 **16**
$$\begin{aligned} (x + 3x) + x + 3x + 20 &= 360 \\ 8x + 20 &= 360 && \mid -20 \\ 8x &= 340 && \mid :8 \\ x &= 42{,}5 \end{aligned}$$
Die Verteidiger haben gut 40, die Mittelfeldspieler knapp 130 und die Stürmer ungefähr 190 Tore geschossen.

K3 **17**
$$\begin{aligned} \alpha + 0{,}5\alpha + \alpha + 50^\circ &= 180^\circ \\ 2{,}5\alpha &= 130^\circ && \mid :2{,}5 \\ \alpha &= 52^\circ;\ \beta = 26^\circ;\ \gamma = 102^\circ \end{aligned}$$

K1/6 **Papierflieger**

a) Es sind individuelle Lösungen möglich.

b) Sei x die Länge des Abschnitts im Faltmuster, das sich überlappt. Dann ist die Länge des Fliegers 297 mm – 2 · x. Die Größe 297 mm ist dabei die Länge eines Blattes vom Format DIN-A4.

c) Es sind individuelle Lösungen möglich.

d) ① gleichschenklige Dreiecke, gleichschenklige Trapeze, Trapeze, rechtwinklige Dreiecke, Rechtecke, stumpfwinklige Dreiecke, Drachenvierecke, Rechtecke

② Das gleichschenklige Dreieck kann in seiner Höhe variieren, je nachdem, wie weit man die Spitze über die Grundkante des Papiers faltet. Die Höhe des Trapezes ist auch davon abhängig, wie weit die Spitze über die Grundkante gefaltet und wieder zurückgefaltet wird. Die Länge des Rechtecks ist von dieser Faltung ebenso abhängig.

K2 **Massentransporter**

a) Es sind verschiedene Lösungen möglich.

b) Pkw: 73 m : 4,2 m = 17,38 Pkw, also 18 Pkw
Schulbus: 73 : 12 m = 6,08 Busse, also 7 Busse

c) ① Grundmenge: G = $\mathbb{N}$ Gleichung: 12x + 4,2y = 73

②

	A	B	C	D
1	Anzahl Pkw	3	6	9
2	Länge Pkw in m	4,2	4,2	4,2
3	Gesamtlänge Pkw in m	12,6	25,2	37,8
4	Anzahl Busse	5	4	3
5	Länge Bus in m	12	12	12
6	Länge Busse in m	60	48	36
7	Gesamtlänge in m	72,6	73,2	73,8

③ Am besten ist die Kombination aus 6 Pkw und 4 Bussen, da hier nur eine Abweichung von 0,2 m vorkommt.

K2 **Warum fliegt ein Flugzeug?**

a) Geschwindigkeit 750 $\frac{km}{h}$: 750 $\frac{km}{h}$ · 1,02 = 765 $\frac{km}{h}$

Geschwindigkeit 800 $\frac{km}{h}$: 800 $\frac{km}{h}$ · 1,02 = 816 $\frac{km}{h}$

Geschwindigkeit 850 $\frac{km}{h}$: 850 $\frac{km}{h}$ · 1,02 = 867 $\frac{km}{h}$

b) Tragflächengeschwindigkeit = 1,02 · Reisegeschwindigkeit

c)

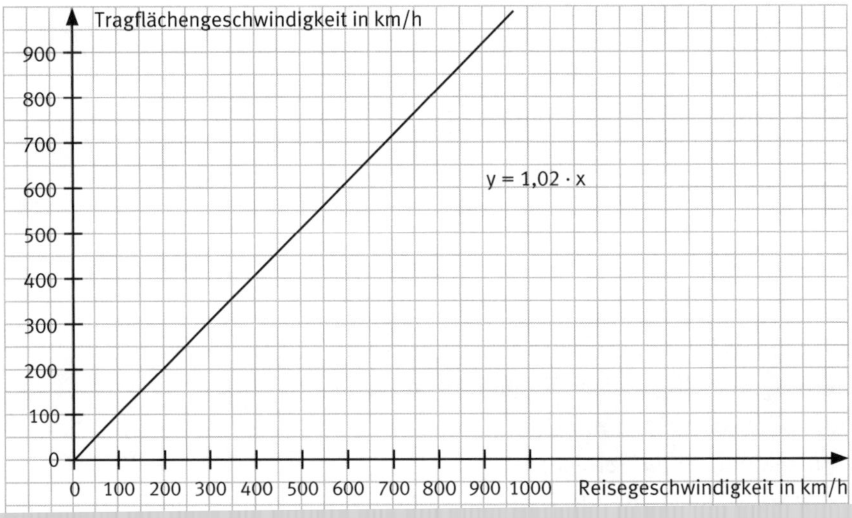

K5 **1** **a)** 341 (–139,5) **b)** 82 (–26,5) **c)** 1,8 (–4,4)

K3 **2** Lösungsmöglichkeiten:

a) Sei a die kürzere Seite, dann ist $3 \cdot a$ die längere Seite.
$u = a + 3 \cdot a + a + 3 \cdot a = 8 \cdot a$

b) Sei a die kürzere Seite, dann ist die längere Seite a + 6,5 cm lang.
$u = a + a + 6{,}5\,cm + a + a + 6{,}5\,cm = 4 \cdot a + 13\,cm$

c) Sei x die Länge eines Schenkels, dann ist die Länge der Basis $\frac{1}{5} \cdot 2x = \frac{2}{5} \cdot x$.
$u = x + x + \frac{2}{5} \cdot x = 2\frac{2}{5} \cdot x$

K1 **3** ① **a)**

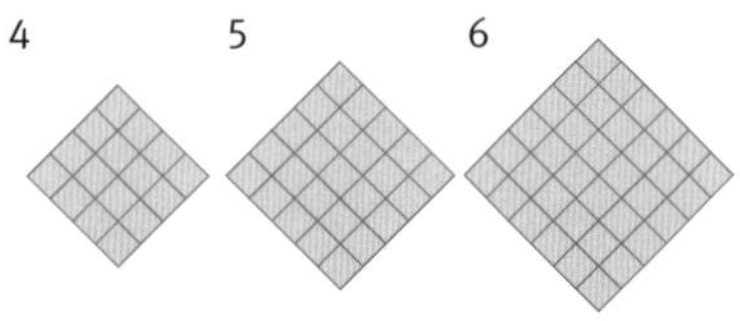

b) Anzahl der Quadrate beim n-ten Schritt: n^2

② **a)**

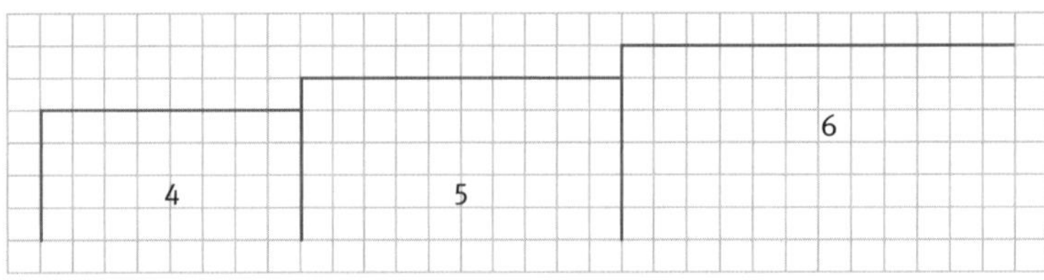

b) Die Länge der n-ten Strecke beträgt jeweils n Kästchenlängen nach oben und $2 \cdot n$ Kästchenlängen zur Seite.
Gesamtlänge des n-ten Streckenzuges: $3 \cdot n$ Kästchenlängen

K5 **4** **a)** $3e - 13j + 8r - 3x$ **b)** $q + 5\frac{2}{3}t + \frac{2}{3}tq$ **c)** $-3y$

K5 **5** **a)**

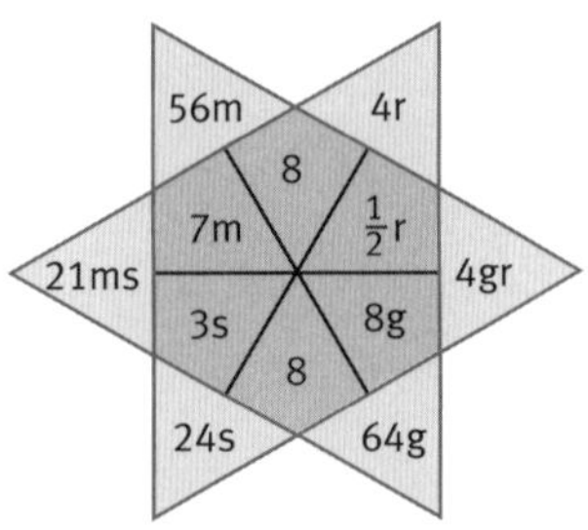

b)

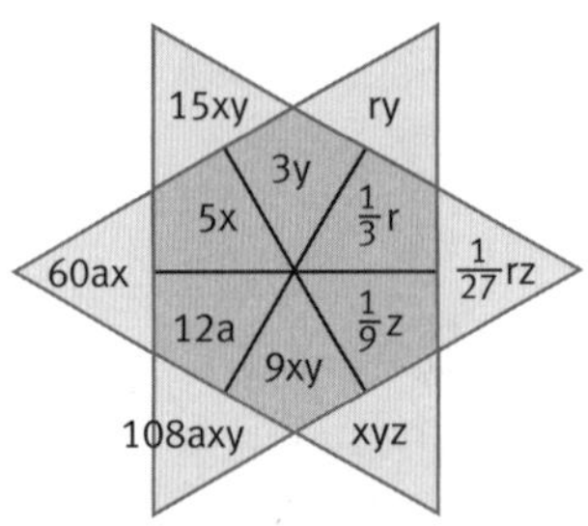

K5 **6** **a)** 71mt **b)** 2axy **c)** 10rs
d) 3x **e)** $\frac{1}{3}xyz$ **f)** 144abc

K5 **7** **a)** $2 - 10r$ **b)** $8 + \frac{1}{2}s$ **c)** $-x + 2y$
d) $6\frac{1}{2} + 23p$ **e)** $34qr + 108qs$ **f)** $a - b - 15$

K5 **8** **a)** a = –7. Gleichung lösbar in ℤ und ℚ. Gleichung nicht lösbar in ℕ.

b) x = 6. Gleichung lösbar für jeden Zahlenbereich ℕ, ℤ, ℚ.

c) y = 1,1. Gleichung lösbar in ℚ. Gleichung nicht lösbar in ℕ und ℤ.

d) Gleichung immer erfüllt für alle Zahlen aus ℕ, ℤ, ℚ.

e) Gleichung nicht lösbar (in keinem Zahlenbereich).

f) f = –1,25. Gleichung lösbar in ℚ. Gleichung nicht lösbar in ℕ und ℤ.

K5 **9** **a)** $x = -6$ $\mathbb{L} = \{-6\}$
b) $y = -8{,}8$ $\mathbb{L} = \{\ \}$
c) $z = -45$ $\mathbb{L} = \{-45\}$
d) $a = \frac{25}{8}$ $\mathbb{L} = \{\ \}$
e) $2a + 6 = 2a + 6$ $\mathbb{L} = \mathbb{Z}$
f) $c = 0$ $\mathbb{L} = \{0\}$

K5 **10** **a)** $x = 0{,}8$ $\mathbb{L} = \{0{,}8\}$
b) $x = 10$ $\mathbb{L} = \{10\}$
c) $y = -30$ $\mathbb{L} = \{-30\}$
d) $y = 6\frac{2}{3}$ $\mathbb{L} = \left\{6\frac{2}{3}\right\}$
e) $x = 3{,}25$ $\mathbb{L} = \{3{,}25\}$
f) $r = 5\frac{1}{3}$ $\mathbb{L} = \left\{5\frac{1}{3}\right\}$
g) $s = 8\frac{1}{6}$ $\mathbb{L} = \left\{8\frac{1}{6}\right\}$

K5 **11** **a)** $\mathbb{D} = \mathbb{Q}\setminus\{-1; 4\}$
$(x + 2) \cdot (x + 1) = (x - 4) \cdot (x - 3)$
$x^2 + 3x + 2 = x^2 - 7x + 12$
$10x = 10$
$x = 1;\quad \mathbb{L} = \{1\}$

b) $\mathbb{D} = \mathbb{Q}\setminus\{-1; 3\}$
$(x + 2) \cdot (x + 1) = (x - 3) \cdot (x - 4)$
$x^2 + 3x + 2 = x^2 - 7x + 12$
$10x = 10$
$x = 1;\quad \mathbb{L} = \{1\}$

c) $\mathbb{D} = \mathbb{Q}\setminus\{-2; -1\}$
$(x - 2) \cdot (x + 1) = (x + 2) \cdot (x + 3)$
$x^2 - x - 2 = x^2 + 5x + 6$
$-8 = 6x$
$x = -1\frac{1}{3};\quad \mathbb{L} = \{-1\frac{1}{3}\}$

d) $\mathbb{D} = \mathbb{Q}\setminus\{-5; 2{,}5\}$
$(x - 5) \cdot (x - 2{,}5) = (x + 5) \cdot (x + 3{,}5)$
$x^2 - 7{,}5x + 12{,}5 = x^2 + 8{,}5x + 17{,}5$
$-5 = 16x$
$x = -\frac{5}{16};\quad \mathbb{L} = \{-\frac{5}{16}\}$

e) $\mathbb{D} = \mathbb{Q}\setminus\{-5; -3{,}5\}$
$(x - 5) \cdot (x + 3{,}5) = (x + 5) \cdot (x - 2{,}5)$
$x^2 + 1{,}5x - 17{,}5 = x^2 + 2{,}5x - 12{,}5$
$-5 = 4x$
$x = -1{,}25;\quad \mathbb{L} = \{-1{,}25\}$

f) $\mathbb{D} = \mathbb{Q}\setminus\{-4; 5\}$
$(x + 3) \cdot (x - 5) = (x + 4) \cdot (x - 4)$
$x^2 - 2x - 15 = x^2 - 16$
$1 = 2x$
$x = 0{,}5;\quad \mathbb{L} = \{0{,}5\}$

K3 **12** Sei x die Breite der Scheune. Dann gilt für die Länge d der Dachsparren: $d = 3 \cdot \left(\frac{1}{4} \cdot x\right) = \frac{3}{4} \cdot x$.
$x = 14\,m$, also $d = 10{,}5\,m$
$x = 15\,m$, also $d = 11{,}25\,m$
$x = 16\,m$, also $d = 12\,m$

K3 **13** Lösungsmöglichkeit:
Sei b die Breite des Quaders, dann ist $l = 2b$ die Länge des Quaders und $h = 3l = 6b$ die Höhe des Quaders.
Gesamtkantenlänge: $4h + 4l + 4b = 72\,cm$
Also: $24b + 8b + 4b = 36b$; $36b = 72\,cm$
$b = 2\,cm$; $l = 2b = 4\,cm$; $h = 6b = 12\,cm$

Aufgaben für Lernpartner

K1/6 **A** Die Aussage ist richtig.

K1/6 **B** Die Aussage ist falsch. $3x \cdot x = 3x^2$

K1/6 **C** Die Aussage ist richtig für die alleinige Addition und Multiplikation. Ansonsten ist sie im Allgemeinen falsch.

K1/6 **D** Die Aussage ist falsch. Man darf beide Seiten nur mit einer Zahl ungleich null multiplizieren, sonst ändert sich die Lösungsmenge der Gleichung.

K1/6 **E** Die Aussage ist richtig. Beispiele findet man bei Aufgabe 8 auf dieser Seite.

K1/6 **F** Die Aussage ist richtig.

K1/6 **G** Die Aussage ist im Allgemeinen falsch. Terme und Gleichungen bieten oft eine Möglichkeit, Sachaufgaben zu lösen, es gibt aber noch weitere (z. B. Tabellen, Graphen, Probieren).

K1/6 **H** Die Aussage ist falsch. Eine Formel ist eine Gleichung, die man mithilfe von Äquivalenzumformungen umstellen kann.

K1/6 **I** Die Aussage ist richtig.

K1/6 **J** Die Aussage ist im Allgemeinen falsch. Es gibt Gleichungen, bei denen es eine Vielzahl an verschiedenen Lösungen gibt.

4 Figuren

Einstieg

Die Auftaktseite eines Kapitels enthält zwei verschiedene Elemente:
Zunächst werden die Schüler mit einem offenen Einstiegsbeispiel an das neue Kapitel herangeführt. Zentral ist dabei immer der Anwendungsbezug: Kein Lehrplaninhalt ist rein innermathematisch, sodass den Schülern von Beginn an gezeigt werden sollte, dass Mathematik nichts Abstraktes ist, sondern oft im Leben der Schüler vorkommt. In einem Unterrichtsgespräch zur Auftaktseite können viele der kommenden Lerninhalte schon heuristisch erarbeitet, Vermutungen geäußert und Zusammenhänge erschlossen werden.

K6
- Die Sitze in einer Reihe sind auf gleicher Höhe halbkreisförmig um die Arena angeordnet. Die Reihen steigen stufenweise an, dabei vergrößert sich der Radius des Halbkreises von Reihe zu Reihe.

K4
- In der vordersten Reihe hat man von allen Plätzen aus den gleichen Blickwinkel von 90°. In den Reihen dahinter wird der Blickwinkel immer kleiner. Innerhalb einer Reihe ist der Blickwinkel in der Mitte am größten; je weiter seitlich man sitzt, desto kleiner wird der Blickwinkel.

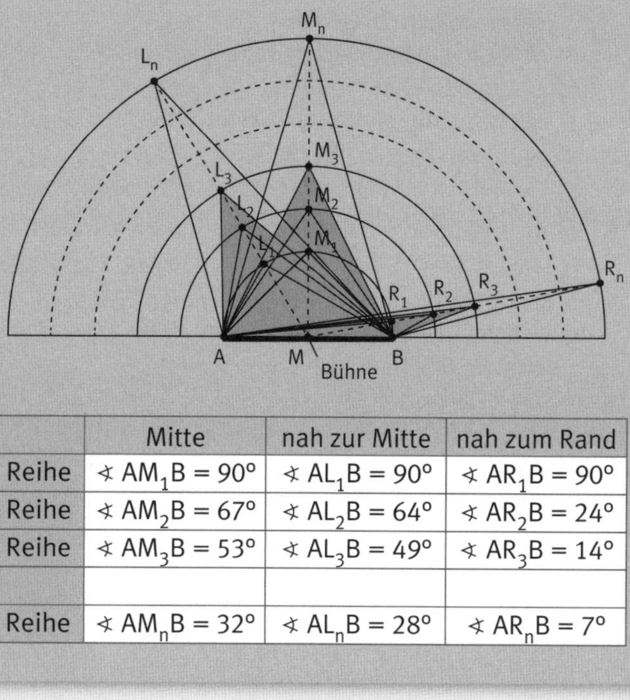

K6
- Von allen Plätzen der ersten Reihe hat man eine Blickwinkel von 90°. Je weiter entfernt man von der Bühne ist, desto kleiner wird das wahrgenommene Bild für den Betrachter.

	Mitte	nah zur Mitte	nah zum Rand
1. Reihe	$\sphericalangle AM_1B = 90°$	$\sphericalangle AL_1B = 90°$	$\sphericalangle AR_1B = 90°$
2. Reihe	$\sphericalangle AM_2B = 67°$	$\sphericalangle AL_2B = 64°$	$\sphericalangle AR_2B = 24°$
3. Reihe	$\sphericalangle AM_3B = 53°$	$\sphericalangle AL_3B = 49°$	$\sphericalangle AR_3B = 14°$
n. Reihe	$\sphericalangle AM_nB = 32°$	$\sphericalangle AL_nB = 28°$	$\sphericalangle AR_nB = 7°$

Ausblick

Die Aufzählung am Ende der Seite bietet einen Ausblick auf die wesentlichen Lernziele des Kapitels und schafft so eine hohe Transparenz für Schüler und Lehrer. Durch einen informierenden Unterrichtseinstieg können sich Schüler und Lehrer auf das Kommende einstellen.
Idealerweise wird im Unterricht der Bezug hergestellt zwischen der Einstiegssituation und den im Ausblick angegebenen Lernziele

K6 **1** **a)** stumpfwinkliges Dreieck
b) rechtwinkliges Dreieck
c) gleichschenklig-spitzwinkliges Dreieck
d) spitzwinkliges Dreieck

K6 **2** **a)**

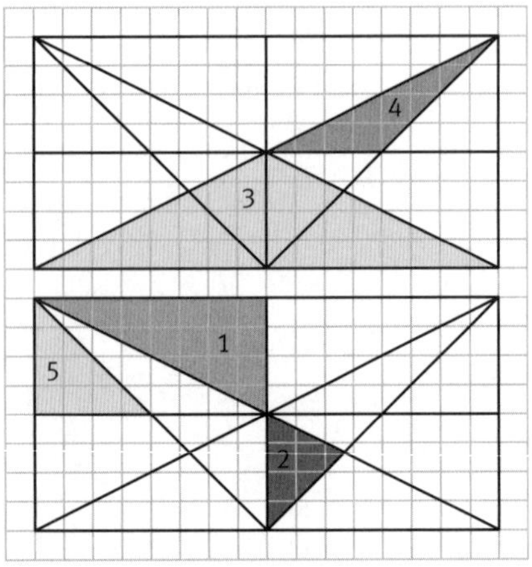

1 rechtwinklige Dreiecke
2 spitzwinklige Dreiecke
3 stumpfwinklig-gleichschenklige Dreiecke
4 stumpfwinklige Dreiecke
5 rechtwinklig-gleichschenklige Dreiecke
6 spitzwinklig-gleichschenklige Dreiecke

b) Lösungsmöglichkeit:

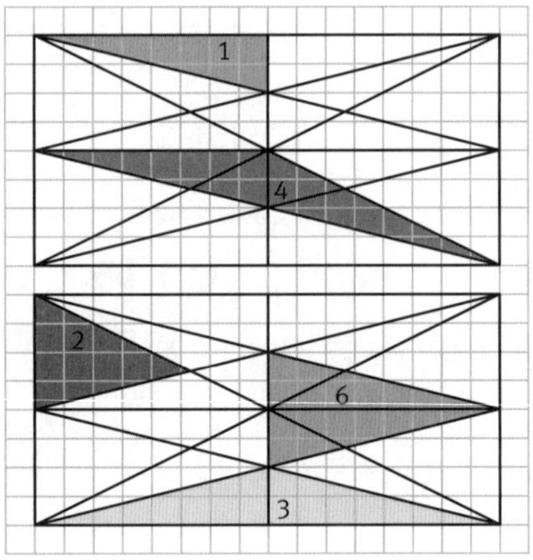

K5 **3** **a)** α und δ sind Scheitelwinkel, sie sind gleich groß:
$\alpha = \delta = 139°$
α und β sind Nebenwinkel (zusammen 180°):
$\beta = 180° - \alpha = 180° - 139° = 41°$
γ und β sind Scheitelwinkel: $\beta = \gamma = 41°$

b) δ und β sind Scheitelwinkel, sie sind gleich groß:
$\delta = \beta = 20°$
α und β sind Nebenwinkel (zusammen 180°):
$\alpha = 180° - 20° = 160°$
α und γ sind Scheitelwinkel: $\alpha = \gamma = 160°$

c) α und 125° sind Stufenwinkel: $\alpha = 125°$
α und β sind Nebenwinkel: $\beta = 180° - 125° = 55°$
β und δ sind Stufenwinkel: $\delta = \beta = 55°$
β und γ sind Nebenwinkel: $\gamma = 180° - 55° = 125°$
γ und ε sind Stufenwinkel: $\gamma = \varepsilon = 125°$

d) γ und 60° sind Scheitelwinkel: $\gamma = 60°$
γ und β sind Nebenwinkel: $\beta = 180° - 60° = 120°$
α und β sind Scheitelwinkel: $\alpha = \beta = 120°$
γ und ε sind Stufenwinkel: $\gamma = \varepsilon = 60°$
ε und δ sind Scheitelwinkel: $\varepsilon = \delta = 60°$

K6 **4** **a)** Der Nebenwinkel eines spitzen (stumpfen) Winkels ist stets ein stumpfer (spitzer) Winkel.
b) Der Scheitelwinkel zu einem spitzen (stumpfen) Winkel ist stets ein spitzer (stumpfer) Winkel.
c) Der Stufenwinkel zu einem spitzen (stumpfen) Winkel ist ein spitzer (stumpfer) Winkel.

K1 **5** **a)** Katrin hat Recht: Da man von der Raute über zwei Treppen direkt zum Trapez gelangt, weiß man, dass die Raute alle Eigenschaften eines Trapezes hat plus (zwei) weitere Eigenschaften, die beim Weg über die Treppen vom Trapez zur Raute hinzukommen.
b) Im Haus der Vierecke findet man keine direkte Verbindung vom Rechteck zum Drachen. Folglich haben beide Vierecke verschiedene Eigenschaften; insbesondere fehlt dem Rechteck die Drachen-Eigenschaft, dass die Diagonalen im rechten Winkel aufeinander stehen und eine der Diagonalen Symmetrieachse ist.
c) Auf dem Weg von einem tiefer stehenden Viereck zu einem höher stehenden Viereck im Haus der Vierecke kommt je Treppe eine weitere Eigenschaft hinzu. Bei „Verzweigungen" kommen unterschiedliche Eigenschaften hinzu und unterschiedliche Wege nach oben sind möglich.

1 Für den Weg vom allgemeinen Viereck zum Rechteck gibt es zwei Möglichkeiten:
Viereck → Trapez → Parallelogramm → Rechteck und
Viereck → Trapez → gleichschenkliges Trapez → Rechteck.

Viereck →	Trapez →	Parallelogramm →	Rechteck
Die Seiten sind beliebig lang.	Die Seiten sind beliebig lang.	Gegenüberliegende Seiten sind gleich lang.	Gegenüberliegende Seiten sind gleich lang.
Die Winkel sind beliebig groß.	Zwei Seiten sind parallel.	Gegenüberliegende Winkel sind gleich groß.	Alle vier Winkel sind gleich groß.

Viereck →	Trapez →	gleichschenkliges Trapez →	Rechteck
Die Seiten sind beliebig lang.	Die Seiten sind beliebig lang.	Die Schenkel sind gleich lang.	Gegenüberliegende Seiten sind gleich lang.
Die Winkel sind beliebig groß.	Zwei Seiten sind parallel.	Die Winkel an den Grundlinien sind gleich groß.	Alle vier Winkel sind gleich groß.

2 Für den Weg vom allgemeinen Viereck zum Drachenviereck gibt es eine Möglichkeit:
Viereck → Drachenviereck.

Viereck →	Drachenviereck
Die Seiten sind beliebig lang.	Je zwei Seiten sind gleich lang.
Die Winkel sind beliebig groß.	Zwei Winkel sind gleich groß.

3 Für den Weg vom (allgemeinen) Trapez zum Quadrat gibt es drei Möglichkeiten:
Trapez ⟶ Parallelogramm ⟶ Raute ⟶ Quadrat,
Trapez ⟶ Parallelogramm ⟶ Rechteck ⟶ Quadrat und
Trapez ⟶ gleichschenkliges Trapez ⟶ Rechteck ⟶ Quadrat.

Trapez ⟶	Parallelogramm ⟶	Raute ⟶	Quadrat
Die Seiten sind beliebig lang.	Gegenüberliegende Seiten sind gleich lang.	Alle vier Seiten sind gleich lang.	Alle vier Seiten sind gleich lang.
Zwei Seiten sind parallel.	Gegenüberliegende Winkel sind gleich groß.	Gegenüberliegende Winkel sind gleich groß.	Alle vier Winkel sind gleich groß.

Trapez ⟶	Parallelogramm ⟶	Rechteck ⟶	Quadrat
Die Seiten sind beliebig lang.	Gegenüberliegende Seiten sind gleich lang.	Gegenüberliegende Seiten sind gleich lang.	Alle vier Seiten sind gleich lang.
Zwei Seiten sind parallel.	Gegenüberliegende Winkel sind gleich groß.	Alle vier Winkel sind gleich groß.	Alle vier Winkel sind gleich groß.

Trapez ⟶	gleichschenkliges Trapez ⟶	Rechteck ⟶	Quadrat
Die Seiten sind beliebig lang.	Die zwei Schenkel sind gleich lang.	Gegenüberliegende Seiten sind gleich lang.	Alle vier Seiten sind gleich lang.
Zwei Seiten sind parallel.	Die Winkel an den Grundlinien sind gleich groß.	Alle vier Winkel sind gleich groß.	Alle vier Winkel sind gleich groß.

d) Es sind individuelle Lösungen möglich.

Kap. 4.2 und 4.3

Bester Platz

K2
- Anna-Sophia, Felix und die Becher müssen ein gleichschenkliges Dreieck bilden. Während Anna-Sophia und Felix also jeweils an einem Eckpunkt der Basis stehen, müssen sich die Becher am genmeinsamen Eckpunkt der Schenkel befinden.

K1
- Da nur eine Seitenlänge – die Basis – gegeben ist, lassen sich beliebig viele Dreiecke konstruieren, indem man als dritten Punkt einen Punkt auf der Mittelsenkrechten der Basis wählt. Es gibt also auch beliebig viele Positionen für den Becher für ein faires Spiel.

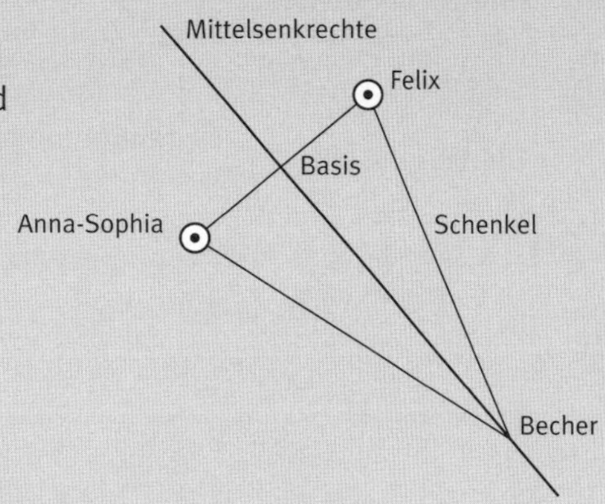

Kap. 4.4

Grundstück vermessen

K3
- Für Dreiecke gilt: $A = \frac{1}{2} gh$ mit g als Grundseite und h als Höhe.

  Für Trapeze gilt: $A = \frac{1}{2} \cdot (a + c) \cdot h$ mit a, c als die Längen der parallelen Seiten und h als Höhe.

  Gesamte Fläche des beispielhaften Grundstücks:

  $A = A_1 + A_2 + A_3 + A_4 + A_5 + A_6 = 26{,}00\,m^2$

Kap. 4.6 und 4.7

Experimentieren am Computer

K5

■

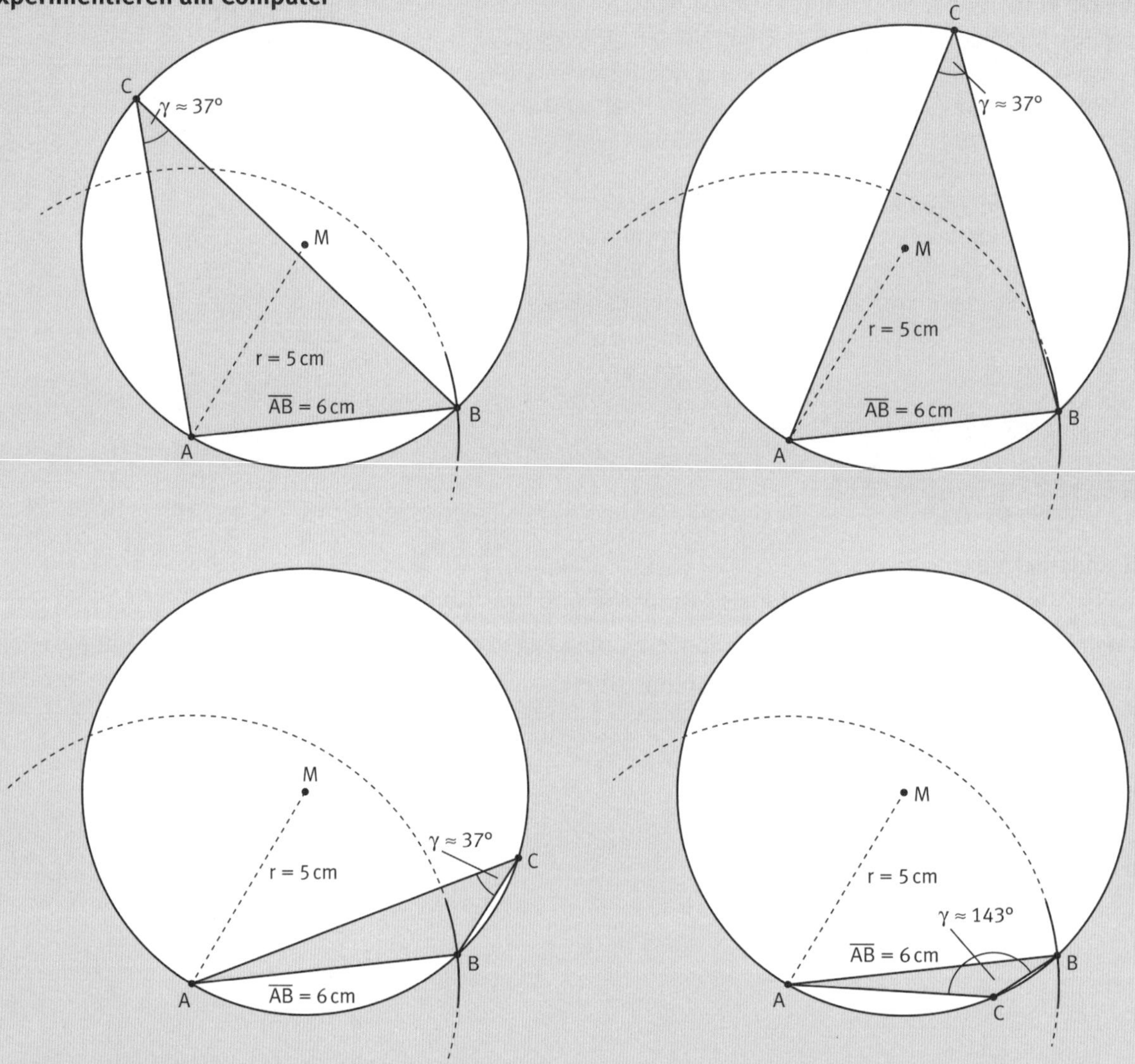

Der Winkel beträgt rund 37° bzw. 143°, je nachdem, auf welcher Seite des Kreisbogens der Punkt liegt.

K5

- Das Experimentieren mit der dynamischen Geometriesoftware zeigt, dass auch bei einer anderen Sehnenlänge der neu entstandene Winkel γ mit neuem Winkelwert bei der Verschiebung von C immer gleich groß bleibt. Ändert sich die Seite des Kreisbogens, auf der C liegt, so gilt für den Winkel $\gamma' = 180° - \gamma$.

Kap. 4.8 und 4.9

Fahrräder vermessen

K3

- Diese Messung dient zur Bestimmung der Kreiszahl $\pi \approx 3{,}1416$. Für den Umfang eines Kreises gilt: $U = \pi \cdot d$ mit d als Durchmesser.

K3

- Da die gefahrene Strecke bei einer Drehung des Rades gerade dem Umfang entspricht, lässt sich nach Messung des Radius des Reifens die Kreiszahl bestimmen. Der Durchmesser passt also genau π-mal in den Umfang. Dies gilt natürlich für alle Reifen und Kreise.

Entdecken

K6 ■ Es fällt auf, dass die längste Seite und der größte Winkel jeweils gegenüber liegen: Je länger die Seite, desto größer der gegenüberliegende Winkel.

K1 ■ Man erkennt die Dreiecksungleichung: „Die Summe zweier Seitenlängen ist stets größer als die Länge der dritten Seite".

Nachgefragt

K1 ■ Der zu einer Seite gehörige Innenwinkel befindet sich am gegenüberliegenden Eckpunkt. Vergrößert man nun eben diese Seite, so sieht man am besten anhand einer Skizze, dass sich der Innenwinkel ebenfalls vergrößert.

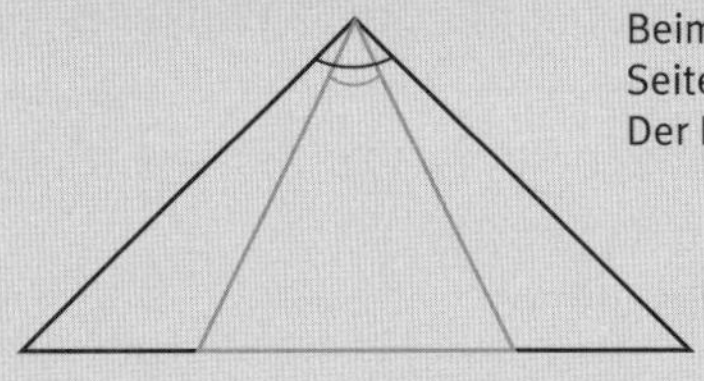

Beim großen Dreieck wurde die untere Seite des kleinen Dreiecks verlängert. Der Innenwinkel wird dabei größer.

K1 ■ Für die Innenwinkel α, β und γ liegt bereits eine feste Beziehung vor, und zwar die, dass die Innenwinkelsumme 180° ergibt: $\alpha + \beta + \gamma = 180°$. In einem rechtwinkligen Dreieck mit $\gamma = 90°$ sind zwei Innenwinkel so groß wie der dritte: $\alpha + \beta = 90°$. Dieses Beispiel zeigt, dass es keine allgemeingültige „Dreiecksungleichung für die drei Innenwinkel" geben kann.

Aufgaben

K1 **1** Vorgehen bei der Prüfung, ob ein Dreieck mit den gegebenen Maßen möglich ist:
- 3 Seiten sind gegeben: Die zwei kürzeren Seiten müssen zusammen länger sein als die längste der drei Seiten (= Dreiecksungleichung).
- 2 Seiten und 1 Winkel sind gegeben: Das Winkelmaß muss kleiner als 180° sein. Ist das Winkelmaß gleich oder größer als 90° und die dazugehörige Seite angegeben, dann muss diese Seite länger als die andere gegebene Seite sein (= Seite-Winkel-Beziehung).
- 1 Seite und 2 Winkel sind gegeben: Die Summe der beiden Winkelmaße muss kleiner als 180° sein (= Innenwinkelsumme).
- 3 Winkel sind gegeben: Die Summe der Winkelmaße muss 180° betragen (= Innenwinkelsumme).

	Das Dreieck ist ...	Grund	Rechnung
a)	nicht möglich.	Dreiecksungleichung ist nicht erfüllt.	$a + c = 6{,}0$ cm $< b$
b)	möglich.	Dreiecksungleichung ist erfüllt.	z. B. $b + c = 8{,}4$ cm $> a$
c)	nicht möglich.	Dreiecksungleichung ist nicht erfüllt.	$a + c = 17{,}5$ cm $= b$
d)	nicht möglich.	Dreiecksungleichung ist nicht erfüllt.	$b + c = 4{,}4$ cm $< a$
e)	möglich.	Seite-Winkel-Beziehung ist erfüllt.	a ist die Hypotenuse, $b < a$.
f)	nicht möglich.	Seite-Winkel-Beziehung ist nicht erfüllt.	$\gamma > \beta$, aber $b > c$.
g)	möglich.	Seite-Winkel-Beziehung ist erfüllt.	Es ist $b < a$, zugleich ist $\beta < \alpha$ möglich.
h)	nicht möglich.	Innenwinkelsumme ist nicht erfüllt.	$\alpha + \beta + \gamma = \alpha + 180° > 180°$
i)	möglich.	Innenwinkelsumme ist erfüllt.	$\alpha + \beta + \gamma = \alpha + 107° = 180°$
j)	nicht möglich.	Innenwinkelsumme ist nicht erfüllt.	$\alpha + \beta + \gamma = 170° < 180°$

K1 **2** **a)** 12,5 cm > c > 7 cm **b)** 1,5 cm < c < 7 cm **c)** 1,5 cm < c < 5,5 cm **d)** 12,5 cm > c > 5,5 cm

K1 **3**

Dreieck	1 gleichseitig	2 rechtwinklig	3 gleichschenklig-rechtwinklig	4 gleichschenklig
Seite-Winkel-Beziehung	$a = b = c$, somit $\alpha = \beta = \gamma$	$\gamma = 90°$, $\gamma > \alpha$ und $\gamma > \beta$, somit $c > a$ und $c > b$	$\alpha = 90°$ und $b = c$, somit $\beta = \gamma = 45°$	$a = b$, somit $\alpha = \beta$
Dreiecksungleichung ist erfüllt:	$a + b = 2c > c$ $a + c = 2c > c$ $b + c = 2c > c$	$b + c > a$ $a + c > b$ $a + b > c$	$a + b = a + c > c$ $a + c = a + b > b$ $b + c > a$	$a + c = b + c > b$ $b + c = a + c > a$ $a + b > c$

K1 **4** **a)** Die Diagonalen $\overline{AC}$ und $\overline{BD}$ des Rechtecks ABCD teilen das Rechteck in vier rechtwinklige Dreiecke: ΔABC und ΔACD bzw. ΔBCD und ΔABD. Wegen des rechten Winkels bei A bzw. B sind $\overline{AC}$ und $\overline{BD}$ die Hypotenusen der jeweils zugehörigen rechtwinkligen Dreiecke. Damit gilt (Seite-Winkel-Beziehung):

$\overline{AB} < \overline{AC}$; $\overline{BC} < \overline{AC}$; $\overline{CD} < \overline{AC}$; $\overline{DA} < \overline{AC}$ und

$\overline{AB} < \overline{BD}$; $\overline{BC} < \overline{BD}$; $\overline{CD} < \overline{BD}$; $\overline{DA} < \overline{BD}$.

Somit sind die beiden Diagonalen länger als jede der vier Rechtecksseiten.

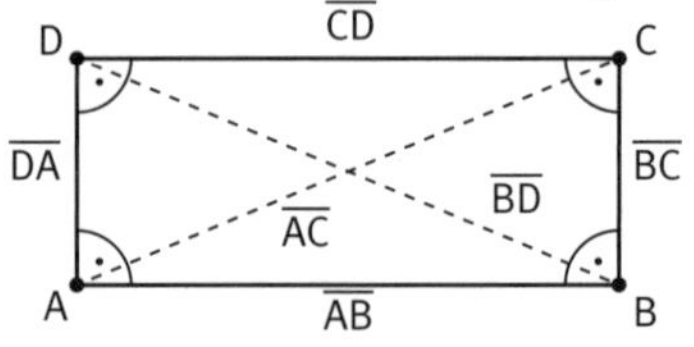

b) Die direkte Übertragung des Satzes aus a) auf Parallelogramme würde lauten:
„In einem Parallelogramm sind die Diagonalen stets länger als jede Seite des Parallelogramms“.
Die Überprüfung zeigt, dass dieser Satz nicht gültig ist, sondern abzuändern ist in:
„In einem Parallelogramm ist eine der Diagonalen stets länger als jede Seite des Parallelogramms.“
In einem Parallelogramm mit $\alpha \leq 90°$ und $\beta \geq 90°$ folgt die Gültigkeit des Satzes daraus, dass mit $\beta \geq 90°$ die Diagonale $\overline{AC}$ die längste der drei Seiten in ΔABC und ΔCDA ist. Damit gilt:

$\overline{AB} < \overline{AC}$; $\overline{BC} < \overline{AC}$; $\overline{CD} < \overline{AC}$; $\overline{DA} < \overline{AC}$.

Über die Länge der Diagonale $\overline{BD}$ lässt sich ohne weitere Bedingungen keine allgemeingültige Aussage machen.

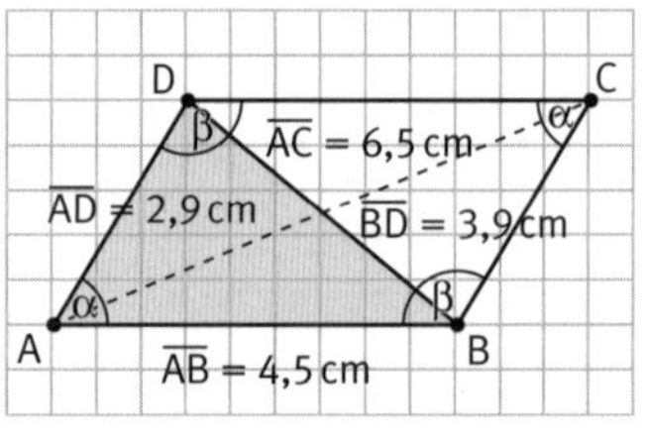

c) Die Sätze aus a) und b) treffen auch auf Quadrate und Rauten zu, da sie Sonderfälle eines Rechtecks bzw. eines Parallelogramms sind und der Satz für das Rechteck bzw. für das Parallelogramm auch im Sonderfall des Quadrats bzw. der Raute gültig ist.
Bezüglich des symmetrischen Trapezes sind die beiden Sätze nicht gültig, da dieses kein Sonderfall des Rechtecks oder des Parallelogramms ist. Man könnte den Satz wie folgt anpassen:
„In einem symmetrischen Trapez sind die beiden Diagonalen stets länger als drei der vier Seiten des Trapezes.“
Begründung:
In einem symmetrischen Trapez ABCD mit $\alpha \leq 90°$ und $\beta \geq 90°$ ist die Diagonale $\overline{BD}$ die längste der drei Seiten in ΔBCD und daher länger als $\overline{BC}$, $\overline{CD}$ und $\overline{DA}$ (dasselbe gilt wegen der Symmetrie auch für die Diagonale $\overline{AC}$). $\overline{BD}$ liegt jedoch in ΔABD dem Winkel $\alpha \leq 90°$ gegenüber. Die Länge von $\overline{AB}$ kann kleiner oder größer als die Länge der Diagonalen $\overline{AC}$ und $\overline{BD}$ sein. Daher kann man über das Längenverhältnis von $\overline{AB}$ zu $\overline{BD}$ bzw. von $\overline{AB}$ zu $\overline{AC}$ keine allgemeingültige Aussage machen.

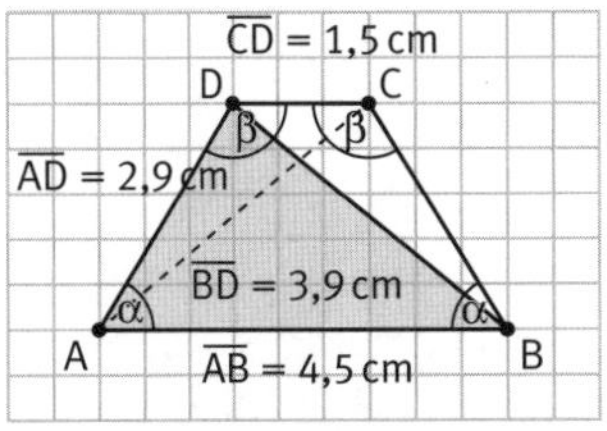

Hier ist $\overline{AB}$ länger als $\overline{BD}$.

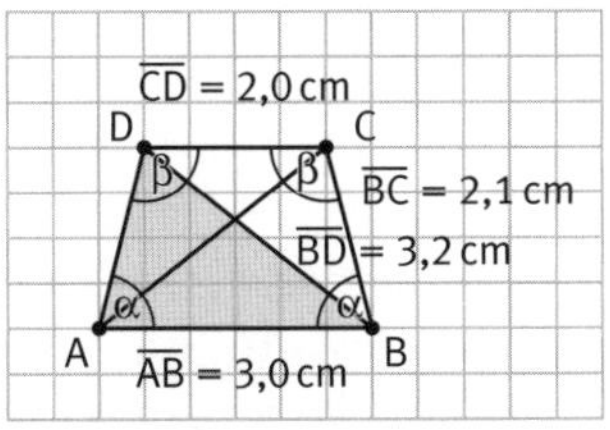

Hier ist $\overline{AB}$ kürzer als $\overline{BD}$.

K1 **5** **a)** Jedes Viereck lässt sich durch Einzeichnen einer Diagonalen in zwei Dreiecke zerlegen. Somit werden zwei der Winkel im Viereck in je zwei Dreieckswinkel gespalten. Die Winkelsumme in jedem dieser Dreiecke beträgt 180°. Addiert man alle Winkel der Dreiecke auf, so ist dies gleich der Winkelsumme im Viereck, also $2 \cdot 180° = 360°$.

K5 **b)**

1	$360° - 49° - 191° = 120°$	$120° = 5\alpha$	$\alpha = 24°$; $\beta = 96°$
2	$360° - 137° - 100° = 123°$	$123° = 3\alpha$	$\alpha = 41°$; $\beta = 82°$
3	$360° - 135° - 140° = 85°$	$85° = 2\alpha + 35°$	$\alpha = 25°$; $\beta = 60°$
4	$360° - 21° - 198° = 141°$	$141° = 2\alpha - 25°$	$\alpha = 83°$; $\beta = 58°$

Alternativer Einstieg: Schulbuch Seite 130

Entdecken

K6 ■ Falls die Seitenlängen gegeben sind, ist das Dreieck eindeutig bestimmt. Um es zu konstruieren, zeichnet man die Basis (14 cm) und von deren Endpunkten je einen Kreis mit dem Radius der Schenkel (24 cm). Dann wählt man einen Schnittpunkt der Kreise als dritten Punkt des Dreiecks und zeichnet die Schenkel ein. Entsprechend sollten alle so gezeichneten Dreiecke kongruent zueinander sein.

K6 ■ Falls die Winkel gegeben sind, sind beliebig viele Dreiecke verschiedener Größe möglich. Frau Biermann hat also Recht. Man zeichnet zunächst einen der Winkel mit dem Geodreieck und verlängert die zugehörigen Seiten beliebig. Nun wird an das Ende einer der Seiten einer der übrigen Winkel eingezeichnet. Die entstandene Seite wird verlängert, bis sie sich mit der angrenzenden Seite schneidet.

Nachgefragt

K1 ■ Nein, Leons Behauptung stimmt nicht. Wenn drei Winkel gegeben sind, stimmen die Dreiecke zwar in ihren Winkeln überein, können jedoch in ihrer Größe unterschiedlich sein.

K1 ■ Ja, die Aussage stimmt. In diesem Fall würde keine dritte Ecke entstehen können, weil sich die Schenkel nicht schneiden.

Aufgaben

K5 **1** **a)** ①

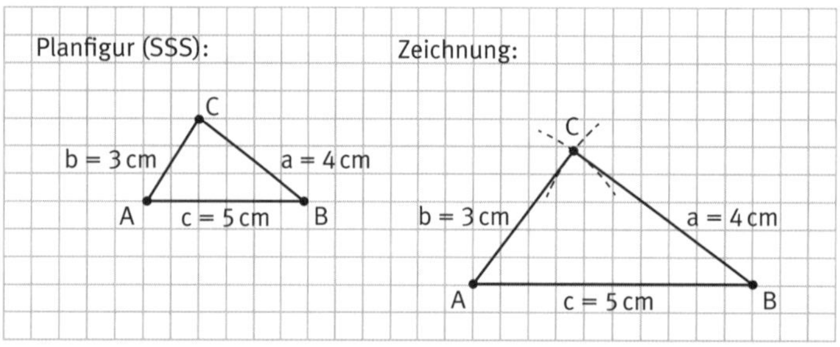

Beschreibung:
1. Zeichne die Strecke c mit den Eckpunkten A und B.
2. Zeichne einen Kreisbogen um A mit Radius b.
3. Zeichne einen Kreisbogen um B mit Radius a.
4. Die Kreise schneiden sich in C.

②

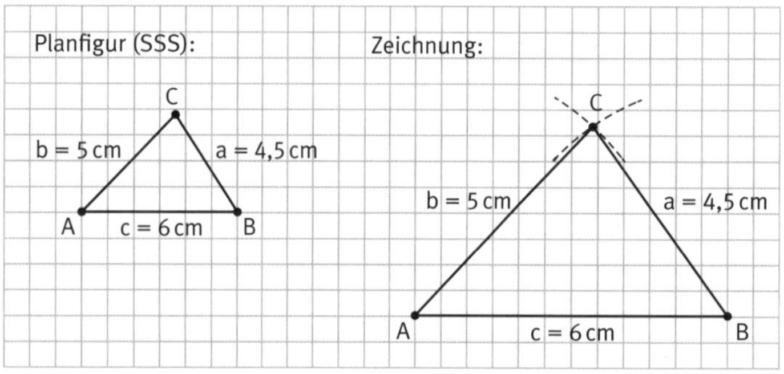

Beschreibung:
1. Zeichne die Strecke c mit den Eckpunkten A und B.
2. Zeichne einen Kreisbogen um A mit Radius b.
3. Zeichne einen Kreisbogen um B mit Radius a.
4. Die Kreise schneiden sich in C.

3

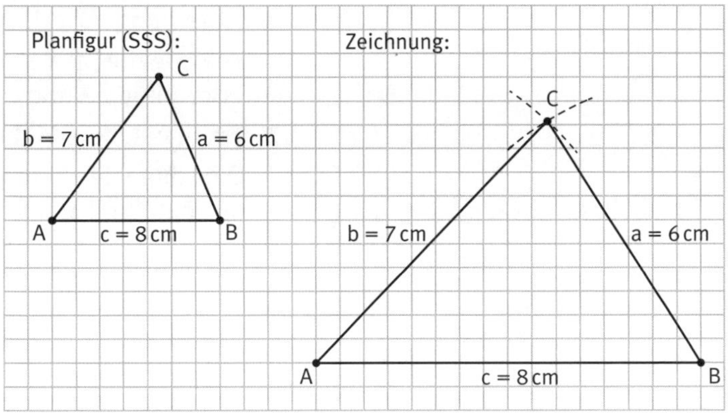

Beschreibung:
1. Zeichne die Strecke c mit den Eckpunkten A und B.
2. Zeichne einen Kreisbogen um A mit Radius b.
3. Zeichne einen Kreisbogen um B mit Radius a.
4. Die Kreise schneiden sich in C.

4

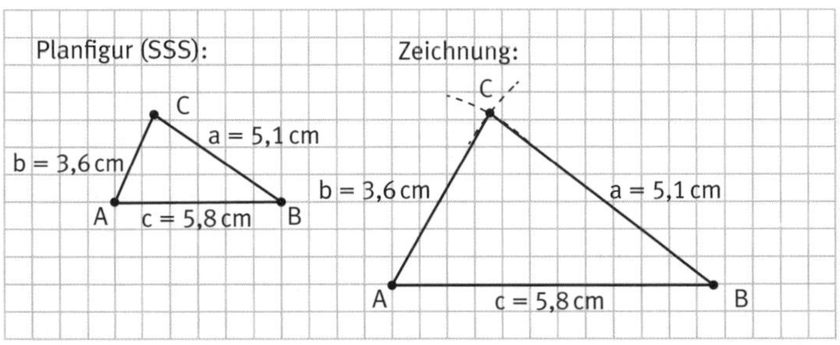

Beschreibung:
1. Zeichne die Strecke c mit den Eckpunkten A und B.
2. Zeichne einen Kreisbogen um A mit Radius b.
3. Zeichne einen Kreisbogen um B mit Radius a.
4. Die Kreise schneiden sich in C.

b) 1

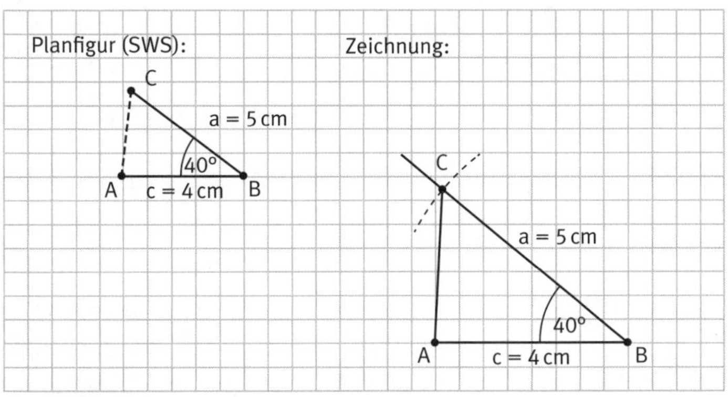

Beschreibung:
1. Zeichne die Strecke c mit den Eckpunkten A und B.
2. Trage in B den Winkel β an.
3. Die Länge des Schenkels in B beträgt 5 cm. Man erhält C.

2

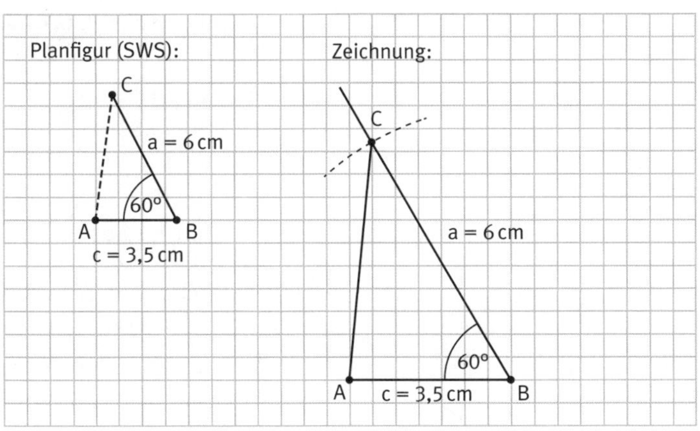

Beschreibung:
1. Zeichne die Strecke c mit den Eckpunkten A und B.
2. Trage in B den Winkel β an.
3. Die Länge des Schenkels in B beträgt 6 cm. Man erhält C.

3

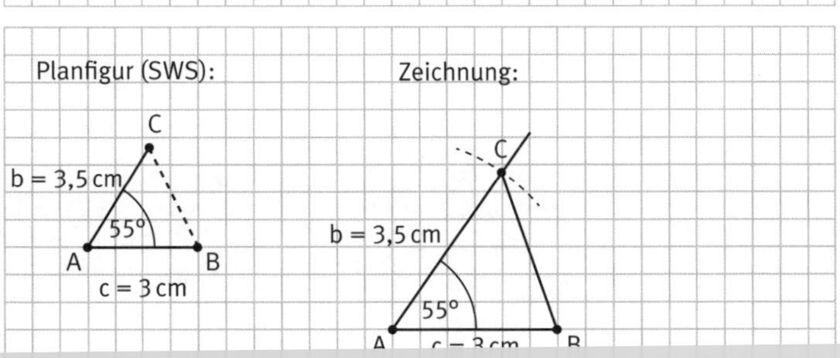

Beschreibung:
1. Zeichne die Strecke c mit den Eckpunkten A und B.
2. Trage in A den Winkel α an.
3. Die Länge des Schenkels in A beträgt 3,5 cm. Man erhält C.

4
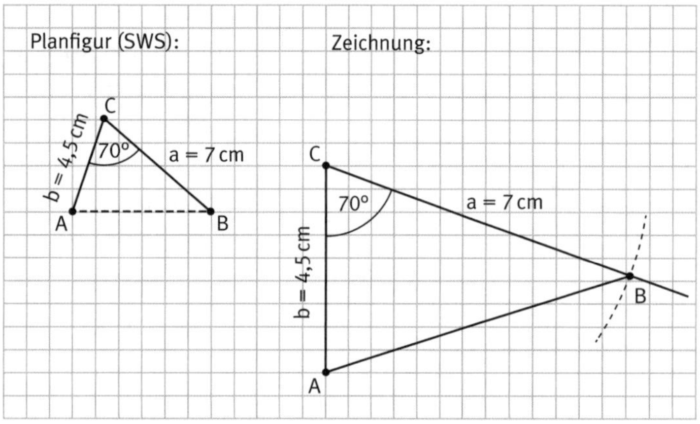

Beschreibung:

1. Zeichne die Strecke b mit den Eckpunkten A und C.
2. Trage in C den Winkel γ an.
3. Die Länge des Schenkels in C beträgt 7 cm. Man erhält B.

c) 1
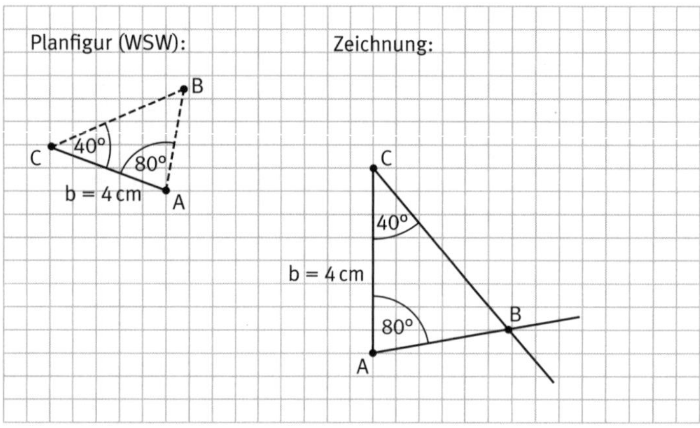

Beschreibung:

1. Zeichne die Strecke b mit den Eckpunkten A und C.
2. Trage in A den Winkel α an.
3. Trage in C den Winkel γ an.
4. Der Schnittpunkt der freien Schenkel von α und γ ergibt B.

2
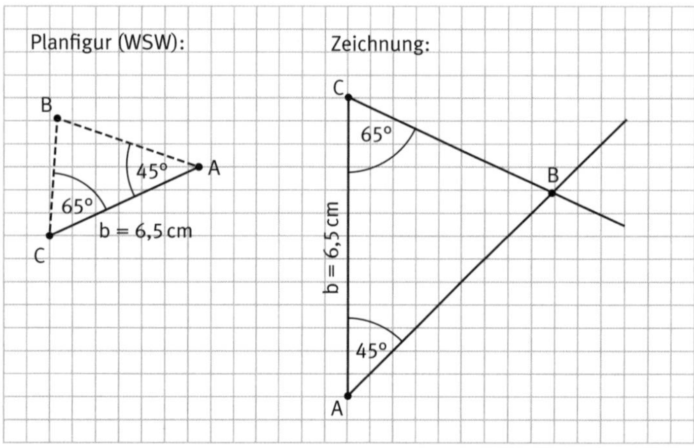

Beschreibung:

1. Zeichne die Strecke b mit den Eckpunkten A und C.
2. Trage in A den Winkel α an.
3. Trage in C den Winkel γ an.
4. Der Schnittpunkt der freien Schenkel von α und γ ergibt B.

3
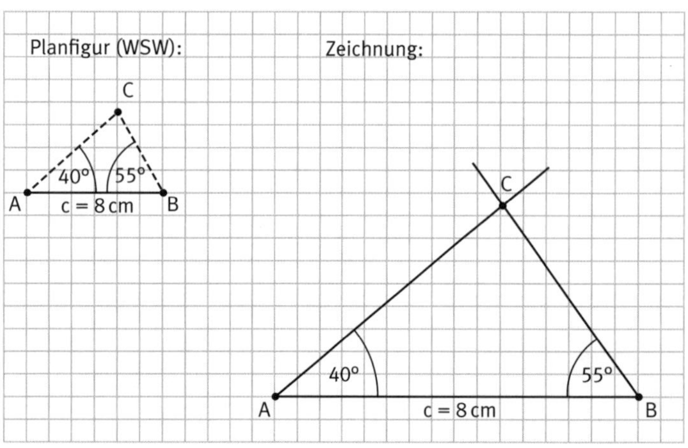

Beschreibung:

1. Zeichne die Strecke c mit den Eckpunkten A und B.
2. Trage in A den Winkel α an.
3. Trage in B den Winkel β an.
4. Der Schnittpunkt der freien Schenkel von α und β ergibt C.

4

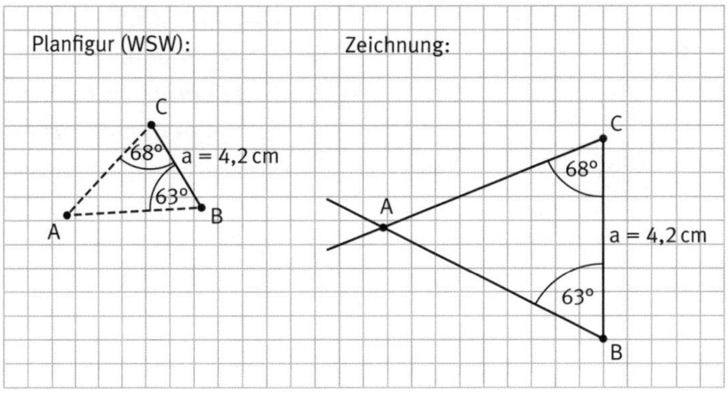

Beschreibung:

1. Zeichne die Strecke a mit den Eckpunkten B und C.
2. Trage in C den Winkel γ an.
3. Trage in B den Winkel β an.
4. Der Schnittpunkt der freien Schenkel von β und γ ergibt A.

d) 1

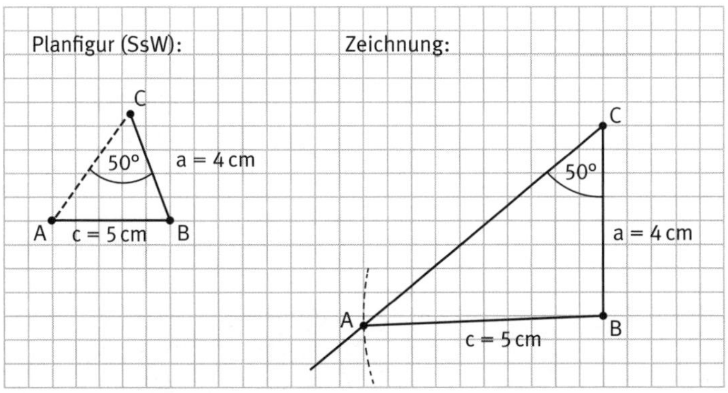

Beschreibung:

1 Zeichne die Strecke a mit den Eckpunkten B und C.
2. Trage in C den Winkel γ an.
3. Zeichne einen Kreisbogen um B mit Radius c.
4. Der Schnittpunkt des freien Schenkels von γ und des Kreisbogens ergibt A.

2

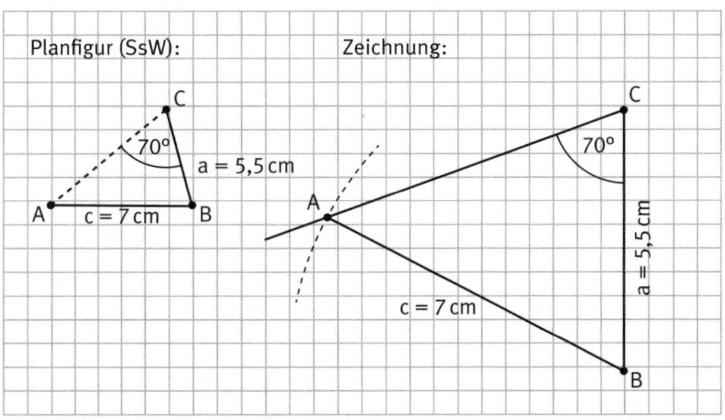

Beschreibung:

1. Zeichne die Strecke a mit den Eckpunkten B und C.
2. Trage in C den Winkel γ an.
3. Zeichne einen Kreisbogen um B mit Radius c.
4. Der Schnittpunkt des freien Schenkels von γ und des Kreisbogens ergibt A.

3

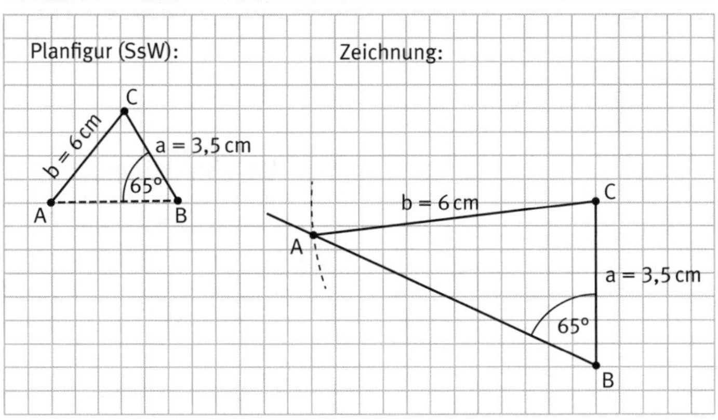

Beschreibung:

1. Zeichne die Strecke a mit den Eckpunkten B und C.
2. Trage in B den Winkel β an.
3. Zeichne einen Kreisbogen um C mit Radius b.
4. Der Schnittpunkt des freien Schenkels von β und des Kreisbogens ergibt A.

4

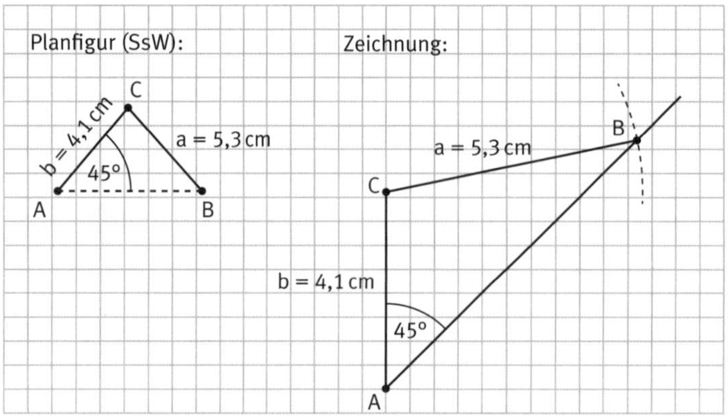

Beschreibung:

1. Zeichne die Strecke b mit den Eckpunkten A und C.
2. Trage in A den Winkel α an.
3. Zeichne einen Kreisbogen um C mit Radius a.
4. Der Schnittpunkt des freien Schenkels von α und des Kreisbogens ergibt B.

K5

2 a)

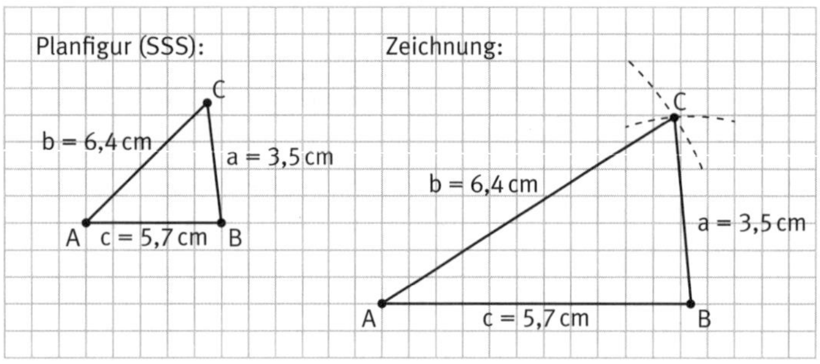

Beschreibung:
1. Zeichne die Strecke c mit den Eckpunkten A und B.
2. Zeichne einen Kreisbogen um A mit Radius b.
3. Zeichne einen Kreisbogen um B mit Radius a.
4. Die Kreise schneiden sich in C.

b)

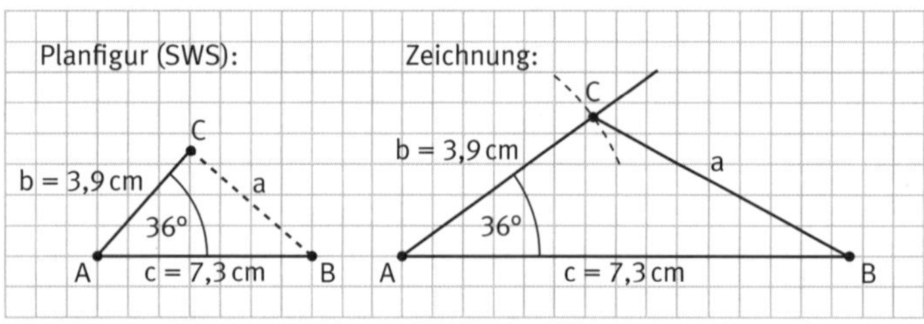

Beschreibung:
1. Zeichne die Strecke c mit den Eckpunkten A und B.
2. Trage in A den Winkel α an.
3. Die Länge des Schenkels in A beträgt 3,9 cm. Man erhält C.

c)

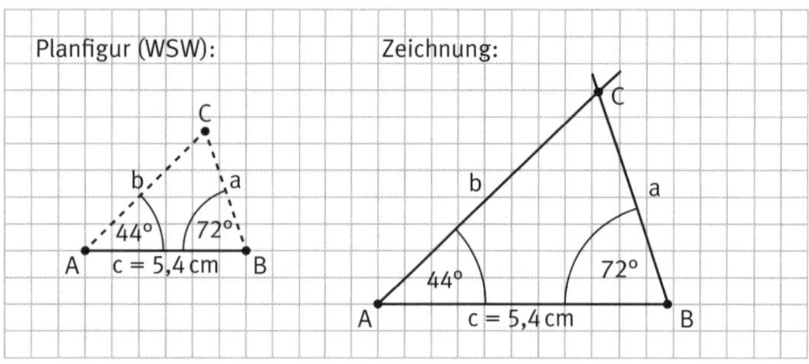

Beschreibung:
1. Zeichne die Strecke c mit den Eckpunkten A und B.
2. Trage in A den Winkel α an.
3. Trage in B den Winkel β an.
4. Der Schnittpunkt der freien Schenkel von α und β ergibt C.

d)

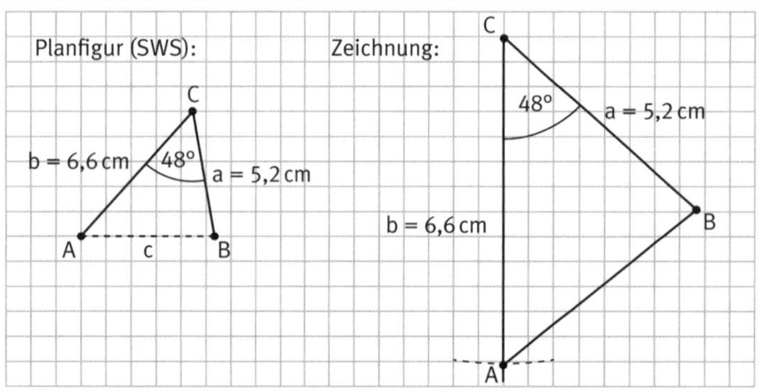

Beschreibung:
1. Zeichne die Strecke a mit den Eckpunkten B und C.
2. Trage in C den Winkel γ an.
3. Die Länge des Schenkels b beträgt 6,6 cm. Man erhält A.

e)

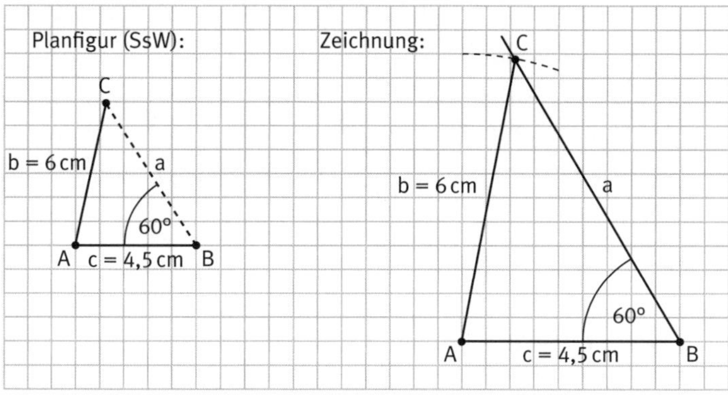

Beschreibung:
1. Zeichne die Strecke c mit den Eckpunkten A und B.
2. Trage in B den Winkel β an.
3. Zeichne einen Kreisbogen um A mit Radius b.
4. Der Schnittpunkt des freien Schenkels von β und des Kreisbogens ergibt C.

f)

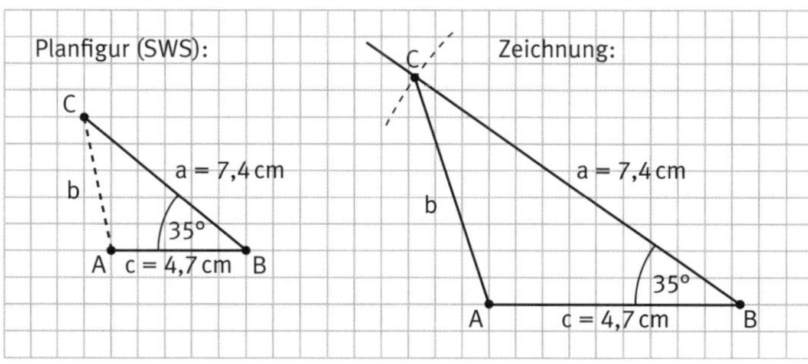

Beschreibung:
1. Zeichne die Strecke c mit den Eckpunkten A und B.
2. Trage in B den Winkel β an.
3. Die Länge des Schenkels a beträgt 7,4 cm. Man erhält C.

K1 **3** **a)** 1

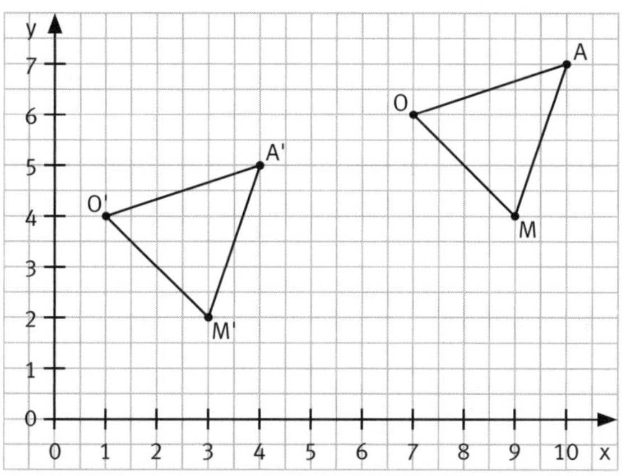

Kongruenzsatz (SSS): Die Längen können aus der Zeichnung mithilfe der Steigungsdreiecke entnommen werden.

$\overline{OM} = \overline{O'M'}$ $\overline{MA} = \overline{M'A'}$ $\overline{AO} = \overline{A'O'}$

Die Dreiecke OMA und O'M'A' sind kongruent.

2

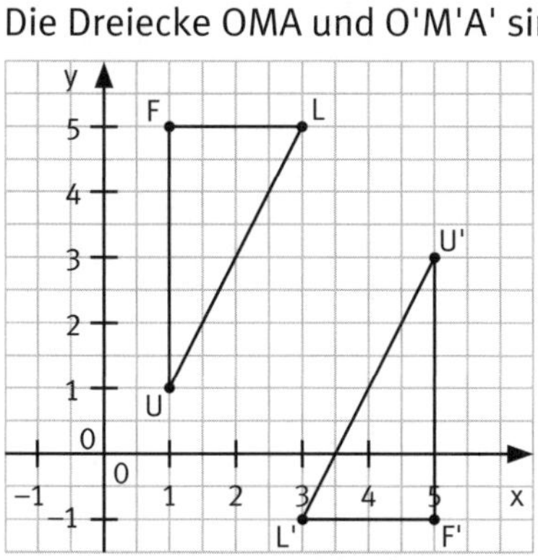

Kongruenzsatz (SWS): Winkel UFL = Winkel U'F'L'

$\overline{LF} = \overline{L'F'}$ $\overline{FU} = \overline{F'U'}$

Die Dreiecke ULF und U'L'F' sind kongruent.

3 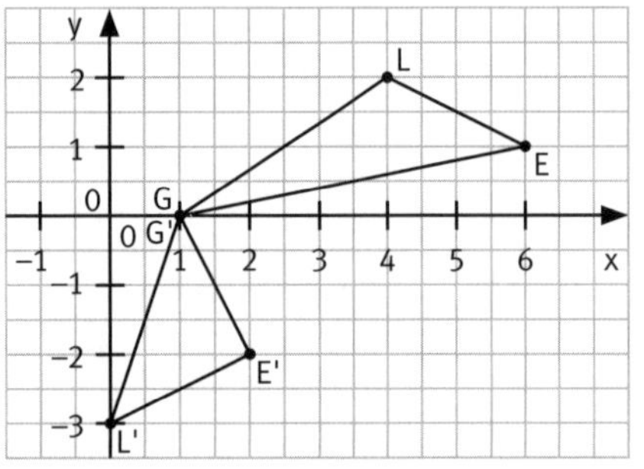

Kongruenzsatz (SSS): Die Längen können aus der Zeichnung mithilfe der Steigungsdreiecke entnommen werden.

$\overline{GE} \neq \overline{G'E'}$ $\overline{EL} \neq \overline{E'L'}$ $\overline{LG} \neq \overline{L'G'}$

Die Dreiecke GEL und G'E'L' sind nicht kongruent.

4 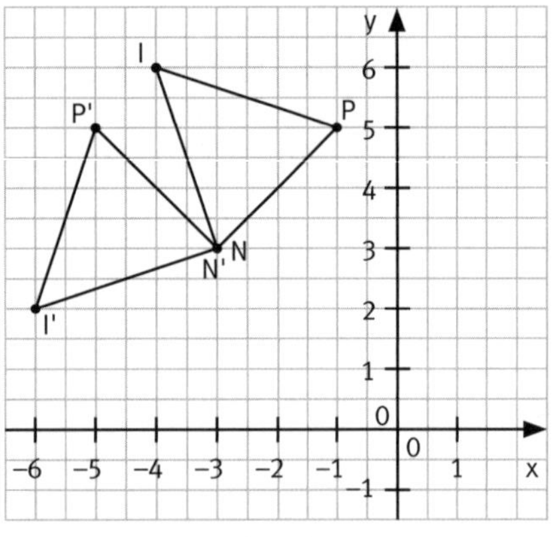

Kongruenzsatz (SSS): Die Längen können aus der Zeichnung mithilfe der Steigungsdreiecke entnommen werden.

$\overline{PI} = \overline{P'I'}$ $\overline{IN} = \overline{I'N'}$ $\overline{NP} = \overline{N'P'}$

Die Dreiecke PIN und P'I'N' sind kongruent.

b) 1 Verschiebung um den Verschiebungspfeil: 6 Einheiten in x- und 2 in y-Richtung

2 Punktspiegelung an Z (3|2)

4 Drehung um N um 90°

K5 **4 a)** 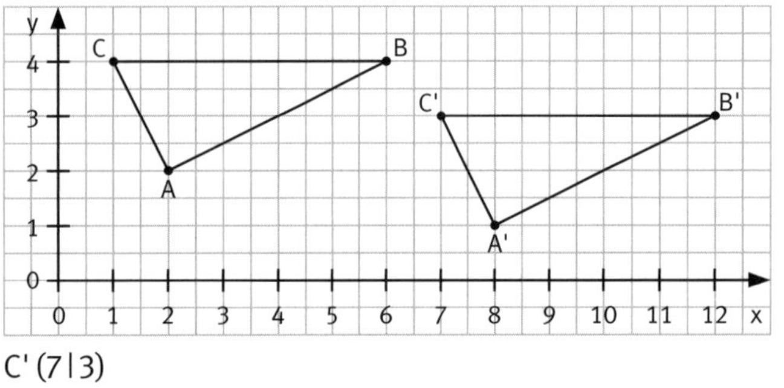

C' (7|3)

b)

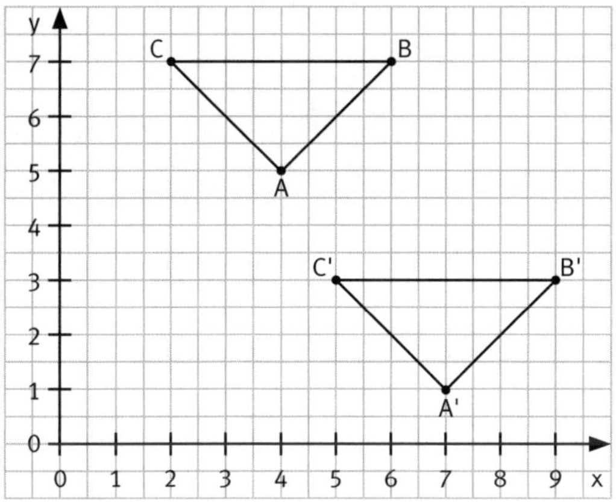

C' (5 | 3)

c)

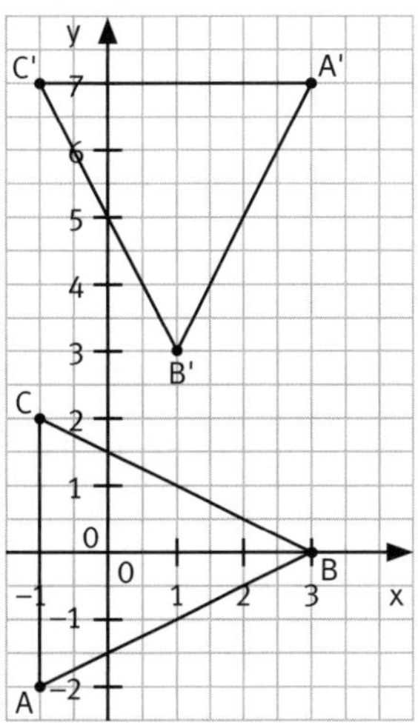

C' (–1 | 7)

d)

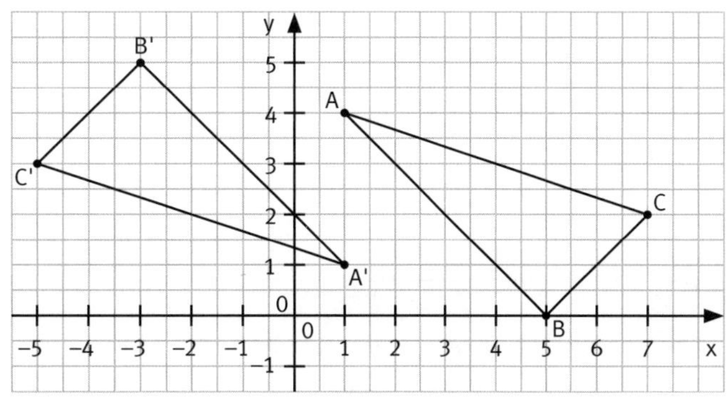

C' (–5 | 3)

K1 **5 a)**

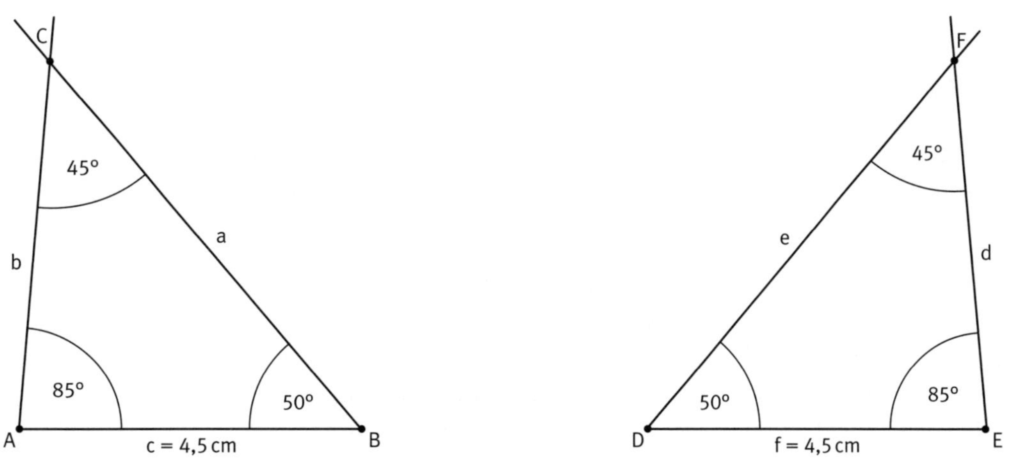

Die beiden Dreiecke sind kongruent nach WSW.

b)

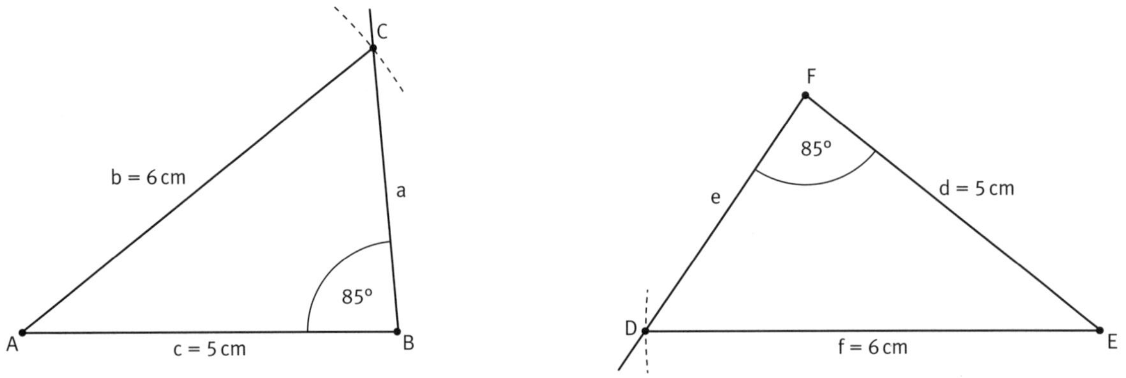

Die beiden Dreiecke sind kongruent nach SsW.

c)

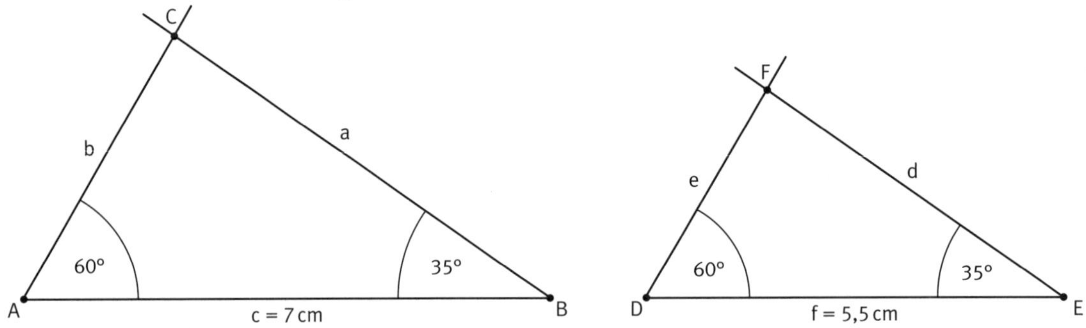

Die beiden Dreiecke sind nicht kongruent. Sie stimmen zwar in allen ihren Winkeln überein, nicht aber in den Seitenlängen.

K5 **6 a)**

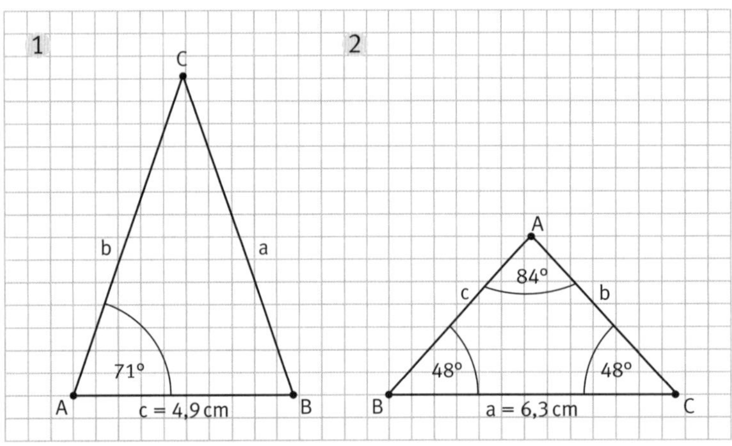

b) Es gibt folgende Möglichkeiten der Konstruktion:

- 1. Zeichne die Strecke $\overline{AB}$ mit c = 4,5 cm (c = 6,4 cm).
  2. Zeichne einen Kreisbogen um A mit Radius 4,5 cm (6,4 cm).
  3. Zeichne einen Kreisbogen um B mit Radius 4,5 cm (6,4 cm).
  4. Der Schnittpunkt beider Kreisbögen ist C.

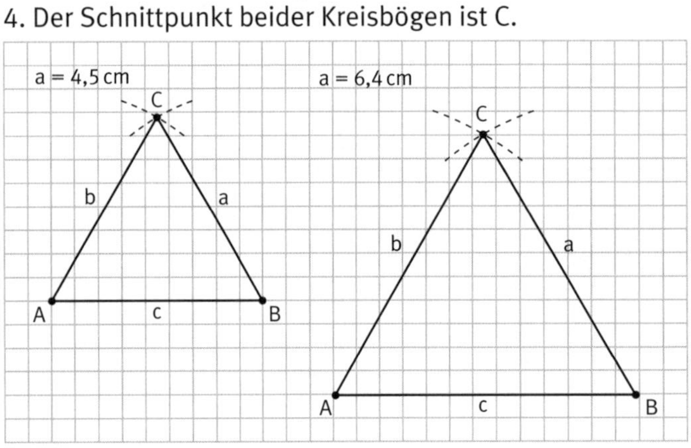

- 1. Zeichne die Strecke $\overline{AB}$ mit c = 4,5 cm (c = 6,4 cm).
  2. Errichte die Mittelsenkrechte zu $\overline{AB}$.
  3. Zeichne einen Kreisbogen um A mit Radius 4,5 cm (6,4 cm).
  4. Der Schnittpunkt von Kreisbogen und Mittelsenkrechte ist C.

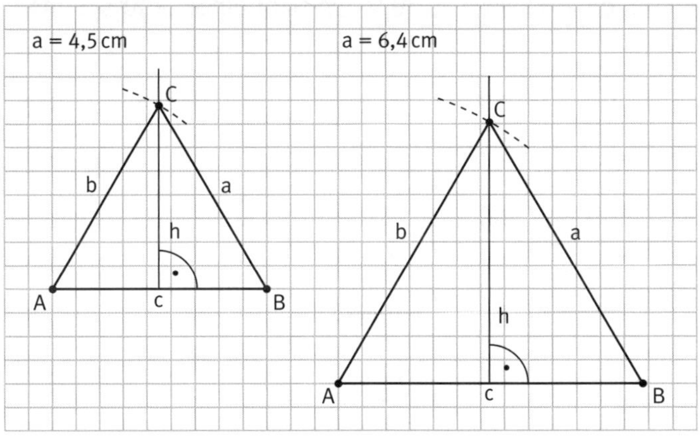

- 1. Zeichne die Strecke $\overline{AB}$ mit c = 4,5 cm (c = 6,4 cm).
  2. Trage in A den Winkel $\alpha = 60°$ ab.
  3. Zeichne einen Kreisbogen um A mit Radius 4,5 cm (6,4 cm).
  4. Der Schnittpunkt des Schenkels von α und des Kreisbogens ist C.

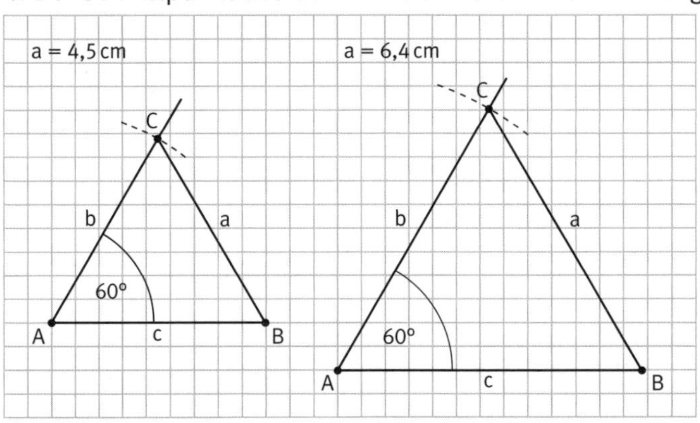

K1 **7 a)**

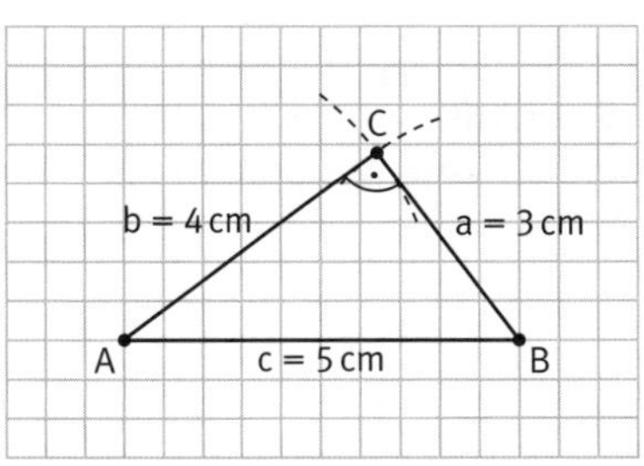

Nachmessen ergibt: Das Dreieck ist rechtwinklig bei C.

b) Der rechnerische Nachweis erfolgt mittels der Umkehrung des Satz des Pythagoras, den die Schüler zu diesem Zeitpunkt natürlich noch nicht kennen: Falls für die Seitenlängen a, b und c eines Dreiecks gilt: $a^2 + b^2 = c^2$, dann ist das Dreieck rechtwinklig mit c als Hypotenuse.
Für die Seitenlängen 3, 4 und 5 ist dies der Fall, denn: $9 + 16 = 3^2 + 4^2 = 5^2 = 25$
Multipliziert man die Seitenlängen mit einem Faktor $k \neq 0$ (entspricht einer zentrischen Streckung), so erhält man:

$$(k \cdot 3)^2 + (k \cdot 4)^2 = (k \cdot 5)^2$$
$$\Rightarrow \quad k^2 \cdot 9 + k^2 \cdot 16 = k^2 \cdot 25$$
$$\Rightarrow \quad k^2 \cdot (9 + 16) = k^2 \cdot 25$$
$$\Rightarrow \quad 9 + 16 = 25$$

Auch hier liegt also ein rechtwinkliges Dreieck vor.

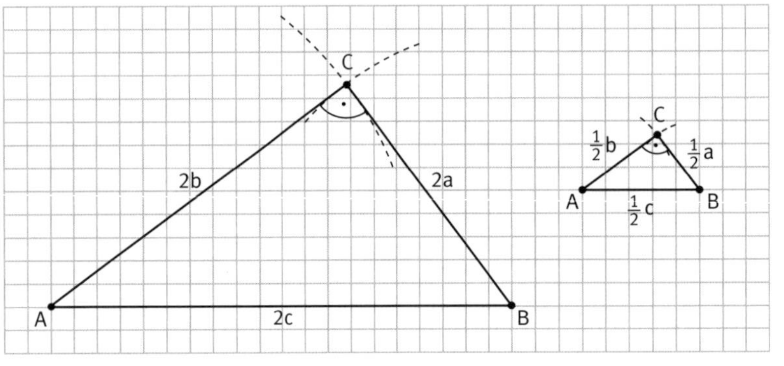

K3 **8**

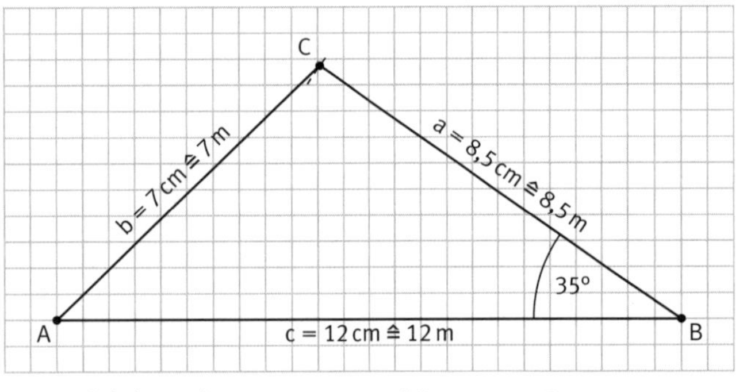

Der Teich hat eine gemessene Länge von 7 m.

K1 **9** Das Dreieck mit den genannten Eigenschaften lässt sich mithilfe des Kongruenzsatzes SsW konstruieren: Es sind zwei Seitenlängen und ein Winkel gegeben, wobei die längere der beiden Seiten (die Hypotenuse) dem Winkel von 90° gegenüberliegt.

K2 **10**

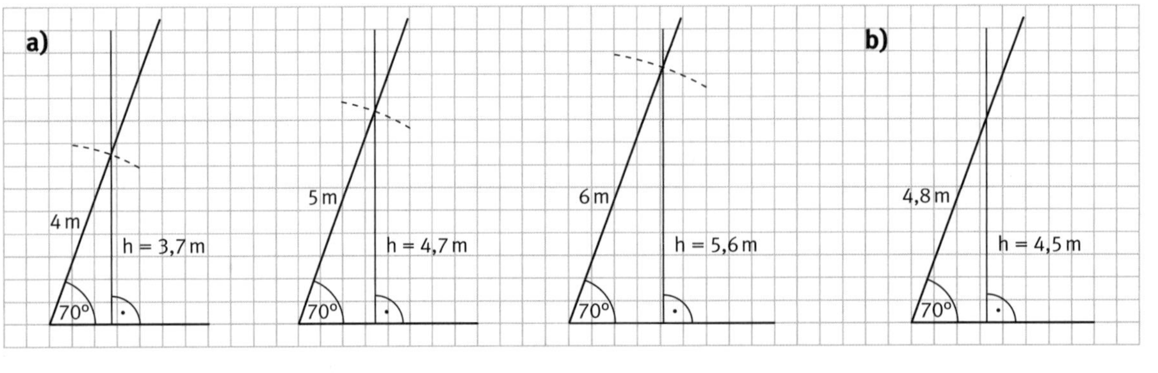

K1/5 **11 a)** Hat man bei einem Dreieck zwei Seiten und den Gegenwinkel zur kleineren Seite gegeben (im Beispiel: b, c und γ), so legt man zunächst die längere Strecke fest (im Beispiel: $\overline{AC}$). An diese Seite wird der gegebene Winkel im zugehörigen Eckpunkt angetragen (im Beispiel: γ im Eckpunkt C), es entsteht ein freier Schenkel, auf dem der dritte Eckpunkt des Dreiecks (B) liegen muss. Zeichnet man nun einen Kreis mit Radius der zweiten Streckenlänge um den anderen Streckenendpunkt (A), so erhält man auf dem zuvor konstruierten freien Schenkel zwei Schnittpunkte (B_1 und B_2) und damit zwei mögliche Dreiecke: ΔAB_1C und ΔAB_2C.
Die beiden Dreiecke stimmen in zwei Seiten (b und c) und einem Winkel (γ) überein, sie sind aber nicht kongruent: Mit zwei Seiten und einem der kleineren Seite gegenüberliegenden Winkel ist das Dreieck nicht eindeutig konstruierbar.

b) Die Dreiecke in (1), (2) und (4) sind nach SsW eindeutig konstruierbar.
Die Dreiecke in (3), (5) und (6) sind nicht eindeutig konstruierbar, da die dem gegebenen Winkel gegenüberliegende Seite die kleinere der beiden gegebenen Seiten ist.

c) (1) Planfigur SsW:

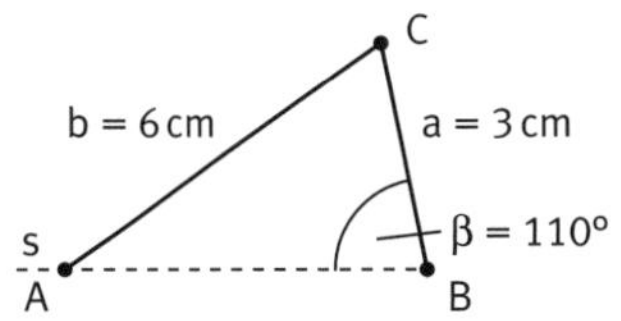

Die Konstruktion hat genau eine Lösung.

Zeichnung:

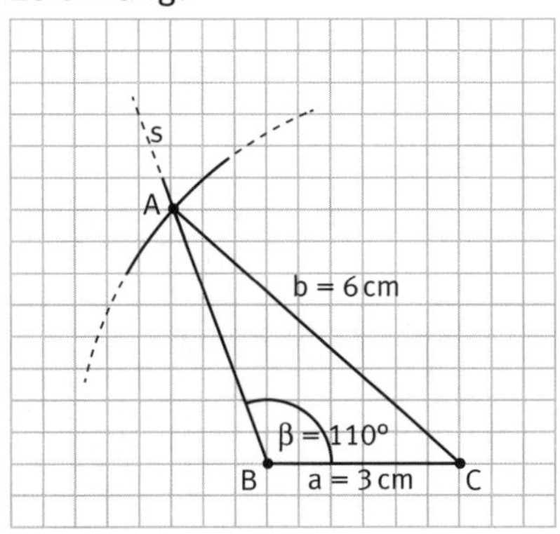

Beschreibung:
1. Festlegen der Strecke $\overline{BC}$ mit a = 3 cm
2. Antragen des Winkels mit β = 110° in B an $\overline{BC}$, freier Schenkel s
3. Zeichne k (C; r = b = 6 cm).
4. s ∩ k = {A}

(2) Planfigur SsW:

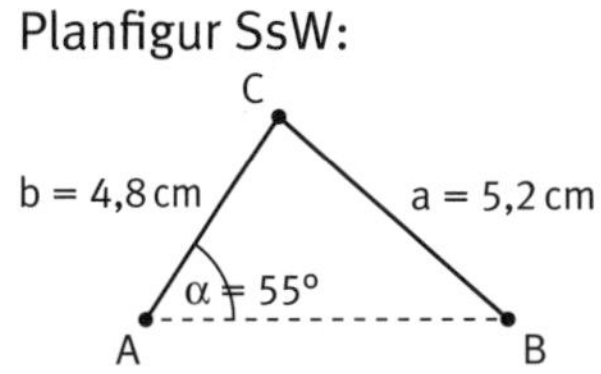

Die Konstruktion hat genau eine Lösung.

Zeichnung:

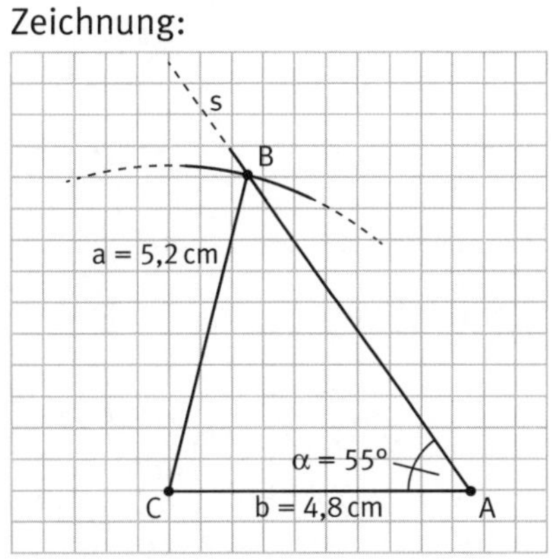

Beschreibung:
1. Festlegen der Strecke $\overline{CA}$ mit b = 4,8 cm
2. Antragen des Winkels mit α = 55° in A an $\overline{CA}$, freier Schenkel s
3. Zeichne k (C; r = a = 5,2 cm).
4. s ∩ k = {B}

(3) Planfigur SsW:

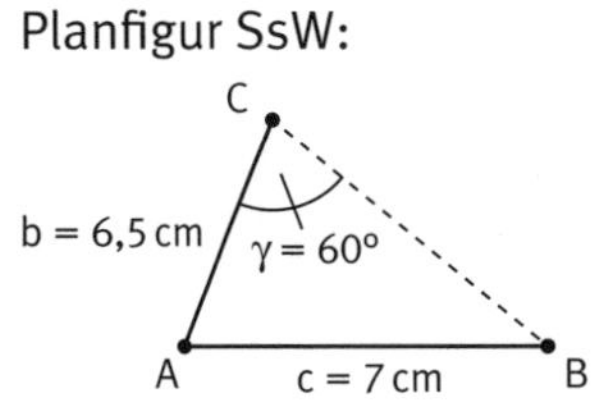

Die Konstruktion hat genau eine Lösung.

Zeichnung:

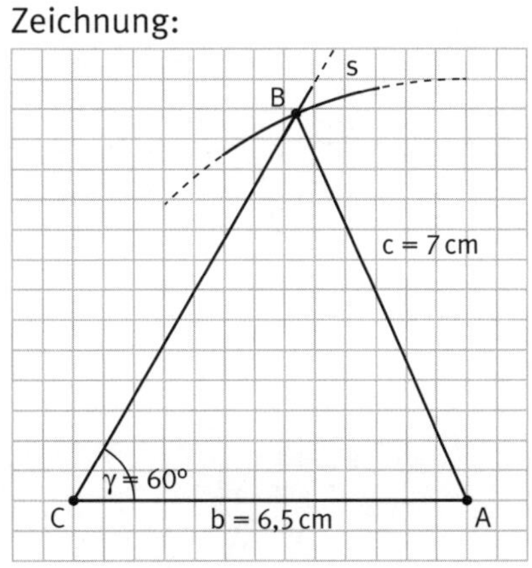

Beschreibung:
1. Festlegen der Strecke $\overline{CA}$ mit b = 6,5 cm
2. Antragen des Winkels mit γ = 60° in C an $\overline{CA}$, freier Schenkel s
3. Zeichne k (A; r = c = 7 cm).
4. s ∩ k = {B}

4 Planfigur (Kasten):

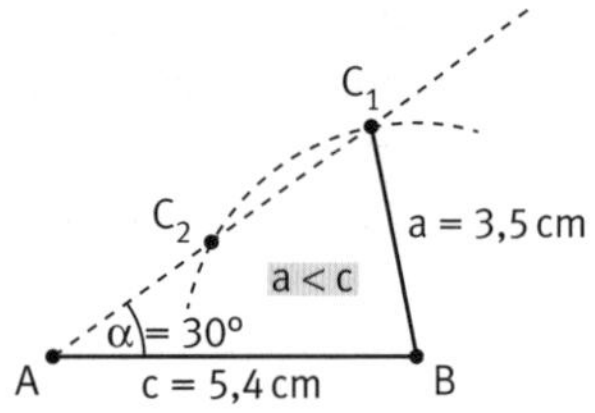

Die Konstruktion hat zwei Lösungen mit C_1 und C_2.

Zeichnung:

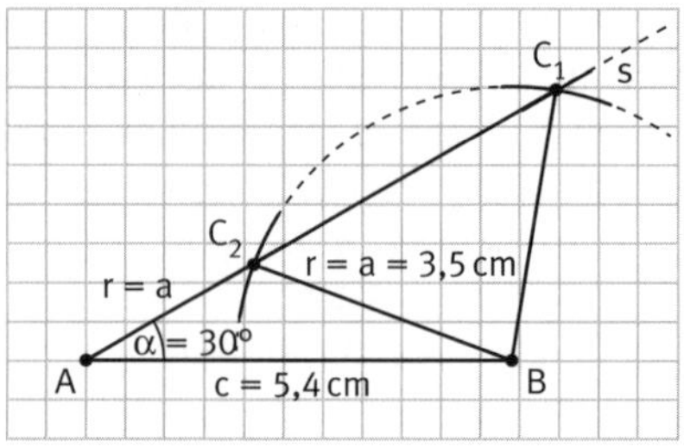

Beschreibung:

1. Festlegen der Strecke $\overline{AB}$ mit c = 5,4 cm
2. Antragen des Winkels mit $\alpha = 30°$ in A an $\overline{AB}$, freier Schenkel s
3. Zeichne k (B; r = a = 3,5 cm).
4. $s \cap k = \{C_1; C_2\}$

5 Planfigur SsW:

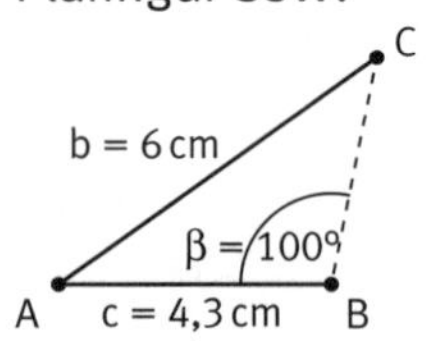

Die Konstruktion hat genau eine Lösung.

Zeichnung:

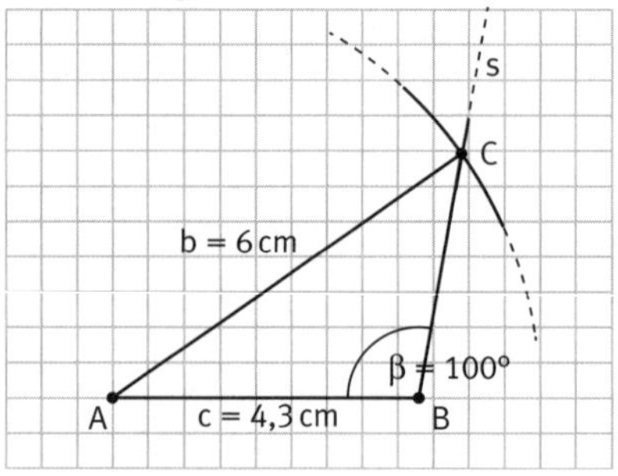

Beschreibung:

1. Festlegen der Strecke $\overline{AB}$ mit c = 4,3 cm
2. Antragen des Winkels mit $\beta = 100°$ in B an $\overline{AB}$, freier Schenkel s
3. Zeichne k (A; r = b = 6 cm).
4. $s \cap k = \{C\}$

6 Planfigur (Kasten):

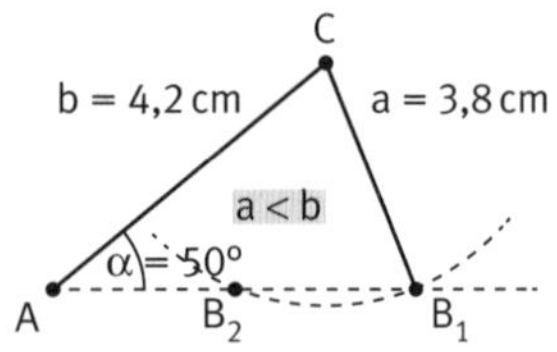

Die Konstruktion hat zwei Lösungen mit B_1 und B_2.

Zeichnung:

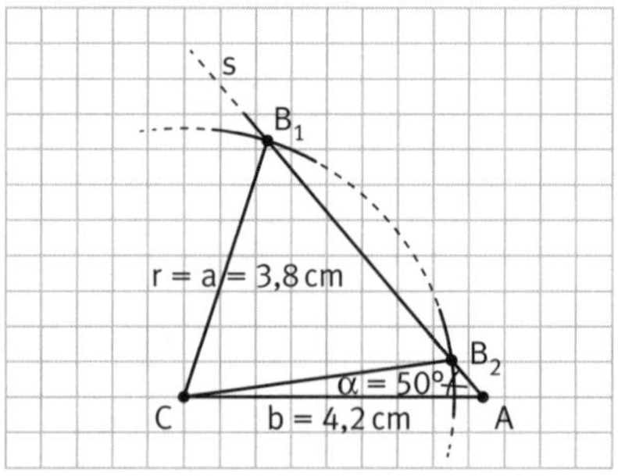

Beschreibung:

1. Festlegen der Strecke $\overline{CA}$ mit b = 4,2 cm
2. Antragen des Winkels mit $\alpha = 50°$ in A an $\overline{CA}$, freier Schenkel s
3. Zeichne k (C; r = a = 3,8 cm).
4. $s \cap k = \{B_1; B_2\}$

K2 **12** 1 cm entspricht 1 km, Maßstab 1 : 100 000.

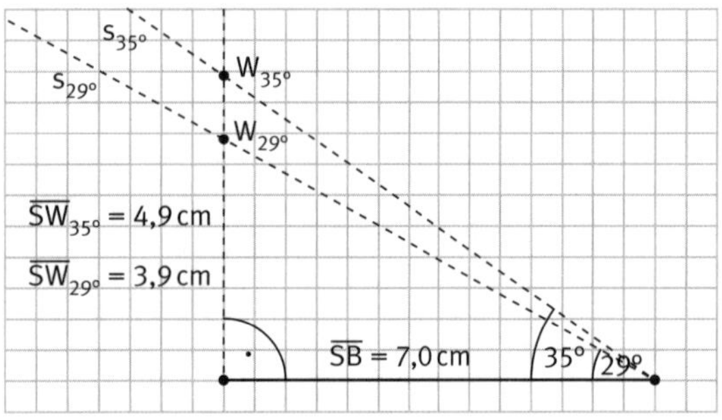

Bei einem Beobachtungswinkel von 29° (35°) erhält man für die Strecke zwischen dem Scheinwerfer S und der Wolkendecke im Punkt $W_{29°}$ ($W_{35°}$) eine Höhe von rund 3,9 km (4,9 km); die Wolkendecke ist 3,9 km (4,9 km) über der Erde.

Alternativer Einstieg: Schulbuch Seite 130

Entdecken

K6 ▪ Individuelle Lösungen möglich. Mithilfe des Geometrieprogramms lernen die Schülerinnen und Schüler, dass sich die Mittelsenkrechten (Winkelhalbierenden) eines beliebigen Dreiecks in einem Punkt schneiden, der auch gleichzeitig der Mittelpunkt es Umkreises (Inkreises) des Dreiecks ist.

Nachgefragt

K1 ▪ Zu jedem Dreieck lassen sich die drei Mittelsenkrechten konstruieren; diese schneiden sich im Mittelpunkt M_u des Umkreises.

K6 ▪ Konstruiert man in einem Dreieck die drei Mittelsenkrechten der drei Seiten, so schneiden diese sich in einem gemeinsamen Punkt. Dieser ist der Mittelpunkt M_u des Umkreises.
Konstruiert man in einem Dreieck die drei Winkelhalbierenden der drei Innenwinkel, so schneiden sich diese in einem gemeinsamen Punkt. Dieser ist der Mittelpunkt M_i des Inkreises.

Aufgaben

K5 **1** **a)**

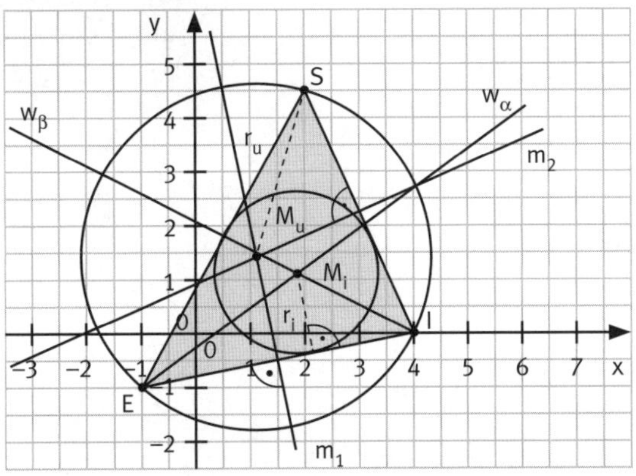

b)

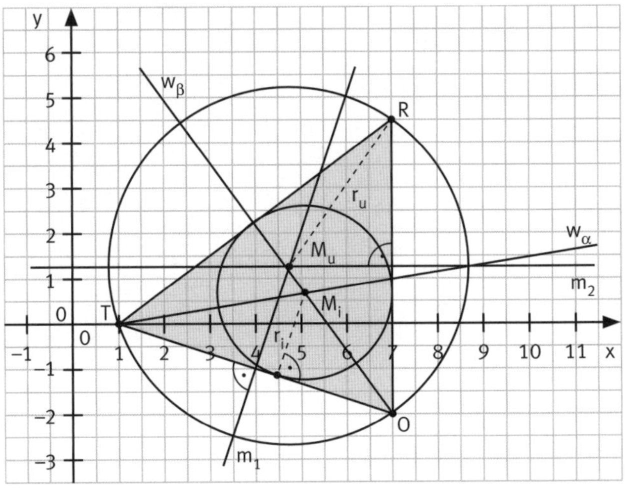

c)

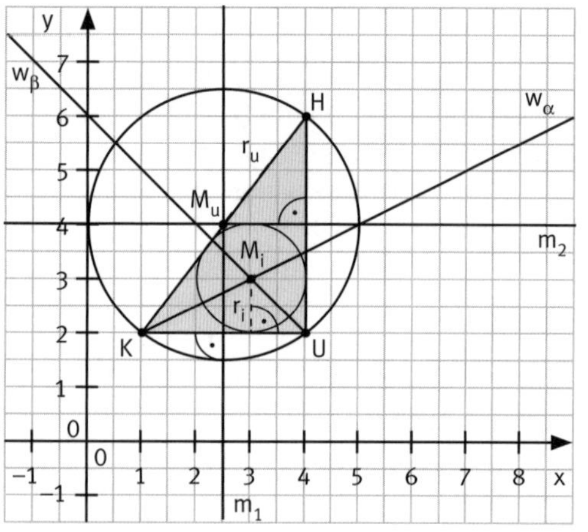
y
x
w_β
w_α
H
r_u
M_u
M_i
m_2
r_i
K
U
m_1

d)

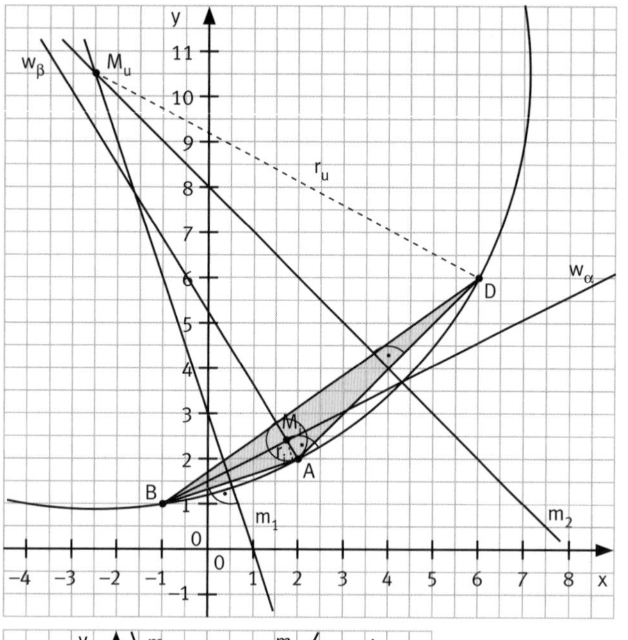
y
x
w_β
M_u
r_u
w_α
D
M_i
r_i
A
B
m_1
m_2

e)

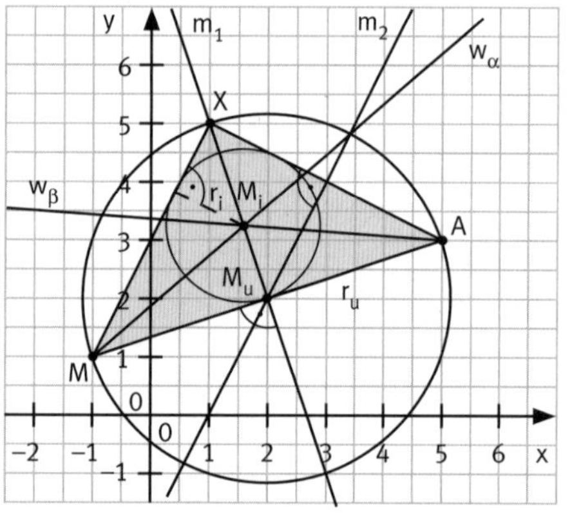
y
x
m_1
m_2
w_α
X
w_β
r_i
M_i
A
M_u
r_u
M

f) 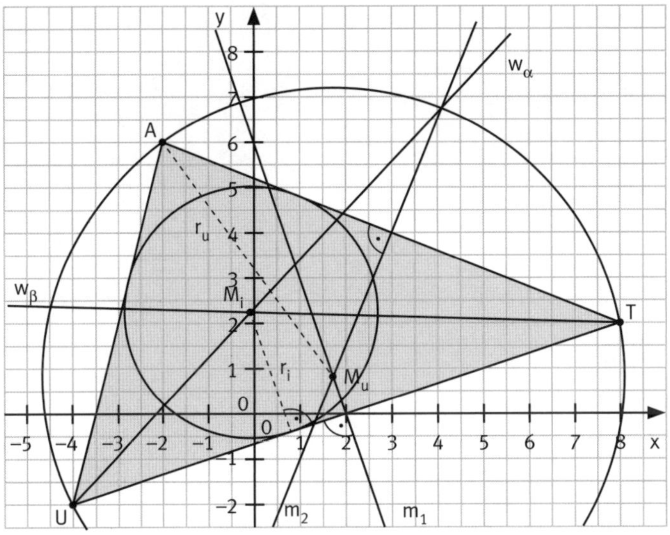

K6 **2 a)** Bei 1 liegt ein spitzwinkliges Dreieck vor. Hier befindet sich der Umkreismittelpunkt immer innerhalb des Dreiecks. Bei 2 handelt es sich um ein rechtwinkliges Dreieck. Hier liegt der Umkreismittelpunkt stets auf der Hypotenuse. Bei 3 liegt ein stumpfwinkliges Dreieck vor. Hier liegt der Umkreismittelpunkt immer außerhalb des Dreiecks.

b) Es sind unterschiedliche Abbildungen möglich.

c) 1 spitzwinkliges Dreieck

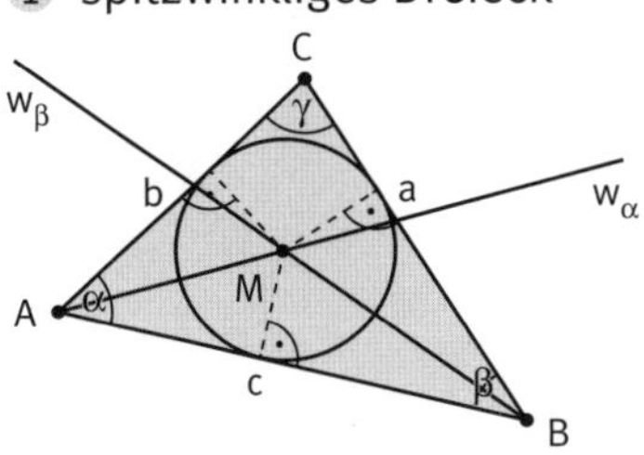

2 rechtwinkliges Dreieck

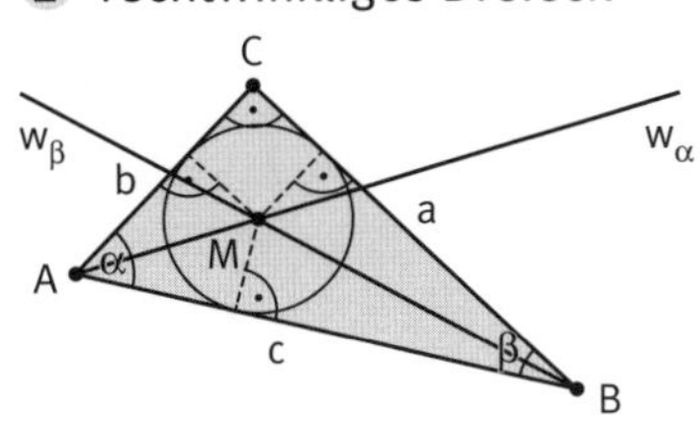

3 stumpfwinkliges Dreieck

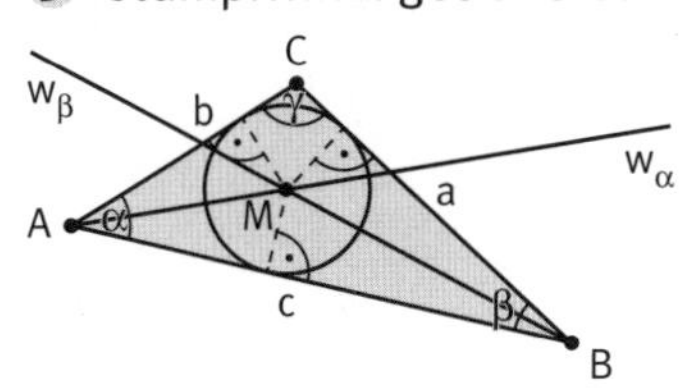

Beobachtung: Der Inkreismittelpunkt befindet sich immer innerhalb des Dreiecks.

K5 **3 a)** und **b)**

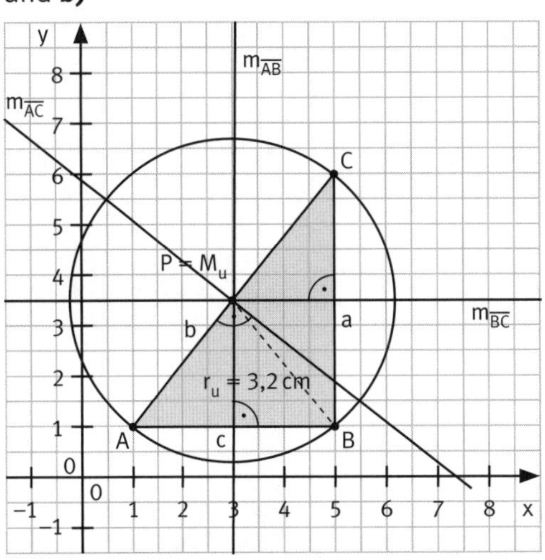

Die Menge aller Punkte P, für die $\overline{PA} = \overline{PB} = \overline{PC}$ gilt, besteht aus genau einem Punkt, dem Umkreismittelpunkt M_u. Der Umkreisradius r_u beträgt 3,2 cm.

K5 **4** **a)** und **b)**

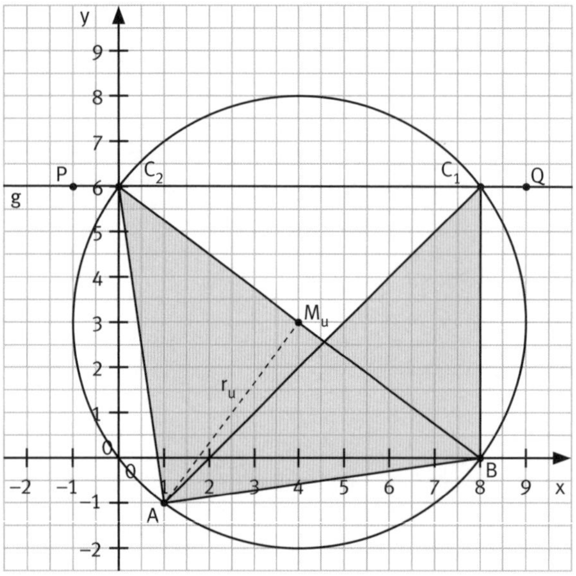

Es gibt zwei Lösungen, C_1 (8|6) und C_2 (0|6), diese sind die Schnittpunkte des Umkreises mit der Gerade g.

K5 **5** **a)** und **b)**

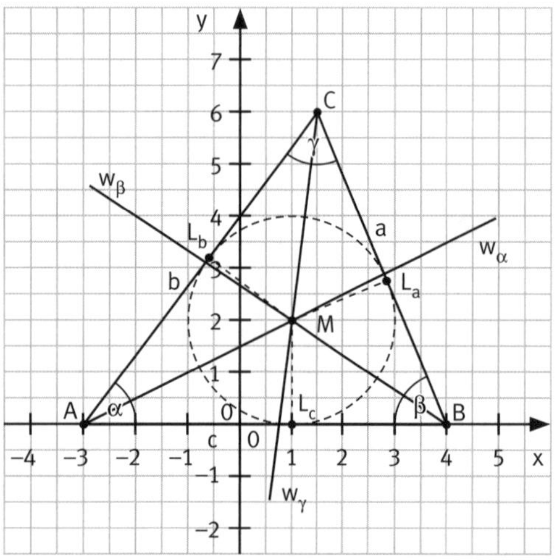

Die Lote von M auf die Dreiecksseiten sind gleich lang (2 cm). Die drei Winkelhalbierenden schneiden sich im Punkt M, dem Inkreismittelpunkt des Dreiecks ABC.

Alternativer Einstieg: Schulbuch Seite 130

Entdecken

K6 ■ Individuelle Lösungen möglich. Die naheliegendste Möglichkeit ist, das Parallelogramm entlang der Höhe auf einer der Ecken zu zerschneiden und das Stück an der gegenüberliegenden Seite wieder anzusetzen.

K6 ■ Die durchgeführte Zerlegung lässt sich auch wieder rückgängig machen, weshalb man auf ähnliche Weise aus einem Rechteck ein Parallelogramm erhalten kann.

Nachgefragt

K1 ■ Die Aussage ist falsch. Beim Parallelogramm sind die gegenüberliegenden Seiten gleich lang und gegenüberliegende Winkel gleich groß. Die Aussage gilt nur für das Quadrat.

K1 ■ Nein, diese Aussage ist falsch. Für den Umfang des Dreiecks werden nicht nur die beiden Seitenlängen addiert, sondern auch die Diagonale. Deshalb ist der Umfang bei einem Dreieck nicht halb so groß wie der eines Parallelogramms.

Aufgaben

K5 **1** **a)**

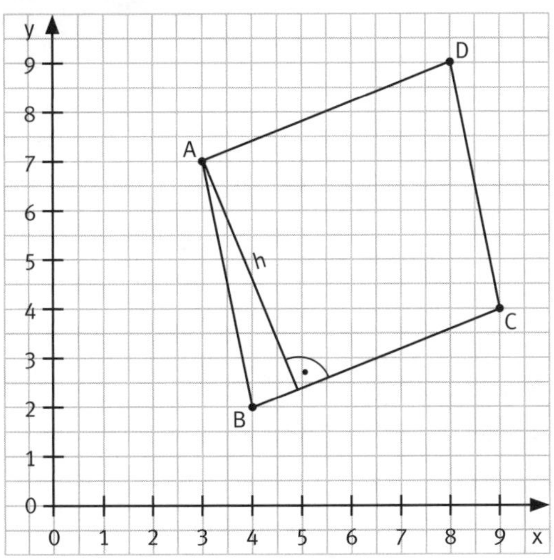

Grundseite: $\overline{BC} = 5{,}4\,\text{cm}$ Höhe: $h = 5\,\text{cm}$
$A_P = 5{,}4\,\text{cm} \cdot 5\,\text{cm} = 27\,\text{cm}^2$

b)

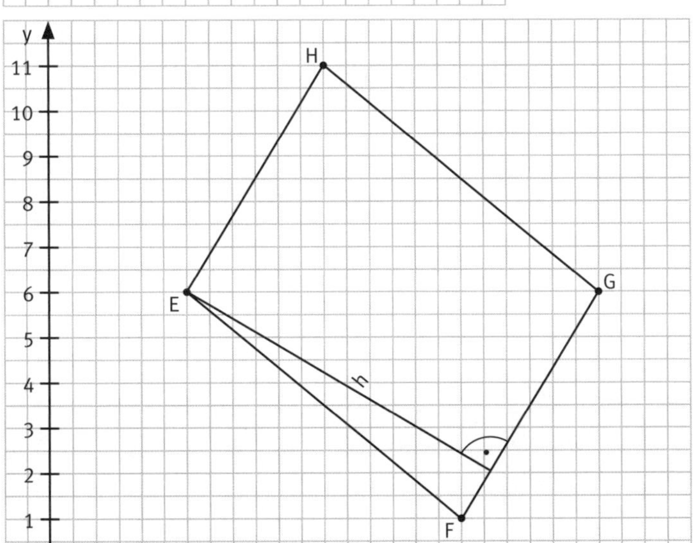

Grundseite: $\overline{FG} = 5{,}8\,\text{cm}$
Höhe: $h = 7{,}7\,\text{cm}$
$A_P = 5{,}8\,\text{cm} \cdot 7{,}7\,\text{cm} \approx 44{,}7\,\text{cm}^2$

c)

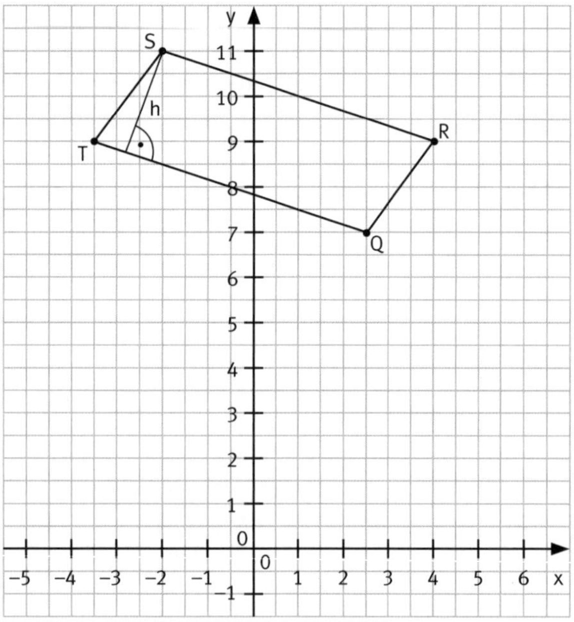

Grundseite: $\overline{TQ} = 6{,}3\,\text{cm}$
Höhe: $h = 2{,}4\,\text{cm}$
$A_P = 6{,}3\,\text{cm} \cdot 2{,}4\,\text{cm} \approx 15{,}1\,\text{cm}^2$

d)

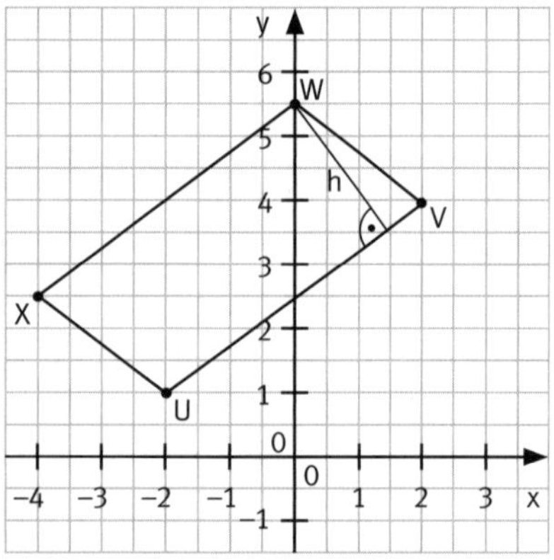

Grundseite: $\overline{UV} = 5\,\text{cm}$
Höhe: $h = 2{,}4\,\text{cm}$
$A_P = 5\,\text{cm} \cdot 2{,}4\,\text{cm} = 12\,\text{cm}^2$

K5 **2** **a)** $A_D = \frac{1}{2} \cdot 8\,\text{cm} \cdot 4\,\text{cm} = 16\,\text{cm}^2$ **b)** $A_D = \frac{1}{2} \cdot 7{,}5\,\text{cm} \cdot 5\,\text{cm} = 18{,}75\,\text{cm}^2$

c) $A_D = \frac{1}{2} \cdot 6{,}3\,\text{cm} \cdot 3{,}7\,\text{cm} = 11{,}7\,\text{cm}^2$ **d)** $A_D = \frac{1}{2} \cdot 5\,\text{cm} \cdot 5\,\text{cm} = 12{,}5\,\text{cm}^2$

K4 **3** Streifen (Rechteck): Höhe = 2 cm; Länge = $3 \cdot 2\,\text{cm} + 3 \cdot 1\,\text{cm} = 9\,\text{cm}$;
$A_{Streifen} = 2\,\text{cm} \cdot 9\,\text{cm} = 18\,\text{cm}^2$

Parallelogramm (1 gelber Streifen):
Grundseite = 0,5 cm; Höhe = 2 cm
$A_{Parallelogramm} = 0{,}5\,\text{cm} \cdot 2\,\text{cm} = 1\,\text{cm}^2$

Gelbe Fläche insgesamt: $A_{gelbe\ Fläche} = 6 \cdot A_{Parallelogramm} = 6\,\text{cm}^2$

Grüne Fläche: $A_{grün} = A_{Streifen} - A_{gelbe\ Fläche} = 18\,\text{cm}^2 - 6\,\text{cm}^2 = 12\,\text{cm}^2$

Anteil der grünen Fläche am gesamten Streifen: $12\,\text{cm}^2 : 18\,\text{cm}^2 = 2 : 3 \approx 66{,}67\,\%$

K6 **4 a)** Lösungsmöglichkeit:

Um den Flächeninhalt eines Trapezes zu bestimmen, ergänzt man es zu einem Parallelogramm mit doppeltem Flächeninhalt, indem man ein zweites kongruentes Trapez anlegt:

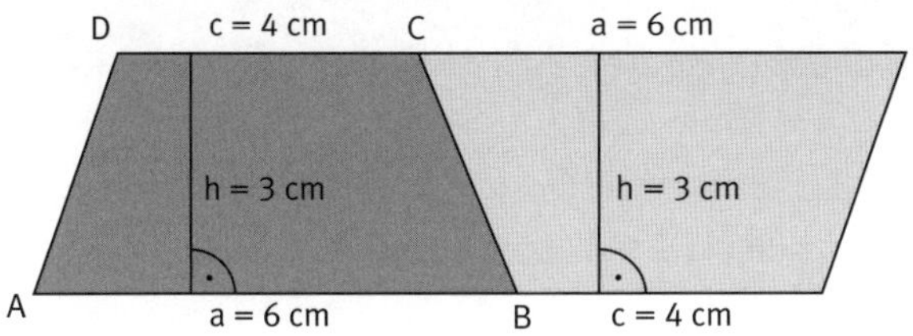

Der Flächeninhalt des entstandenen Parallelogramms berechnet sich wie folgt:

$A_P = (a + c) \cdot h = (6\,cm + 4\,cm) \cdot 3\,cm = 30\,cm^2$

Da das Parallelogramm aus zwei kongruenten Trapezen besteht, hat jedes der Trapeze einen halb so großen Flächeninhalt, also:

$A_{Tr} = \frac{1}{2}(a + c) \cdot h = 15\,cm^2$

K5 **b)** 1

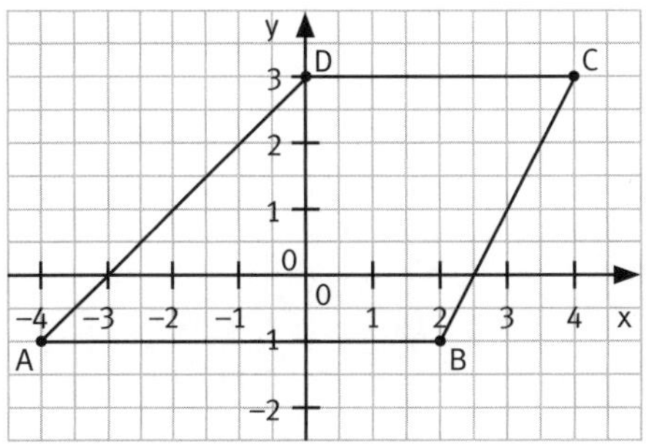

$A = 20{,}0\,cm^2$ $u = 20{,}2\,cm$

2

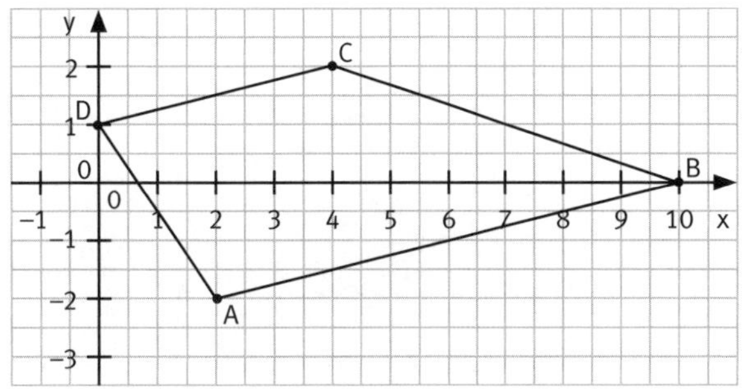

$A = 21{,}0\,cm^2$ $u = 22{,}3\,cm$

3

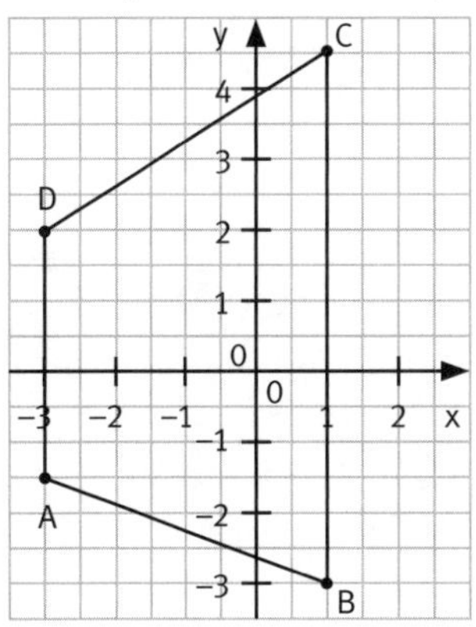

$A = 22{,}0\,cm^2$ $u = 20{,}0\,cm$

4

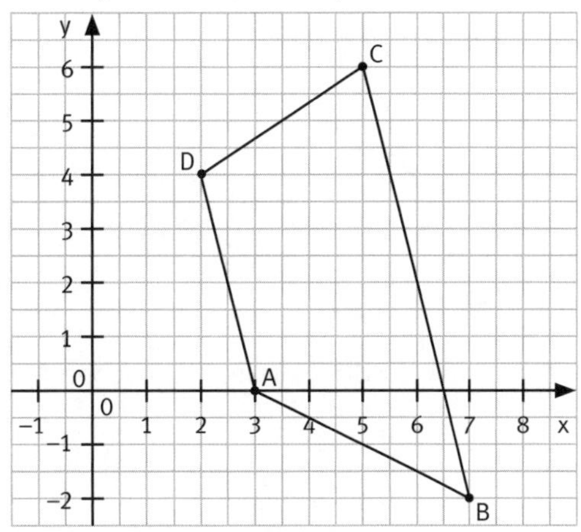

$A = 21{,}0\,cm^2$ $u = 20{,}5\,cm$

K3 **5 a)** Die Trapez- und die Dreieckfläche werden jeweils zweimal benötigt.

$A_{Trapez} = \frac{1}{2} \cdot (12\,m + 8\,m) \cdot 9\,m = 80\,m^2$

$A_{Dreieck} = \frac{1}{2} \cdot 10\,m \cdot 7{,}7\,m = 38{,}5\,m^2$

$A_{gesamt} = 2 \cdot 80\,m^2 + 2 \cdot 38{,}5\,m^2 = 237\,m^2$

b) Das Neudecken des Daches würde 21 152,25 € kosten.

c) Ja, die Dachziegel haben ein Gewicht von 14 931 kg und dürfen auf den Lkw geladen werden.

K1/5 **6** **a)** Das abgebildete Vieleck wurde geschickt zerlegt, sodass man zwei Dreiecke und ein Trapez erhält. Deren Flächen lassen sich jeweils durch die bekannten Formeln berechnen. Der Flächeninhalt des gesamten Vierecks ergibt sich dann aus der Summe der Flächen der beiden Dreiecke und des Trapezes.

b) Der Umfang eines Vielecks lässt sich wie bei anderen Figuren auch aus der Summe der Kantenlängen bestimmen:

$u_{Vieleck} = a + b + c + ...$

c)

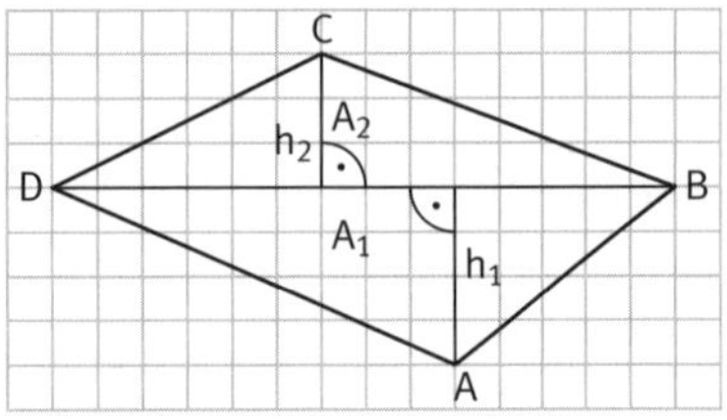

$A_1 = \frac{1}{2} \cdot 7\text{ cm} \cdot 2\text{ cm} = \frac{1}{2} \cdot 14\text{ cm}^2 = 7\text{ cm}^2$

$A_2 = \frac{1}{2} \cdot 7\text{ cm} \cdot 1{,}5\text{ cm} = \frac{1}{2} \cdot 10{,}5\text{ cm}^2 = 5{,}25\text{ cm}^2$

$A = A_1 + A_2 = 7\text{ cm}^2 + 5{,}25\text{ cm}^2 = 12{,}25\text{ cm}^2$

K5 **7** Lösungsmöglichkeiten:

a)

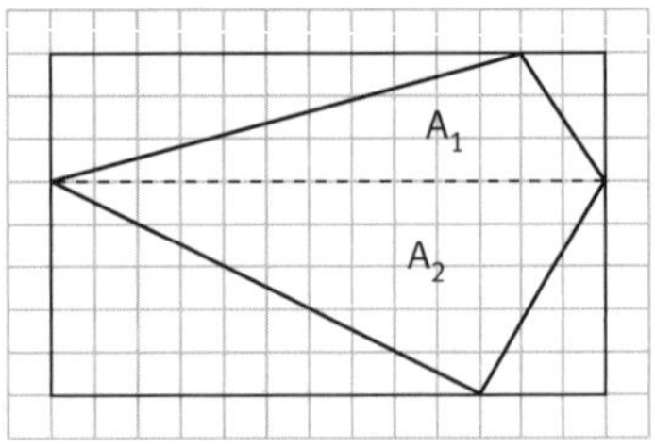

$A_1 = \frac{1}{2} \cdot 6{,}5\text{ cm} \cdot 1{,}5\text{ cm} = 4{,}875\text{ cm}^2$

$A_2 = \frac{1}{2} \cdot 6{,}5\text{ cm} \cdot 2{,}5\text{ cm} = 8{,}125\text{ cm}^2$

$A_{gesamt} = A_1 + A_2 = 13\text{ cm}^2$

b)

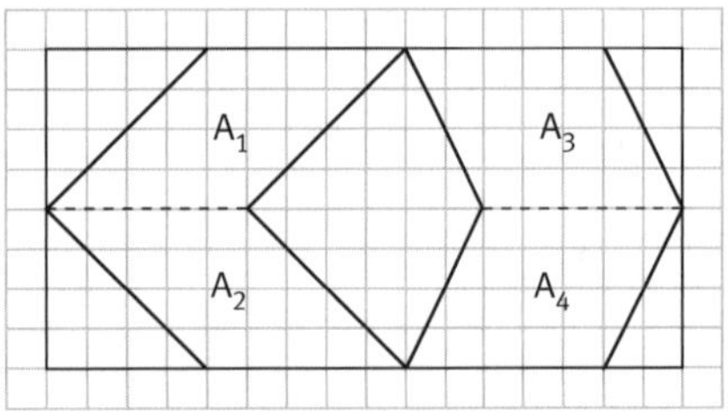

Die Flächen A_1 und A_2, sowie die Flächen A_3 und A_4 sind kongruent.

$A_1 = 2{,}5\text{ cm} \cdot 2\text{ cm} = 5\text{ cm}^2$

$A_3 = 2{,}5\text{ cm} \cdot 2\text{ cm} = 5\text{ cm}^2$

$A_{gesamt} = 2 \cdot (A_1 + A_3) = 20\text{ cm}^2$

c)

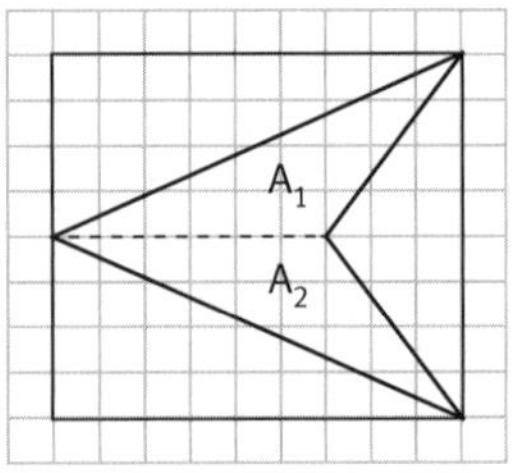

$A_{gesamt} = A_1 + A_2 = 2 \cdot A_1 = 2 \cdot \frac{1}{2} \cdot 3\text{ cm} \cdot 2\text{ cm} = 6\text{ cm}^2$

K5 **8 a)** Lösungsmöglichkeiten:

1
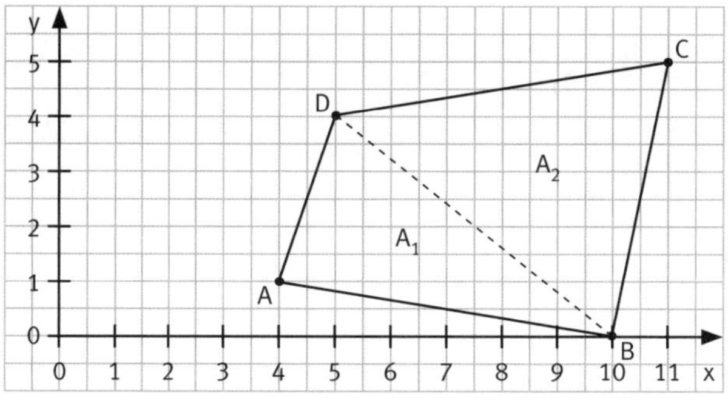

$A_1 = \frac{1}{2} \cdot 6{,}4\,\text{cm} \cdot 3{,}0\,\text{cm} = 9{,}6\,\text{cm}^2$

$A_2 = \frac{1}{2} \cdot 6{,}4\,\text{cm} \cdot 4{,}5\,\text{cm} = 14{,}4\,\text{cm}^2$

$A_{gesamt} = A_1 + A_2 = 24{,}0\,\text{cm}^2$

2
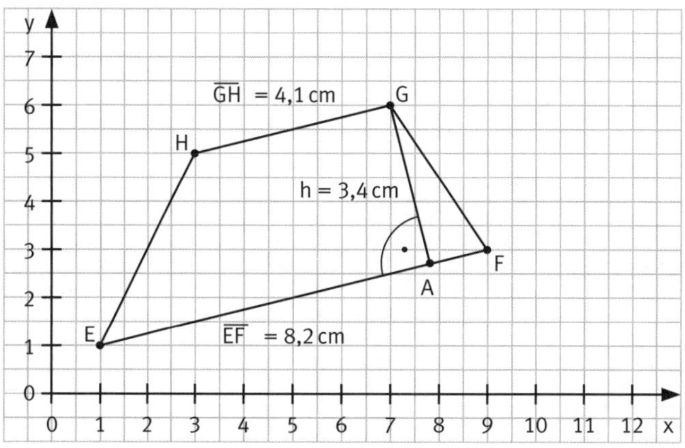

Die Geraden EF und GH sind parallel, damit ist das Viereck EFGH ein Trapez.

$A_{Trapez} = \frac{1}{2} \cdot (\overline{EF} + \overline{GH}) \cdot h = \frac{1}{2} \cdot (8{,}2\,\text{cm} + 4{,}1\,\text{cm}) \cdot 3{,}4\,\text{cm} = 20{,}91\,\text{cm}^2$

3 Es gibt verschiedene Lösungsmöglichkeiten, z. B.:
Um die Fläche des Vierecks IJKL zu berechnen, subtrahiert man von der Fläche des Dreiecks IKL die Fläche des Dreiecks IKJ; hierzu benötigt man Länge der Strecke $\overline{IK}$ und der Höhen $\overline{L_1L}$ und $\overline{L_2J}$ der beiden Dreiecke:

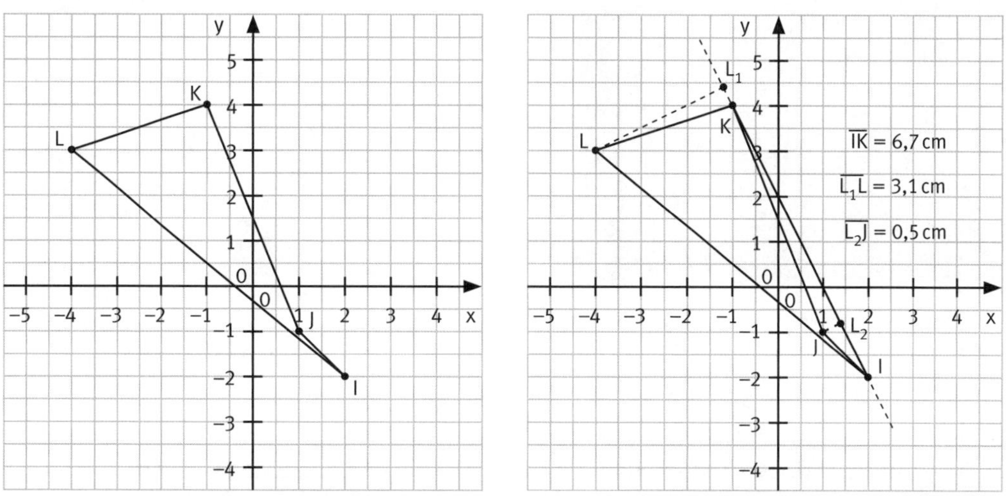

$A_{Viereck_{IJKL}} = A_{Dreiecke_{IKL}} - A_{Dreieck_{IKJ}}$

$= \frac{1}{2} \cdot \overline{IK} \cdot \overline{L_1L} - \frac{1}{2} \cdot \overline{IK} \cdot \overline{L_2J}$

$= \frac{1}{2} \cdot 6{,}7\,\text{cm} \cdot 3{,}1\,\text{cm} - \frac{1}{2} \cdot 6{,}7\,\text{cm} \cdot 0{,}5\,\text{cm}$

4 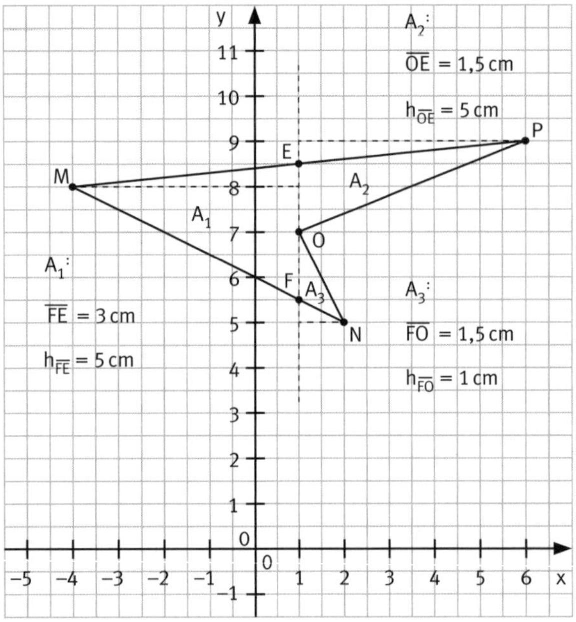

$A_{gesamt} = A_1 + A_2 + A_3$

$= \frac{1}{2} \cdot (3\,cm \cdot 5\,cm) + \frac{1}{2} \cdot (1{,}5\,cm \cdot 5\,cm) + \frac{1}{2} \cdot (1{,}5\,cm \cdot 1\,cm)$

$= 7{,}5\,cm^2 + 3{,}75\,cm^2 + 0{,}75\,cm^2 = 12\,cm^2$

b) 1 $u_{ges} = a + b + c + d = 6{,}1\,cm + 5{,}1\,cm + 6{,}1\,cm + 3{,}2\,cm = 20{,}5\,cm$

2 $u_{ges} = e + f + g + h = 8{,}2\,cm + 3{,}6\,cm + 4{,}1\,cm + 4{,}5\,cm = 20{,}4\,cm$

3 $u_{ges} = i + j + k + l = 1{,}4\,cm + 5{,}4\,cm + 3{,}2\,cm + 7{,}8\,cm = 17{,}8\,cm$

4 $u_{ges} = m + n + o + p = 6{,}7\,cm + 2{,}2\,cm + 5{,}4\,cm + 10{,}1\,cm = 24{,}4\,cm$

K2 **9 a)** Neben der folgenden Lösung sind auch noch andere Zerlegungen möglich.
Man kann den Acker näherungsweise in ein Dreieck und ein Trapez zerlegen.

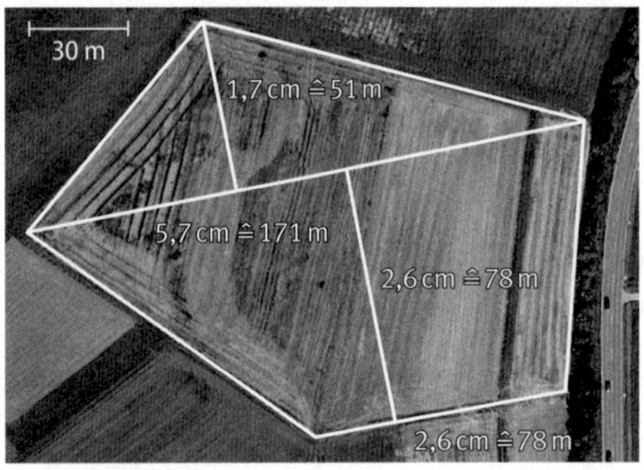

$A_{Acker} = A_{Dreieck} + A_{Trapez}$

$A_{Acker} = \frac{1}{2} \cdot 171\,m \cdot 51\,m + \frac{171\,m + 78\,m}{2} \cdot 78\,m = 4360{,}5\,m^2 + 9711\,m^2 = 14\,071{,}5\,m^2$

Die Fläche des Ackers beträgt $14\,071{,}5\,m^2 \approx 1{,}41$ ha.

b) Jährlich kann man mit einer Ernte von 846 kg Weizen rechnen.

c) Aus dem geernteten Weizen können ungefähr 16 920 Brötchen gebacken werden.

K2

10 a) 106: $g = 5000\,cm = 50\,m$
$h = 5500\,cm = 55\,m$
$A_{106} = 1375\,m^2 \approx 13{,}8\,a$

107/1: $g = 3500\,cm = 35\,m$
$h = 6000\,cm = 60\,m$
$A_{107/1} = 1050\,m^2 \approx 10{,}5\,a$

260: $g = 3750\,cm = 37{,}5\,m$
$h = 6000\,cm = 60\,m$
$A_{260} = 1125\,m^2 \approx 11{,}3\,a$

261: $a = 6000\,cm = 60\,m$
$c = 5250\,cm = 52{,}5\,m$
$h = 3750\,cm = 37{,}5\,m$
$A_{261} = 2109\,m^2 \approx 21{,}1\,a$

262/2: $g = 8250\,cm = 82{,}5\,m$
$h = 3000\,cm = 30\,m$
$A_{262/2} = 2475\,m^2 = 24{,}8\,a$

Bei den Grundstücken 106, 107/1 und 260 kann man eine Grundseite abmessen und die dazugehörige Höhe und daraus den Flächeninhalt berechnen. Das Grundstück 261 ist ein Trapez, dafür benötigt man die Seitenlängen a und c und die Höhe h. Das Grundstück 262/2 ist ein Parallelogramm.
Für die Flächenberechnung braucht man die Grundseite und die dazugehörige Höhe h, die man aus dem Schaubild entnehmen kann.

b) Die Grundstücksfläche lässt sich am einfachsten berechnen, indem man sie in zwei Teildreiecke zerlegt und von den entstandenen Dreiecken den Flächeninhalt bestimmt und addiert.

Wissen

K5

- 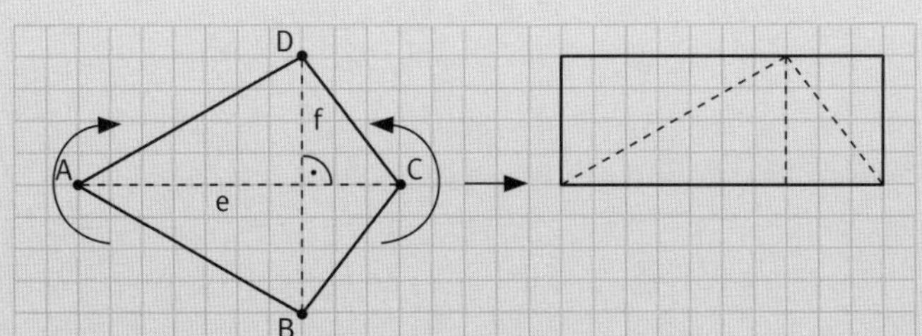

- Der Drachen lässt sich zu einem Parallelogramm zusammensetzen, das man in zwei Teildreiecke zerlegen kann. Jedes Dreieck hat einen Flächeninhalt von $\frac{1}{4}\,e \cdot f$. Zusammen ergeben die Teilflächen den Flächeninhalt des Drachenvierecks.

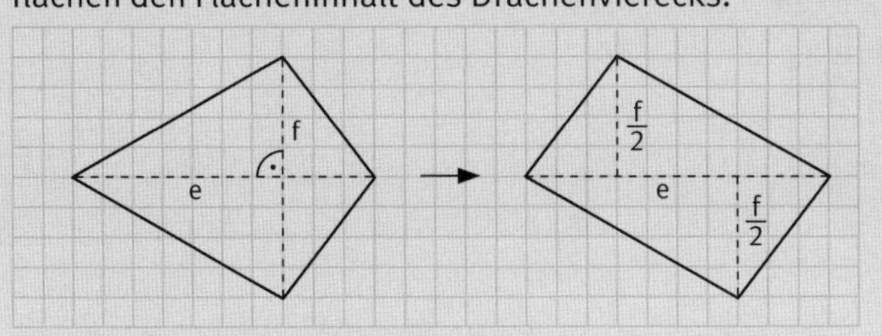

- ① Der Flächeninhalt beträgt $12\,cm^2$.

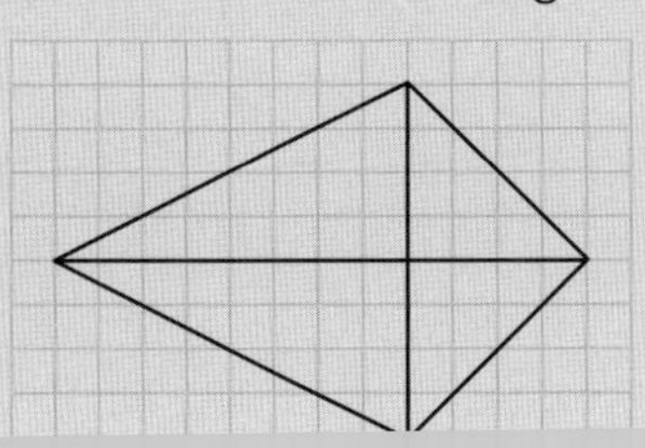

2 Der Flächeninhalt beträgt 30 cm².

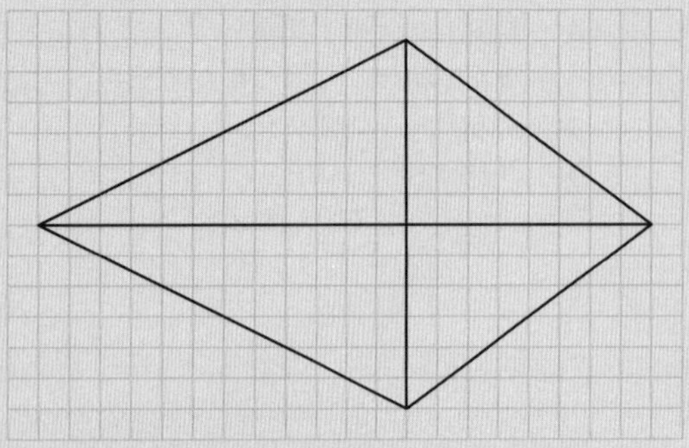

3 Der Flächeninhalt beträgt 10,5 cm².

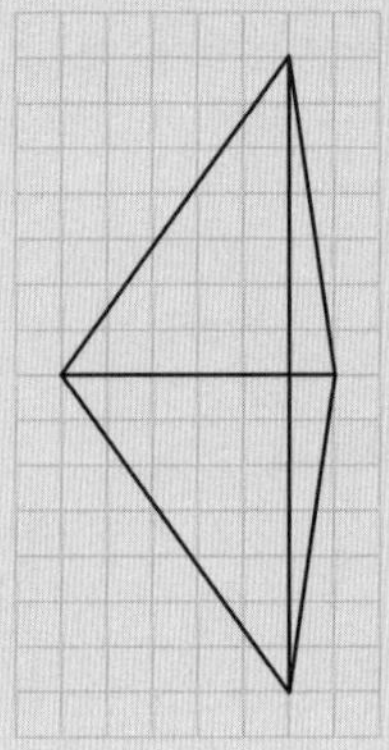

■ 1 Für den Punkt C gilt: x = 4 und y > 1.
Im Beispiel: C (4 | 6).
Der Flächeninhalt beträgt damit 10 cm².

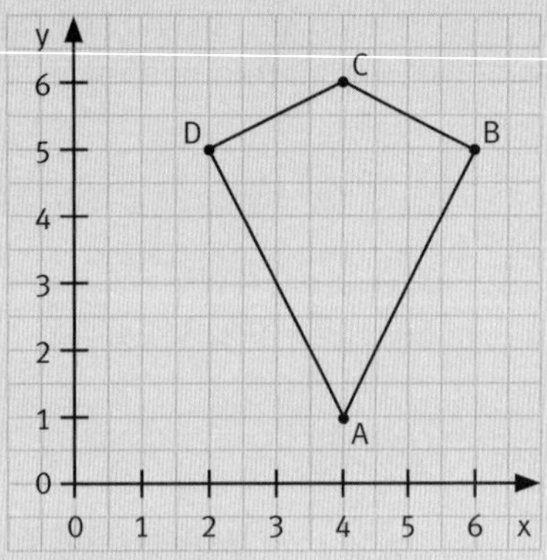

2 Der Flächeninhalt beträgt 5 cm², der Punkt D hat die Koordinaten (1 | 0).

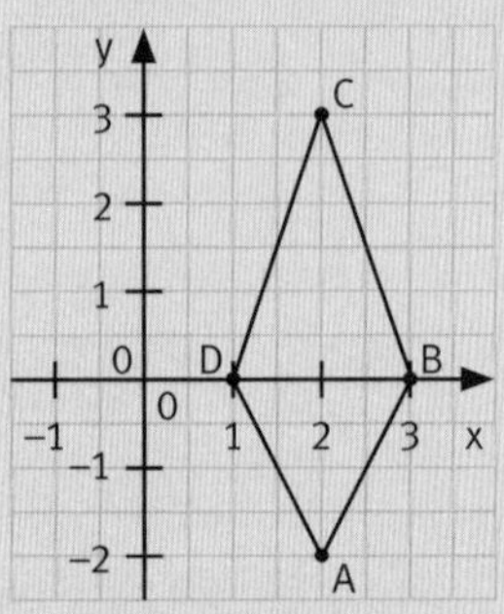

3 Der Flächeninhalt beträgt 8 cm², der Punkt D liegt bei (–1 | 1).

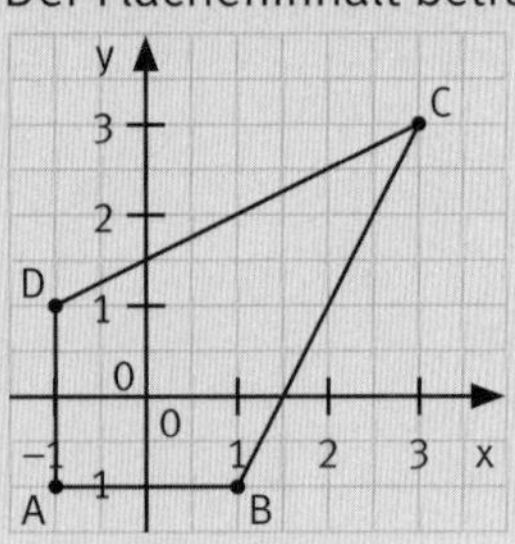

Entdecken

K6 ■ Wenn C außerhalb des Kreises liegt, ist der Winkel immer kleiner als 90°. Liegt der Punkt auf der Kreislinie, beträgt der Winkel genau 90°. Wenn C innerhalb des Kreises liegt, ist der Winkel immer größer als 90°.

Nachgefragt

K1 ■ Man betrachtet drei Eckpunkte des Rechtecks, z. B. die Punkte A, C und D. Das Dreieck hat bei D einen rechten Winkel. Nach der Umkehrung des Thalessatzes gilt, dass D auf einem Kreis mit dem Durchmesser $\overline{AC}$ liegt. Das Gleiche gilt auch für den Eckpunkt B im Dreieck ABC; damit liegen die Eckpunkte D und B, aber auch die Eckpunkte A und C auf einem Kreis mit dem Durchmesser $\overline{AC}$. Dieser Kreis ist der Umkreis des Rechtecks. Der Kreismittelpunkt ist der Schnittpunkt M der Rechtecksdiagonalen $\overline{AC}$ und $\overline{BD}$.

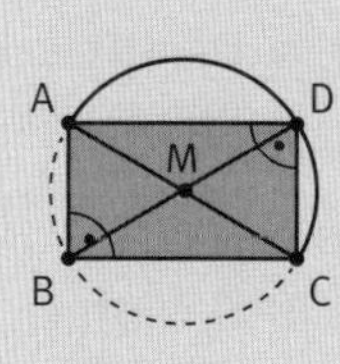

K1 ■ Die Aussage ist falsch. Die Verbindungsstrecke zwischen zwei der Punkte muss durch den Mittelpunkt des Kreises gehen. Nur dann ist der Satz des Thales anwendbar und nur dann erhält man ein rechtwinkliges Dreieck.

Aufgaben

K5 **1**

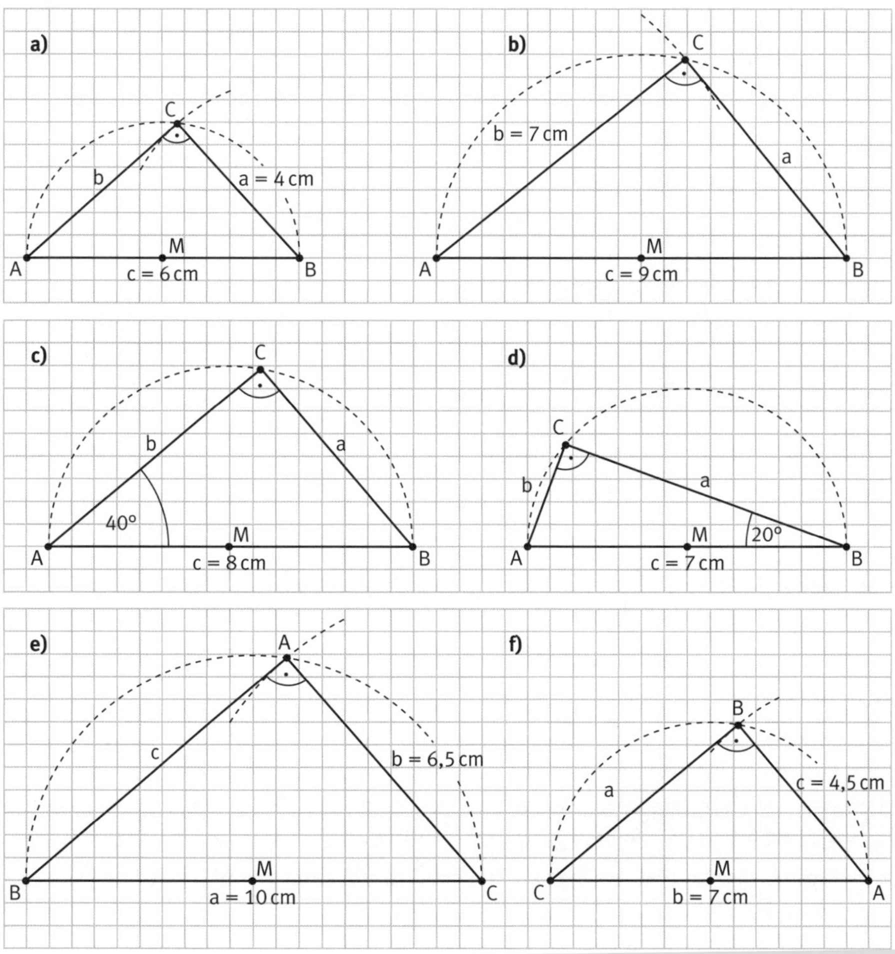

K5 **2**

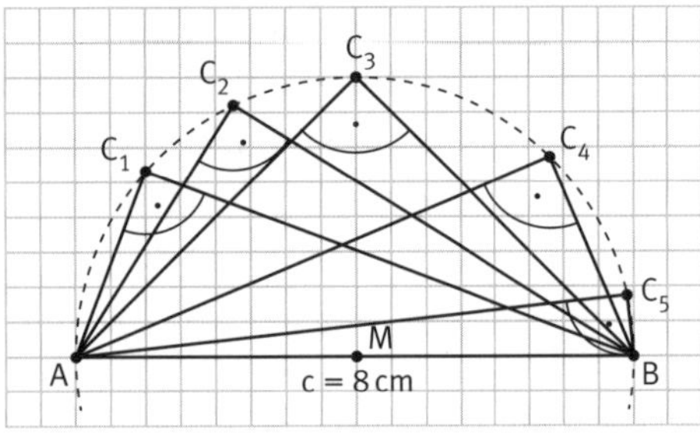

K1 **3** **a)**
- Die Dreiecke ΔABC und ΔABF sind stumpfwinklig, da C und F innerhalb des Kreises um M liegen und deshalb bei C und bei F ein Winkel > 90° vorliegt.
- Die Dreiecke ΔABD und ΔABG sind rechtwinklig, da D bzw. G auf dem Kreis um M liegen und die Dreiecke nach dem Satz des Thales einen rechten Winkel bei D bzw. G haben.
- Das Dreieck ΔABE ist spitzwinklig, da der Punkt E außerhalb des Kreises um M liegt und der Winkel bei E < 90° ist.

b) Alle fünf Dreiecke sind gleichschenklig, da die Punkte C bis G auf der Mittelsenkrechten von $\overline{AB}$ liegen.
- Die Dreiecke ΔABC und ΔABD sind stumpfwinklig, da die Punkte C und D innerhalb des Kreises um M liegen und deshalb bei C und bei D ein Winkel > 90° vorliegt.
- Das Dreieck ΔABE ist rechtwinklig, da E auf dem Kreis um M liegt und nach dem Satz des Thales einen rechten Winkel bei E hat.
- Die Dreiecke ΔABF und ΔABG sind spitzwinklig, da die Punkte F und G außerhalb des Kreises um M liegen und die Winkel bei F und bei G < 90° sind.

K5 **4** **a), b), c)**

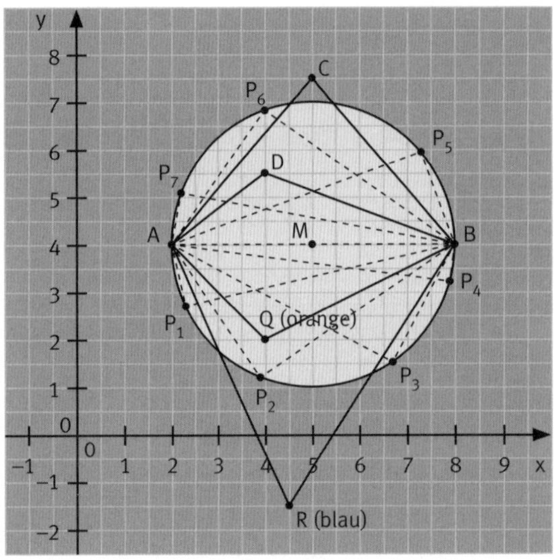

P_1 (2,3 | 2,7)	∢ $BP_1A = 90°$
P_2 (3,9 | 1,2)	∢ $BP_2A = 90°$
P_3 (6,7 | 1,5)	∢ $BP_3A = 90°$
P_4 (7,9 | 3,2)	∢ $BP_4A = 90°$
P_5 (7,3 | 5,9)	∢ $AP_5B = 90°$
P_6 (4,0 | 6,8)	∢ $AP_6B = 90°$
P_7 (2,2 | 5,1)	∢ $AP_7B = 90°$
	∢ ACB = 81,2°
	∢ ADB = 122,6°

GESCHICHTE

K1
- Es sind individuelle Lösungen möglich.

Begründung des Satzes von Thales
- Die Schüler machen anhand praktischer Übungen mit einem Geometrieprogramm Beobachtungen zu den Dreiecken im Thaleskreis.
- Beobachtungen: Zwei Winkel und zwei Seitenlängen in den kleinen Dreiecken sind auch bei Veränderung der Lage von C immer gleich groß. Die kleinen Dreiecke sind gleichschenklig. Entweder erhält man zwei rechtwinklig-gleichschenklige Dreiecke (Winkel bei C jeweils 45°) oder ein spitzwinklig-gleichschenkliges und ein stumpfwinklig-gleichschenkliges Dreieck.
- Begründung: Da die kleinen Dreiecke gleichschenklig sind, sind die Winkel bei A und bei C im kleinen Dreieck AMC maßgleich. Ebenso sind im Dreieck MBC die Winkel bei C und B maßgleich. Die Winkel bei A und bei B ergänzen sich immer zu 90°, deshalb ist im großen Dreieck ABC der Winkel bei C immer ein rechter. Allgemein: Aus $\alpha + \beta = \gamma$ und $\alpha + \beta + \gamma = 180°$ folgt $2\gamma = 180°$ bzw. $\gamma = 90°$.

K6 **5** **a)** Die Strecke $\overline{AB}$ ist nicht Durchmesser des Umkreises, deshalb ist das Dreieck nicht rechtwinklig.
b) Der Punkt G wurde nicht auf dem Kreisrand abgetragen, deshalb ist das Dreieck nicht rechtwinklig.
c) Die Strecke $\overline{PQ}$ ist nicht Durchmesser des Umkreises und der dritte Punkt des Dreiecks liegt nicht auf der Kreisbahn, deshalb ist das Dreieck nicht rechtwinklig.

K5 **6** Alle rechtwinkligen Dreiecke dieser Aufgabe kann man entweder mit dem Satz des Thales zeichnen (Beginn mit der Hypotenuse) oder dadurch, dass man mit dem rechten Winkel beginnt.

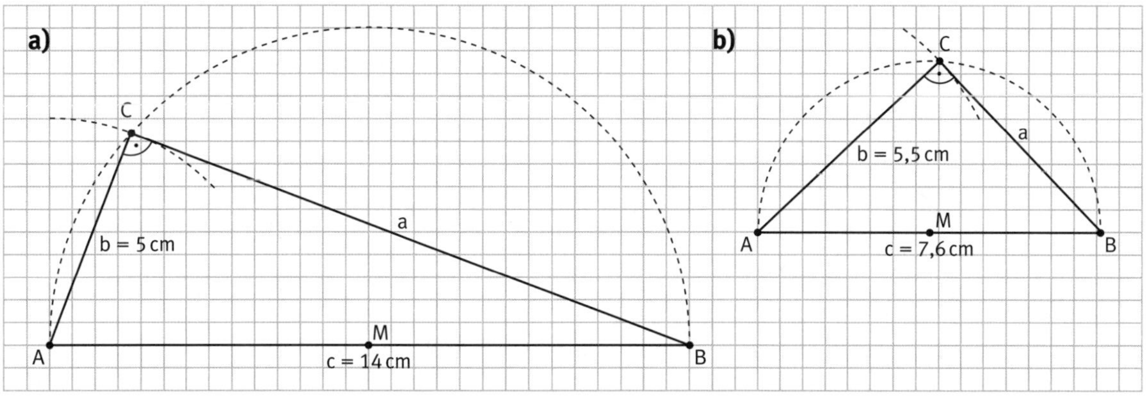

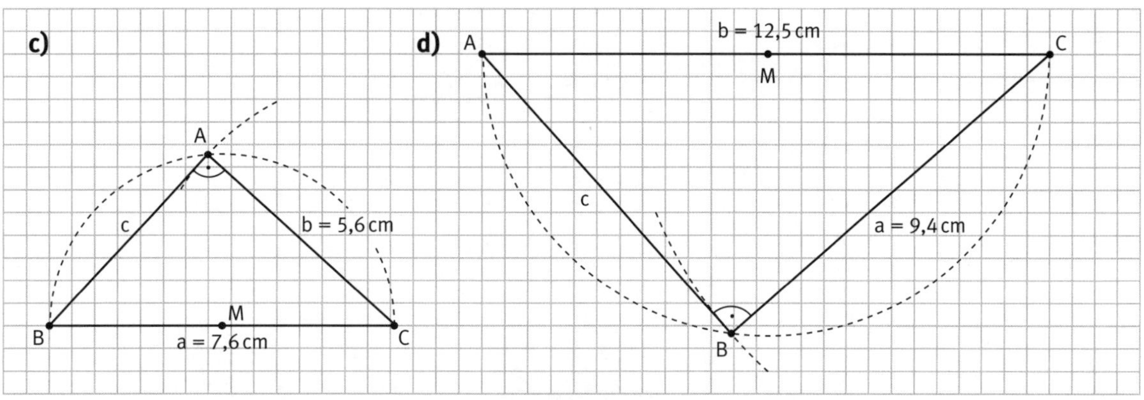

K5 **7** **a)**

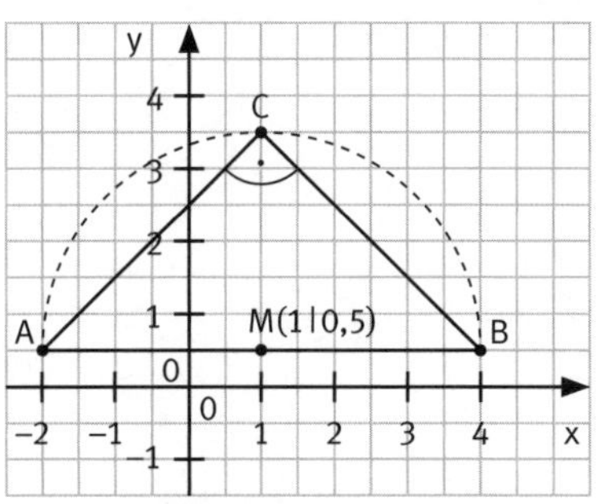

Das Dreieck ist rechtwinklig.

b)

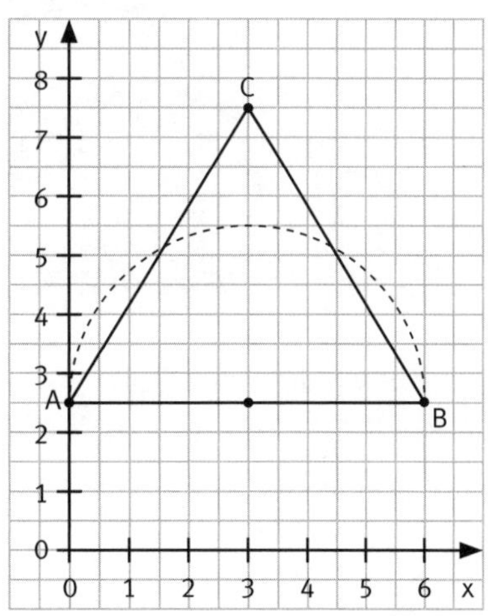

Das Dreieck ist nicht rechtwinklig.

c)

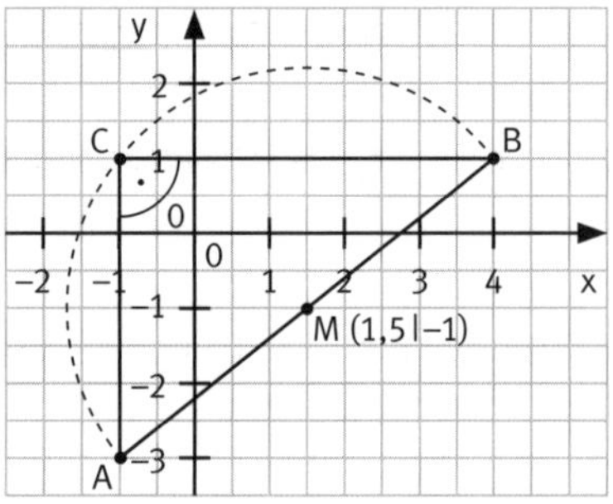

Das Dreieck ist rechtwinklig.

d)

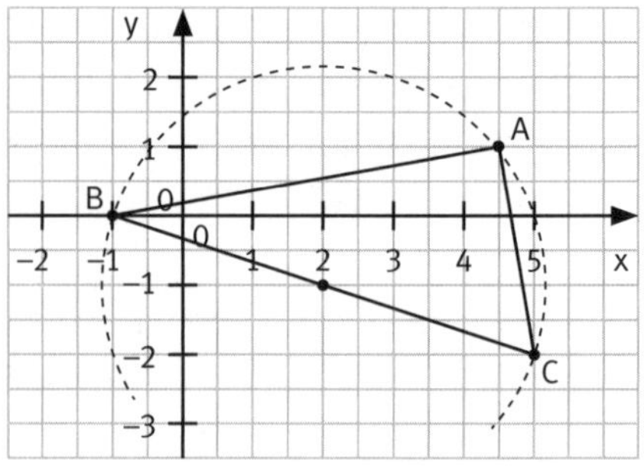

Das Dreieck ist nicht rechtwinklig ($\alpha = 89°$).

e)

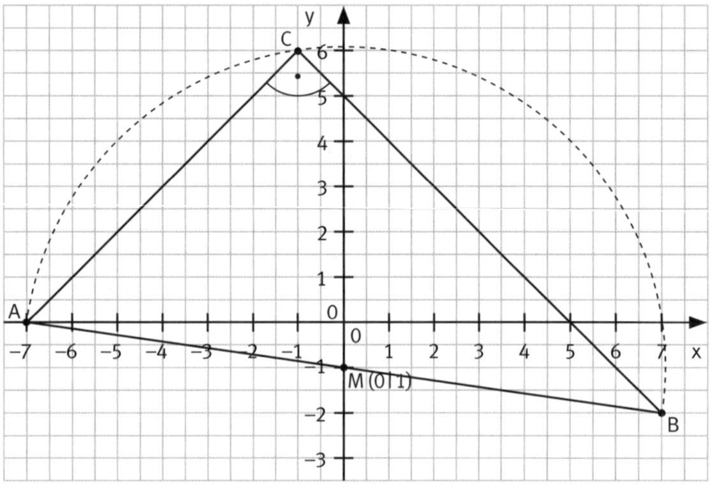

Das Dreieck ist rechtwinklig.

f)

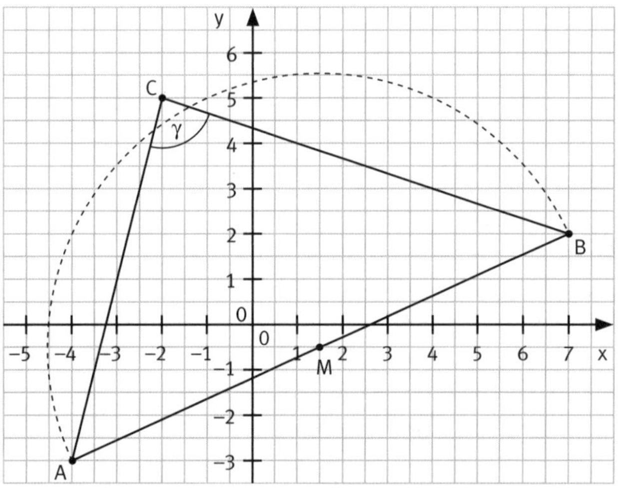

Das Dreieck ist nicht rechtwinklig ($\gamma = 85{,}6°$).

g)

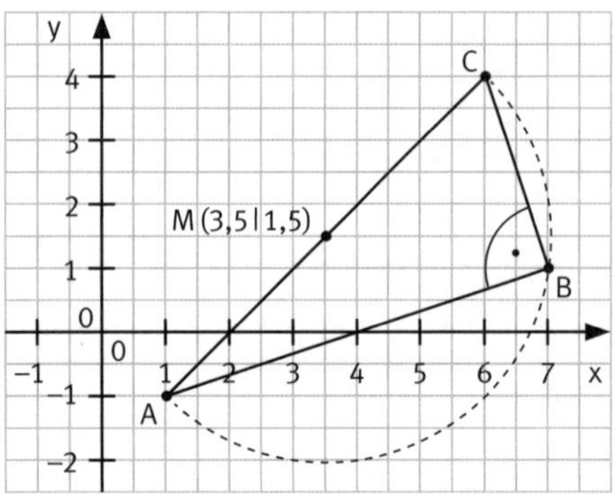

Das Dreieck ist rechtwinklig.

h)

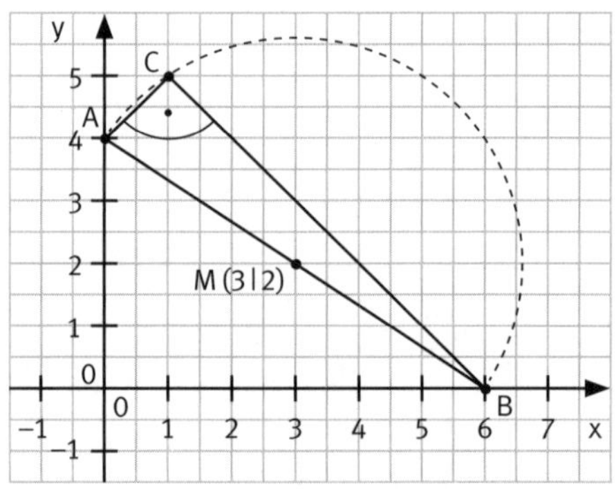

Das Dreieck ist rechtwinklig.

K5 **8**

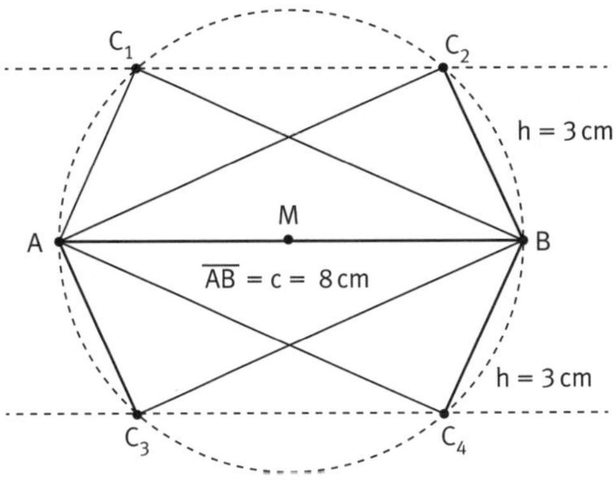

1. Zeichne die Strecke c mit den Eckpunkten A und B.
2. Markiere den Mittelpunkt M der Seite c und zeichne den Thaleskreis um M mit r = $\overline{AM}$.
3. Ermittle die Schnittpunkte C_1, C_2, C_3 und C_4 des Thaleskreises um M mit den beiden Parallelen zu $\overline{AB}$ im Abstand 3 cm.
4. Verbinde die Punkte ABC_1, ABC_2, AC_3B und AC_4B jeweils zu einem rechtwinkligen Dreieck (vier Lösungen).

K5 **9** Hinweis: Die Abbildungen wurden aus Platzgründen verkleinert.

a) ①

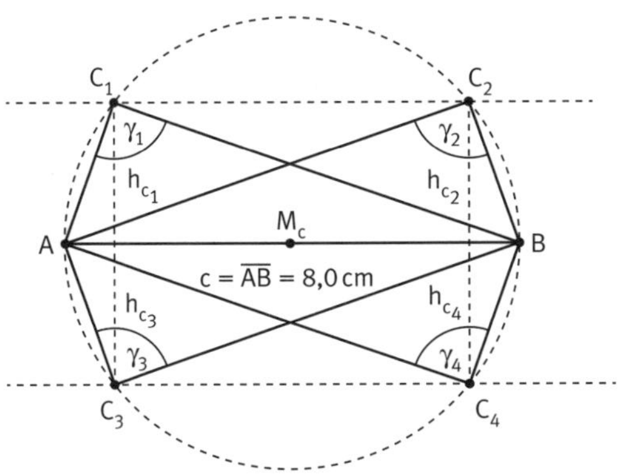

1. Zeichne die Strecke c mit den Eckpunkten A und B.
2. Markiere den Mittelpunkt M_c der Seite c und zeichne den Thaleskreis um M_c mit r = $\overline{AM_c}$.
3. Ermittle die (vier) Schnittpunkte C_1, C_2, C_3 und C_4 des Thaleskreises um M_c mit den beiden Parallelen zu $\overline{AB}$ im Abstand 2,5 cm.
4. Verbinde die Punkte ABC_1, ABC_2, AC_3B und AC_4B jeweils zu einem rechtwinkligen Dreieck (vier Lösungen).

②

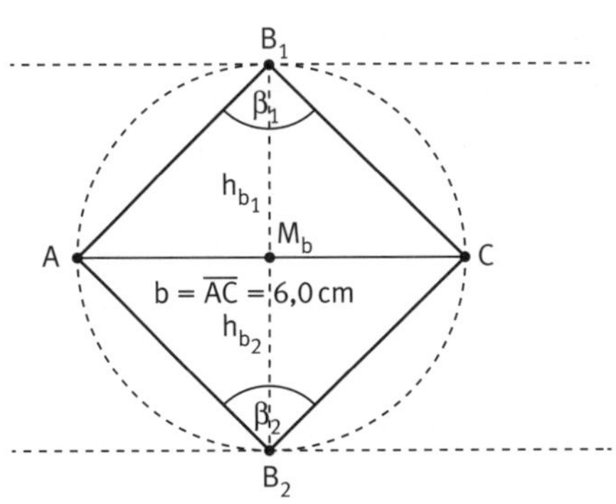

1. Zeichne die Strecke b mit den Eckpunkten A und C.
2. Markiere den Mittelpunkt M_b der Seite b und zeichne den Thaleskreis um M_b mit r = $\overline{AM_b}$.
3. Ermittle die (zwei) Schnittpunkte B_1 und B_2 des Thaleskreises um M_b mit den beiden Parallelen zu $\overline{AC}$ im Abstand 3 cm.
4. Verbinde die Punkte ACB_1 und AB_2C jeweils zu einem rechtwinkligen Dreieck (zwei Lösungen).

③

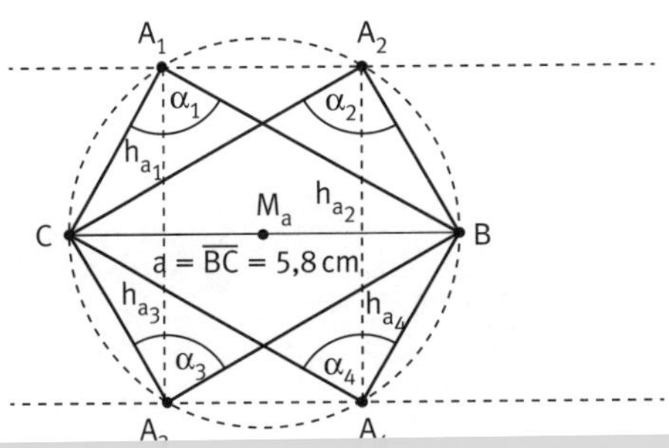

1. Zeichne die Strecke a mit den Eckpunkten B und C.
2. Markiere den Mittelpunkt M_a der Seite a und zeichne den Thaleskreis um M_a mit r = $\overline{BM_a}$.
3. Zeichne die (vier) Schnittpunkte A_1, A_2, A_3 und A_4 des Thaleskreises um M_a mit den beiden Parallelen zu $\overline{BC}$ im Abstand 2,5 cm.
4. Verbinde die Punkte A_1CB, A_2CB, A_3BC und

K5 **10 a)**

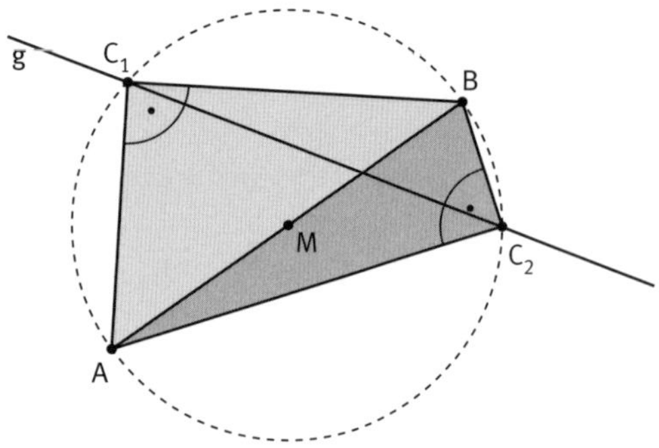

Es gibt zwei Lösungen, C_1 und C_2, diese sind die Schnittpunkte von g mit dem Kreis um den Mittelpunkt M von $\overline{AB}$ mit r = $\overline{AM}$.

b) Je nach Lage von A und B in Bezug auf g gibt es keine, eine oder zwei Lösungen:

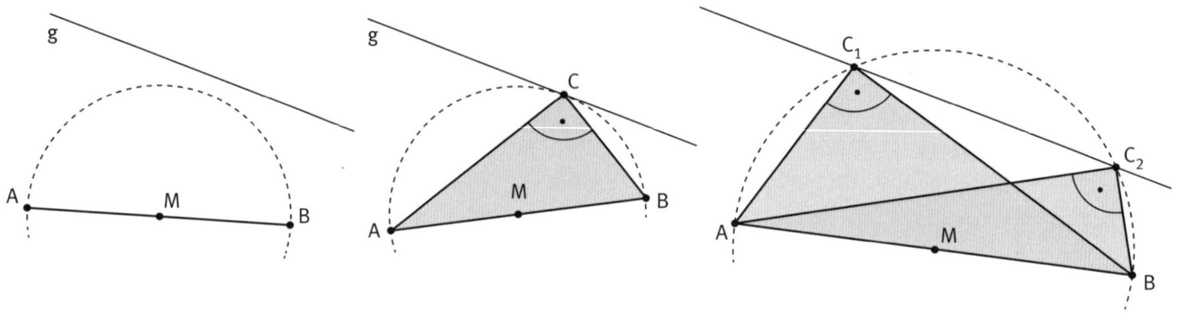

K1 **11 a)**

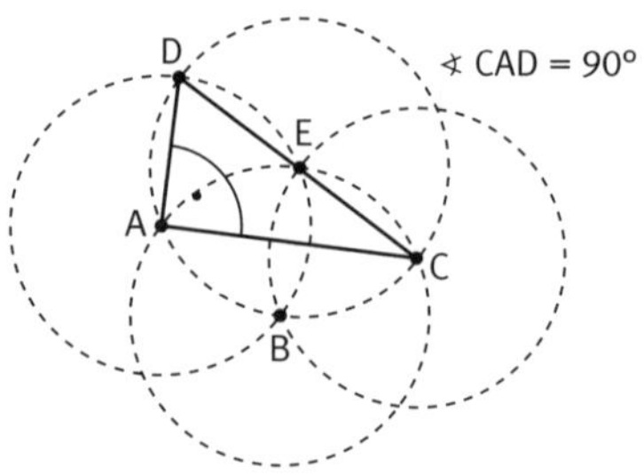

b) Die Vierecke ABCE und ABED sind Rauten, da die Seiten gleich lang sind, insbesondere sind die Geraden DE und EC parallel zu AB und – da E auf beiden Geraden liegt – identisch. Damit ist sichergestellt, dass die Strecke $\overline{CD}$ über E führt und keinen Knick hat und die durch E verlaufende Strecke $\overline{CD}$ dem Durchmesser des Kreises um E entspricht. Da A ebenfalls auf dem Kreis um E liegt, ist die Voraussetzung für einen Thaleskreis gegeben, das Dreieck ACD ist rechtwinklig, die Strecke $\overline{AC}$ ist senkrecht zur Strecke $\overline{AD}$.

VERTIEFUNG

K1

- Die Schülerinnen und Schüler vertiefen anhand praktischer Übungen und Beobachtungen ihr Wissen über Dreiecke, insbesondere über rechtwinklige Dreiecke, und über den Satz des Thales und dessen Umkehrung.

Alternativer Einstieg: Schulbuch Seite 131

Entdecken

K6
- **Tangente:**
  Eine Gerade, die genau einen Berührpunkt P mit einer Kreislinie k hat, nennt man Tangente.
  Sekante:
  Eine Gerade, die die Kreislinie in zwei Punkten P und Q schneidet, nennt man Sekante.
  Sehne:
  Eine Strecke $\overline{PQ}$ nennt man Sehne eines Kreises.

Nachgefragt

K6
- Vorgehen beim Zeichnen einer Tangente:
  1. Zeichne die Verbindungsstrecke von M zu P ein ($\overline{MP}$ = Kreisradius r).
  2. Lege die Symmetrieachse des Geodreiecks so auf die Strecke $\overline{MP}$, dass der Nullpunkt des Geodreiecks an P anliegt.
  3. Zeichne anschließend die Senkrechte zu $\overline{MP}$ durch den Punkt P.

K6
- Ja, die Aussage stimmt, da ein Kreis unendlich viele Punkte hat, zu denen jeweils die Tangente gezeichnet werden kann.

Aufgaben

K6 **1** **a)** Die Saiten der Gitarre sind Sekanten des Kreises, der durch das Schallloch gebildet wird.

b) Lage von Sonne, Erde und Mond: Die eingezeichneten Geraden sind Tangenten an den Kreisen, und zwar keine beliebige Tangenten an nur einem der drei Kreise, sondern Tangenten an Erde und Sonne (zwei Kreise) bzw. an Mond, Erde und Sonne (drei Kreise).

K1 **2** **a)**

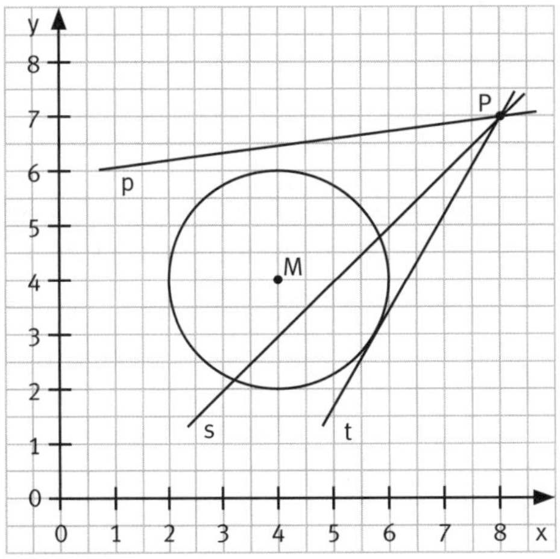

Hier sind alle drei Geraden (Passante p, Tangente t und Sehne s) zeichenbar, da P außerhalb des Kreises und nicht auf der Kreisbahn liegt. Es gibt für p und s unendlich viele Lösungen; für t gibt es genau zwei Lösungen.

b)

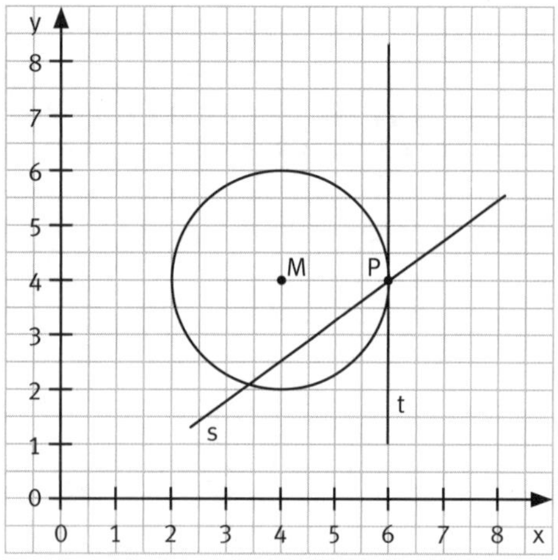

Hier ist keine Passante möglich, da der Punkt auf der Kreisbahn liegt. Es gibt genau eine Lösung für die Tangente t. Es gibt unendlich viele Lösungen für die Sekante s.

c)

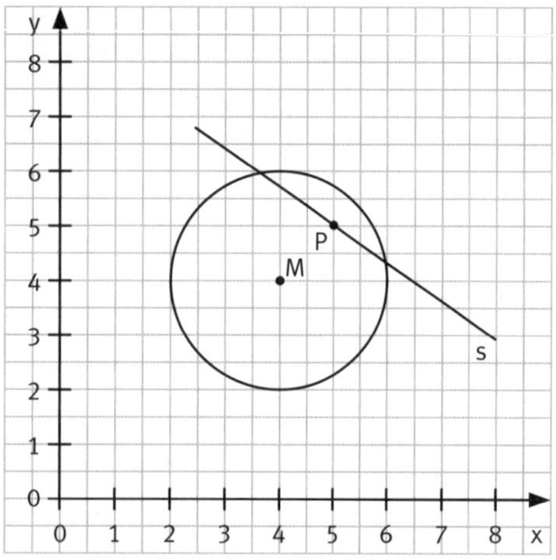

Hier ist keine Passante und keine Tangente möglich, weil der Punkt im Kreisinneren liegt.
Es gibt unendlich viele Lösungen für die Sekante s.

K5 **3** **a)** P(3|4); Q(3|0) bzw. umgekehrt P(3|0); Q(3|4)

b)

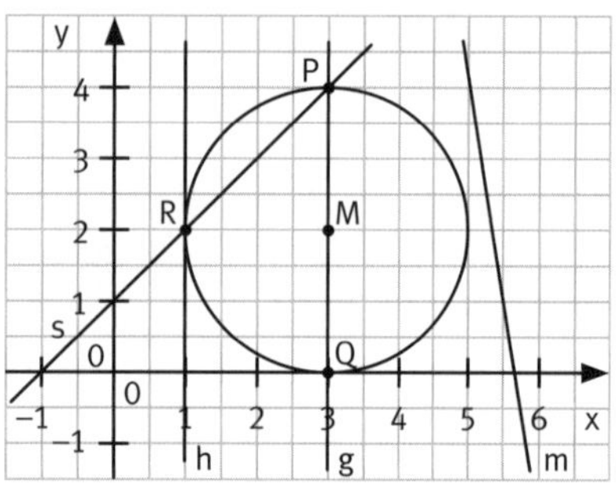

c) Die Gerade h muss eine Tangente an k durch R sein.

d) Die Gerade m muss außerhalb des Kreises verlaufen.
Es gibt unendlich viele Lösungen für m.

K1 **4**

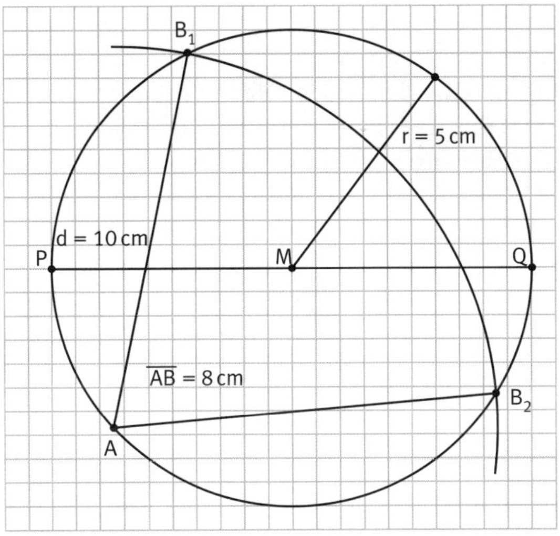

a) Die längste Sehne ist so lang wie der Durchmesser mit d = 10 cm.

b) Nachdem A gewählt ist, gibt es zwei Möglichkeiten ($\overline{AB_1}$ und $\overline{AB_2}$), da ein Kreis um A mit Radius r = 8 cm den Kreis k genau zwei Mal schneidet.

K5 **5** **a)**

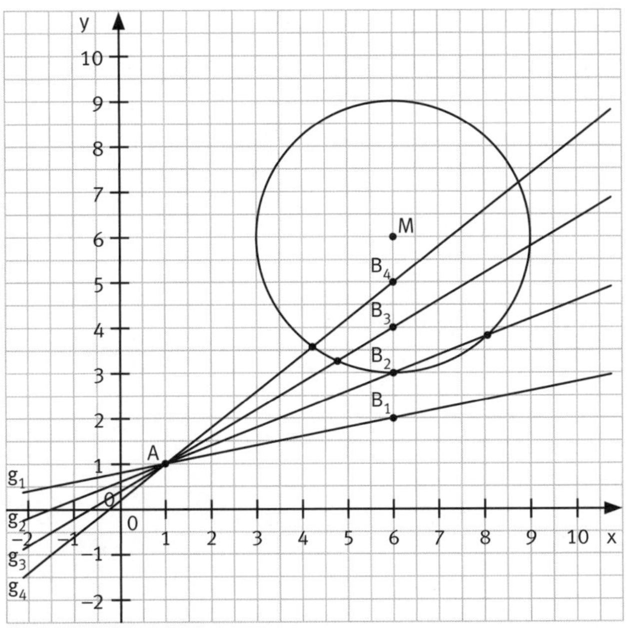

b) Länge der Sehne zur Sekante $\overline{AB_2}$: 2,2 cm
Länge der Sehne zur Sekante $\overline{AB_3}$: 4,9 cm
Länge der Sehne zur Sekante $\overline{AB_4}$: 5,8 cm

AB_1 ist eine Passante. AB_2, AB_3 und AB_4 sind Sekanten.

K2 **6** **a)** bis **c)**

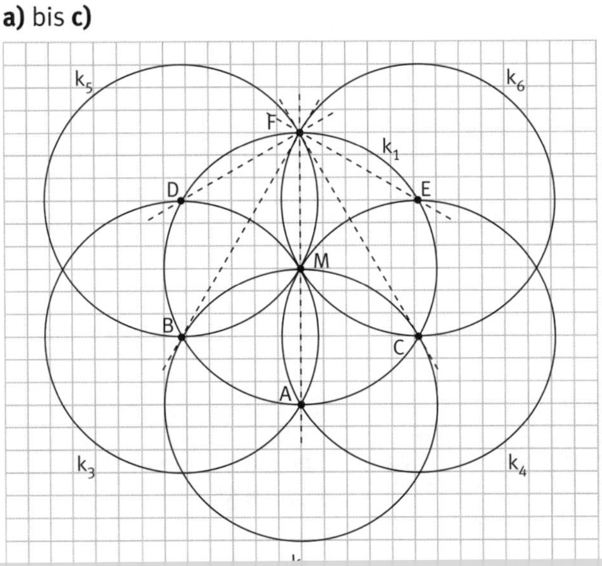

b) $k_1 \cap k_3 = \{A; D\}$; $k_1 \cap k_4 = \{A; E\}$

c) Die Länge der Sehne $\overline{FD}$ und der Sehne $\overline{FE}$ beträgt 3 cm. Die Länge der Sehne $\overline{FA}$ beträgt 6 cm.

Alternativer Einstieg: Schulbuch Seite 131

Entdecken

K6 ■ Die Verzierungen sind durch eine Kreistangente entstanden. Bei dem Bogen über dem Portal handelt es sich um eine Andeutung eines Kreises. Der Radius dieses Kreises entspricht der Verbindung des Mittelpunktes der Tür mit den Schnittpunkten der Tangenten mit dem Kreis. Der Radius steht senkrecht auf den beiden Tangenten. Die Tangenten schneiden sich in einem Punkt oberhalb des Portals.

K6 ■ Das Vorgehen zur Konstruktion der Verzierung entspricht dem Vorgehen, wie es im Merkkasten beschrieben wird.

Nachgefragt

K6 ■ Anna hat Recht. Es kann keine Tangente an einen Kreis gezeichnet werden, wenn der „Berührpunkt" P innerhalb des Kreises liegt, da der Kreis von jeder Gerade, auf der P liegt, geschnitten würde. Jede Gerade durch P ist eine Sekante des Kreises, keine Tangente.

K1 ■ Liegt der Punkt P außerhalb des Kreises, liefert der Thaleskreis über der Strecke $\overline{MP}$ die Berührpunkte der Tagenten als Schnittpunkte S_1 und S_2 des Kreises um M mit dem Thaleskreises über $\overline{MP}$. Der Satz des Thales garantiert die Orthogonalität von Radius und Tangente in S_1 und S_2.

Aufgaben

K5 **1** **a)** und **b)**

Hinweis: Die Abbildung wurde aus Platzgründen verkleinert.

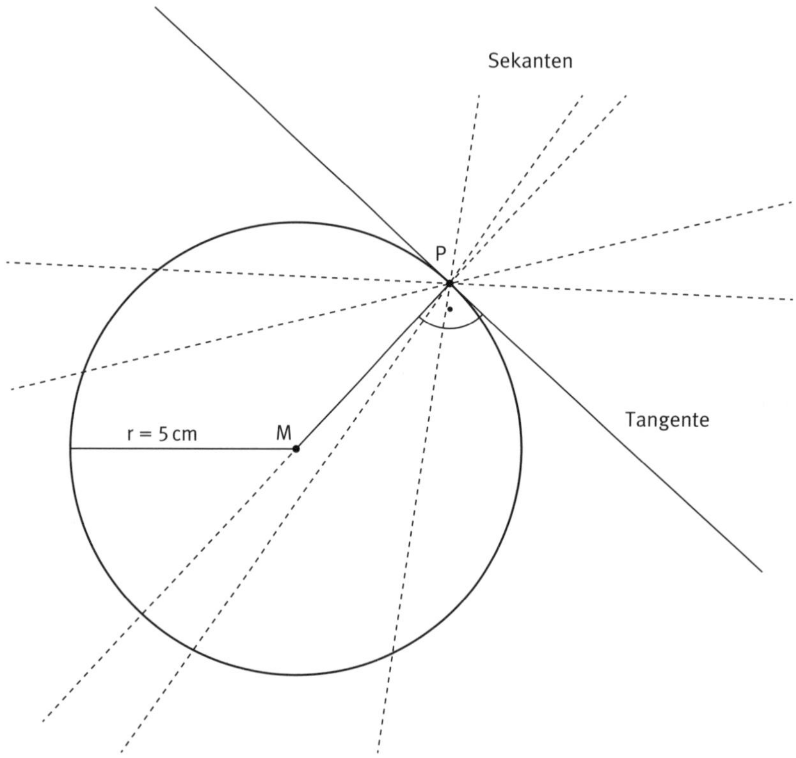

Es gibt unendlich viele Sekanten, die durch P führen. Die längste Sehne ist die, die von P aus durch den Kreismittelpunkt geht, also den Durchmesser angibt. Sie hat die Länge 10 cm.

K5 **2 a)**

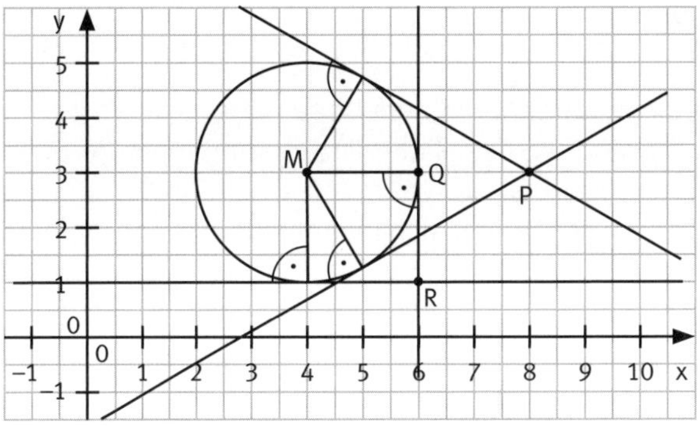

b)

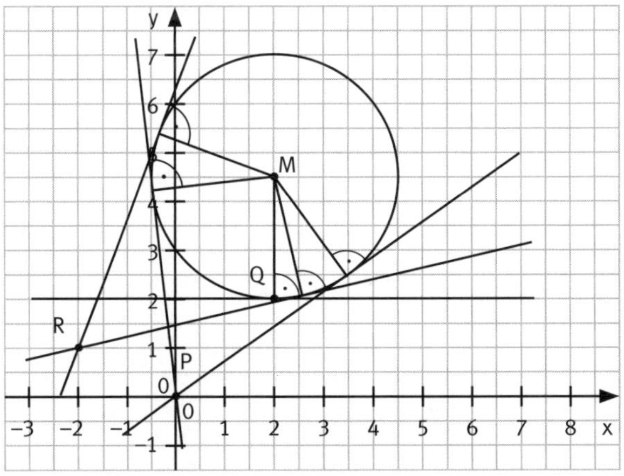

c)

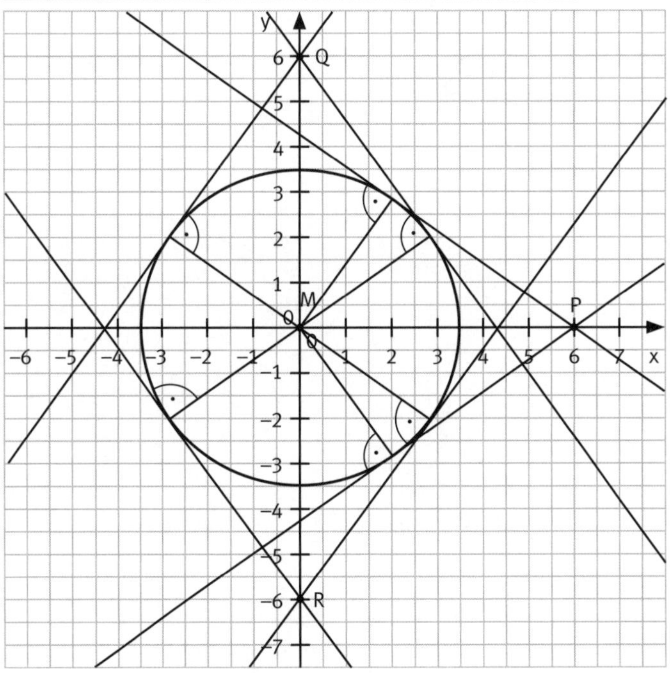

K5 **3**

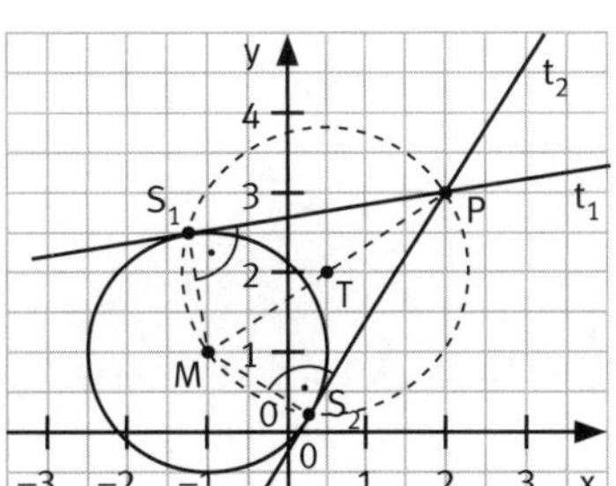

K5 **4**

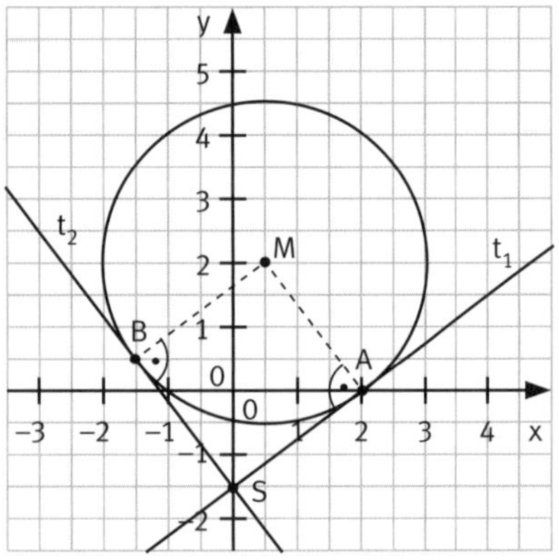

$S(0|-1{,}5)$

K5 **5** **a)** bis **c)**

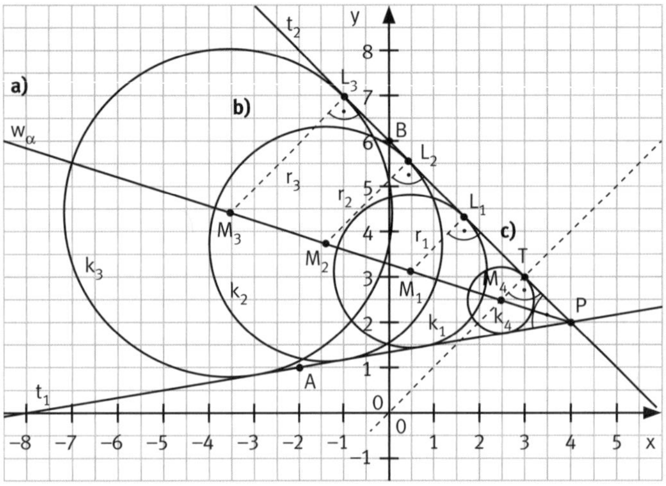

$r_4 = \overline{TM_4} = 0{,}73\,\text{cm}$

$M_4(2{,}49|2{,}49)$

K3 **6** **a)**

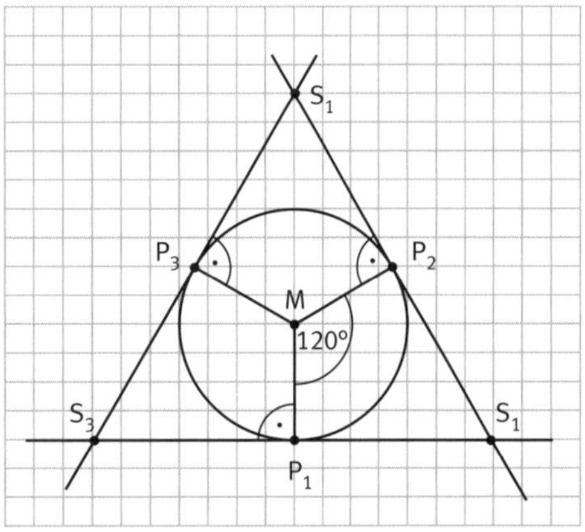

1. Zeichne einen Kreis mit Mittelpunkt M und einen Punkt P_1 auf der Kreislinie.
2. Verbinde M und P_1 und konstruiere die Tangente in P_1 an den Kreis.
3. Trage in M einen Winkel $\alpha = 120°$ ab. Verfahre so noch einmal. Es entstehen zwei Punkte P_2 und P_3 auf der Kreislinie.
4. Konstruiere die Tangenten zu P_2 und P_3. Die Schnittpunkte der drei Tangenten ergeben ein gleichseitiges Dreieck.

b) Hier können die Schülerinnen und Schüler selbst aktiv werden.

c) Eine sechseckige CD-Hülle kann erzeugt werden, indem die Ecken des Dreiecks auf den Kreismittelpunkt gefaltet werden.

K2 **7 a)**

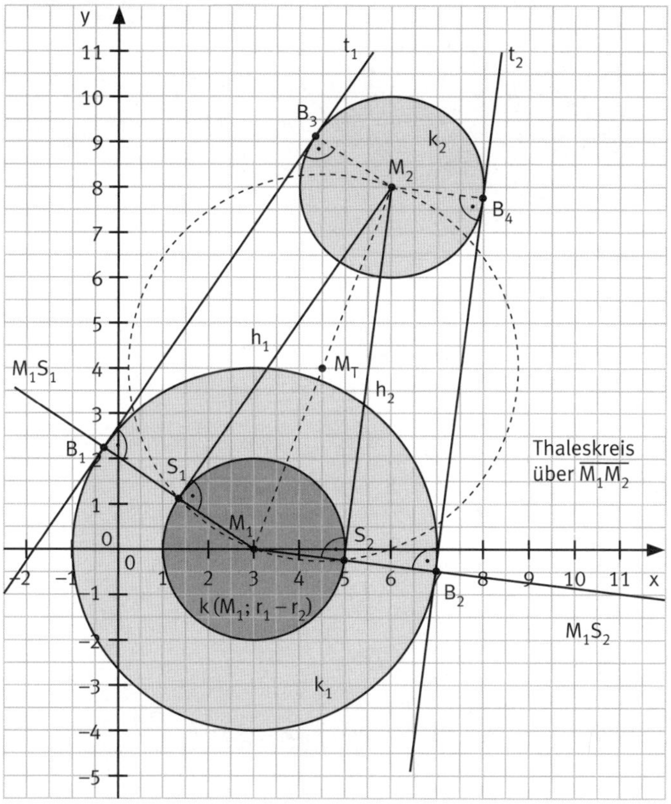

b)

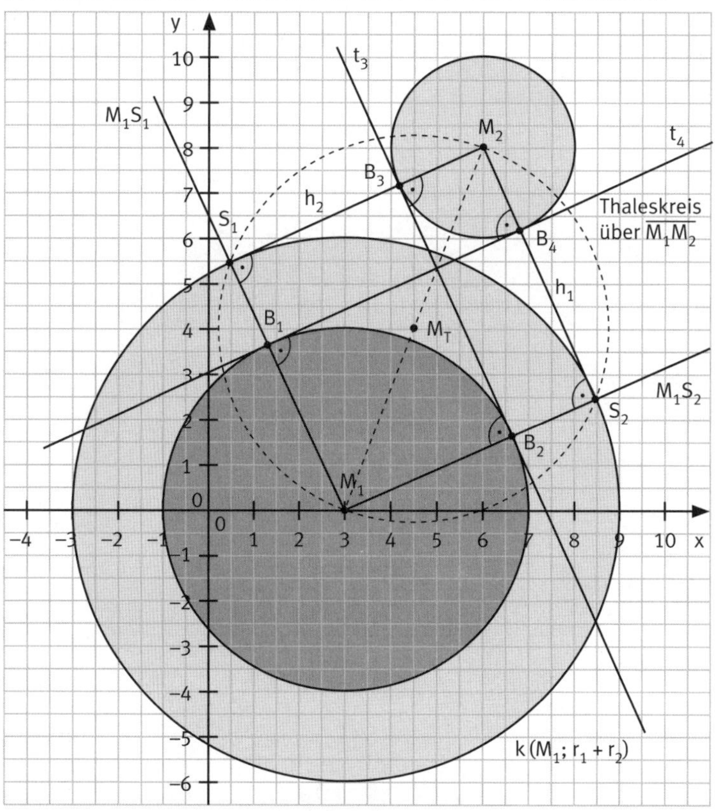

c) Durch den Thaleskreis über $\overline{M_1M_2}$ lässt sich eine Tangente von M_2 an den Hilfskreis konstruieren. Da der Abstand zwischen der Kreislinie des Hilfskreises und M_1 gerade dem Radius von M_2 entspricht ($r = r_1 \pm r_2$), sorgt eine Parallelverschiebung der Tangente um diesen Abstand r_2 dafür, dass die verschobene Gerade sowohl Tangente an M_1 als auch an M_2 ist.

K5 **8**

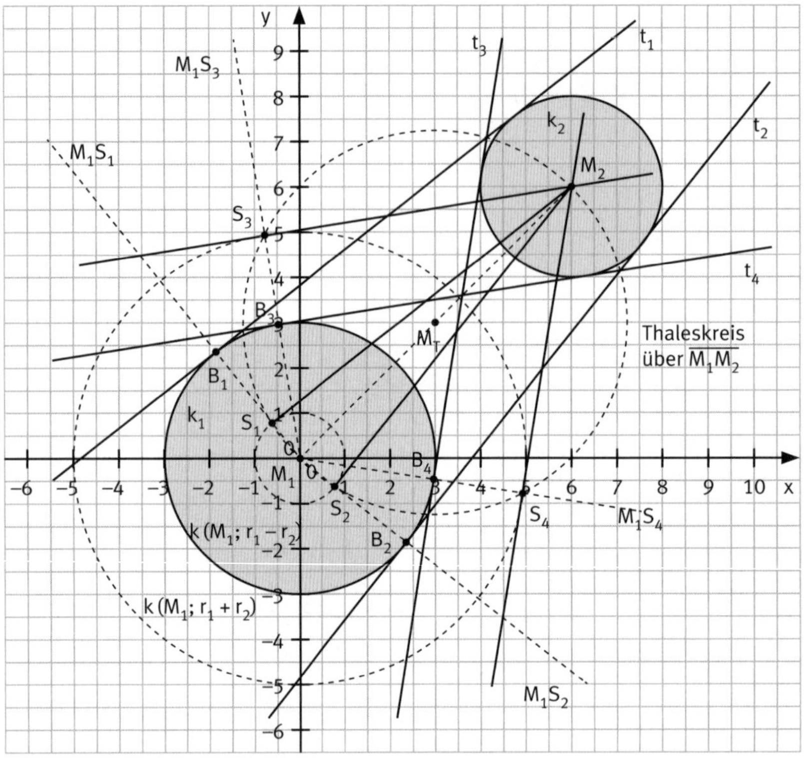

K1 **9** Wenn der kleinere Kreis vollständig im größeren Kreis liegt, dann besitzen die beiden Kreise keine gemeinsamen Tangenten, da jede Tangente an den kleineren Kreis Sekante am größeren Kreis ist.

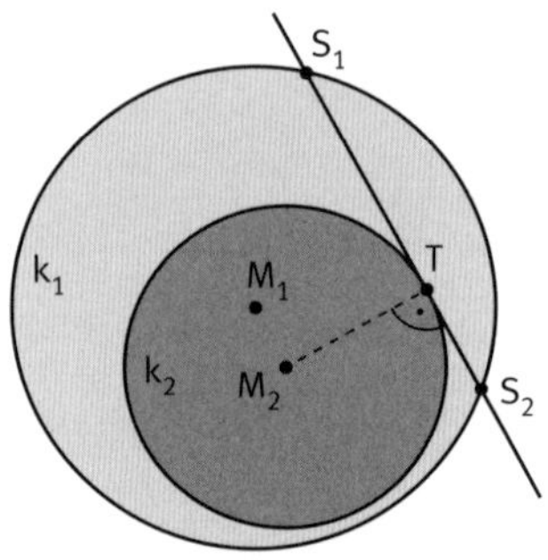

Entdecken

K6 ■ Individuelle Lösungen möglich. Das Verhältnis sollte in etwa 3,14 betragen. Je nach Durchführung und Genauigkeit der Messung sind aber auch größere Abweichungen möglich. Durch Nutzung unterschiedlicher Methoden können die Schülerinnen und Schüler selbst herausfinden, wo die Vor- und Nachteile liegen und wie die Abweichungen zustande kommen.

Nachgefragt

K1 ■ Wenn man den Durchmesser eines Kreises verdoppelt (verdreifacht, halbiert), so verdoppelt (verdreifacht, halbiert) sich der Umfang des Kreises.

K6 ■ Ein Rad mit dem Radius 15,9 cm hat einen Umfang von ca. 1 m. Diese Größe ist zum Messen von Entfernungen gut geeignet.

Aufgaben

K5 **1** **a)** $d = 2{,}5\,m$; $u = \pi \cdot 2{,}5\,m$; $u \approx 7{,}85\,m$
b) $d = 0{,}40\,dm$; $u = \pi \cdot 0{,}40\,m$; $u \approx 1{,}257\,dm$
c) $r = 48\,mm$; $u = 2 \cdot \pi \cdot 48\,mm$; $u \approx 302\,mm$
d) $r = 7{,}7\,cm$; $u = 2 \cdot \pi \cdot 7{,}7\,cm$; $u \approx 48{,}4\,cm$

K5 **2** **a)** $u = 28{,}7\,m$
$d = 28{,}7\,m : \pi \approx 9{,}14\,m$
$r = 9{,}14\,m : 2 = 4{,}57\,m$
$d = 9{,}14\,m$; $r = 4{,}57\,m$

b) $u = 25\,cm$
$d = 25\,cm : \pi \approx 7{,}96\,cm$
$r = 7{,}96\,cm : 2 = 3{,}98\,cm$
$d \approx 8{,}0\,cm$; $r \approx 4{,}0\,cm$

c) $u = 2{,}8\,dm$
$d = 2{,}8\,dm : \pi \approx 0{,}89\,dm$
$r = 0{,}89\,dm : 2 \approx 0{,}45\,dm$
$d = 0{,}89\,dm$; $r = 0{,}45\,dm$

d) $u = 31{,}42\,mm$
$d = 31{,}42\,mm : \pi \approx 10\,mm$
$r = 10\,mm : 2 = 5\,mm$
$d = 10\,mm$; $r = 5\,mm$

K5 **3**

	a)	b)	c)	d)	e)	f)
r	12,88 mm	2,54 cm	9,15 m	287,5 m	0,23 km	12,50 mm
d	25,76 mm	5,08 cm	18,3 m	575 m	0,46 km	24,99 mm
u	80,93 mm	15,96 cm	57,49 m	1806,42 m	1,45 km	78,5 mm

K4 **4** **a)** $u = u_{Kreis} = 2 \cdot \pi \cdot 1{,}5\,cm = 9{,}42\,cm$
b) $u = u_{Kreis} + 2 \cdot 1{,}5\,cm = 12{,}42\,cm$
c) $u = 2 \cdot u_{Kreis} = 12{,}57\,cm$
d) $u = 2 \cdot u_{Kreis} + 2 \cdot u_{Quadrat} = 10{,}28\,cm$

K5 **5** $u_{Rad} = \pi \cdot 3{,}90\,m \approx 12{,}25\,m$ $1000\,m : 12{,}25\,m \approx 81{,}6$
Auf einer Strecke der Länge 1 km macht das Rad knapp 82 volle Umdrehungen.

K3/6 **6** Der abgebildete Baum hat einen Durchmesser von 85 cm, was man auf dem sogenannten Forstmaßband direkt ablesen kann: Eine Einheit auf dem Forstmaßband entspricht ungefähr 3,14 cm.
Aus dem Durchmesser kann man den Umfang Baumes ermitteln, indem man den Durchmesser mit 3,14 multipliziert: $u = 85\,cm \cdot 3{,}14 = 266{,}9\,cm$. Der Umfang des Baumes beträgt ungefähr 270 cm.
Man kann den Umfang des Baumes natürlich auch direkt mit einem „normalen" Maßband messen.

K6

Geschichte

- Der Wert von Zu Chongchi (China) gibt π am genauesten an, die Abweichung zum Taschenrechner-Wert beträgt hier $2{,}667642 \cdot 10^{-7}$.
- Archimedes' Methode liegt eine untere und obere Abschätzung von π mithilfe von ein- und umbeschriebenen Vielecken zugrunde. Archimedes konstruiert um und in einen Kreis mit Radius 1 gleichseitige Vielecke. Dabei fängt er mit einem ein- und umbeschriebenen Dreieck an und verdoppelt die Anzahl der Ecken fortlaufend, bis er beim 96-Eck ankommt. Die Umfänge dieser ein- und umbeschriebenen n-Ecke nähern sich an die Kreislinie an und geben die untere bzw. obere Abschätzung für π an.
  Zur besseren Veranschaulichung wird hier in der Darstellung die Anzahl der Ecken um jeweils 1 erhöht.

- Bis heute (Stand 2016) wurden 13,6 Billionen Dezimalstellen der Zahl π ermittelt.

Alternativer Einstieg: Schulbuch Seite 131

Entdecken

K6 ■ Individuelle Lösungen möglich.
K3 ■ Peter: 110 Kästchen oder 110 : 4= 27,5 cm^2; Paul: 28,3 cm^2
K5 ■ Peter: $\frac{110}{36} \cdot r^2$; Paul: $\frac{u}{2} \cdot r = \pi \cdot r^2$

Nachgefragt

K1 ■ Wenn man den Radius des Kreises verdoppelt (verdreifacht), so wird der Flächeninhalt viermal (neunmal) so groß. Wird der Radius halbiert, so verringert sich der Flächeninhalt auf ein Viertel des ursprünglichen Werts.

K1 ■ Aus $r^2 = \left(\frac{d}{2}\right)^2 = \frac{d^2}{4}$ folgt, dass $\pi \cdot r^2 = \pi \cdot \frac{d^2}{4} = \frac{\pi}{4} \cdot d^2$.
Aus $u = 2\pi r$ folgt, dass $\pi \cdot r = \frac{u}{2}$.
Es gilt: $\pi \cdot r^2 = \pi \cdot r \cdot r = \frac{u}{2} \cdot r$

Aufgaben

K5 **1** **a)** $r = 17{,}4\,cm$
$A = \pi \cdot (17{,}4\,cm)^2$
$A \approx 951{,}15\,cm^2$

b) $r = 28{,}5\,m$
$A = \pi \cdot (28{,}5\,m)^2$
$A \approx 2551{,}76\,m^2$

c) $d = 0{,}48\,dm$; $r = 2{,}4\,cm$
$A = \pi \cdot (2{,}4\,cm)^2$
$A \approx 18{,}1\,cm^2$

d) $d = 1{,}2\,km$; $r = 0{,}6\,km$
$A = \pi \cdot (0{,}6\,km)^2$
$A \approx 1{,}13\,km^2$

K5 **2** **a)** $A = 314\,m^2$
$r^2 = 314\,m^2 : \pi \approx 99{,}95\,m^2$
$r \approx 10\,m$; $d = 20\,m$

b) $A = 3{,}14\,cm^2$
$r^2 = 3{,}14\,cm^2 : \pi \approx 1{,}00\,cm^2$
$r \approx 1\,cm$; $d = 2\,cm$

c) $A = 803{,}8\,mm^2$
$r^2 = 803{,}8\,mm^2 : \pi \approx 256\,mm^2$
$r \approx 16\,mm$; $d = 32\,mm$

d) $A = 28{,}3\,ha$
$r^2 = 28{,}3\,ha : \pi \approx 9\,ha = 900\,m^2$
$r \approx 30\,m$; $d = 60\,m$

K5 **3**

	a)	b)	c)	d)	e)	f)
r	27 cm	24 m	11,7 m	14 m	0,5 km	400 m
d	54 cm	48 m	23,4 m	28 m	1 km	800 m
A	2290,22 cm^2	1809,56 m^2	430,1 m	615,5 m^2	0,79 km^2	50,3 ha
u	169,65 cm	150,8 m	73,5 m	88 m	3,14 km	2513,3 m

K3 **4** $A_{\text{kleine Pizza}} = \pi \cdot (12\,cm)^2 \approx 452{,}4\,cm^2$
$A_{\text{zwei Pizzen}} = 2 \cdot 452{,}4\,cm^2 = 904{,}8\,cm^2$
$A_{\text{große Pizza}} = \pi \cdot (18\,cm)^2 \approx 1017{,}9\,cm^2$
Zwei kleine Pizzen sind kleiner als eine große Pizza. Da der Preis für eine große oder zwei kleine Pizzen gleich ist, entscheiden sich Bernd und Susanne für eine große Pizza.

K3 **5** **a)** $A = \pi \cdot (0{,}61\,\text{m})^2 \approx 1{,}17\,\text{m}^2$
Der Flächeninhalt der Zielscheibe beträgt ca. $1{,}17\,\text{m}^2$

b) Der Flächeninhalt eines Kreisrings ergibt sich aus der Differenz des Flächeninhalts des zugehörigen Kreises und dem Flächeninhalt des nächstkleineren Kreises.
Die Ergebnisse sind tabellarisch dargestellt.

		Außenradius in cm	Gesamtflächeninhalt in cm²	Flächeninhalt Kreisring in cm²
1	äußerer weißer Ring	61,0	11 689,9	2221,1
2	innerer weißer Ring	54,9	9468,8	1987,3
3	äußerer schwarzer Ring	48,8	7481,5	1753,5
4	innerer schwarzer Ring	42,7	5728	1519,6
5	äußerer blauer Ring	36,6	4208,4	1285,9
6	innerer blauer Ring	30,5	2922,5	1052,1
7	äußerer roter Ring	24,4	1870,4	818,3
8	innerer roter Ring	18,3	1052,1	584,5
9	äußerer gelber Ring	12,2	467,6	350,7
10	innerer gelber Ring	6,1	116,9	116,9

K4 **6** **a)** $A = A_{\text{Kreis}} = \pi \cdot (1{,}5\,\text{cm})^2 \approx 7{,}1\,\text{cm}^2$ **b)** $A = 4 \cdot A_{\text{Kreis}} \approx 12{,}6\,\text{cm}^2$

c) $A = A_{\text{Kreis 1}} + A_{\text{Kreis 2}} + A_{\text{Rest}} \approx 9{,}7\,\text{cm}^2$

K2 **7** Fragestellung: Wie viel m² Fließen braucht Herr Grohe, wenn er die Fläche für die Duschwanne abzieht?
$A_{\text{Kreis}} = (0{,}8\,\text{m})^2 \cdot 3{,}14 = 2{,}01\,\text{m}^2$ $A_{\text{Viertelkreis}} = 2{,}01\,\text{m}^2 : 4 = 0{,}5\,\text{m}^2$
Herr Grohe benötigt nur 5 m² Fließen.

K5 **1** Planfigur, Zeichnung und Beschreibung der Dreieckskonstruktionen

a) Kongruenzsatz SSS

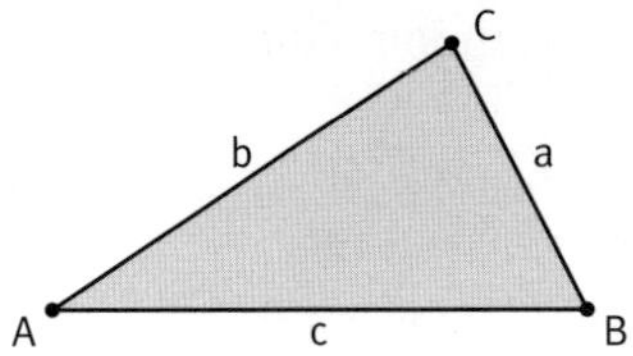

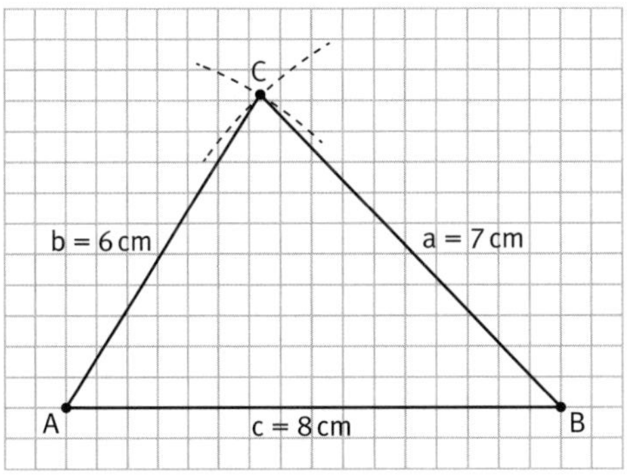

1. Zeichne $\overline{AB}$ mit $\overline{AB} = c$.
2. Zeichne k_1 (A; r = b).
3. Zeichne k_2 (B; r = a).
4. $k_1 \cap k_2 = \{C\}$

b) Kongruenzsatz WSW

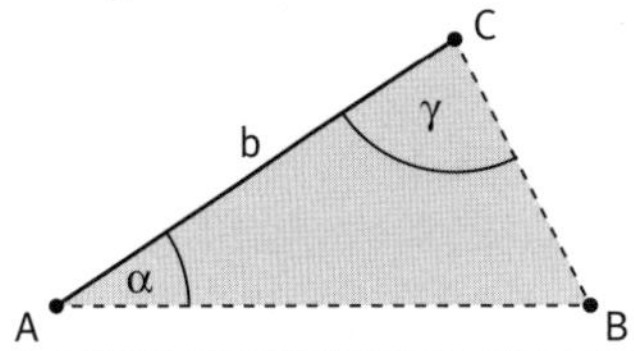

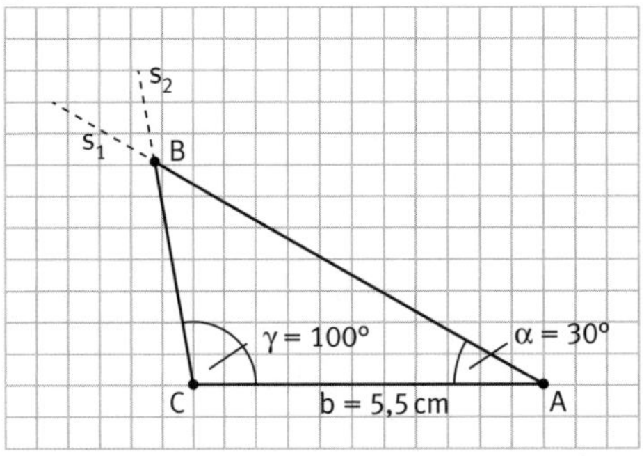

1. Zeichne $\overline{CA}$ mit $\overline{CA} = b$.
2. Trage in A den Winkel α an, freier Schenkel s_1.
3. Trage in C den Winkel γ an, freier Schenkel s_2.
4. $s_1 \cap s_2 = \{B\}$

a) Kongruenzsatz SWS

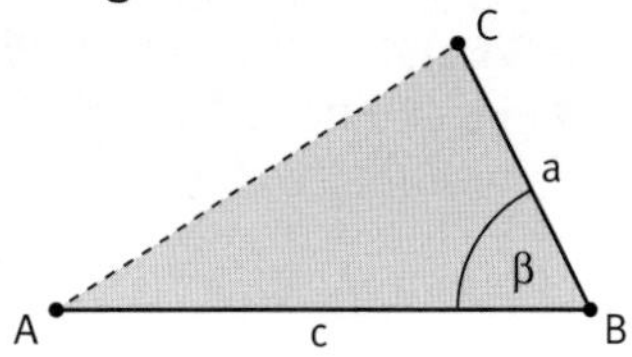

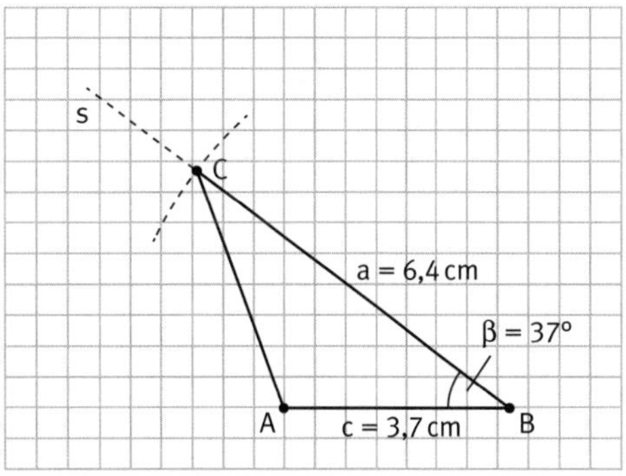

1. Zeichne $\overline{AB}$ mit $\overline{AB} = c$.
2. Trage in B den Winkel β an, freier Schenkel s.
3. Zeichne k (B; r = a).
4. $s \cap k = \{C\}$

b) Kongruenzsatz SsW

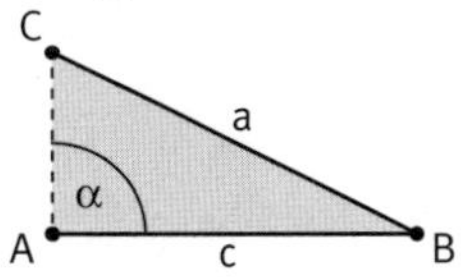

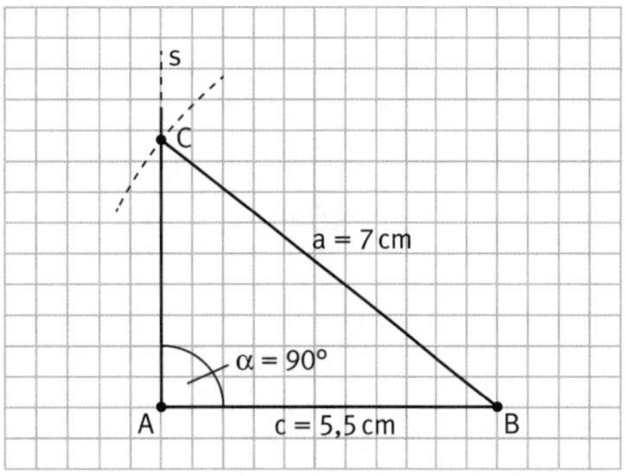

1. Zeichne $\overline{AB}$ mit $\overline{AB} = c$.
2. Trage in A den Winkel α an, freier Schenkel s.
3. Zeichne k (B; r = a).
4. $s \cap k = \{C\}$

c) Kongruenzsatz SWS

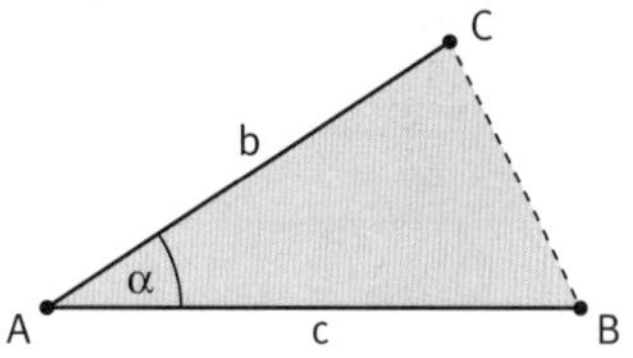

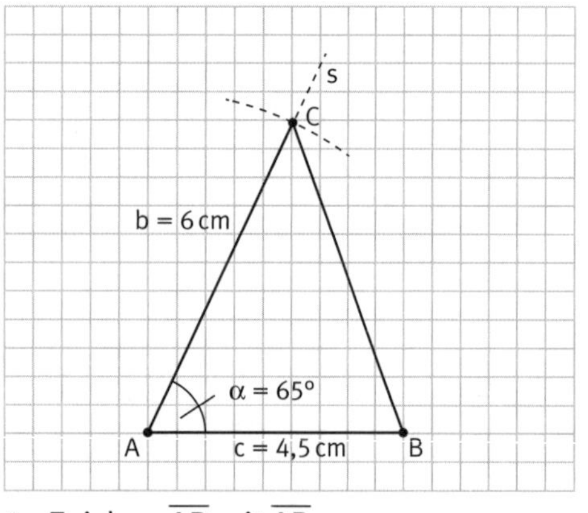

1. Zeichne $\overline{AB}$ mit $\overline{AB} = c$.
2. Trage in A den Winkel α an, freier Schenkel s.
3. Zeichne k (A; r = b).
4. $s \cap k = \{C\}$

c) Kongruenzsatz WSW

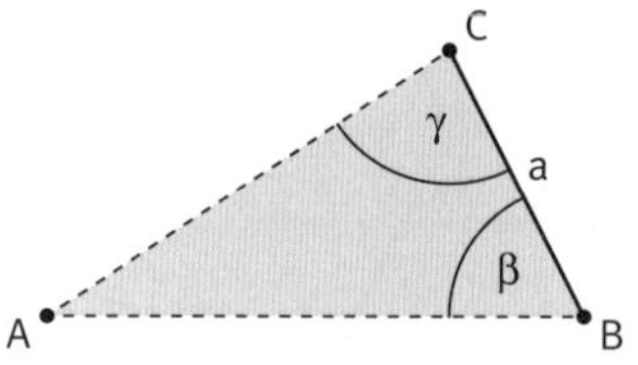

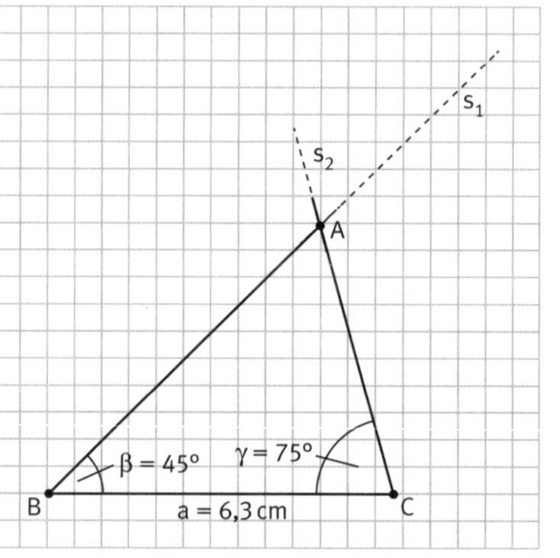

1. Zeichne $\overline{BC}$ mit $\overline{BC} = a$.
2. Trage in B den Winkel β an, freier Schenkel s_1.
3. Trage in C den Winkel γ an, freier Schenkel s_2.
4. $s_1 \cap s_2 = \{A\}$

K3 **2** **a)** und **b)**

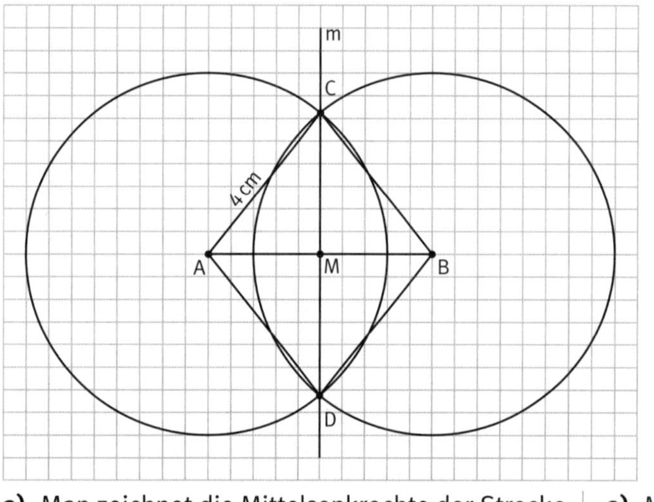

a) Man zeichnet die Mittelsenkrechte der Strecke $\overline{AB}$. Jeder Punkt auf der Mittelsenkrechten m hat den selben Abstand zu A wie zu B.

b) Man zeichnet um A und um B jeweils einen Kreis mit Radius 4 cm. C und D ergeben sich aus den Schnittpunkten der beiden Kreise.

a) Man kann drei Mittelsenkrechten zeichnen, da das gleichseitige Dreieck drei Seiten hat, die nicht parallel zueinander stehen.

b) Man kann zwei Mittelsenkrechten zeichnen, da das Quadrat vier gleichlange Seiten hat, die jeweils paarweise parallel zueinander stehen.

K5 **3** Linke Seite:

a)

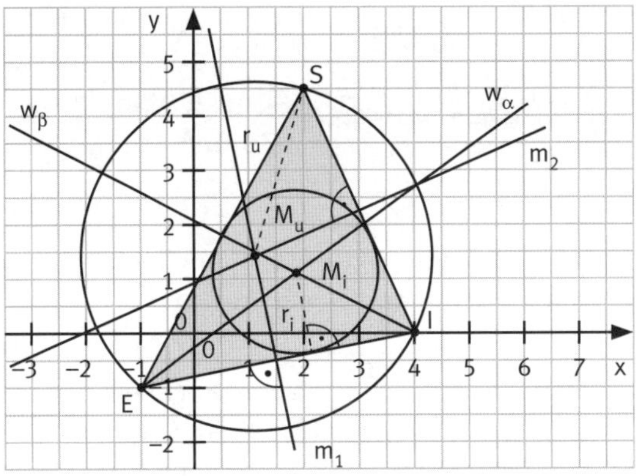

b)

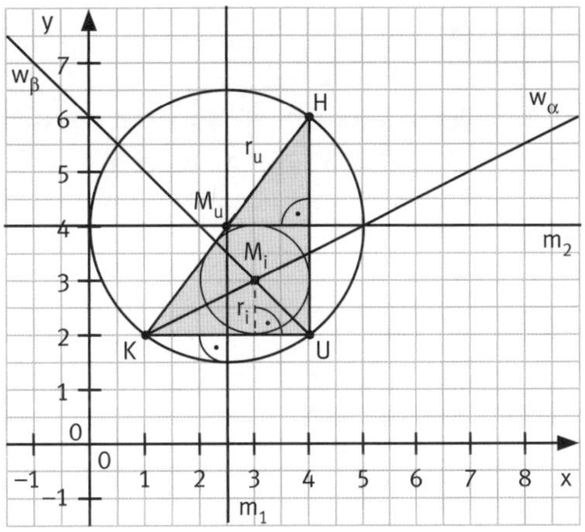

c)

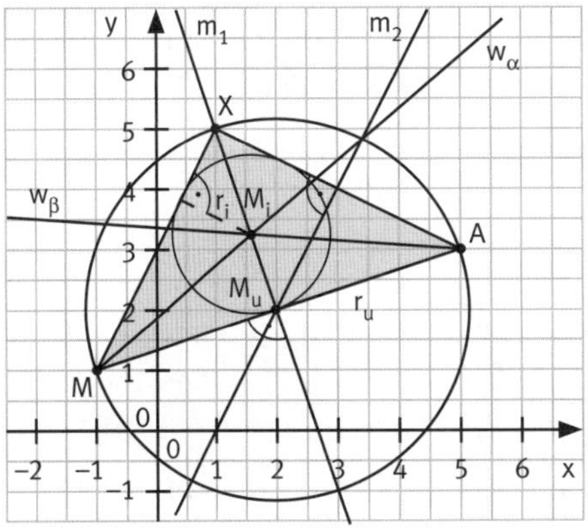

Rechte Seite:

a)

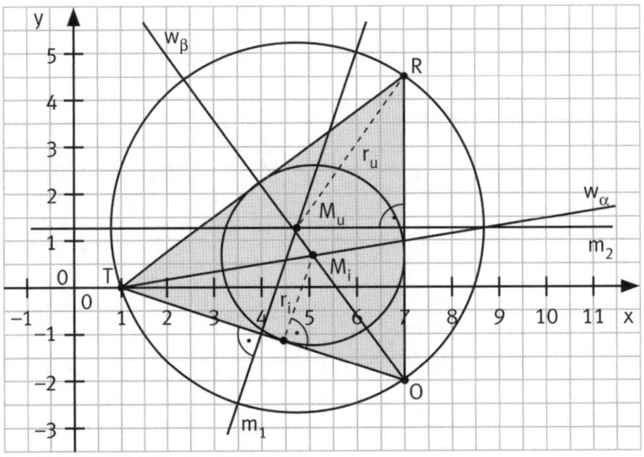

b)

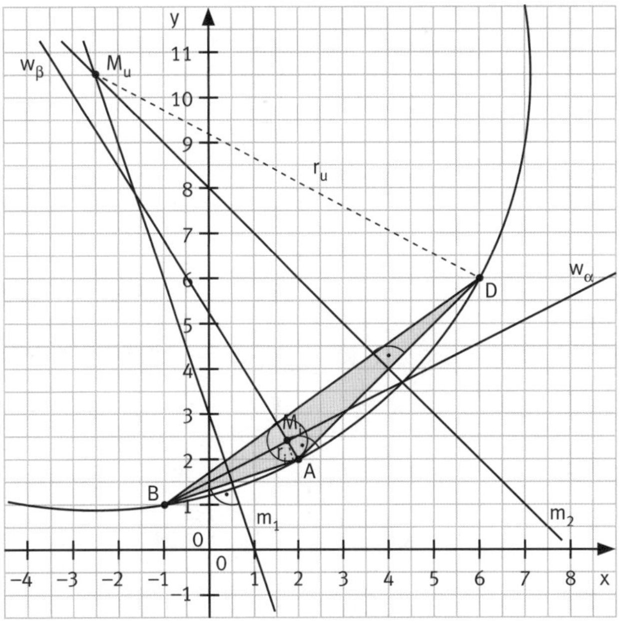

c)

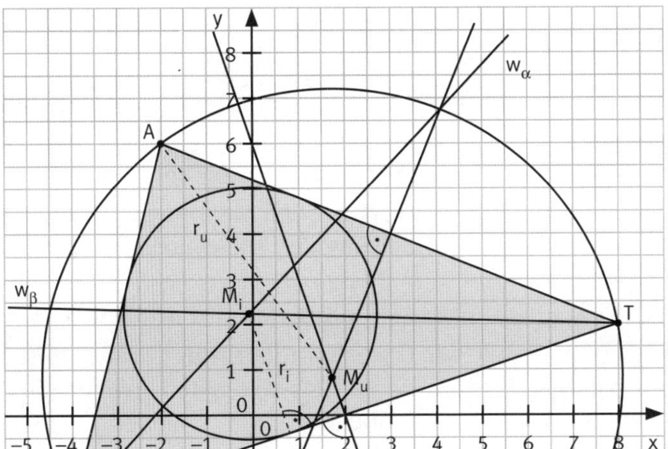

K5/6 **4** **a)** $A_{\text{linke Figur}} = 4{,}8\,\text{cm} \cdot 5\,\text{cm} = 24\,\text{cm}^2$

$A_{\text{rechte Figur}} = 6\,\text{cm} \cdot 4\,\text{cm} = 24\,\text{cm}^2$

b) $A_{\text{linke Figur}} = A_{\text{rechte Figur}}$

Da die Figur auch um 90° gekippt werden kann, kann ebenso b = 6 cm als Grundseite definiert werden mit h_b als zugehöriger Höhe.

K5 **5** **a)**

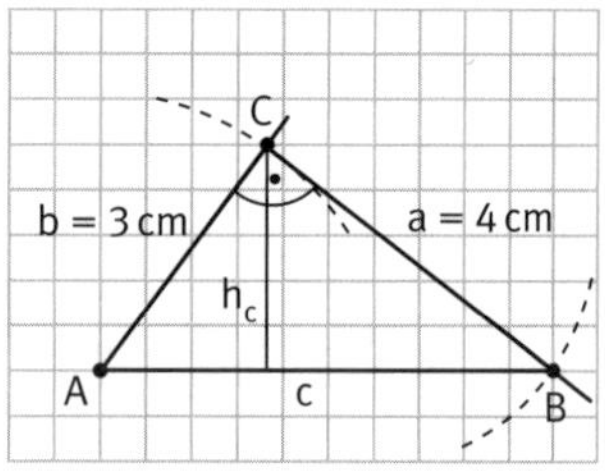

b) $A_D = \frac{1}{2} \cdot c \cdot h_c = \frac{1}{2} \cdot 5\,\text{cm} \cdot 2{,}4\,\text{cm} = 6\,\text{cm}^2$

$c = 5\,\text{cm}$

$h_c = 2{,}4\,\text{cm}$

K1 **6** **a)**

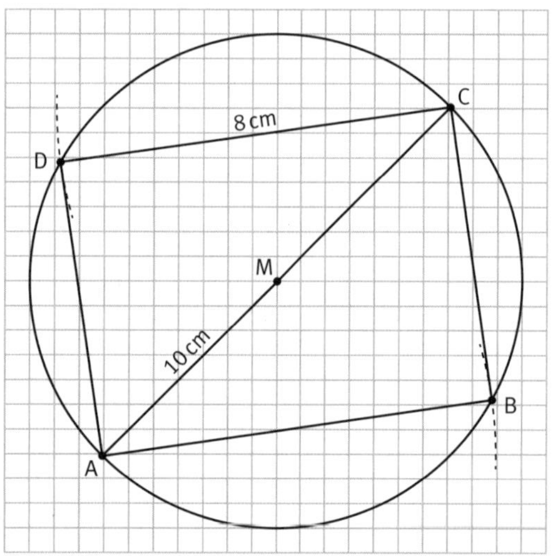

1. Zeichne die Strecke mit den Eckpunkten A und C und $\overline{AC}$ = 10 cm.
2. Markiere den Mittelpunkt M der Strecke. Zeichne den Thaleskreis um M mit Radius 5 cm.
3. Zeichne je einen Kreis um A und C mit Radius 8 cm.
4. Die Schnittpunkte der beiden Kreise mit dem Thaleskreis ergeben die Punkte B und D.

a) $A_P = 18\,\text{m} \cdot (52\,\text{m} + 64\,\text{m}) = 2088\,\text{m}^2$

b) $A_{\text{braunes Grundstück}} = 52\,\text{m} \cdot (108\,\text{m} - 18\,\text{m})$

$= 4680\,\text{m}^2$

$A_{\text{grünes Grundstück}} = 64\,\text{m} \cdot (108\,\text{m} - 18\,\text{m})$

$= 5760\,\text{m}^2$

Als Hilfskonstruktion wird ein Rechteck benutzt mit a = 6 cm und b = ?. Es gilt:

$A_R = 2 \cdot A_{D\,(\text{gleichschenklig})} = 2 \cdot 18\,\text{cm}^2 = 2 \cdot 36\,\text{cm}^2$

Damit ergibt sich für b vom Rechteck b = 6 cm (da: $36\,\text{cm}^2 = 6\,\text{cm} \cdot b$). Die Höhe für das gleichschenklige Dreieck ist $h_c = 6\,\text{cm}$ und gleichfalls die Mittelsenkrechte auf der Seite c, da das Dreieck gleichschenklig ist. Nun können alle Punkte verbunden werden.

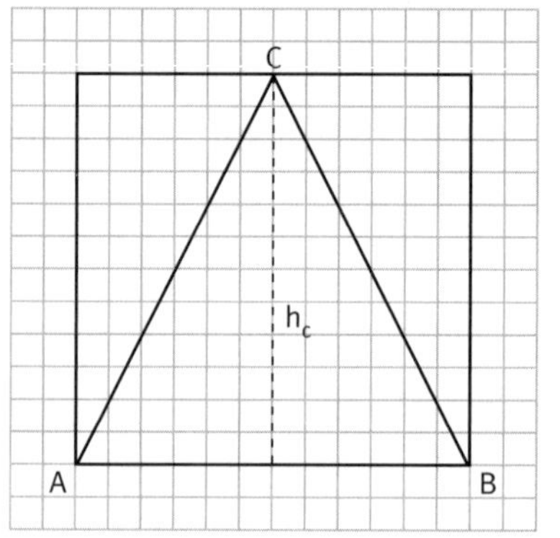

a)

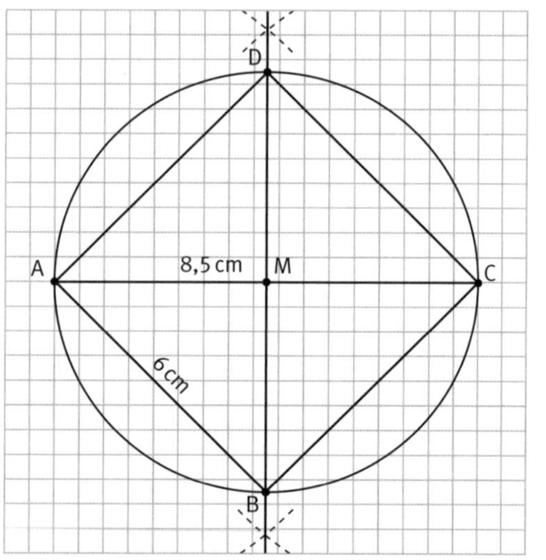

1. Zeichne die Strecke mit den Eckpunkten A und C und $\overline{AC}$ = 8,5 cm.
2. Markiere den Mittelpunkt M der Strecke. Zeichne den Thaleskreis um M mit Radius 4,25 cm.
3. Zeichne die Mittelsenkrechte m durch $\overline{AC}$.
4. Die Schnittpunkte des Thaleskreises mit der Mittelsenkrechten ergeben die Punkte B und D.

b)

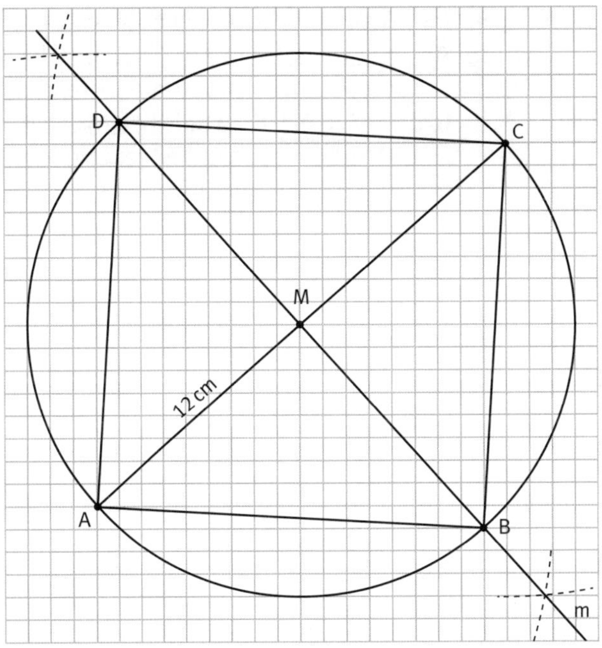

1. Zeichne die Strecke mit den Eckpunkten A und C und $\overline{AC} = 12$ cm.
2. Markiere den Mittelpunkt M der Strecke. Zeichne den Thaleskreis um M mit Radius 6 cm.
3. Zeichne die Mittelsenkrechte m durch $\overline{AC}$.
4. Die Schnittpunkte des Thaleskreises mit der Mittelsenkrechten ergeben die Punkte B und D.

b)

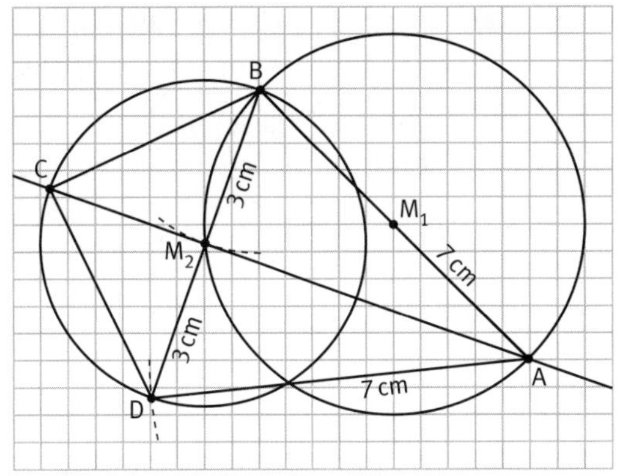

1. Zeichne die Strecke mit den Eckpunkten A und B und $\overline{AB} = 7$ cm.
2. Markiere den Mittelpunkt M_1 der Strecke $\overline{AB}$. Zeichne den Thaleskreis um M_1 mit Radius 3,5 cm.
3. Zeichne einen Kreis um B mit Radius 3 cm.
4. Der Schnittpunkt des Kreises mit dem Thaleskreis ergibt den Punkt M_2.
5. Zeichne einen Kreis um A mit Radius 7 cm und den Thaleskreis um M_2 mit Radius 3 cm. Der Schnittpunkt der beiden Kreise ist der Punkt D.
6. Zeichne die Gerade durch A und M_2. Der Schnittpunkt des Thaleskreises um M_2 mit der Geraden ergibt den Punkt C.

K5 **7** **a)** $c = 8\,\text{cm}$, $a = 6\,\text{cm}$, $\gamma = 90°$

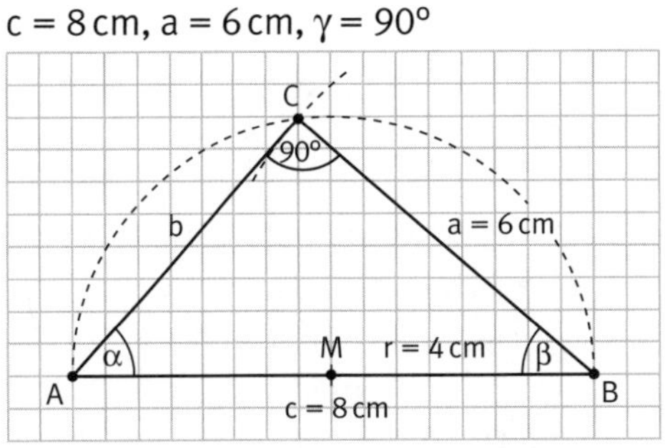

1. Zeichne die Strecke c = 8 cm mit den Endpunkten A und B.
2. Markiere den Mittelpunkt M der Seite c. Zeichne einen Kreis um M mit Radius $\frac{1}{2}c = 4$ cm.
3. Zeichne einen Kreis um B mit Radius a = 6 cm. Der Schnittpunkt der beiden Kreise liefert C (zwei Lösungen möglich). Aufgrund des Satzes von Thales ist $\gamma = 90°$.

a) $b = 6\,\text{cm}$, $\beta = 90°$, $c = 4\,\text{cm}$

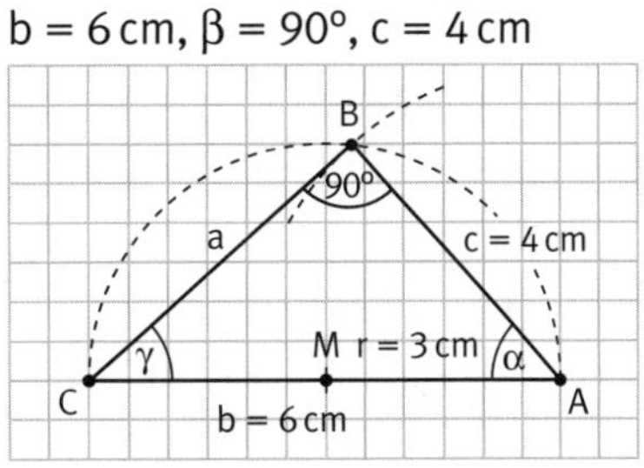

1. Zeichne die Strecke b = 6 cm mit den Endpunkten A und C.
2. Markiere den Mittelpunkt M der Seite b. Zeichne einen Kreis um M mit Radius $\frac{1}{2}b = 3$ cm.
3. Zeichne einen Kreis um A mit Radius c = 4 cm. Der Schnittpunkt der beiden Kreise liefert B (zwei Lösungen möglich). Aufgrund des Satzes von Thales ist $\beta = 90°$.

b) $\gamma = 90°$, $\alpha = 45°$, $c = 9\,cm$

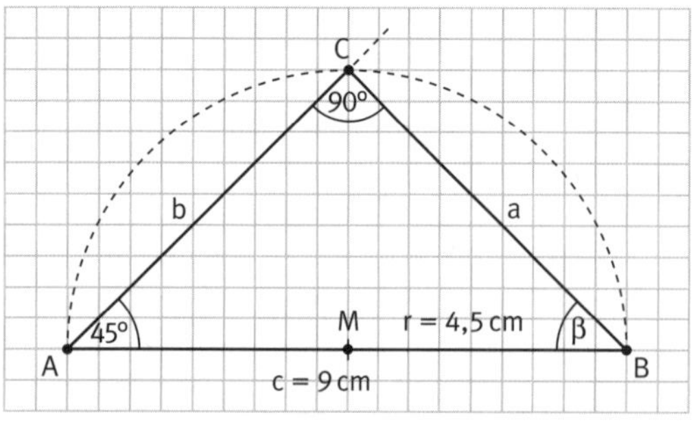

1. Zeichne die Strecke c = 9 cm mit den Endpunkten A und B.
2. Markiere den Mittelpunkt M der Seite c. Zeichne einen Kreis um M mit Radius $\frac{1}{2}c = 4{,}5\,cm$.
3. Trage in A den Winkel $\alpha = 45°$ an.
4. Der Schnittpunkt des freien Schenkels von α und des Kreisbogens ergibt C (zwei Lösungen möglich). Aufgrund des Satzes von Thales ist $\gamma = 90°$.

c) $c = 5\,cm$, $\alpha = 40°$, $\gamma = 90°$

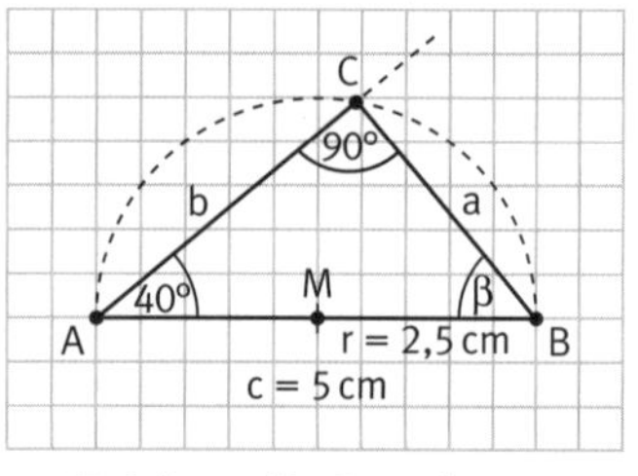

1. Zeichne die Strecke c = 5 cm mit den Endpunkten A und B.
2. Markiere den Mittelpunkt M der Seite c. Zeichne einen Kreis um M mit Radius $\frac{1}{2}c = 2{,}5\,cm$.
3. Trage in A den Winkel $\alpha = 40°$ an.
4. Der Schnittpunkt des freien Schenkels von α und des Kreisbogens ergibt C (zwei Lösungen möglich). Aufgrund des Satzes von Thales ist $\gamma = 90°$.

b) $a = 6\,cm$, $\alpha = 90°$, $c = 7\,cm$

Diese Aufgabe ist nicht Lösbar, da der 90° Winkel immer der längsten Seite gegenüber liegen muss. In diesem Fall ist die Seite c länger als die Seite a, $\alpha = 90°$ liegt aber nicht gegenüber der Seite c, sondern gegenüber der Seite a.

c) $b = 9\,cm$, $\alpha = 60°$, $\beta = 90°$

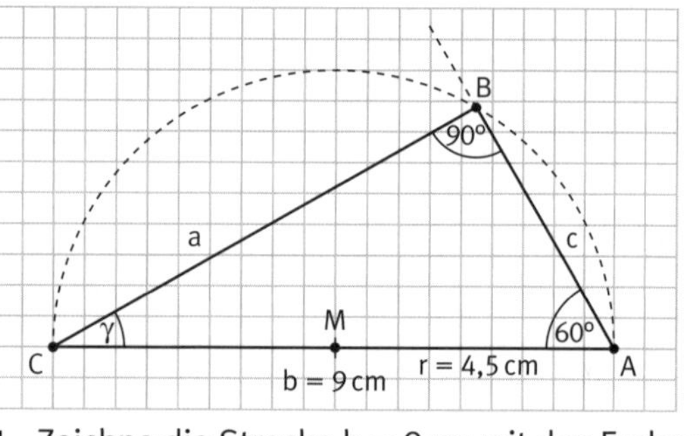

1. Zeichne die Strecke b = 9 cm mit den Endpunkten A und C.
2. Markiere den Mittelpunkt M der Seite b. Zeichne einen Kreis um M mit Radius $\frac{1}{2}b = 4{,}5\,cm$.
3. Trage in A den Winkel $\alpha = 60°$ an.
4. Der Schnittpunkt des freien Schenkels von α und des Kreisbogens ergibt B (zwei Lösungen möglich). Aufgrund des Satzes von Thales ist $\beta = 90°$.

d) $\beta = 20°, \gamma = 90°, c = 7\,cm$

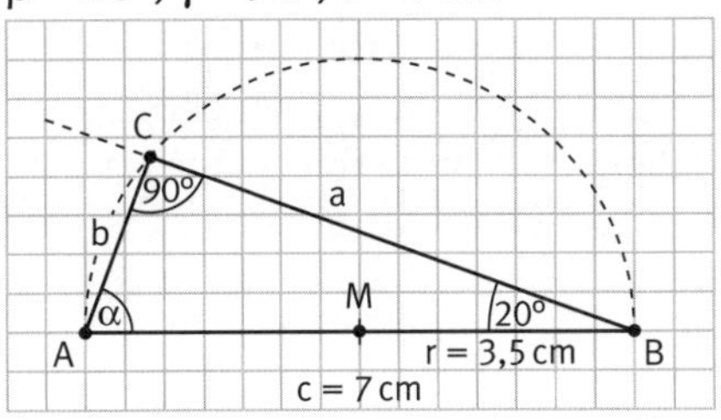

1. Zeichne die Strecke c = 7 cm mit den Endpunkten A und B.
2. Markiere den Mittelpunkt M der Seite c. Zeichne einen Kreis um M mit Radius $\frac{1}{2}c = 3{,}5\,cm$.
3. Trage in B den Winkel $\beta = 20°$ an.
4. Der Schnittpunkt des freien Schenkels von β und des Kreisbogens ergibt C (zwei Lösungen möglich). Aufgrund des Satzes von Thales ist $\gamma = 90°$.

d) $a = 7\,cm, \beta = 70°, \alpha = 90°$

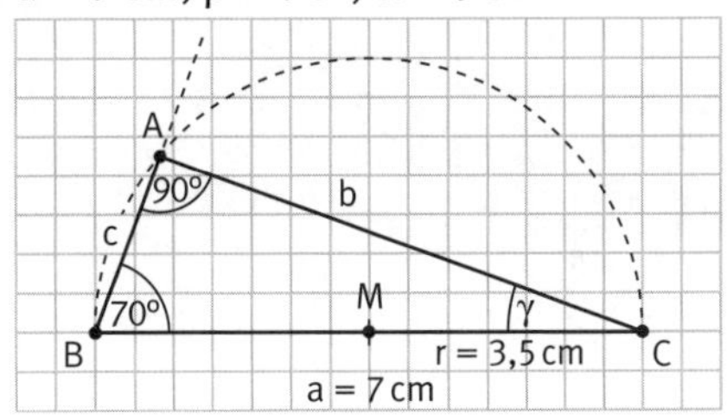

1. Zeichne die Strecke a = 7 cm mit den Endpunkten A und C.
2. Markiere den Mittelpunkt M der Seite a. Zeichne einen Kreis um M mit Radius $\frac{1}{2}a = 3{,}5\,cm$.
3. Trage in B den Winkel $\beta = 70°$ an.
4. Der Schnittpunkt des freien Schenkels von β und des Kreisbogens ergibt A (zwei Lösungen möglich). Aufgrund des Satzes von Thales ist $\alpha = 90°$.

K5 **8** Linke Seite:

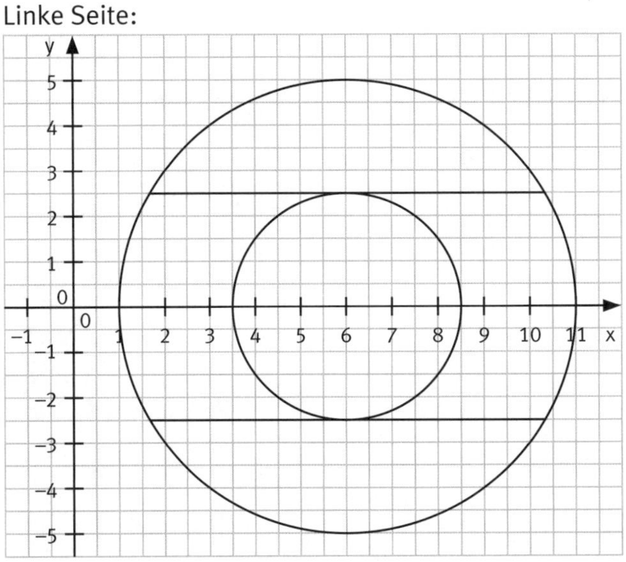

Rechte Seite:

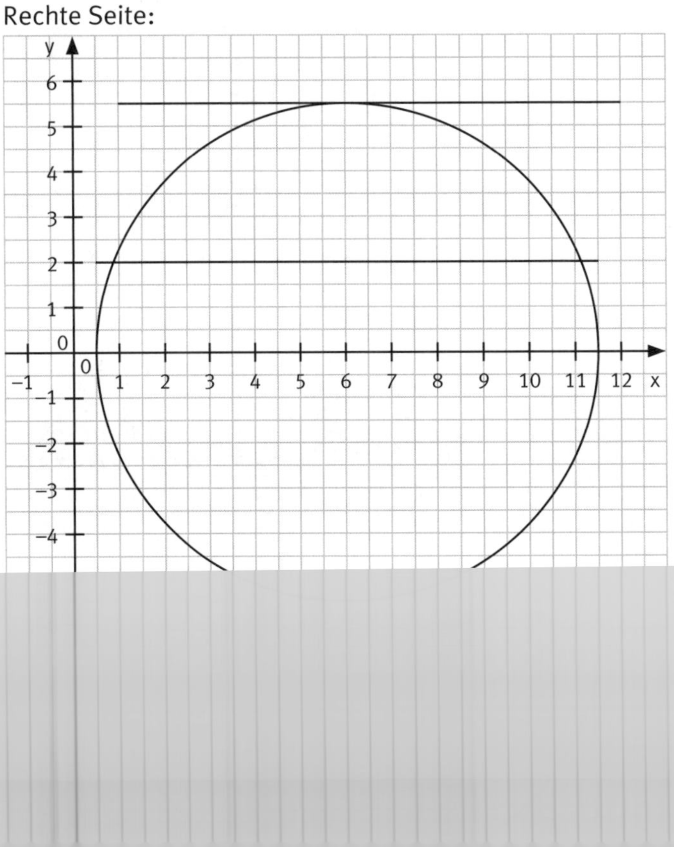

K1 **9**

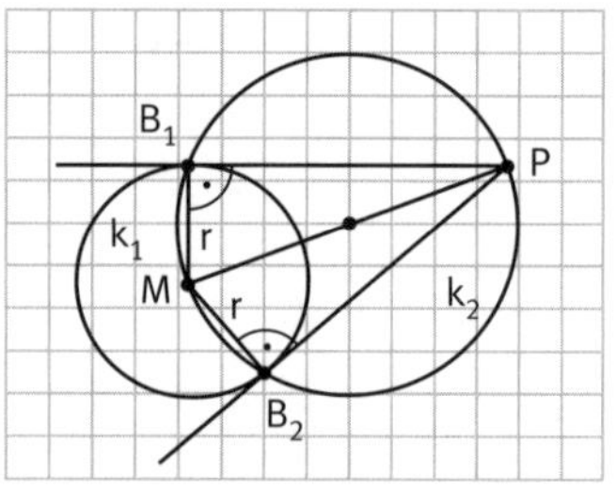

a) Die Strecke $\overline{MP}$ halbiert den größeren Kreis k_2.
Das Dreieck MPB_1 hat dann die Seiten MP und $\overline{MB_1} = r$ und einen 90° Winkel in B_1 der Seite MP gegenüber. Aufgrund des Satzes von Thales handelt es sich also um ein eindeutiges Dreieck mit diesen Eigenschaften. Das Dreieck MPB_2 hat die gleichen Eigenschaften, also eine Seite $\overline{MP}$, eine Seite $\overline{MB_2} = r$ und einen 90° Winkel gegenüber der Seite $\overline{MP}$. Damit handelt es sich um das Dreieck MPB_1 das an der Seite $\overline{MP}$ gespiegelt wurde und somit sind die beiden Dreiecke kongruent.

b) Die Länge der Strecken B_1P und B_2P müssen nach den Ergebnissen in **a)** gleich sein, weil die Dreiecke kongruent sind (SsW).

a)

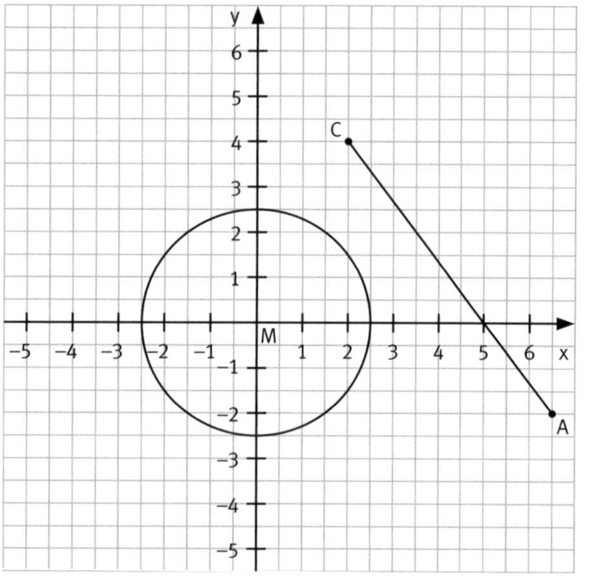

b)

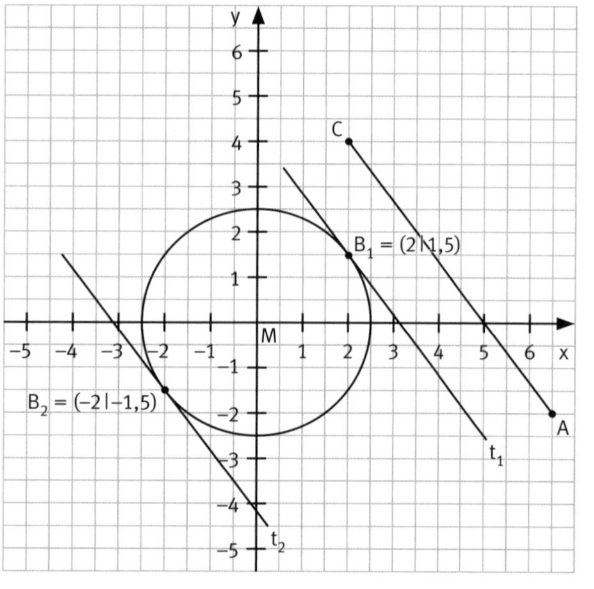

c)

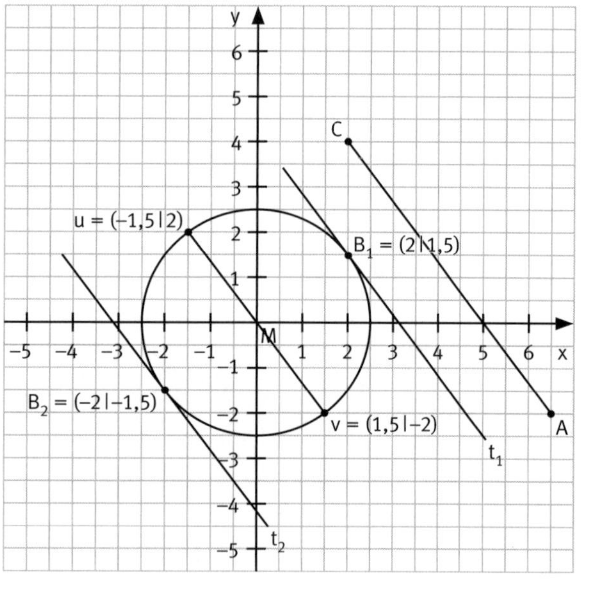

K5 **10**

	a)	b)
Radius r	3 cm	6,5 dm
Umfang u	18,85 cm	40,84 dm
Flächeninhalt A	28,27 cm^2	132,73 dm^2

	a)	b)
Radius r	1,59 cm	2 m
Umfang u	10 cm	12,6 m
Flächeninhalt A	7,94 cm^2	12,6 m^2

K5 **11**

	u_{gesamt} = ...	A_{gesamt} = ...
a)	$2 \cdot u_{Kreis} + 4 \cdot d_{Kreis}$ = $2 \cdot 3{,}14 \cdot 8\,cm + 4 \cdot 8\,cm$ = 82,24 cm	$2 \cdot A_{Kreis}$ = $2 \cdot 3{,}14 \cdot (4\,cm)^2$ = 100,48 cm^2
b)	$2 \cdot u_{Kreis} + 2 \cdot d_{Kreis}$ = $2 \cdot 3{,}14 \cdot 5\,dm + 2 \cdot 5\,dm$ = 41,4 dm	$2 \cdot A_{Kreis}$ = $2 \cdot 3{,}14 \cdot (2{,}5\,dm)^2$ = 39,25 dm^2

	u_{gesamt} = ...	A_{gesamt} = ...
a)	$2 \cdot u_{Kreis} + 8 \cdot r_{Kreis}$ = $2 \cdot 3{,}14 \cdot 2 \cdot 2{,}5\,cm$ + $8 \cdot 2{,}5\,cm$ = 51,40 cm	$2 \cdot A_{Kreis}$ = $2 \cdot 3{,}14 \cdot (2{,}5\,cm)^2$ = 39,25 cm^2
b)	$1 \cdot u_{großer\text{-}Kreis}$ + $4 \cdot u_{kleiner\text{-}Kreis}$ = $3{,}14 \cdot 2 \cdot 7{,}8\,dm$ + $4 \cdot 3{,}14 \cdot 2 \cdot 3{,}9\,dm$ = 146,952 dm	$1 \cdot A_{großer\text{-}Kreis}$ + $4 \cdot A_{kleiner\text{-}Kreis}$ = $3{,}14 \cdot (7{,}8\,dm)^2$ + $4 \cdot 3{,}14 \cdot (3{,}9\,dm)^2$ = 382,0752 dm^2

K5 **1** **a)**

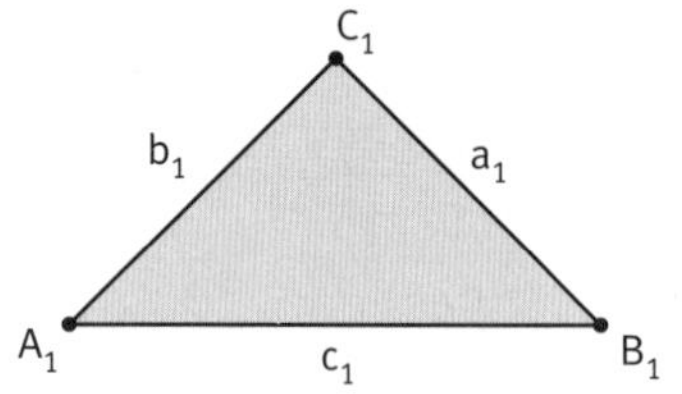

und

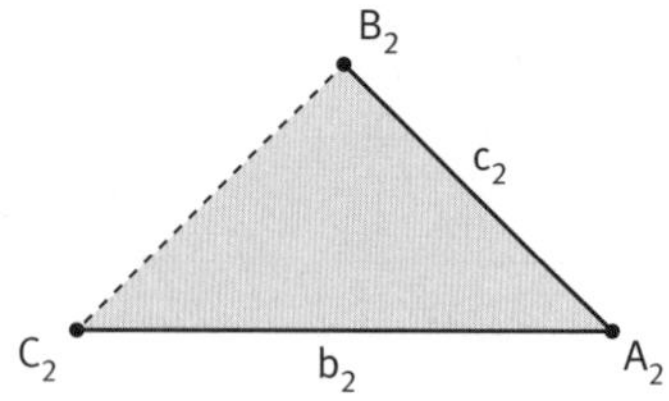

$\Delta A_1B_1C_1$ ist ein gleichschenkliges Dreieck mit $a_1 = b_1$. Da nur zwei Seiten von $\Delta A_2B_2C_2$ bekannt sind und mit den Seiten von $\Delta A_1B_1C_1$ übereinstimmen, ist das $\Delta A_2B_2C_2$ unterbestimmt, d. h., es muss nicht kongruent zu $\Delta A_1B_1C_1$ sein, kann aber kongruent zu $\Delta A_1B_1C_1$ sein.

b)

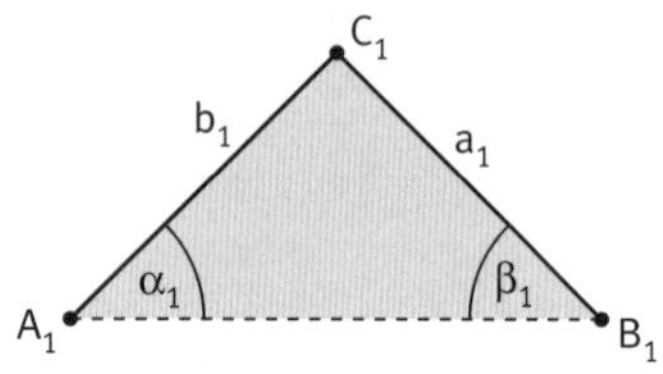

und

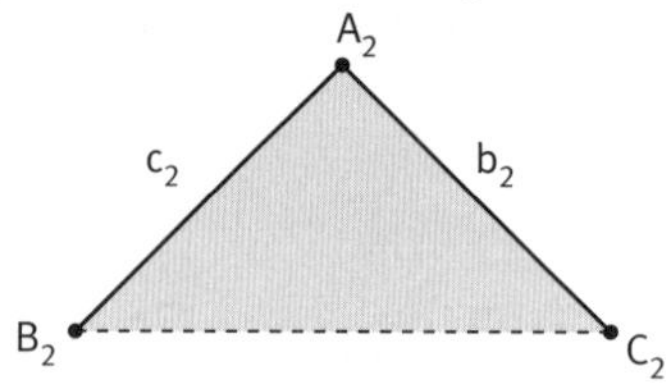

$\Delta A_1B_1C_1$ ist ein gleichschenkliges Dreieck mit $\alpha_1 = \beta_1$ und $b_1 = a_1$. Da nur zwei Seiten von $\Delta A_2B_2C_2$ bekannt sind und mit den Seiten von $\Delta A_1B_1C_1$ übereinstimmen, ist das $\Delta A_2B_2C_2$ unterbestimmt, d. h., es muss nicht kongruent zu $\Delta A_1B_1C_1$ sein, kann aber kongruent zu $\Delta A_1B_1C_1$ sein.

c)

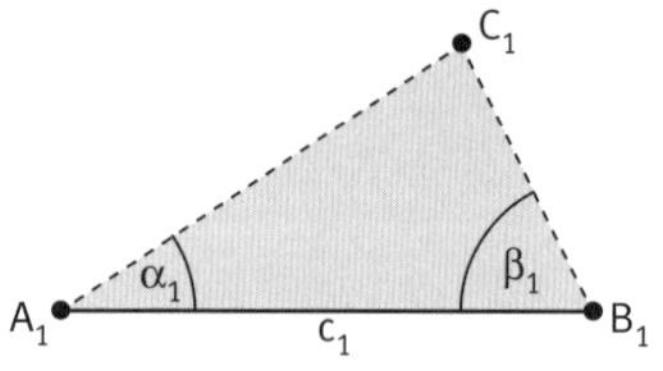

und

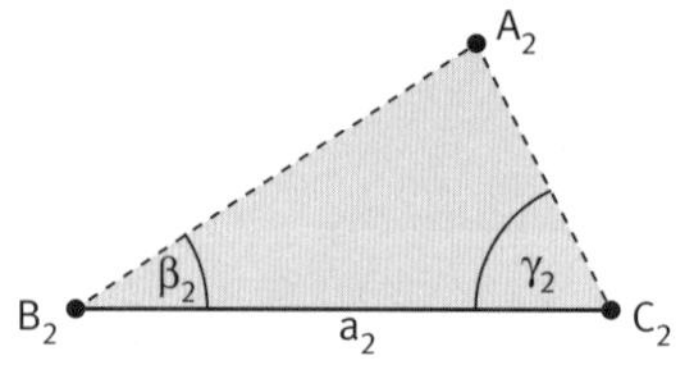

Nach dem Kongruenzsatz WSW sind die beiden Dreiecke kongruent.

d)

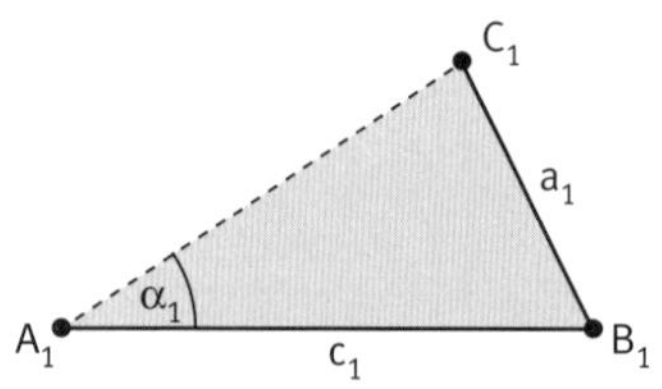

und

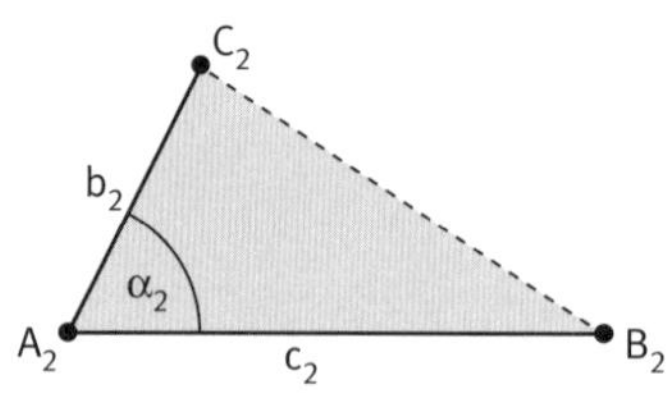

Das $\Delta A_2B_2C_2$ ist nach dem Kongruenzsatz WSW eindeutig bestimmt. Zu $\Delta A_1B_1C_1$ sind zwei Seiten und ein Winkel, der einer der gegebenen Seiten gegenüberliegt, gegeben; man weiß jedoch nicht, ob die dem Winkel gegenüberliegende Seite die längere der beiden Seiten ist – nur dann wäre der Kongruenzsatz SsW anwendbar. Damit ist $\Delta A_1B_1C_1$ unterbestimmt, d. h., es muss nicht kongruent zu $\Delta A_2B_2C_2$ sein.

e)

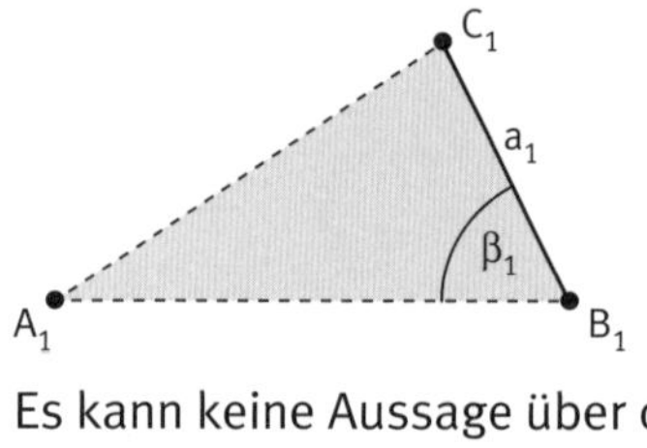

und

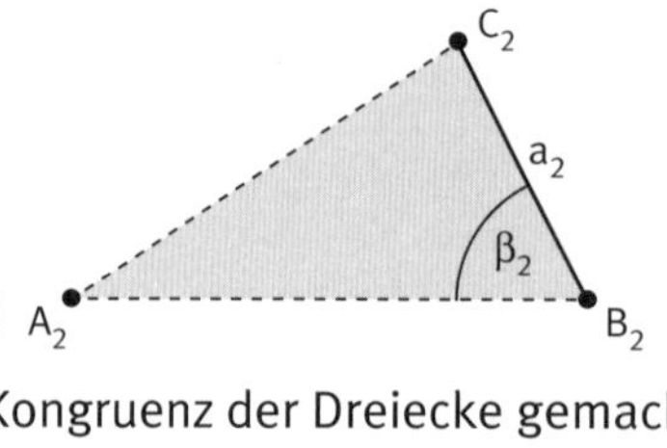

Es kann keine Aussage über die Kongruenz der Dreiecke gemacht werden, da die erste Bedingung ($b_1 + c_1 = b_2 + c_2$) keine genaue Aussage über die einzelnen Längen b_1, b_2, c_1 und c_2 zulässt; es ist jedoch möglich, dass die beiden Dreiecke kongruent sind.

f)

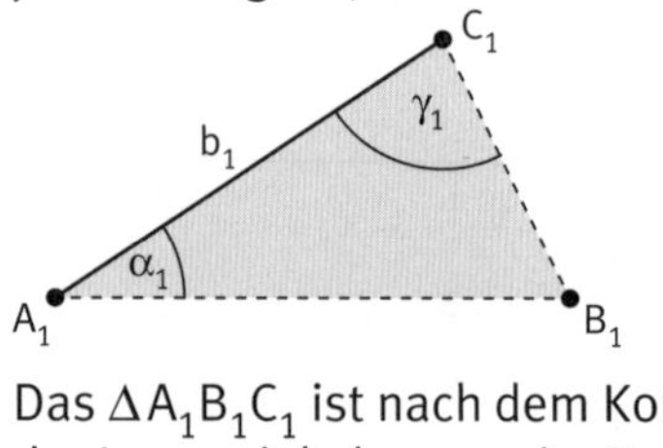

und

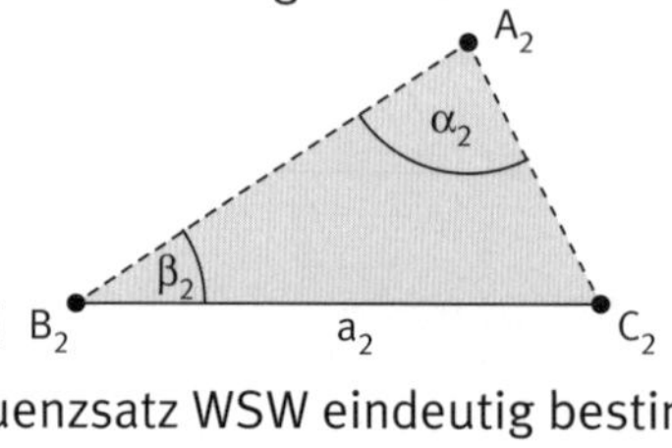

Das $\Delta A_1B_1C_1$ ist nach dem Kongruenzsatz WSW eindeutig bestimmt. Auch das $\Delta A_2B_2C_2$ ist wegen der Innenwinkelsumme im Dreieck eindeutig bestimmt ist (bekannt sind drei Winkel und eine Seite). Allerdings sind die beiden Dreiecke nicht erkennbar kongruent, da die gegebenen Seiten b_1 bzw. a_2 unterschiedlichen Winkeln gegenüberliegen.

K1 **2** **a)** Das Dreieck ist möglich, da die Dreiecksungleichung für die längste der drei Seiten, a = 4,2 cm, erfüllt ist: b + c = 3,6 cm + 2,1 cm = 5,7 cm > 4,2 cm = a.
Es genügt zu überprüfen, ob die Dreiecksungleichung in Bezug auf die längste der drei Seiten erfüllt ist. Die beiden kürzeren Seiten sind jeweils von sich aus bereits kürzer als die längste Seite, also auch kürzer als die Summe aus der längsten Seite und einer weiteren Seite.

b) Das Dreieck ist möglich, da die Innenwinkelsumme von 180° erfüllbar ist. Nach der Seite-Winkel-Beziehung im rechtwinkligen Dreieck muss b die größte Seite sein; dies ist erfüllt durch: a = 3,5 cm < 4,1 cm = b.

c) Dieses Dreieck ist nicht möglich: Nach der Seite-Winkel-Beziehung im rechtwinkligen Dreieck muss b die längste Seite sein; dies ist jedoch nicht erfüllt: a = 4,1 cm > 3,5 cm = b.

d) Dieses Dreieck ist nicht möglich, da die Innenwinkelsumme nicht erfüllbar ist.

e) Dieses Dreieck ist nicht möglich, da die Innenwinkelsumme nicht erfüllbar ist.

f) Dieses Dreieck ist nicht möglich. Berechnet man zum Außenwinkel β^* den zugehörigen Innenwinkel β, so erhält man $\beta = 95°$. Damit müsste wegen der Seite-Winkel-Beziehung die zu β gehörige Dreiecksseite b die längste Seite im Dreieck sein. Dies ist jedoch nicht gegeben: a = 6 cm > 4,2 cm = b.

K5/6 **3**

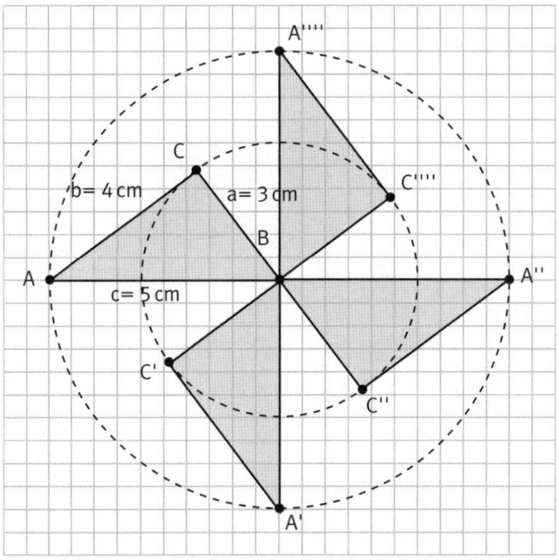

Konstruktionsbeschreibung:

1. Konstruiere das Dreieck ABC mit den Seitenlängen a, b und c (SSS).
2. Drehe das Dreieck ABC um 90°, 180° und 270° um das Drehzentrum B.

K5 **4** Planfigur, Zeichnung und Beschreibung der Dreieckskonstruktionen

a) ① Kongruenzsatz SsW

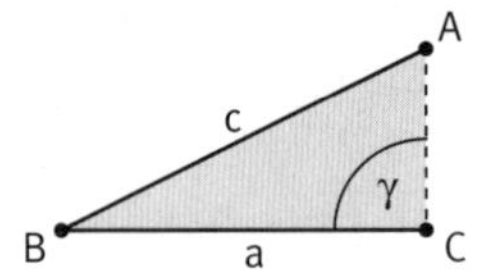

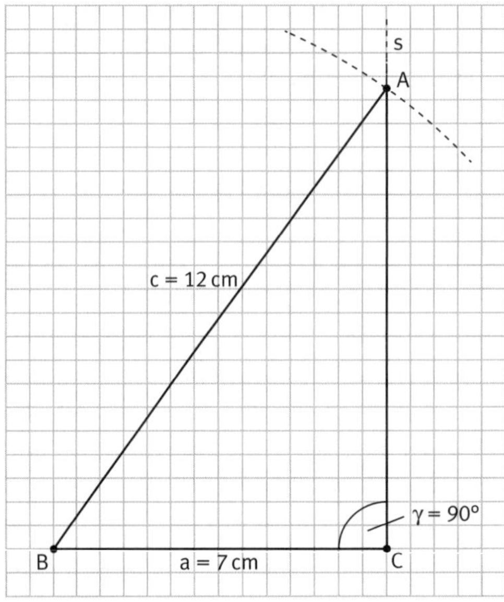

1. Zeichne $\overline{BC}$ mit $\overline{BC} = a$.
2. Trage in C den Winkel γ an, freier Schenkel s.
3. Zeichne k (B; r = c).
4. $s \cap k = \{A\}$

② Kongruenzsatz SsW

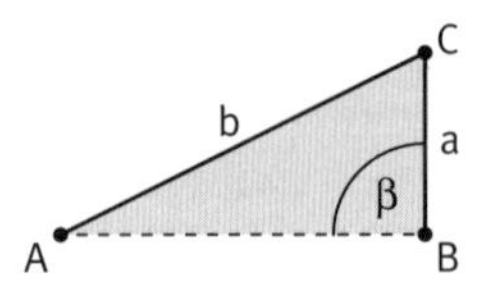

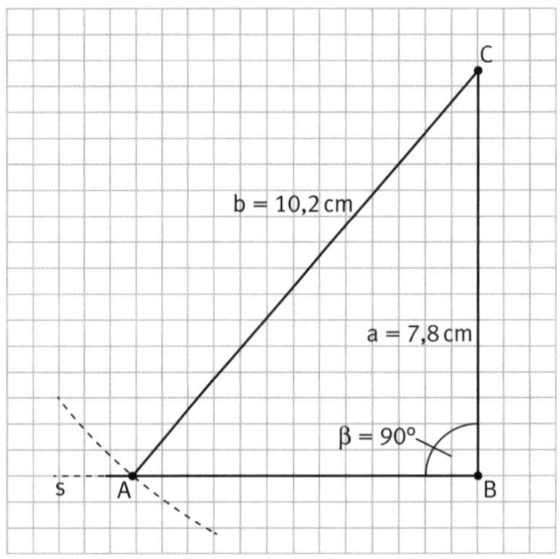

1. Zeichne $\overline{BC}$ mit $\overline{BC} = a$.
2. Trage in B den Winkel β an, freier Schenkel s.
3. Zeichne k (C; r = b).
4. $s \cap k = \{A\}$

③ Kongruenzsatz WSW

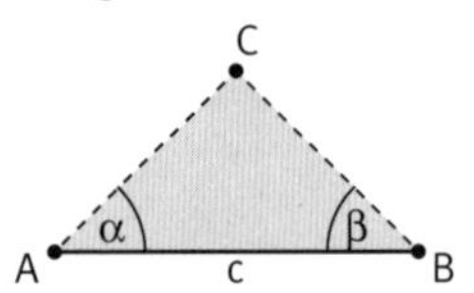

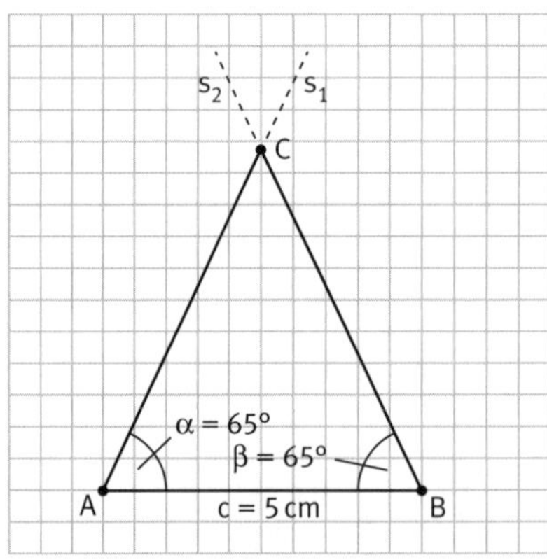

1. Zeichne $\overline{AB}$ mit $\overline{AB} = c$.
2. Trage in A den Winkel α an, freier Schenkel s_1.
3. Trage in B den Winkel β an, freier Schenkel s_2.
4. $s_1 \cap s_2 = \{C\}$

b) Kongruenzsatz SSS

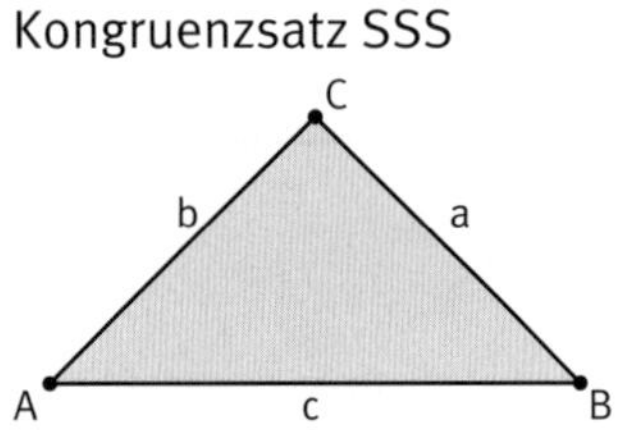

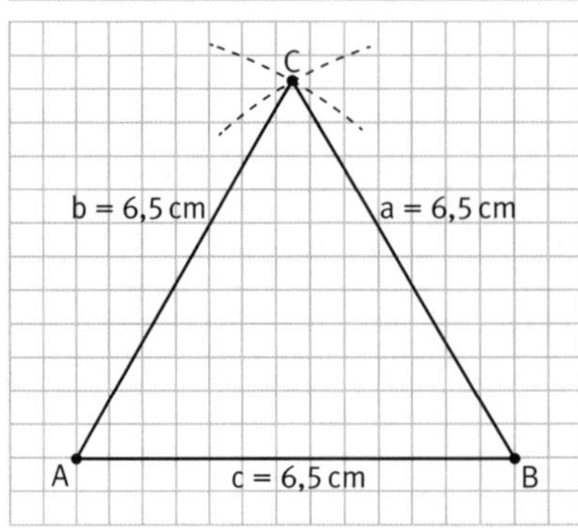

1. Zeichne $\overline{AB}$ mit $\overline{AB} = c$.
2. Zeichne k_1 (A; r = b).
3. Zeichne k_2 (B; r = a).
4. $k_1 \cap k_2 = \{C\}$

K5 **5** **a)** $A = \frac{a+c}{2} \cdot h_a = 5{,}7\,m^2$ $u = 10{,}8\,m$
b) $A = a \cdot h_a = 73{,}2\,cm^2$ $u = 40\,cm$
c) $A = \frac{1}{2} \cdot a \cdot h_a = 11{,}6\,cm^2$ $u = 17{,}3\,cm$

K5 **6** **a)** 1 $h_c = 240\,cm$ 2 $a = 10\,cm$
b) 1 $A = 23{,}85\,cm^2$ 2 $h_b \approx 15{,}32\,cm$
c) 1 $A = 19{,}8\,cm^2$ 2 $c = 7{,}4\,cm$

K3 **7** **a)** $A_{Außenwand} = A_{Frontflächen} + A_{Seitenflächen} + A_{Rückseiten\text{-}Flächen}$
$A_{Außenwand} = (6\,m \cdot 6\,m + 11\,m \cdot 6\,m) + (7\,m \cdot 6\,m + 6\,m \cdot 6\,m) + (13\,m \cdot 6\,m + 17\,m \cdot 6\,m)$
$= (6\,m + 11\,m + 7\,m + 6\,m + 13\,m + 17\,m) \cdot 6\,m = 360\,m^2$
Evt. zusätzlich der Dachspitz, auf 2 Seiten des Gebäudes, mit Grundseite 6 m, Höhe 5,2 m:
$A_{Dachspitz} = 2 \cdot \frac{1}{2} \cdot 6\,m \cdot 5{,}2\,m = 31{,}2\,m$

b) Anzahl der Farbeimer für die Außenwand: $360\,m^2 : 25\,m^2 = 14{,}4$
Anzahl der Farbeimer für den Dachspitz: $31{,}2\,m^2 : 25\,m^2 = 1{,}248$
Menge Farbe: $(14{,}4 + 1{,}248) \cdot 15\,l = 234{,}72\,l$
Man benötigt rund 235 l Farbe für Außenwand und Dachspitz, muss dafür jedoch 15 Eimer Farbe für die Außenwand und 2 Eimer für den Dachspitz mit insgesamt 255 l Farbe bereitstellen.
Wird für Außenwand und Dachspitz die gleiche Farbe verwendet, benötigt man 234,72 l Farbe; hierfür muss man 16 Eimer mit insgesamt 240 l Farbe bereitstellen.

c) $A_{Dachfläche} = A_{Seitenfläche} + A_{Frontfläche} + A_{Rückseiten\text{-}Flächen}$
$= A_{Trapez\_1} + A_{Trapez\_2} + A_{Trapez\_3} + A_{Trapez\_4}$
$= \frac{7\,m + 10\,m}{2} \cdot 6\,m + \frac{11\,m + 14\,m}{2} \cdot 6\,m + \frac{(7\,m + 6\,m) + 10\,m}{2} \cdot 6\,m + \frac{(11\,m + 6\,m) + 14\,m}{2} \cdot 6\,m$
$= (17\,m + 25\,m + 23\,m + 31\,m) \cdot 3\,m = 288\,m^2$
Kosten: $288 \cdot 55\,€ = 15\,840\,€$
Die Kosten für die Neudeckung des Daches betragen 15 840 €.

K3 **8**

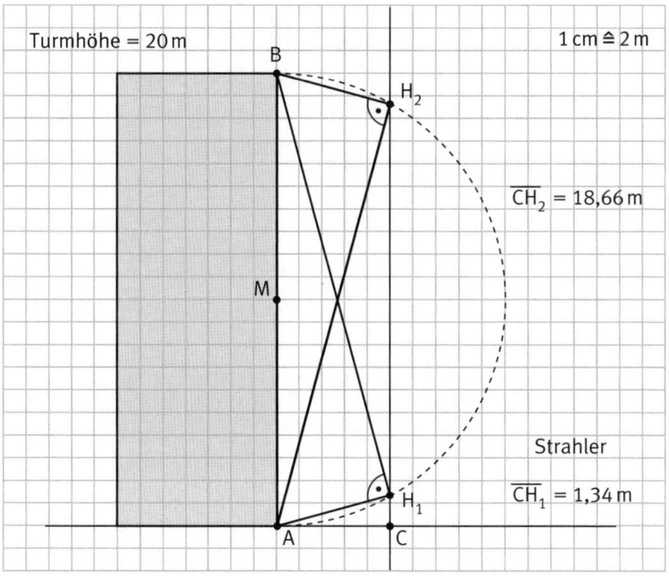

Die Aufgabe lässt sich mithilfe des Thaleskreises lösen, dies ergibt zwei Lösungen mit einer Strahlerhöhe von 1,34 m bzw. von 18,66 m. Die Höhe von 18,66 m ist unrealistisch, daher sollte die Strahlerhöhe 1,34 m betragen, wobei sichergestellt sein muss, dass der Strahler geschützt aufgestellt werden kann.

K5 **9**

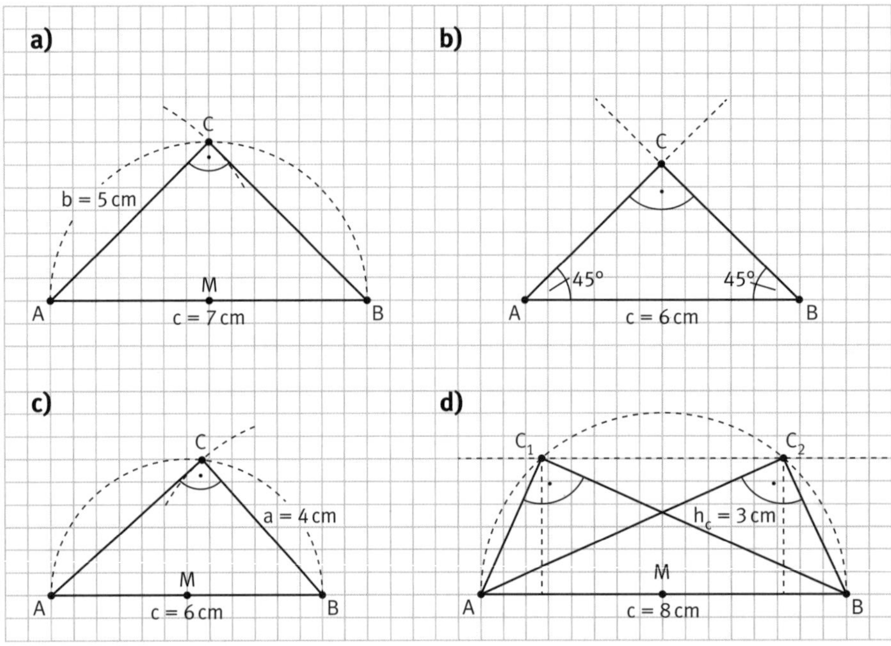

K5 **10** ①

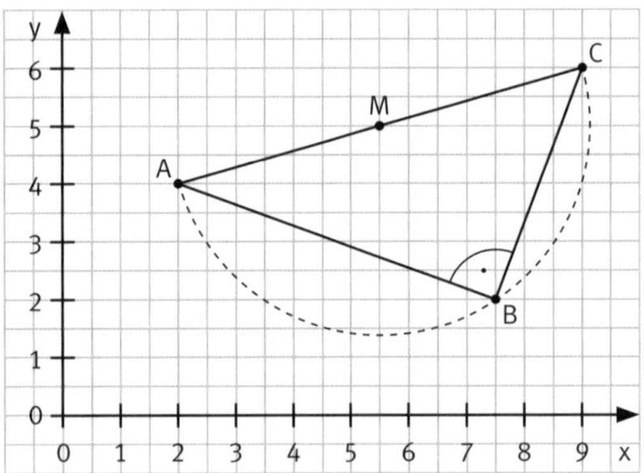

a) Der Umfang des Dreiecks beträgt 17,4 cm.

b) Das Dreieck ABC ist rechtwinklig, der Mittelpunkt M hat die Koordinaten M (5,5 | 5).

②

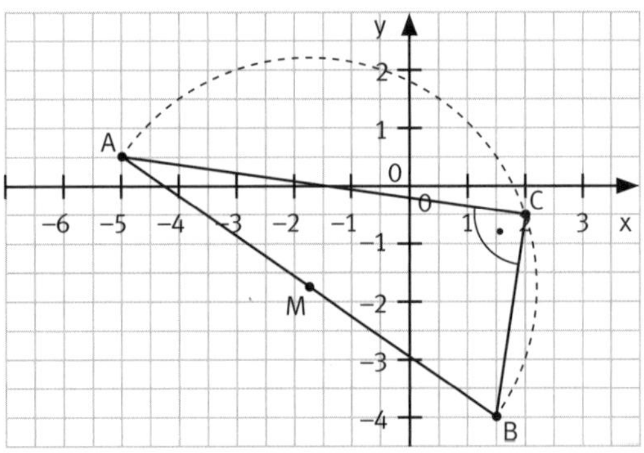

a) Der Umfang des Dreiecks beträgt 18,5 cm.

b) Das Dreieck ABC ist rechtwinklig, der Mittelpunkt M hat die Koordinaten M (–1,75 | –1,75).

K5 **11 a)** $A_{\text{lila Fläche}} = 4 \cdot 8 - 2 \cdot A_{\text{Kreis}}$
$A_{\text{Kreis}} = \pi \cdot r^2$
$A_{\text{Kreis}} = \pi \cdot (2\,\text{cm})^2 \approx 12{,}57\,\text{cm}^2$
$A_{\text{lila Fläche}} = 32\,\text{cm}^2 - 2 \cdot 12{,}57\,\text{cm}^2 = 6{,}86\,\text{cm}^2$
$A_{\text{lila Fläche}} \approx 6{,}9\,\text{cm}^2$

$u_{\text{lila Fläche}} = 2 \cdot 4\,\text{cm} + 2 \cdot 8\,\text{cm} + 2 \cdot u_{\text{Kreis}}$
$u_{\text{Kreis}} = 2 \cdot \pi \cdot r$
$u_{\text{Kreis}} = 2 \cdot \pi \cdot 2\,\text{cm} \approx 12{,}57\,\text{cm}$
$u_{\text{lila Fläche}} = 8\,\text{cm} + 16\,\text{cm} + 2 \cdot 12{,}57\,\text{cm} = 49{,}14\,\text{cm}$
$u_{\text{lila Fläche}} \approx 49{,}1\,\text{cm}$

b) $A_{\text{lila Fläche}} = 4\,\text{cm} \cdot 4\,\text{cm} - A_{\text{Kreis}}$
$A_{\text{Kreis}} = \pi \cdot (2\,\text{cm})^2 \approx 12{,}57\,\text{cm}^2$
$A_{\text{lila Fläche}} = 16\,\text{cm}^2 - 12{,}57\,\text{cm}^2 = 3{,}43\,\text{cm}^2$
$A_{\text{lila Fläche}} \approx 3{,}4\,\text{cm}^2$

$u_{\text{lila Fläche}} = u_{\text{Kreis}}$
$u_{\text{lila Fläche}} = 2 \cdot \pi \cdot 2\,\text{cm} \approx 12{,}57\,\text{cm}$
$u_{\text{lila Fläche}} \approx 12{,}6\,\text{cm}$

c) $A_{\text{lila Fläche}} = 4\,\text{cm} \cdot 8\,\text{cm} - 8 \cdot A_{\text{Kreis}}$
$A_{\text{Kreis}} = \pi \cdot (1\,\text{cm})^2 \approx 3{,}14\,\text{cm}^2$
$A_{\text{lila Fläche}} = 32\,\text{cm}^2 - 8 \cdot 3{,}14\,\text{cm}^2 = 6{,}88\,\text{cm}^2$
$A_{\text{lila Fläche}} \approx 6{,}9\,\text{cm}^2$

$u_{\text{lila Fläche}} = 2 \cdot 4\,\text{cm} + 2 \cdot 8\,\text{cm} + 8 \cdot u_{\text{Kreis}}$
$u_{\text{Kreis}} = 2 \cdot \pi \cdot 1\,\text{cm} \approx 6{,}28\,\text{cm}$
$u_{\text{lila Fläche}} = 8\,\text{cm} + 16\,\text{cm} + 8 \cdot 6{,}28\,\text{cm} = 74{,}24\,\text{cm}$
$u_{\text{lila Fläche}} \approx 74{,}2\,\text{cm}$

K3 **12** $A_{\text{Streifen}} = A_{\text{großer Kreis}} - A_{\text{kleiner Kreis}}$
$A_{\text{großer Kreis}} = \pi \cdot (3{,}6\,\text{m})^2 \approx 40{,}7\,\text{m}^2$
$A_{\text{kleiner Kreis}} = \pi \cdot (2{,}9\,\text{m})^2 \approx 26{,}4\,\text{m}^2$
$A_{\text{Streifen}} = 40{,}7\,\text{m}^2 - 26{,}4\,\text{m}^2 = 14{,}3\,\text{m}^2$
Die Größe der zu bepflanzenden Fläche beträgt ungefähr $14{,}3\,\text{m}^2$.

K5 **13 a)** und **b)**

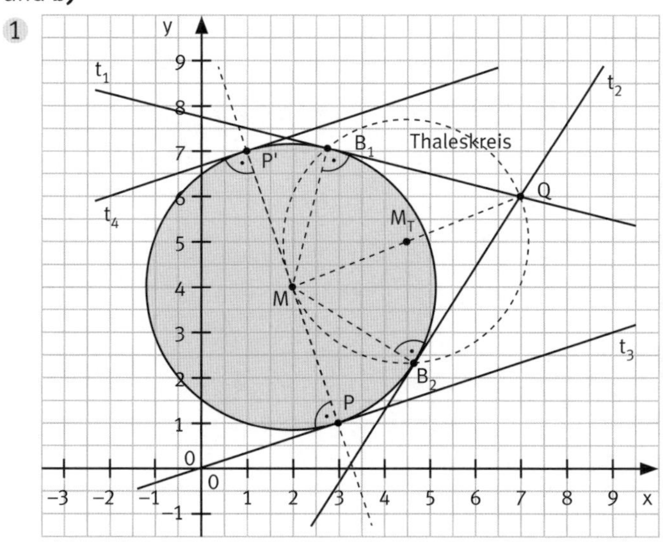

2

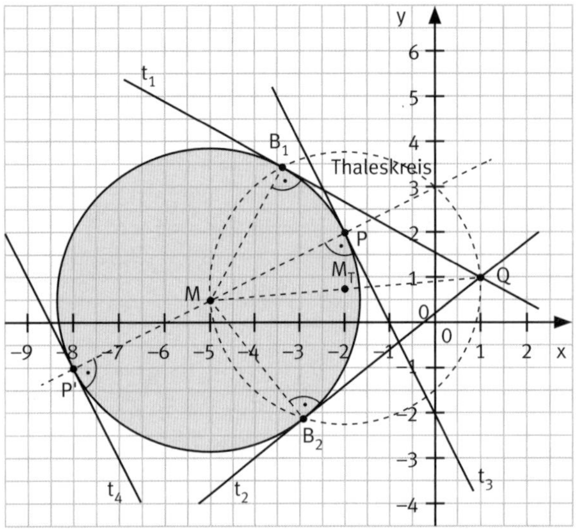

K1 **14** **a)** Rita hat Recht. Beide Münzen haben denselben Umfang, die Umfänge der beiden Münzen werden aufeinander abgetragen.

b) Praktische Übung

K3 **15** **a)** Das Verkehrsschild gibt an, dass hier ein Verbot für Fahrzeuge aller Art gilt.

b) Berechnung anhand der Abbildung im Buch (das gleiche Ergebnis erhält man, wenn man statt mit 2,8 cm mit 60 cm rechnen würde):

$d_{gesamt} = 2{,}8\,\text{cm}$ $r_{gesamt} = 1{,}4\,\text{cm}$ $A_{gesamt} = 6{,}158\,\text{cm}^2$

$d_{weiß} = 2{,}0\,\text{cm}$ $r_{weiß} = 1{,}0\,\text{cm}$ $A_{weiß} = 3{,}142\,\text{cm}^2$

$A_{rot} = A_{gesamt} - A_{weiß} = 6{,}158\,\text{cm}^2 - 3{,}142\,\text{cm}^2 = 3{,}016\,\text{cm}^2 < 3{,}142\,\text{cm}^2 = A_{weiß}$

Andy hat Recht: Die weiße Fläche des Innenkreises ist größer als die Fläche des roten Ringes.

c) Das Verkehrsschild ist im Maßstab 1 : 21,4 abgebildet.

Die Schülerinnen und Schüler lernen Schritt für Schritt den Umgang mit dynamischen Geometrie-Programmen kennen. Es bietet sich an, diese Einheit möglichst zu Beginn des Kapitels zu machen, da bei verschiedenen Aufgaben solche Geometrie-Programme genutzt werden können.

K5 **Wir lernen ein Geometrie-Programm kennen**

Hier sollen sich die Schülerinnen und Schüler zunächst mit der grundlegenden Oberfläche des Programms vertraut werden. Je nachdem, welches Programm genutzt wird, gibt es möglicherweise Unterschiede im Vergleich zur Darstellung im Buch. Die beschriebenen Funktionen sollten aber vorhanden sein.

Insbesondere der „dynamische" Teil des Programms, das Greifen und Verschieben von Objekten, sollte von den Schülerinnen und Schülern ausgiebig erkundet werden.

K5 **Verwinkeltes**

Ziel ist es, dass sich die Schülerinnen und Schüler mit dem Zeichnen, Messen und Berechnen von Winkeln vertraut machen und die entsprechenden Werkzeuge nutzen. Durch die Berechnung der Innenwinkelsumme erhalten Sie auch gleichzeitig einen Eindruck davon, welche zusätzlichen Möglichkeiten ein Geometrie-Programm über das bloße Zeichnen von Objekten hinaus bietet.

K5 **Kreisornamente**

Bei dieser Übung machen sich die Schülerinnen und Schüler mit den Möglichkeiten vertraut, die die Werkzeuge zum Zeichnen von Kreisen bieten. Zudem lernen sie die Möglichkeiten der farblichen Gestaltung kennen.

K5 **Symmetrisches leicht gemacht**

Mithilfe der Übung können die Schülerinnen und Schüler den Umgang mit den Werkzeugen für Symmetrieabbildungen üben. Die Übung ist etwas offener gestaltet und auch gut zur Differenzierung geeignet. Während sich manche Schüler auf etwas einfachere Formen konzentrieren, können andere wiederum versuchen, komplexe Figuren zu erstellen.

K5 **Der Wind, der Wind ...**

Bei dieser abschließenden Übung wird das Wissen über die vorangegangenen Übungen mit dem neuen Werkzeug „Drehen" kombiniert. Der Begriff „dynamisch" kommt hier vollends zur Geltung. Den Schülerinnen und Schülern wird dadurch gezeigt, dass man bereits mit wenigen Mausklicks sehr komplexe dynamische Figuren erzeugen kann.

K2 **π mit Reiskörnern bestimmen**

a) Es sind individuelle Lösungen möglich.

b) Auch bei diesem Experiment erhält man einen Schätzwert für $\frac{\pi}{4}$:

$A_{\text{Viertelkreis}} = \frac{1}{4}\pi r^2$

$A_{\text{kleines Quadrat}} = r^2$

Quotientenbildung: $\frac{A_{\text{Viertelkreis}}}{A_{\text{kleines Quadrat}}} = \frac{\frac{1}{4}\pi r^2}{r^2} = \frac{\pi}{4}$

K2 **π mit dem Telefonbuch bestimmen**

a) und **b)** Lösungsmöglichkeit:

Nr.	Endziffern der Telefonnummer	Endziffern der Telefonnummer	x-Koordinate des Punktes	y-Koordinate des Punktes	$x^2 + y^2$	Im Kreis?
1	4384	2778	0,84	0,78	1,314	nein
2	9214	1807	0,14	0,07	0,025	ja
3	3297	9341	0,97	0,41	1,109	nein
4	6554	3674	0,54	0,74	0,839	ja
5	2832	7165	0,32	0,65	0,524	ja
6	1456	2050	0,56	0,50	0,564	ja
7	9014	4569	0,04	0,69	0,478	ja
8	8318	8729	0,18	0,29	0,117	ja
9	3631	1603	0,31	0,03	0,097	ja
10	5882	9776	0,82	0,76	1,250	nein
11	4645	1819	0,45	0,19	0,239	ja
12	2576	8947	0,76	0,47	0,799	ja
13	9816	7372	0,16	0,72	0,544	ja
14	1637	3122	0,37	0,22	0,185	ja
15	0852	6192	0,52	0,92	1,117	nein
16	0540	5198	0,40	0,98	1,120	nein
17	3448	4385	0,48	0,85	0,953	ja
18	7617	0677	0,17	0,77	0,622	ja
19	6858	1998	0,58	0,98	1,297	nein
20	5310	0176	0,10	0,76	0,588	ja

Damit liegen 14 Punkte von 20 Punkten innerhalb des Kreises ($x^2 + y^2 \leq 1$). Als Schätzwert für $\frac{\pi}{4}$ erhält man $\frac{14}{20} = \frac{7}{10}$. Der Schätzwert für π ist also $\frac{28}{10} = 2{,}8$. Das ist natürlich ein schlechter Schätzwert, aber die Monte-Carlo-Methode ist auch für langsame Konvergenz bekannt.

c) Beim obigen Schätzwert für π von 2,8 ergibt sich als Abweichung:

$\pi \cdot x = 2{,}8$

$x \approx 0{,}8913$

$1 - x = 0{,}1087 \mathrel{\hat{=}} 10{,}87\,\%$

Die Abweichung von 2,8 vom Taschenrechner-Wert von π beträgt rund 10,87 %.

K2 **π mit einem Tabellenprogramm bestimmen**

a) Wenn $x^2 + y^2 \leq 1$ gilt, dann liegt der Punkt $P(x \mid y)$ auf dem Viertelkreis.

b) Hier soll der Umgang mit einem Tabellenkalkulationsprogramm geübt werden.

c) Das Gesetz der großen Zahlen besagt, dass mit zunehmender Zahl von Versuchsdurchführungen die relative Häufigkeit eines Ereignisses einen immer besseren Schätzwert für die Wahrscheinlichkeit darstellt, dass dieses Ereignis eintritt. Insofern liefert die wiederholte Durchführung mit einer großen Anzahl an Versuchen einen immer besseren Schätzwert für $\frac{\pi}{4}$ bzw. π.

K1 **1** Wegen der Innenwinkelsumme im Dreieck folgt mit $180° - 105° = 75°$, dass das Maß der beiden anderen Winkel jeweils kleiner als 75° ist und der Winkel mit 105° der größte der drei Winkel ist. Damit ist die Gegenseite mit 7,5 cm die längste der drei Seiten, die beiden anderen Seiten sind kürzer als 7,5 cm.

K1 **2** Damit die Dreiecksgleichungen ($a + b > c$; $a + c > b$; $b + c > a$) erfüllt sind, muss gelten:

a) $3{,}3\,\text{cm} < c < 10{,}7\,\text{cm}$
b) $1\,\text{cm} < a < 11\,\text{cm}$
c) $0\,\text{cm} < b < 11{,}2\,\text{cm}$
d) $3{,}8\,\text{cm} < c < 7{,}8\,\text{cm}$

K5 **3** Es sind unterschiedliche Abbildungen möglich.

a)
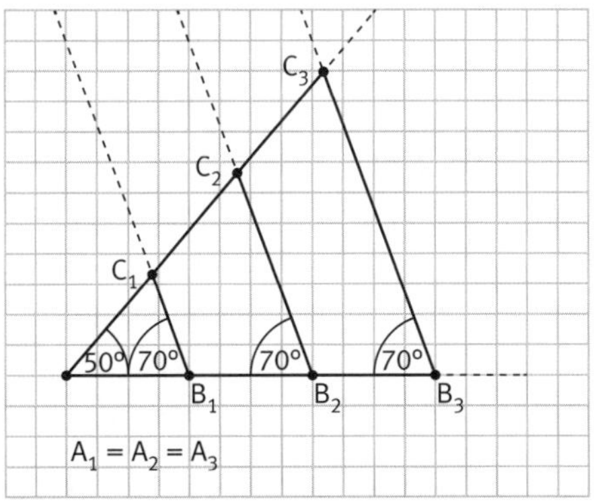

b)
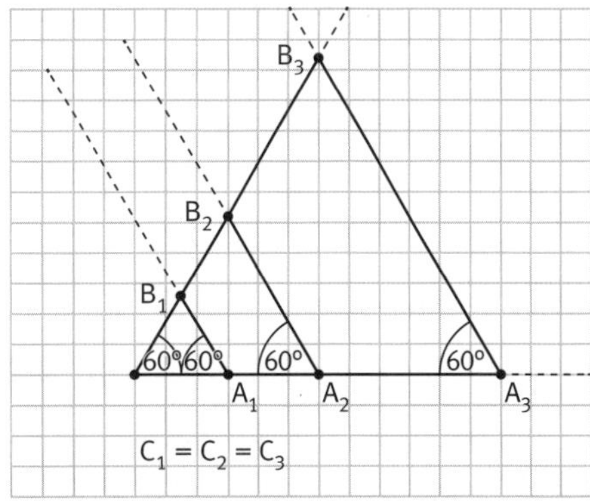

c)
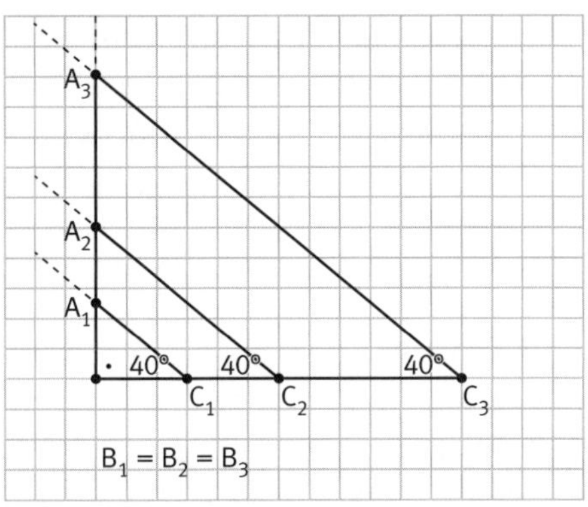

d)
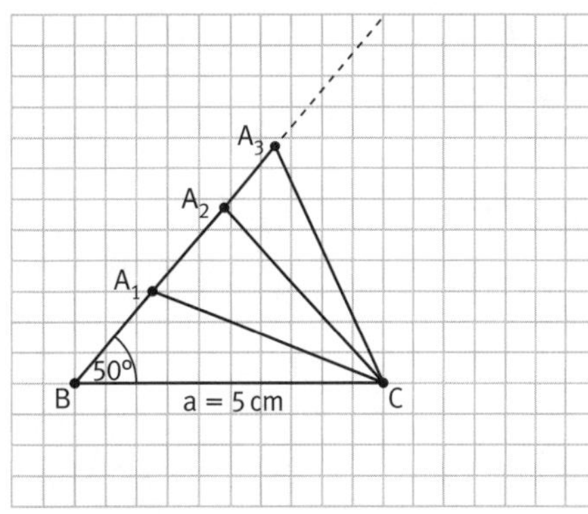

K5 **4** Konstruktion der Dreiecke mit Planfigur, Angabe des Kongruenzsatzes, Zeichnung und Beschreibung:

a) WSW:
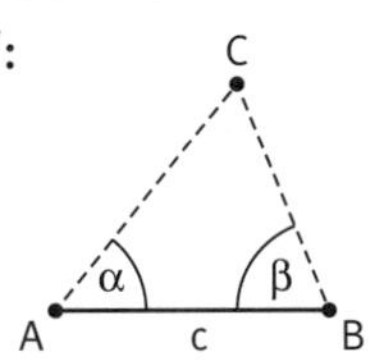

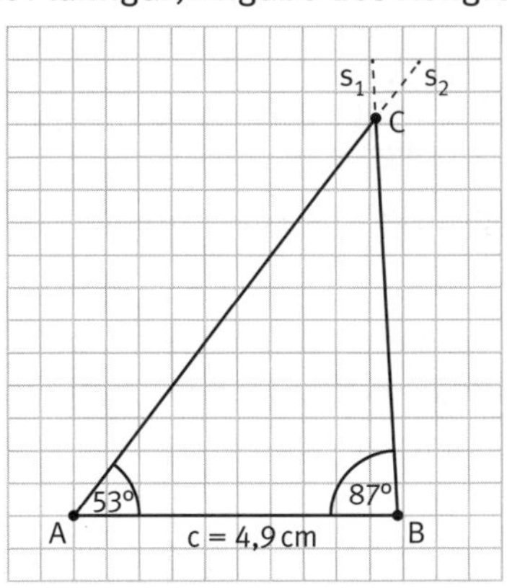

1. Zeichne die Strecke c mit den Eckpunkten A und B.
2. Trage in A den Winkel α an.
3. Trage in B den Winkel β an.
4. Der Schnittpunkt der freien Schenkel von α und β ergibt C.

b) WSW:

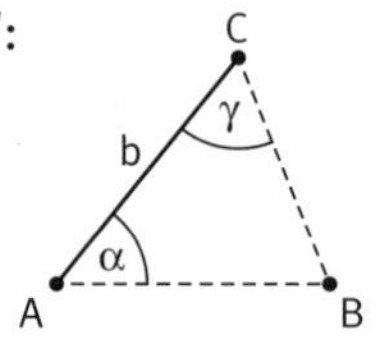

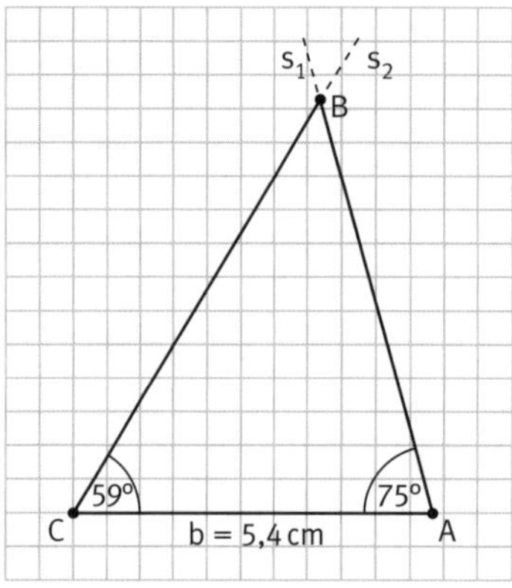

1. Zeichne die Strecke b mit den Eckpunkten A und C.
2. Trage in A den Winkel α an.
3. Trage in C den Winkel γ an.
4. Der Schnittpunkt der freien Schenkel von α und γ ergibt B.

c) SWS:

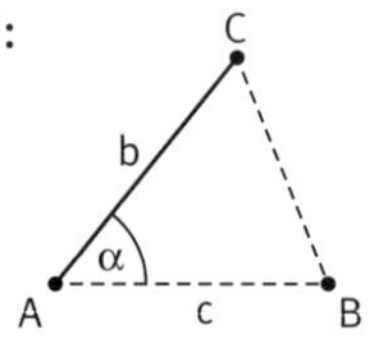

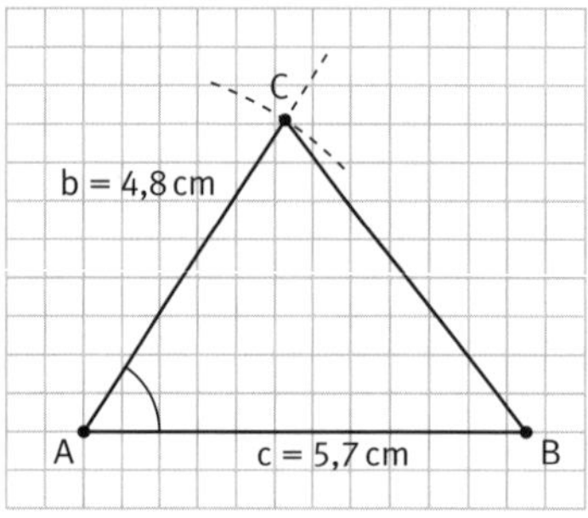

1. Zeichne die Strecke c mit den Eckpunkten A und B.
2. Trage in A den Winkel α an.
3. Die Länge des Schenkels in A beträgt 4,8 cm. Man erhält C.

d) SSS:

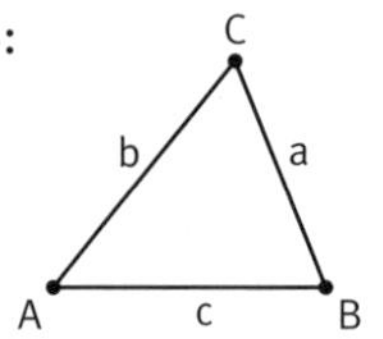

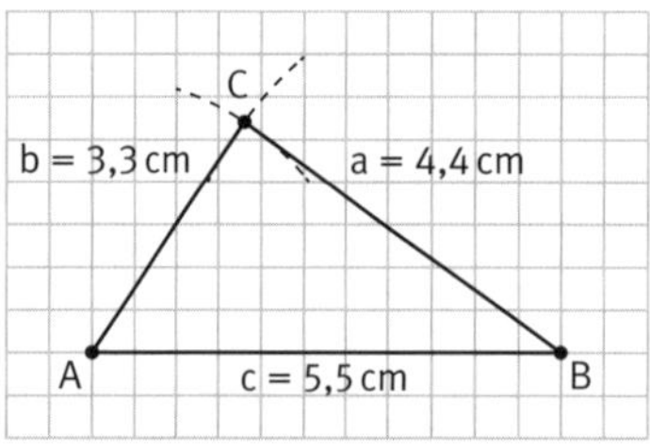

1. Zeichne die Strecke c mit den Eckpunkten A und B.
2. Zeichne um A einen Kreis mit r = b.
3. Zeichne um B einen Kreis mit r = a.
4. Der Schnittpunkt der Kreise ergibt den Eckpunkt C.

e) SsW:

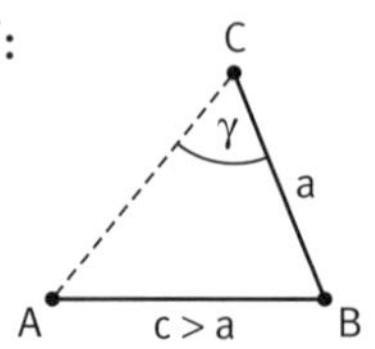

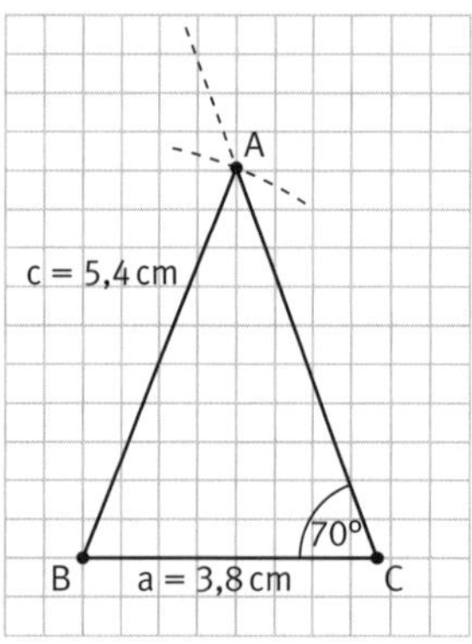

1. Zeichne die Strecke a mit den Eckpunkten B und C.
2. Trage in C den Winkel γ an.
3. Zeichne um B einen Kreis mit r = c.
4. Der Schnittpunkt des freien Schenkels von γ und dem Kreis ergibt A.

K5 **5** Es sind Messabweichungen möglich. Da die Seitenlängen genauer messbar sind als die Winkel, empfiehlt es sich, das Dreieck nach dem Kongruenzsatz SSS zu konstruieren.

a)

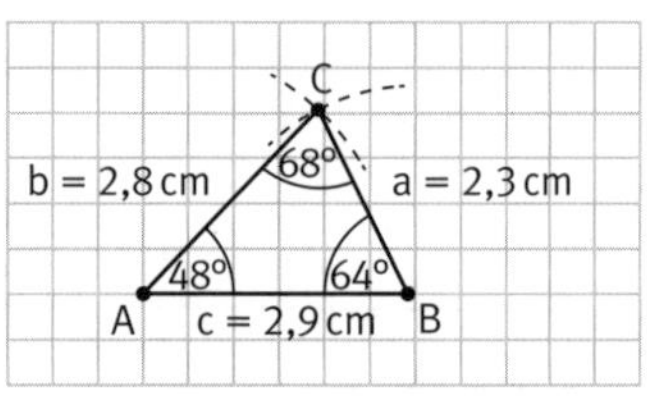

a = 2,3 cm α = 48°
b = 2,8 cm β = 64°
c = 2,9 cm γ = 68°

b)

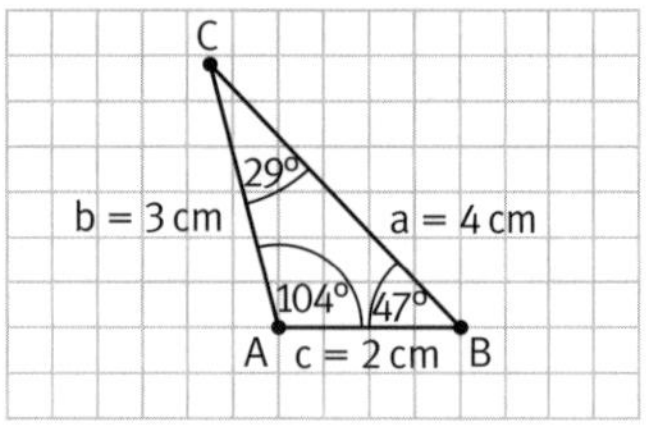

a = 4 cm α = 104°
b = 3 cm β = 47°
c = 2 cm γ = 29°

K5 **6** Zeichnung:

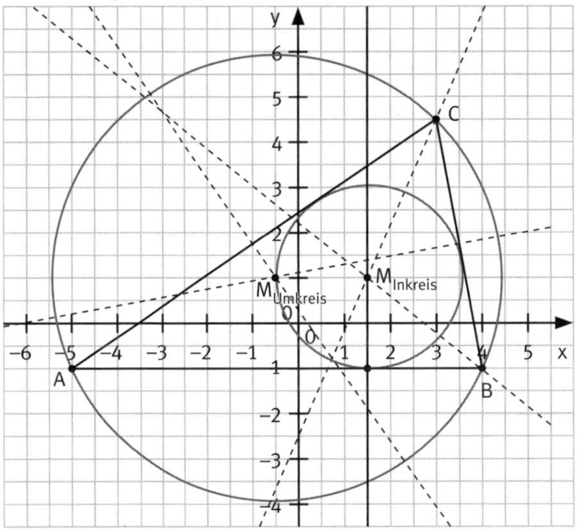

Beschreibung:
Konstruiere den Inkreis mithilfe der Winkelhalbierenden und den Umkreis mithilfe der Mittelsenkrechten; $M_{Inkreis}$ (1,5 | 1); $M_{Umkreis}$ (−0,5 | 1).

K5 **7**

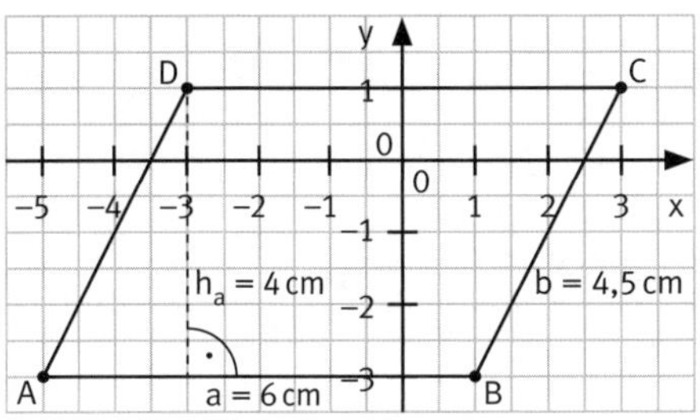

$u = 2 \cdot a + 2 \cdot b$
$u = 2 \cdot 6\text{ cm} + 2 \cdot 4{,}5\text{ cm} = 21\text{ cm}$
$A = a \cdot h_a = 6\text{ cm} \cdot 4\text{ cm} = 24\text{ cm}^2$

K5 **8** $A = \frac{1}{2} \cdot g \cdot h$

Bei der Berechnung muss man auf gleiche Einheiten achten.

	a)	b)	c)
Grundseite g	40 mm	3,8 cm	1,3 cm
Höhe h	12 cm	4,1 cm	17 mm
Fächeninhalt A	24 cm²	7,79 cm²	110,5 mm²

K5 **9** **a)** $A = \frac{1{,}5\text{ cm} + 4{,}5\text{ cm}}{2} \cdot 2{,}5\text{ cm} = 3\text{ cm} \cdot 2{,}5\text{ cm} = 7{,}5\text{ cm}^2$

b) $A = \frac{1\text{ cm} + 3\text{ cm}}{2} \cdot 4{,}5\text{ cm} = 2\text{ cm} \cdot 4{,}5\text{ cm} = 9\text{ cm}^2$

K5 **10** Es sind verschiedene Zerlegungen (oder auch Ergänzungen) möglich. Lösungsmöglichkeit:

a) Zerlegung in Trapez (A_1) und Dreieck (A_2):

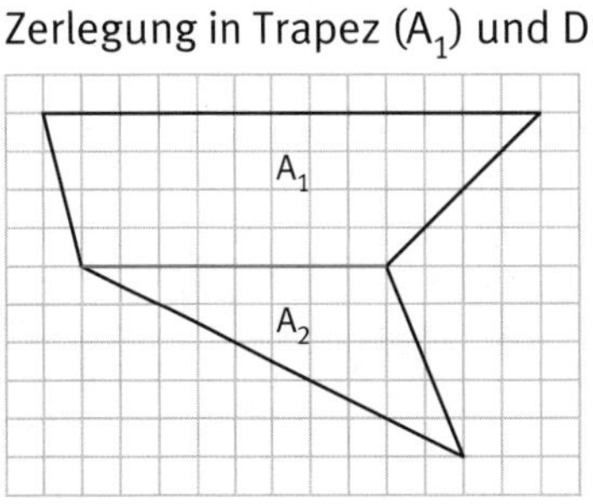

$A = A_1 + A_2$
$A_1 = \frac{4\text{ cm} + 6{,}5\text{ cm}}{2} \cdot 2\text{ cm} = 10{,}5\text{ cm}^2$
$A_2 = \frac{1}{2} \cdot 4\text{ cm} \cdot 2{,}5\text{ cm} = 5\text{ cm}^2$
$A = 15{,}5\text{ cm}^2$

b) Zerlegung in Dreiecke (A_1, A_3) und Trapez (A_2):

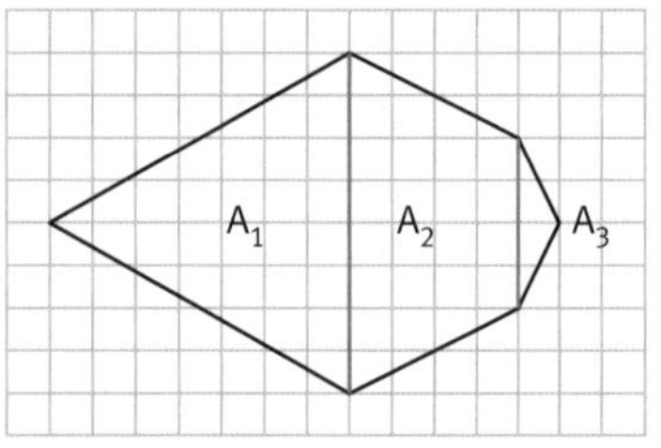

$A = A_1 + A_2 + A_3$

$A_1 = \frac{1}{2} \cdot 4\,cm \cdot 3{,}5\,cm = 7\,cm^2$

$A_2 = \frac{4\,cm + 2\,cm}{2} \cdot 2\,cm = 6\,cm^2$

$A_3 = \frac{1}{2} \cdot 2\,cm \cdot \frac{1}{2}\,cm = \frac{1}{2}\,cm^2$

$A = 13{,}5\,cm^2$

K5/6 **11 a)**

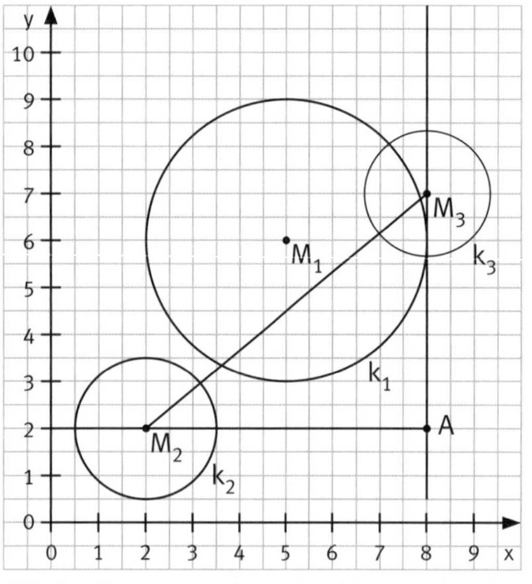

b) AM_3 ist Sekante zu k_3, schneidet aus k_3 also eine Sehne aus (Durchmesser). AM_3 ist Tangente an k_1 und Passante zu k_2.

K5 **12 a)**

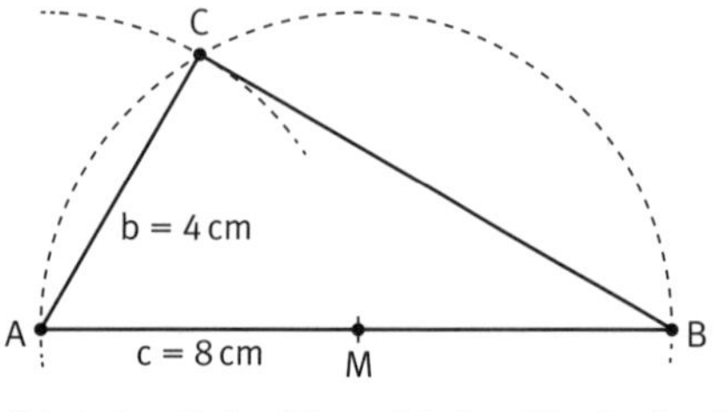

C ist der Schnittpunkt des Thaleskreises über $\overline{AB}$ mit dem Kreis um A mit r = 4 cm.

b)

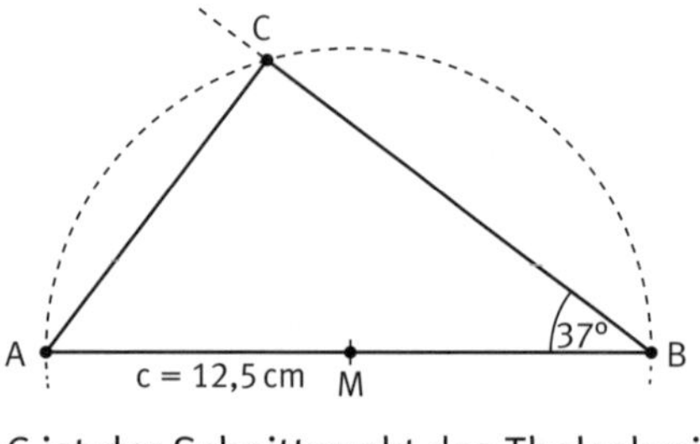

C ist der Schnittpunkt des Thaleskreises über $\overline{AB}$ mit dem freien Schenkel des in B angelegten Winkels $\beta = 37°$.

K1 **13** Beschreibung:

1. Zeichne die Diagonale d mit den Eckpunkten A und C.
2. Zeichne den Thaleskreis über dem Mittelpunkt M der Diagonalen $\overline{AC}$.
3. Zeichne einen Kreisbogen mit Mittelpunkt A und Radius r = a. Der Schnittpunkt des Kreisbogens mit dem Thaleskreis ergibt B.
4. Zeichne einen Kreisbogen mit Mittelpunkt C und Radius r = a. Der Schnittpunkt des Kreisbogens mit dem Thaleskreis ergibt den Eckpunkt D.

Begründung: Man erhält auf diese Weise ein Parallelogramm, dessen Winkel in B und D rechtwinklig sind. Folglich müssen auch die gleich großen Winkel in A und C rechtwinklig sein. Wir haben das gesuchte Rechteck konstruiert.

Zeichnung:

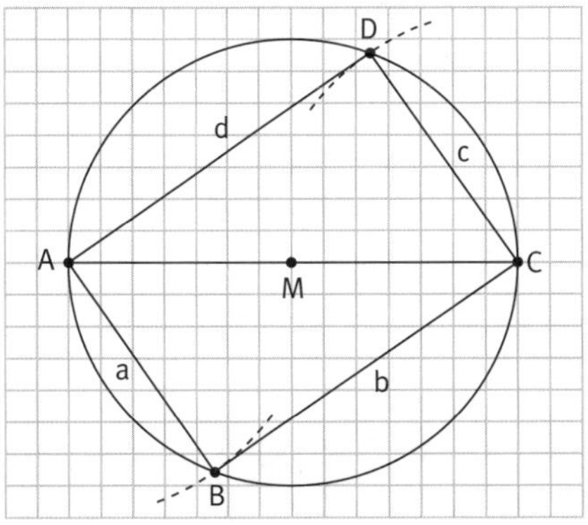

K5 **14** **a)** $u \approx 35{,}8\,\text{cm}$; $A \approx 102{,}1\,\text{cm}^2$
b) $u \approx 15{,}7\,\text{cm}$; $A \approx 19{,}6\,\text{cm}^2$
c) $u \approx 113{,}1\,\text{mm}$; $A \approx 1017{,}9\,\text{mm}^2$
d) $u \approx 942\,\text{m}$; $A \approx 7{,}1\,\text{ha}$
e) $u \approx 19{,}5\,\text{cm}$; $A \approx 30{,}2\,\text{cm}^2$
f) $u \approx 6{,}0\,\text{km}$; $A \approx 2{,}9\,\text{km}^2$

K5 **15** $d \approx 1{,}13\,\text{cm}$
($d \approx 10{,}1\,\text{mm}$; $d \approx 6{,}6\,\text{mm}$)

K3 **16** **a)** $A_{liegend} = (2{,}25\,\text{cm})^2 \cdot \pi \approx 15{,}90\,\text{cm}^2$
$A_{stehend} = (5{,}75\,\text{cm})^2 \cdot \pi \approx 103{,}82\,\text{cm}^2$

b) $A_{liegend} \triangleq 100\,\%$
$A_{stehend} \triangleq \frac{103{,}82}{15{,}90} \cdot 100\,\% = 652{,}96\,\%$
Unterschied: $652{,}96\,\% - 100\,\% = 552{,}96\,\%$
Der Flächeninhalt einer Scheibe beim stehenden Schießen ist um 552,96 % größer als der Flächeninhalt einer Scheibe beim liegenden Schießen.

Aufgaben für Lernpartner

K1/6 **A** Die Aussage ist richtig (Grund: Seite-Winkel-Beziehung).

K1/6 **B** Die Aussage ist falsch. Richtig ist: In einem Dreieck ist die Summe zweier Seiten immer länger als die dritte Seite (Dreiecksungleichung).

K1/6 **C** Die Aussage ist falsch. Man benötigt für die eindeutige Konstruktion mindestens eine Seitenlänge.

K1/6 **D** Die Aussage ist falsch. Nur bei einem spitzwinkligen Dreieck liegt der Umkreismittelpunkt innerhalb des Dreiecks. Bei einem rechtwinkligen Dreieck liegt der Umkreismittelpunkt auf der Seite des Dreiecks, die dem rechten Winkel gegenüberliegt (Hypotenuse); bei einem stumpfwinkligen Dreieck liegt er außerhalb des Dreiecks.

K1/6 **E** Die Aussage ist zwar richtig, aber bei einem Dreieck bietet sich die Flächeninhaltsformel für Trapeze nicht unbedingt an, es sei denn man setzt eine der parallelen Seiten mit der Länge 0 LE an. Bei Parallelogrammen ist das problemloser möglich, denn Parallelogramme sind spezielle Trapeze.

K1/6 **F** Die Aussage ist richtig.

K1/6 **G** Die Aussage ist richtig. Es gilt: $u = \pi \cdot d$

K1/6 **H** Die Aussage ist falsch. Wenn sich der Durchmesser verdoppelt, dann verdoppelt sich auch der Umfang.

5 Rund um Prisma und Zylinder

Einstieg

Die Auftaktseite eines Kapitels enthält zwei verschiedene Elemente:

Zunächst werden die Schüler mit einem offenen Einstiegsbeispiel an das neue Kapitel herangeführt. Zentral ist dabei immer der Anwendungsbezug: Kein Lehrplaninhalt ist rein innermathematisch, sodass den Schülern von Beginn an gezeigt werden sollte, dass Mathematik nichts Abstraktes ist, sondern oft im Leben der Schüler vorkommt. In einem Unterrichtsgespräch zur Auftaktseite können viele der kommenden Lerninhalte schon heuristisch erarbeitet, Vermutungen geäußert und Zusammenhänge erschlossen werden.

K3
- Das Aquarium hat die Form eines Zylinders. Der abgebildete Glaszylinder, der sogenannte AquaDom, schwebt über der Hotelbar des Radisson Blu Hotels in Berlin.

K3
- Hier sind individuelle Lösungen möglich.

K6
- Die Füllmenge des Aquariums ist die Differenz zwischen dem Volumen des ganzen Zylinders und dem inneren Hohlraum des Aquariums. So berechnet man zuerst das Volumen des Zylinders und des Innenraumes. Danach ermittelt man die Differenz.
  Auf www.wikipedia.de ist Folgendes über den AquaDom zu lesen:
  Der AquaDom in Berlin ist das größte zylindrische Salzwasseraquarium der Welt und liegt im CityQuartier DomAquarée in Berlin-Mitte. Es besteht aus einem Acrylglasbehälter von 16 Meter Höhe und 11,5 Meter Durchmesser. Insgesamt ist die Konstruktion 25 Meter hoch. In der Mitte des Zylinders können Besucher in einem Aufzug durch das Innere des Aquariums hindurchfahren. In dem Aquarium leben rund 1200 Fische aus rund 95 Arten in einer Million Liter Salzwasser. Zugleich ist der AquaDom Ausgang für das Sea Life Berlin.

K3
- $d = 11{,}5\,\text{m}$, also $r = 5{,}75\,\text{m}$ $\quad h = 16\,\text{m}$
  $M = 2\pi \cdot r \cdot h \quad M = 2 \cdot \pi \cdot 5{,}75\,\text{m} \cdot 16\,\text{m} \approx 578\,\text{m}^2 \quad M = 578\,\text{m}^2$
  Es müssen knapp $578\,\text{m}^2$ bei einer Reinigung der äußeren Glasfläche geputzt werden.

K6
- Eine „innere“ Glasfläche ist auf jeden Fall kleiner, da der Durchmesser kleiner ist als bei dem „äußeren“ Zylinder.

Ausblick

Die Aufzählung am Ende der Seite bietet einen Ausblick auf die wesentlichen Lernziele des Kapitels und schafft so eine hohe Transparenz für Schüler und Lehrer. Durch einen informierenden Unterrichtseinstieg können sich Schüler und Lehrer auf das Kommende einstellen.

Idealerweise wird im Unterricht der Bezug hergestellt zwischen der Einstiegssituation und den

K6 **1** **a)** Dreiecksprisma
b) Kugel
c) Würfel oder Quader
d) Pyramide mit viereckiger Grundseite
e) Zylinder
f) Pyramide mit dreieckiger Grundfläche bzw. Tetraeder

K1 **2** Quadernetz: a, c
Würfelnetz: b
Begründungen können über den Faltvorgang erfolgen.

K5 **3** Lösungsmöglichkeiten (maßstäblich verkleinert):

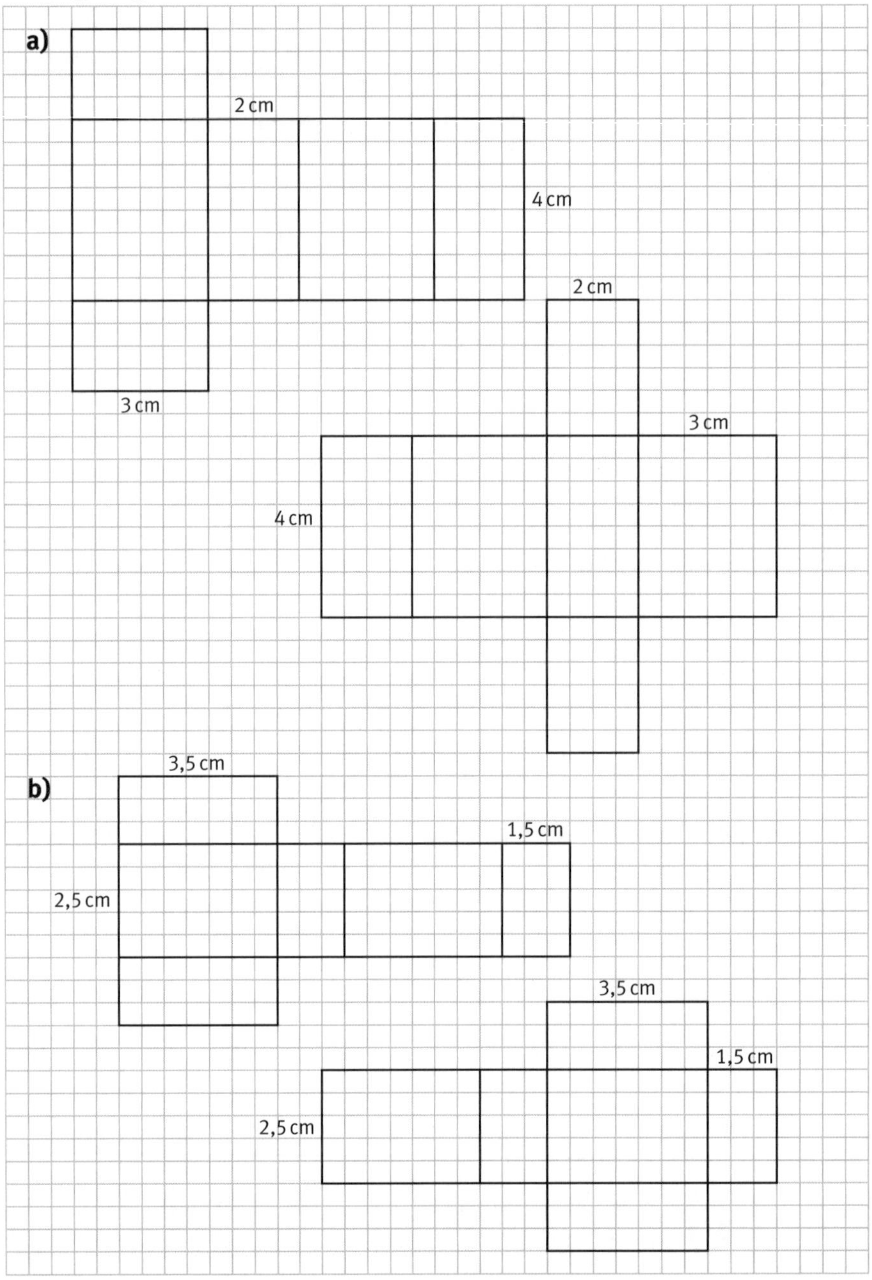

c)

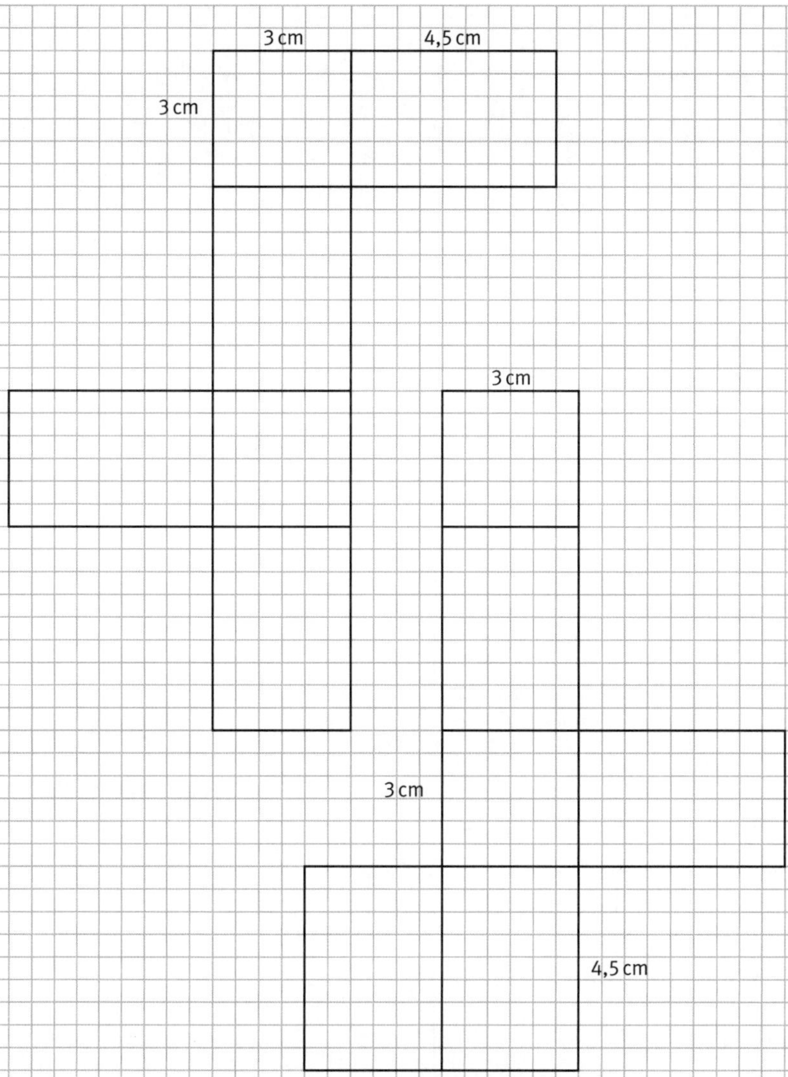
3 cm
4,5 cm
3 cm
3 cm
3 cm
4,5 cm

d)

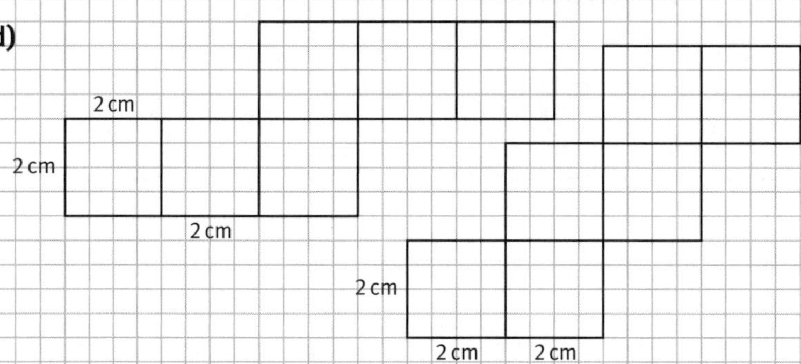
2 cm
2 cm
2 cm
2 cm
2 cm
2 cm

e)

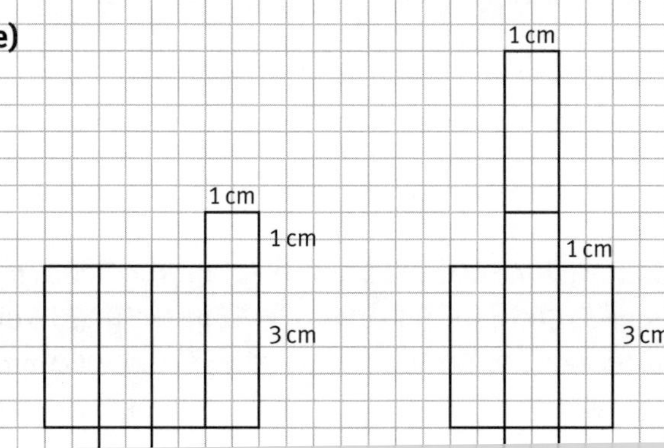
1 cm
1 cm
3 cm
1 cm
1 cm
3 cm

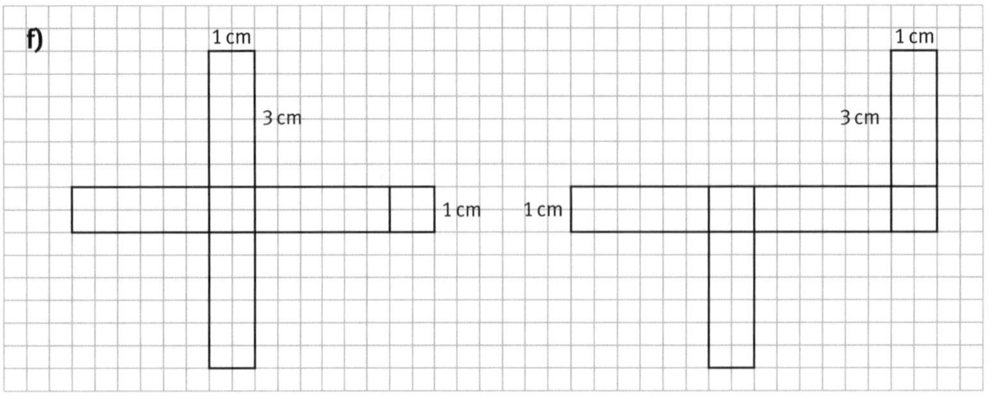

K4 **4**

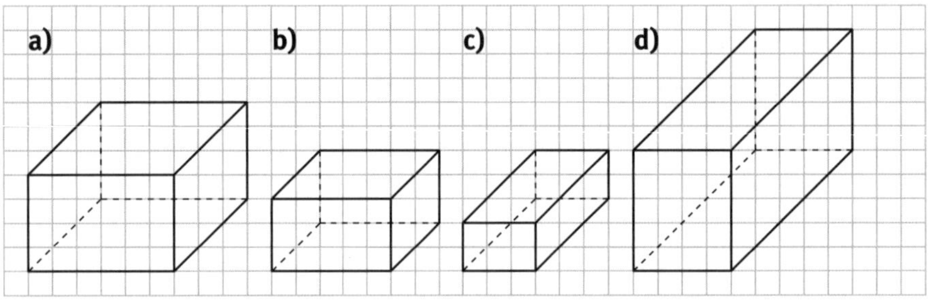

K4 **5**

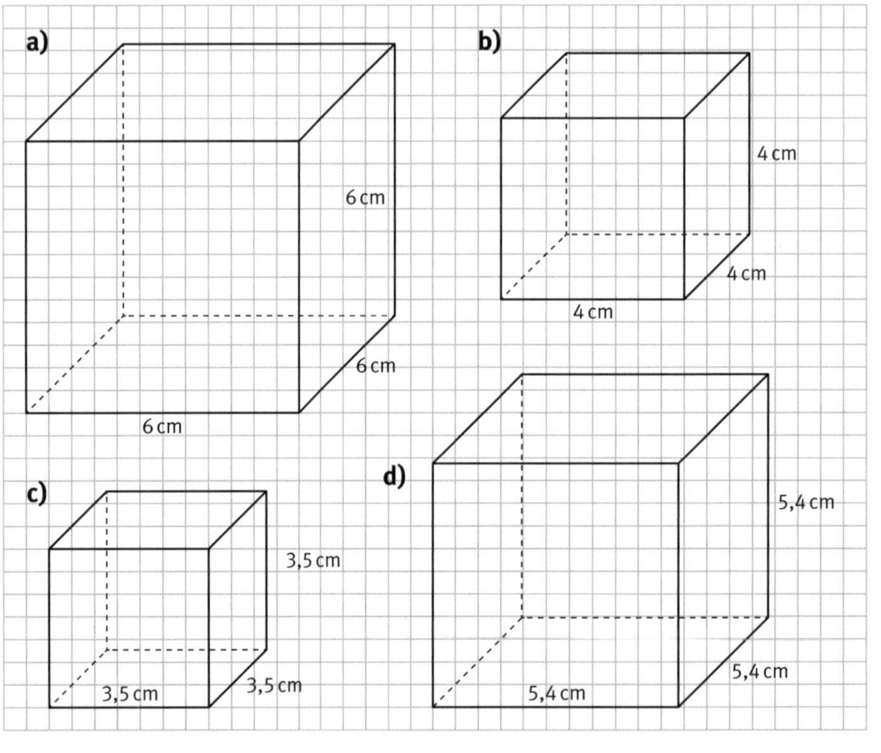

Lösungen maßstäblich verkleinert.

K5 **6** **a)** $1400\,m^2$; $5\,m^2$; $65\,000\,m^2$; $\frac{1}{2}\,ha = 50\,a = 5000\,m^2$; $65\,m^2$; $4{,}8\,ha = 480\,a = 48\,000\,m^2$; $12\,ha\,503\,m^2 = 12\,ha\,5\,a\,3\,m^2 = 120\,503\,m^2$

b) $400\,cm^2$; $50\,000\,cm^2$; $9\,cm^2$; $0{,}25\,dm^2 = 25\,cm^2$; $44\,cm^2$; $204\,500\,cm^2$; $6\,dm^2\,0{,}62\,cm^2 = 600{,}62\,cm^2$

c) $900\,dm^2$; $80\,000\,dm^2$; $7\,dm^2$; $0{,}6\,m^2 = 60\,dm^2$; $16\,dm^2$; $2505\,dm^2$; $900\,dm^2\,0{,}375\,dm^2 = 900{,}375\,dm^2$

d) $120\,000\,mm^2$; $14\,600\,000\,mm^2$; $1{,}1\,cm^2 = 110\,mm^2$; $4\,000\,000\,000\,000\,mm^2$; $0{,}8\,m^2 = 800\,000\,mm^2$; $1\,780\,000\,000\,mm^2$; $48\,990\,000\,mm^2$; $10\,000\,000\,000\,mm^2$

Kap. 5.1 und 5.3

Ansichtssache

K6
- Die im Buch dargestellten Formen haben folgende geometrische Bezeichnungen:
  - Chips → Zylinder
  - Eis → Kegel
  - Kekse → Quader
  - Praline → Würfel
  - Schoki → Dreiecksprisma
  - Schokolade → Sechsecksprisma
  - Sweet → Dreiecksprisma

K6
- ① Es sind individuelle Lösungen möglich. Neben den im Buch dargestellten Formen könnte zum Beispiel die folgende Form gezeichnet werden:

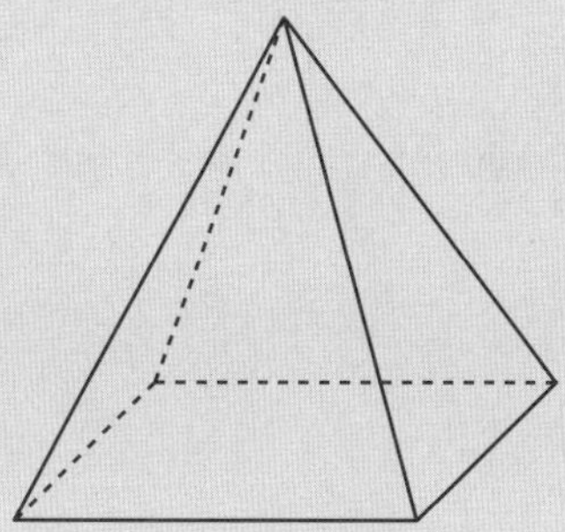

② Zerschneidet man die links dargestellte Pyramide den Kanten entlang auf, entsteht in etwa das folgende Netz:

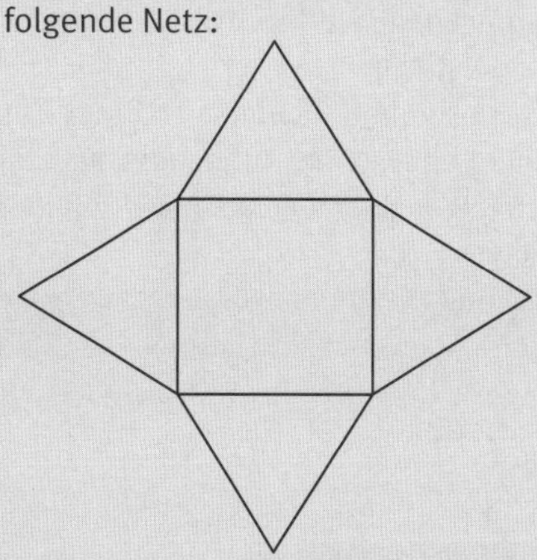

Das abgebildete Netz besteht aus einem Quadrat und vier Dreiecken.

Die folgenden Formen sind in den Netzen der im Buch dargestellten Verpackungen enthalten: Dreiecke, Rechtecke, Quadrate, Sechsecke und Kreise. Die Mantelfläche des Kegels hat die Form eines Kreisausschnitts, wobei der Kreis den Durchmesser der Kegelhöhe hat und die Länge des Kreissektors mit $2\pi r$ berechnet werden kann. r ist dabei der Durchmesser der Grundfläche des Kegels.

Kap. 5.2

Schattenspiele

K6
- Es sind individuelle Lösungen möglich. Diese sind abhängig von der gewählten Verpackung. Als Schatten können die meisten im Netz enthaltenen Formen entstehen.
  - Beispiel Würfel: Es entstehen quadratische Schatten, wenn der Würfel mit einer Seite parallel zum Licht gehalten wird. Wird dies nicht gemacht, können Sechsecke mit verschiedenen Seitenlängen entstehen.
  - Beispiel Kegel: Die Mantelfläche kann nicht als Schatten an die Wand geworfen werden, dafür wird ein Dreieck sichtbar.
  - Beispiel Zylinder: Wird die Verpackung schräg gehalten, entsteht ein Rechteck mit Halbkreisen an zwei gegenüberliegenden Seiten.

K6
- Es sind individuelle Lösungen möglich.
  Die Verpackungen müssen nicht die gleiche Form haben, um den gleichen Schatten an der Wand zu bilden. Beispiele:
  - Kegel und Zylinder haben von unten die selbe Kreisform.
  - Zylinder und Quader können rechteckige Schatten werfen.
  - Würfel, Pyramiden, Quader und Zylinder werfen bei der richtigen Positionierung quadratische Schatten.
  - Kegel und Pyramiden können dreieckige Schatten werfen.

Kap. 5.4

Materialeinsatz

K6
- Es sind individuelle Lösungen möglich.
  Anhand der Verpackungsnetze kann die Materialmenge berechnet werden, indem sie ausgemessen werden und der Flächeninhalt berechnet wird. Die Flächeninhalte der einzelnen Formen, die in den Netzen enthalten sind, können der Einfachheit halber separat errechnet und am Ende addiert werden.

K6
- Es sind individuelle Lösungen möglich.
  Die Begründung sollte folgende Fragen beantworten:
  - Wie groß sollte der Pappbogen, aus dem das Material geschnitten wird, sein?
  - Wird die ganze Verpackung in einem Stück ausgeschnitten oder kann sie aus Einzelteilen zusammengefügt werden?
  - Wie werden die Netze angeordnet, um möglichst wenig Materialverschnitt zu haben?
  - Wieviel Materialverschnitt entsteht?

K3
- Es sind individuelle Lösungen möglich. Diese hängen von den ausgewählten Verpackungen ab. Insgesamt haben rechteckige Verpackungen häufig wenig Verschnitt, da sie direkt aneinander gereiht und ausgeschnitten werden können. Packungen, die Kreisformen enthalten, haben dagegen unausweichlich Materialverschnitt, wenn sie aus rechteckigen Bögen ausgeschnitten werden.

Kap. 5.5

Optimal genutzt

K3
- Es sind individuelle Lösungen möglich. Diese sind von der jeweiligen Verpackung abhängig. Lösungen können entweder durch die Formeln zur Volumenberechnung oder Experimente mit Wasserbefüllung und -verdrängung entstehen.

K6
- Es sind individuelle Lösungen möglich. Diese sind von dem Inhalt der Verpackungen abhängig. Das Volumen des Verpackungsinhalts kann auf die gleiche Weise bestimmt werden, wie das Volumen der Verpackung selbst. Um das genutzte Volumen in Prozent zu errechnen hilft folgende Formel:
  $N = \frac{V_2}{V_1} \cdot 100$
  Das Verhältnis aus Volumeninhalt V_2 und Verpackungsvolumen V_1 multipliziert mit 100 ergibt die Verpackungsnutzung N in Prozent.

K6
- Es sind individuelle Lösungen möglich.
  Einige Beispiele für gut ausgefüllte Verpackungen sind:
  • Verpackungen von Schokoladentafeln
  • Verpackungen von Waschmittel (flüssig & Pulver)
  Einige Beispiele für schlecht ausgefüllte Verpackungen sind:
  • Verpackungen von Pralinen (Plastikeinsatz darunter)
  • Zylinderförmige Verpackung von Schokobonbons
  Insgesamt sind feste Verpackungen meist weniger gut ausgefüllt als dünne und formbare Verpackungen. Runde und unregelmäßige Inhalte werden häufig weniger sparsam verpackt als eckige und regelmäßige Inhalte.

Alternativer Einstieg: Schulbuch Seite 170

Entdecken

K4

- Es können mithilfe der im Buch abgebildeten Schrägbilder auf folgende beispielhafte Weise Schrägbilder von Prisma und Zylinder entstehen:

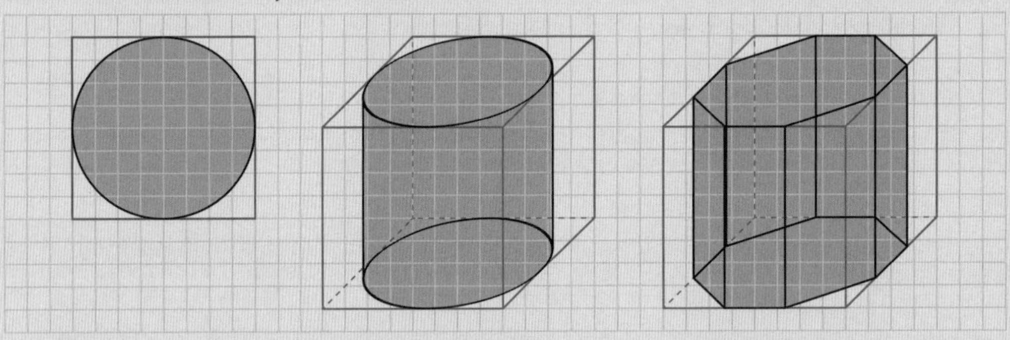

K6

- Die geforderten Formen können in (oder um) die im Buch vorgegebenen Figuren gezeichnet werden. Auf korrekte Maßstäbe ist dabei unbedingt zu achten. Eine maßstabsgerechte Ellipse für den Zylinder entsteht allerdings nur durch die im Buch dargestellte Vorgehensweise.

Nachgefragt

K6

- Es gibt tatsächlich eine Vielzahl von Schrägbildern, die man von einem einzigen Quader zeichnen kann. Vier verschiedene Schrägbilder entstehen allein schon durch die Frage der Perspektive: Man kann – wie normal üblich – das Schrägbild so zeichnen, dass der Betrachter von rechts oben auf den Quader schaut. Bei den anderen drei Perspektiven schaut der Betrachter von rechts unten, von links oben und von links unten.

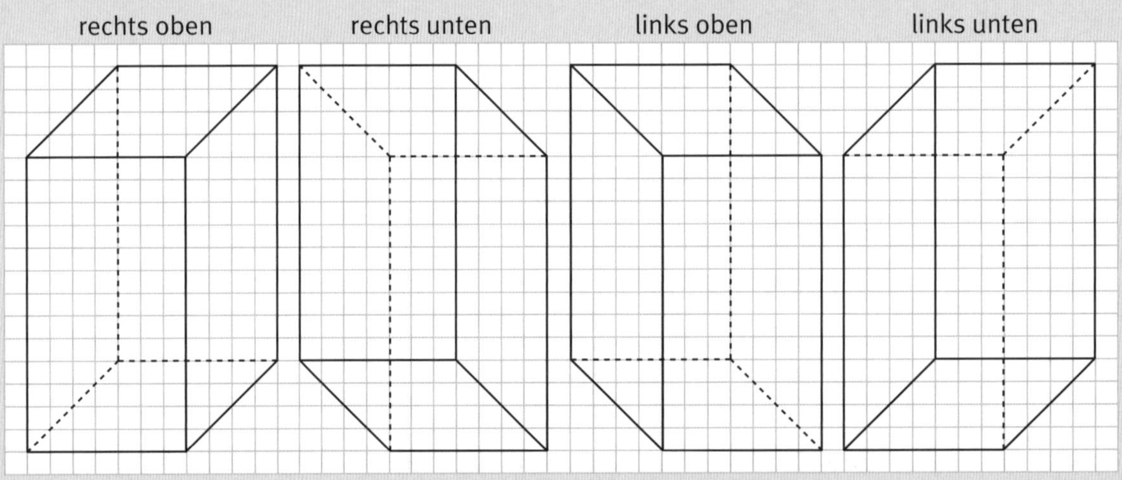

Ebenso entstehen (bei einem Quader mit drei unterschiedlich langen Kanten) sechs unterschiedliche Schrägbilder, je nachdem, welche Seite als Grundseite, als Höhe und als nach hinten verlaufende Tiefenkante genommen wird. Die Tabelle zeigt die Details.

	Grundseite	Höhe	Tiefenkante
1	a	b	c
2	a	c	b
3	b	a	c
4	b	c	a
5	c	a	b
6	c	b	a

K6

- Wenn man die nach hinten verlaufenden Kanten eines geometrischen Körpers nicht verkürzt, dann wirkt der Körper auf dem Bild tiefer als in Wirklichkeit: Die Darstellung entspricht nicht unserer natürlichen Wahrnehmung.

Aufgaben

K4 **1**

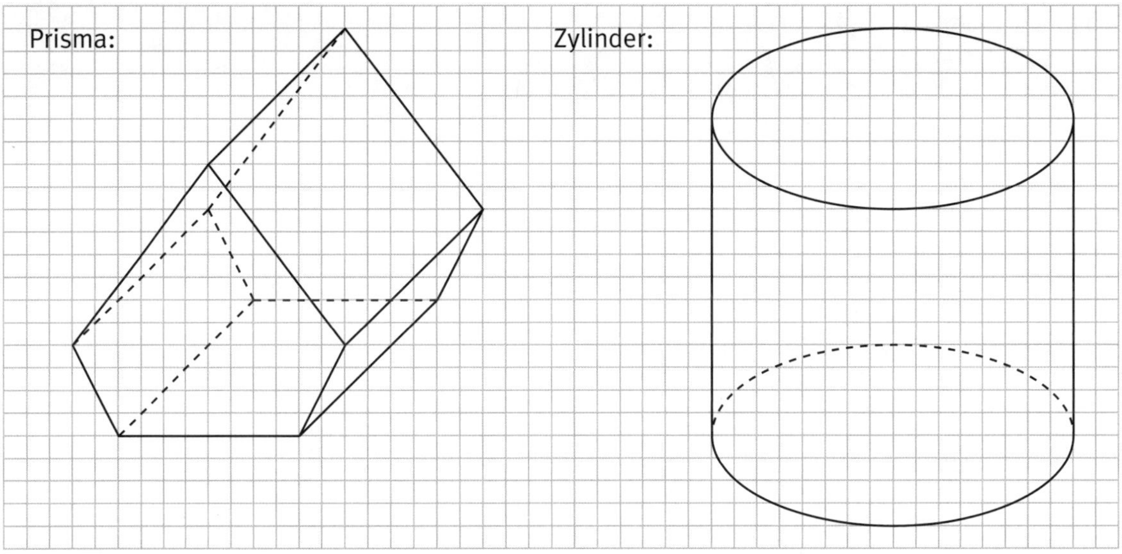

K4 **2** gelbe Fläche als Grundfläche:

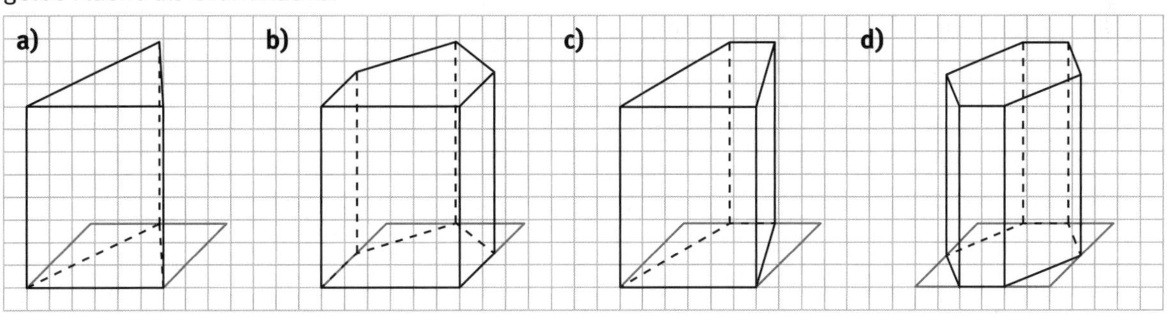

gelbe Fläche als Vorderfläche:

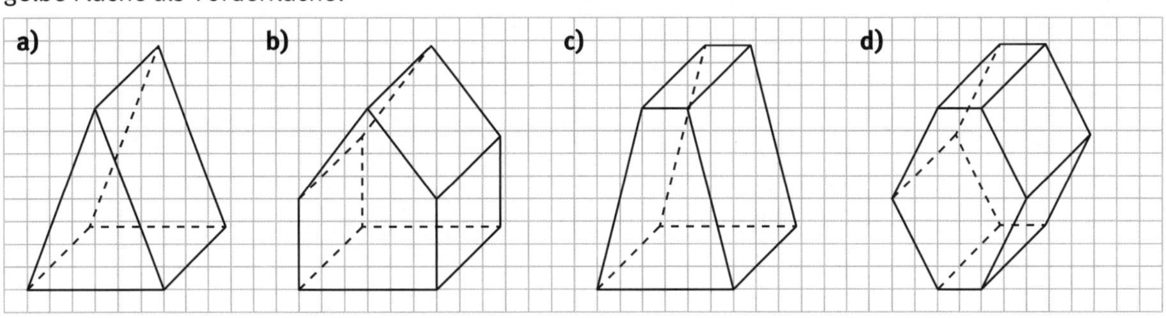

K6 **3** Auf dem linken Bild (stehender Zylinder) ist die Grundfläche als Ellipse gezeichnet, im liegenden Zylinder als Kreis.

K6 **4**

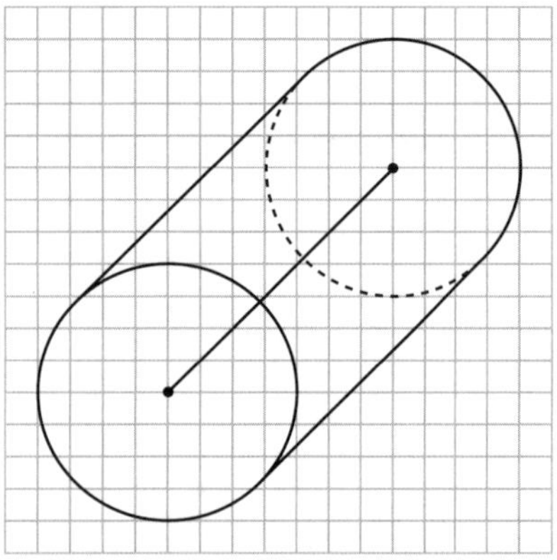

Der Zylinder ist in Wirklichkeit 10 cm hoch.

K4 **5**

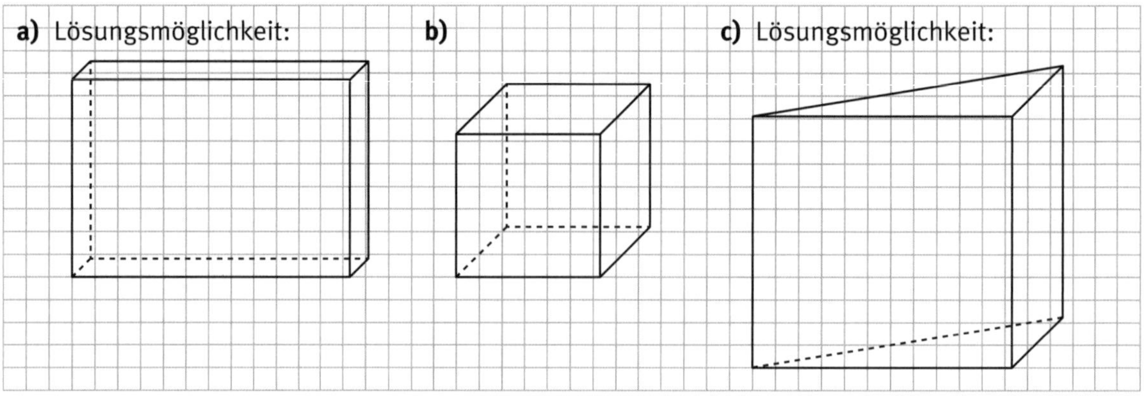

K4 **6** **a)**

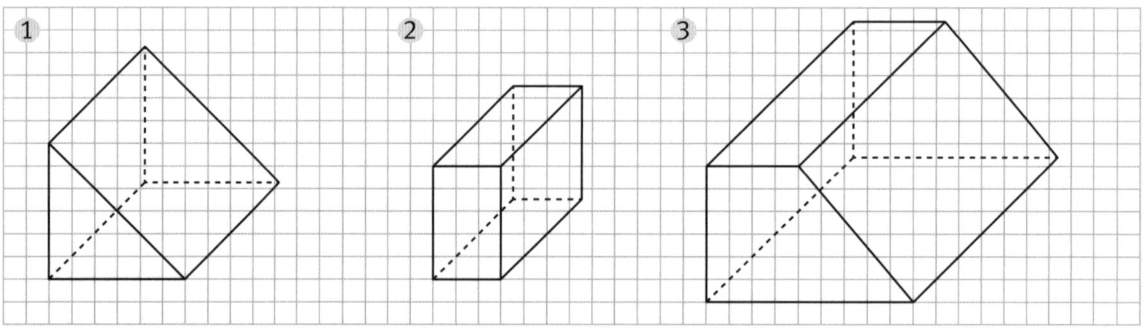

b) Es sind neben den dargestellten auch noch andere Lösungen möglich.

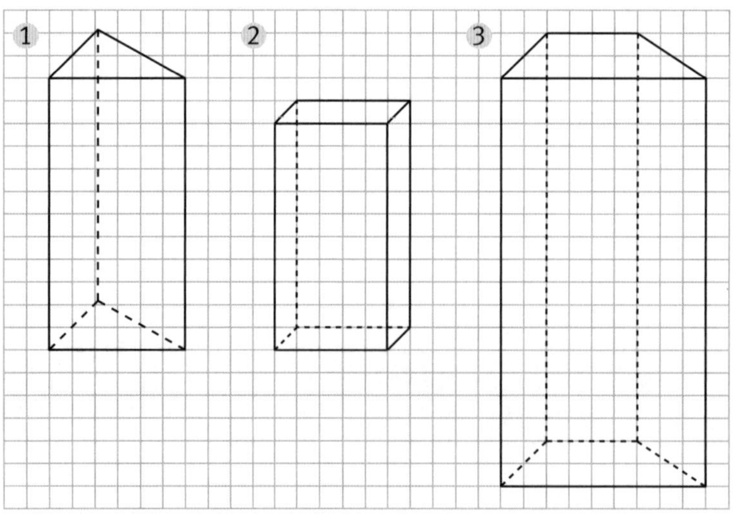

K5 **7** **a)**

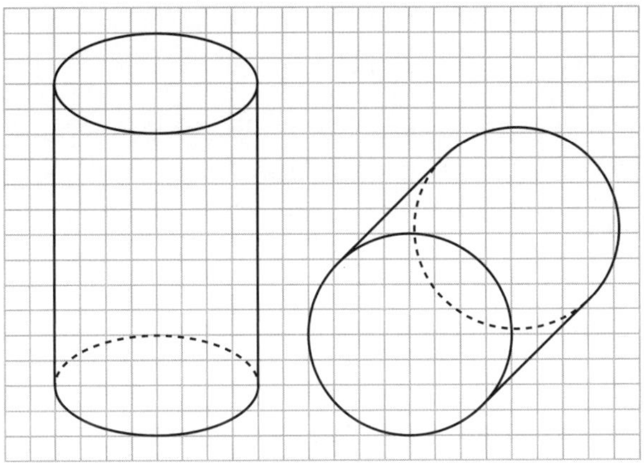

b)

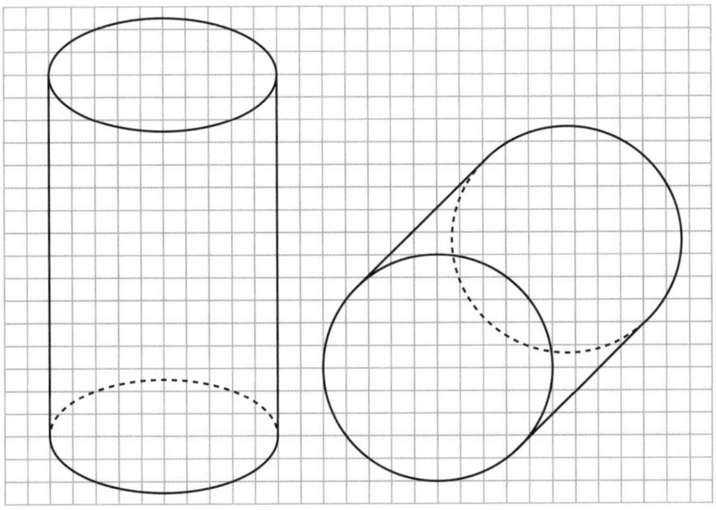

c)

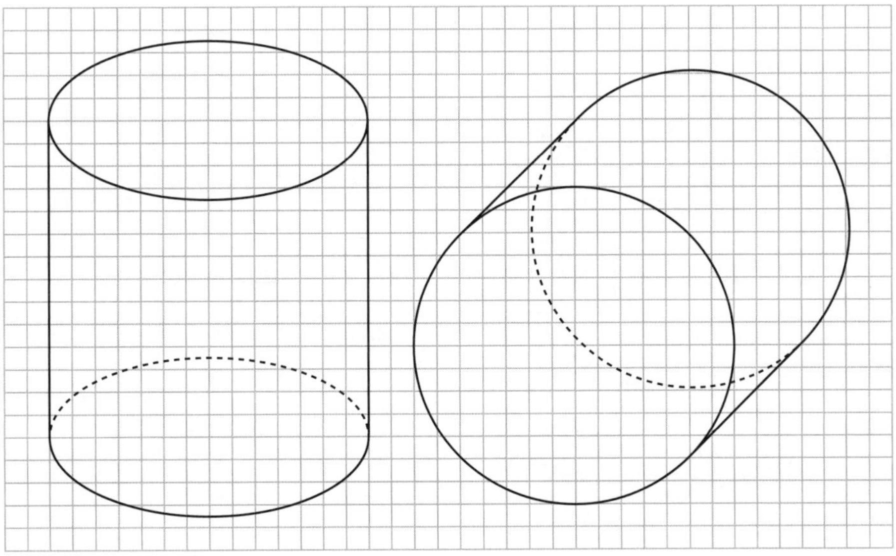

d)

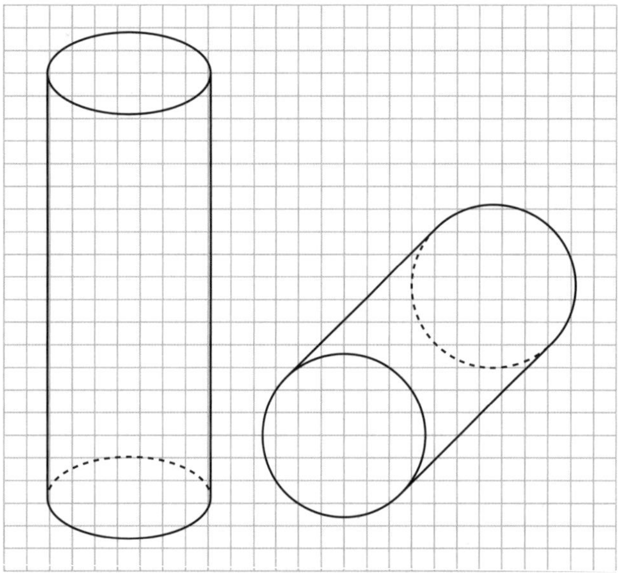

e)

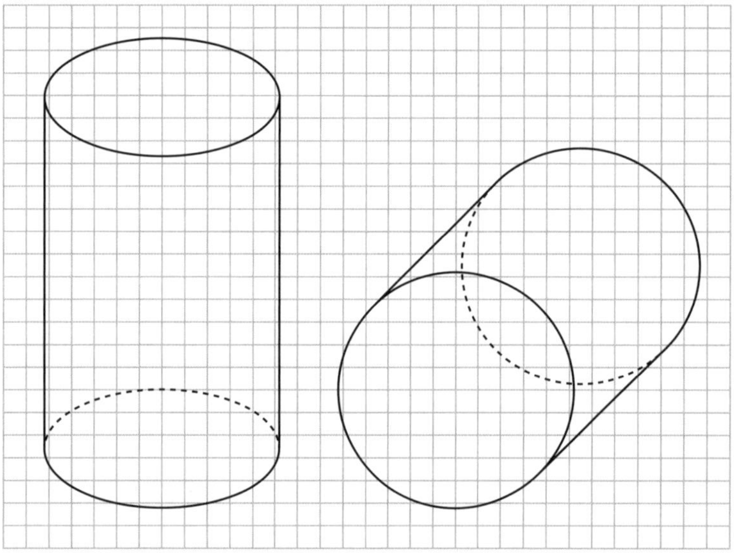

K5 **8**

a)

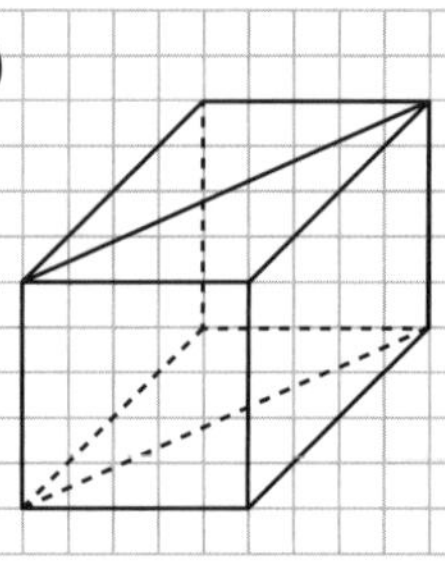

b)

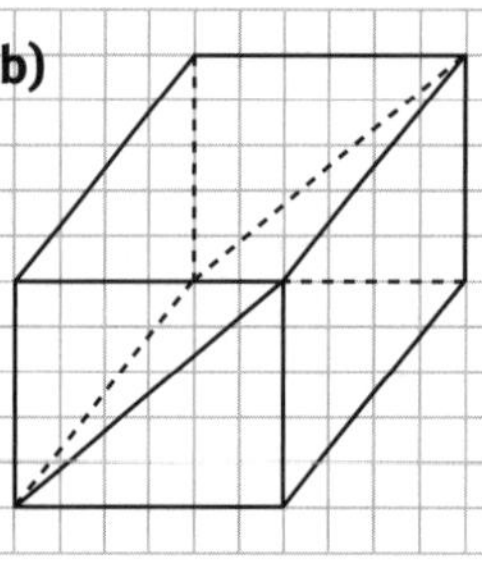

c)

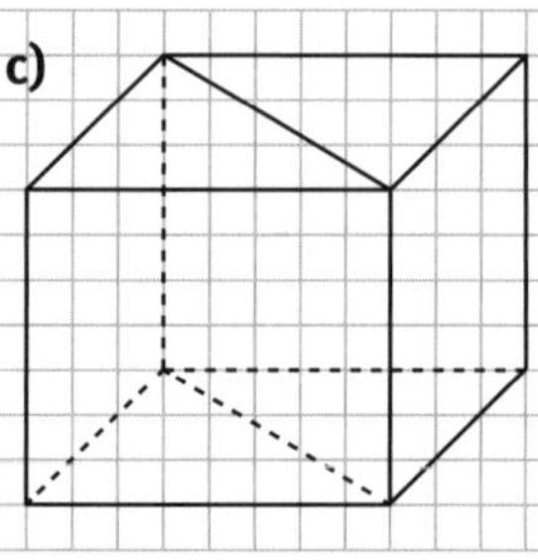

K5

9 a)

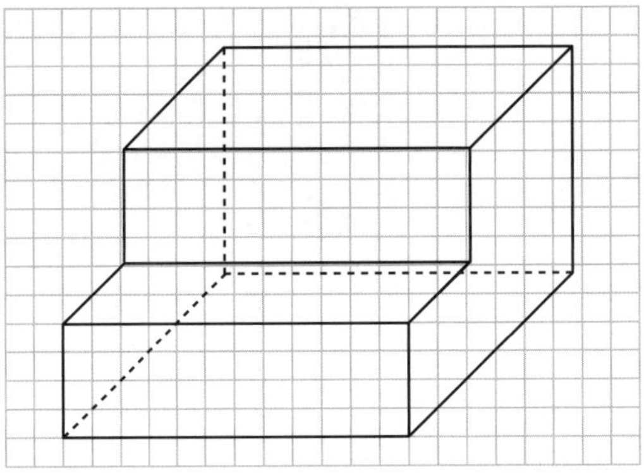

b)

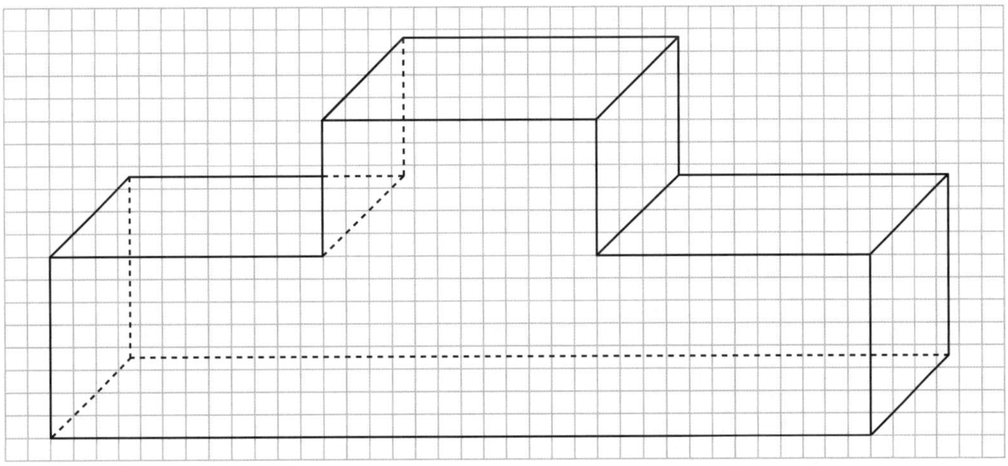

c)

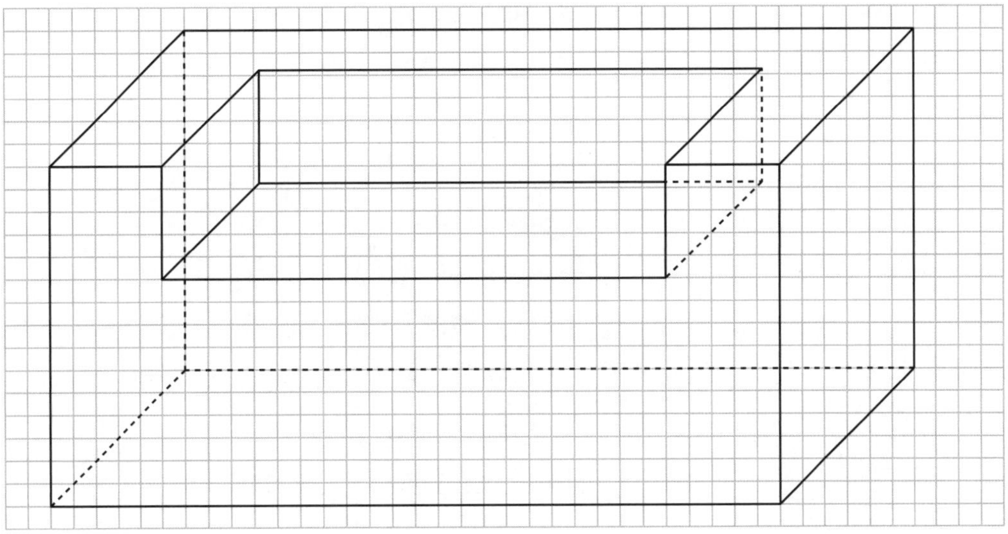

K3 **10**

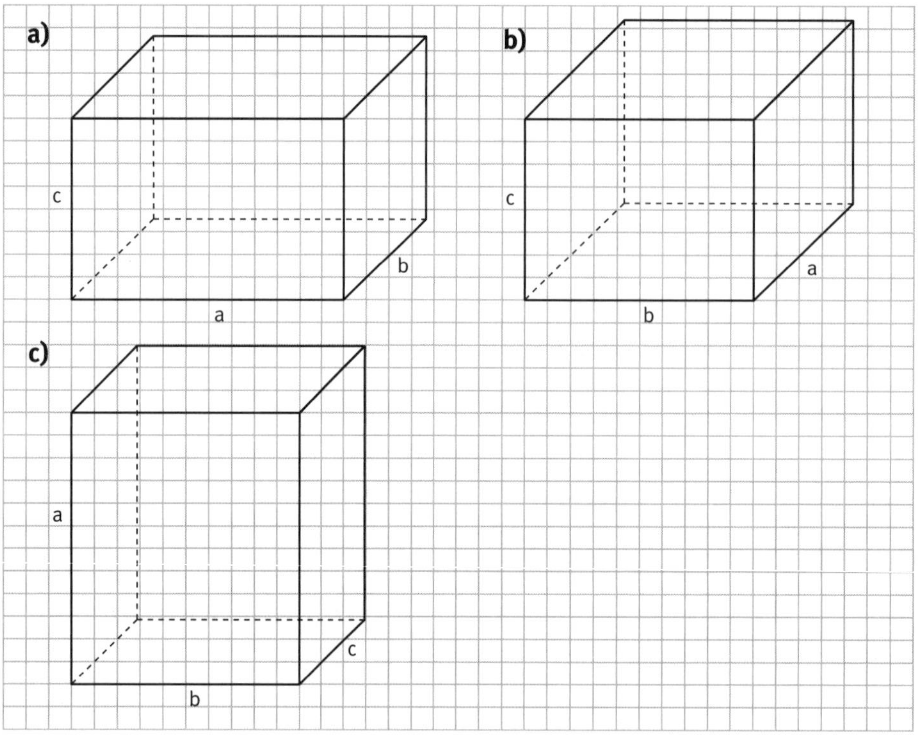

K3/6 **11**

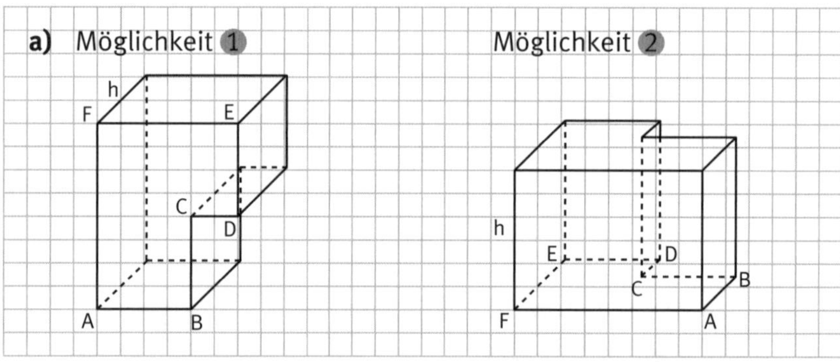

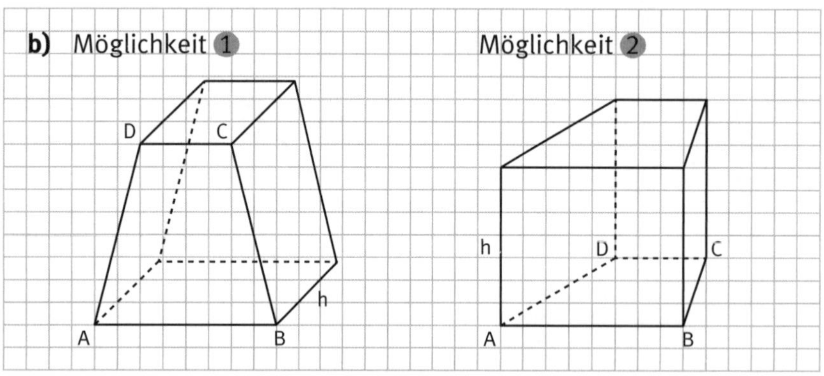

Ebenfalls korrekt ist eine auf der Grundfläche gedrehte Darstellung einer der abgebildeten Formen.

K5 **12**

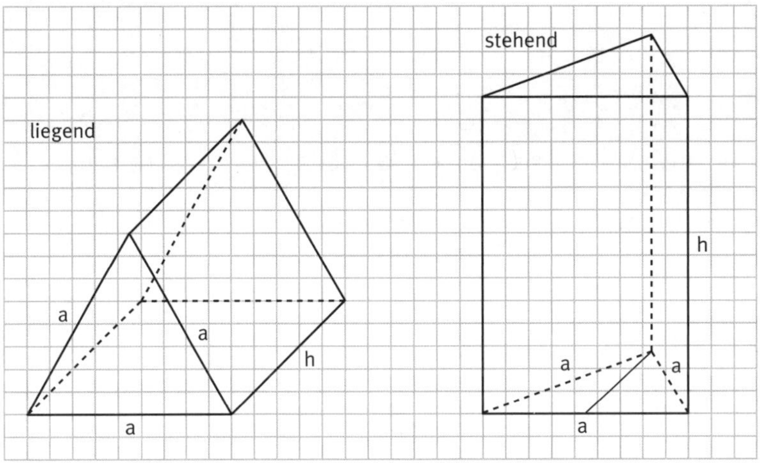

K4 **13**

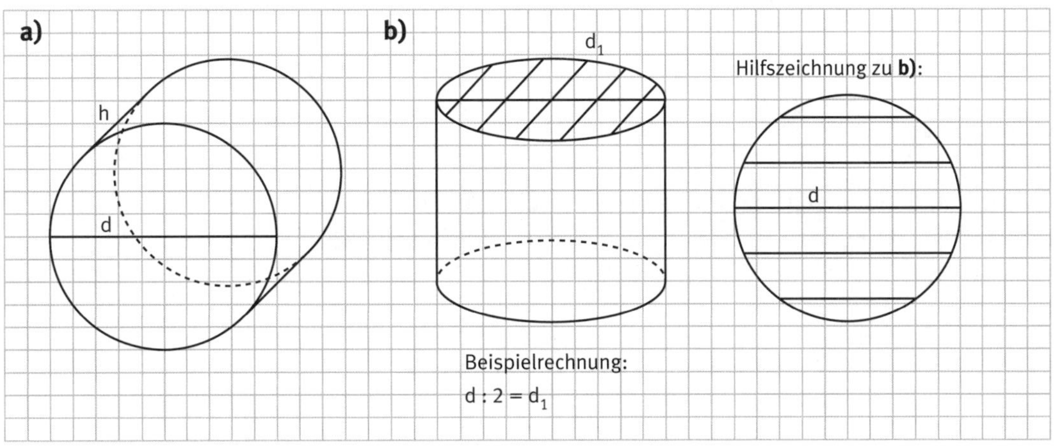

K4 **14 a)** und **b)**

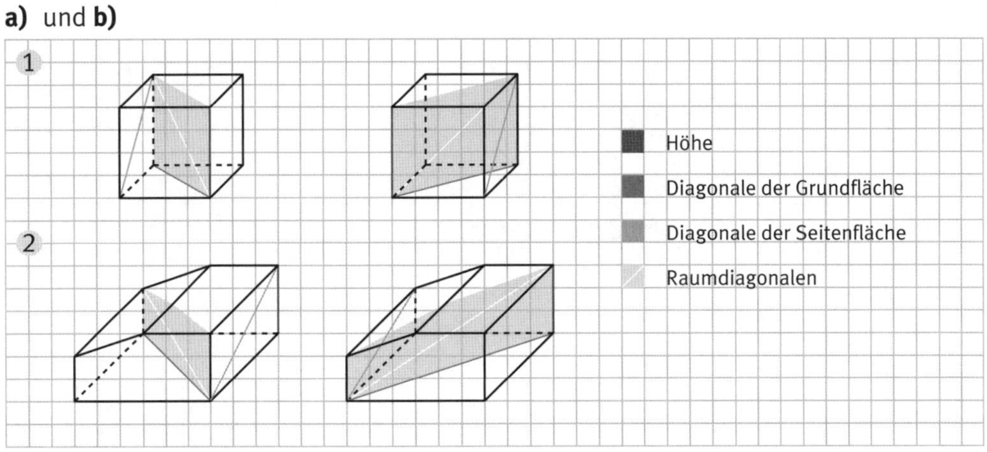

Bei beiden Teilaufgaben gibt es mehrere Lösungsmöglichkeiten.

WISSEN

- Lösungsmöglichkeit: Mithilfe einer quadratischen Pyramide, deren Höhe der Kantenlänge des Quadrats der Grundseite entspricht, kann man das Schrägbild eines Würfels zeichnen. Auf der oberen Würfelfläche markiert man den Schnittpunkt der Diagonalen und erhält so die Pyramiden-

Alternativer Einstieg: Schulbuch Seite 170

Entdecken

K6 ■ Von vorne: A – 4; B – 2; C – 3; D – 4; E – 3; F – 4; G – 3; H – 1
von der Seite: A – 4; B – 2; C – 2; D – 4; E – 3; F – 4; H – 1
Zu G gehört keine der abgebildeten Flächen, da das Dreieck rechtwinklig sein müsste.
von oben: A – 4; B – 2; C – 3; D – 2; E – 1; F – 1; G – 2; H – 1

Nachgefragt

K6 ■ Wenn die Vorderansicht des Körpers direkt an der Rissachse beginnt, dann bedeutet das, dass der Körper auf der Grundrissebene (auf dem Boden) steht.

K6 ■ Es sind mehrere Lösungen möglich, beispielsweise ein Würfel oder eine Kugel. Weitere, teils auch nicht zentralsymmetrische Körper findet man in Aufgabe 3 dieses Kapitels.

Aufgaben

K6 **1** **a)** 1 Quader mit quadratischer Grundfläche 2 Zylinder
3 rechteckige Pyramide 4 dreiseitiges Prisma
5 Zylinder

b)

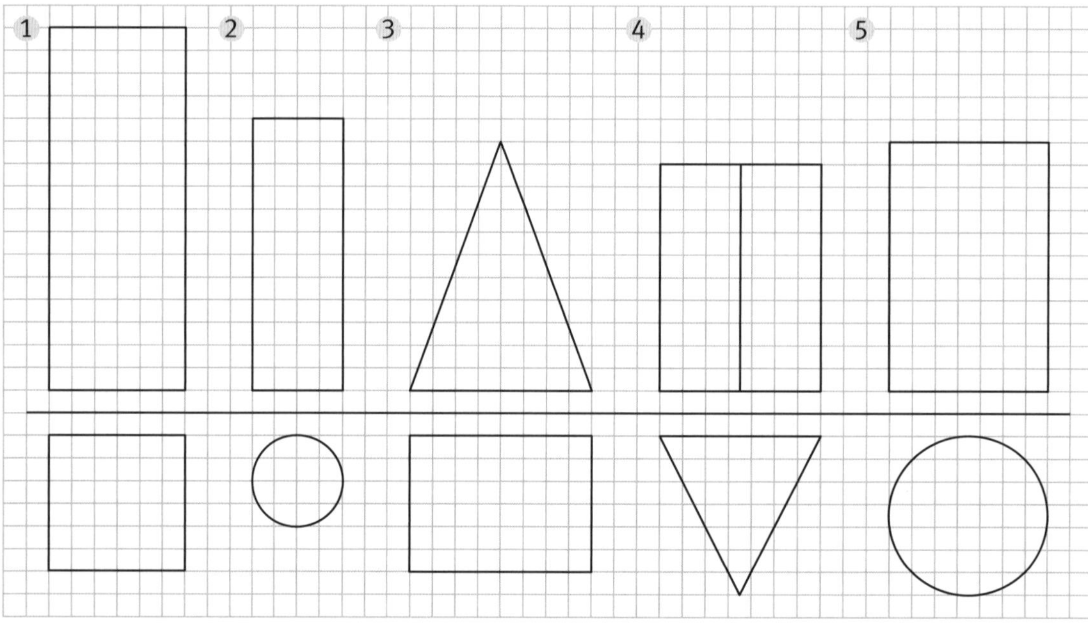

K4 **2**

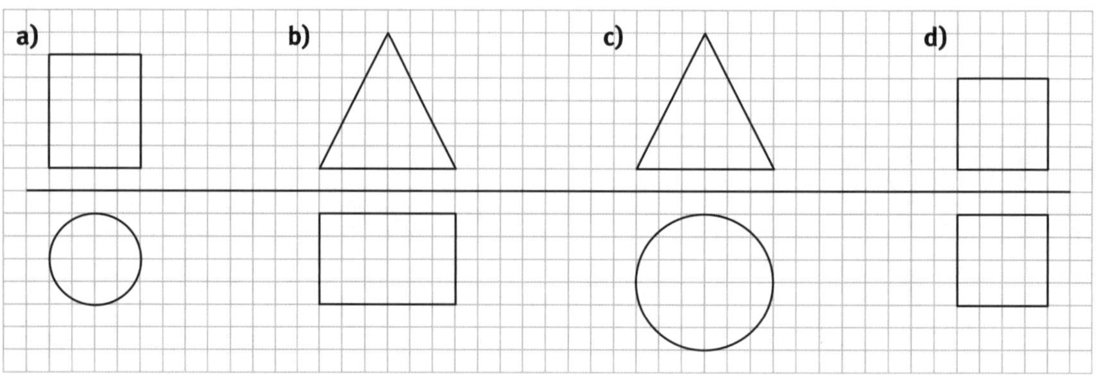

K6 **3** Die Köper haben trotz unterschiedlichem Aussehen dieselbe Drauf- und Vorderansicht. Daran erkennt man, dass es im Allgemeinen nicht möglich ist, einen Körper nur aufgrund dieser beiden Ansichten eindeutig zu beschreiben. Man benötigt noch Informationen über eine dritte Seite oder über weitere Eigenschaften des Körpers. Diese Thematik wird in der folgenden Aufgabe weiter vertieft.

K6 **4** **a)** Wie beim Zweitafelbild wird zunächst die Rissachse eingezeichnet. Oberhalb der Achse wird die Vorderansicht gezeichnet, unterhalb die Draufsicht. Senkrecht zur Rissachse wird rechts von den Projektionen eine Gerade gezogen. Rechts von der Vorderansicht, oberhalb der Rissachse wird die Seitenansicht gezeichnet.

b)

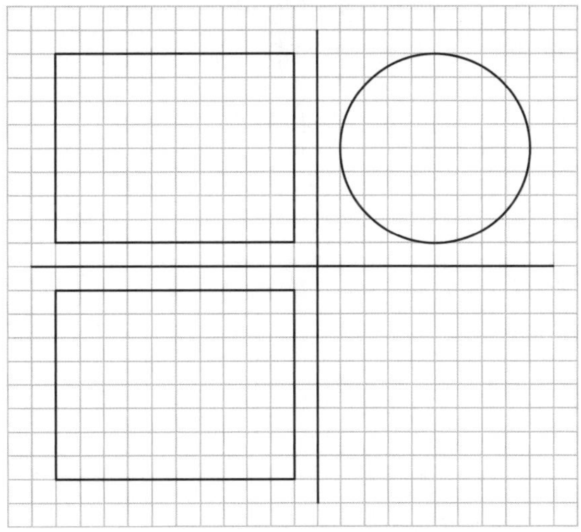

c) **a)**

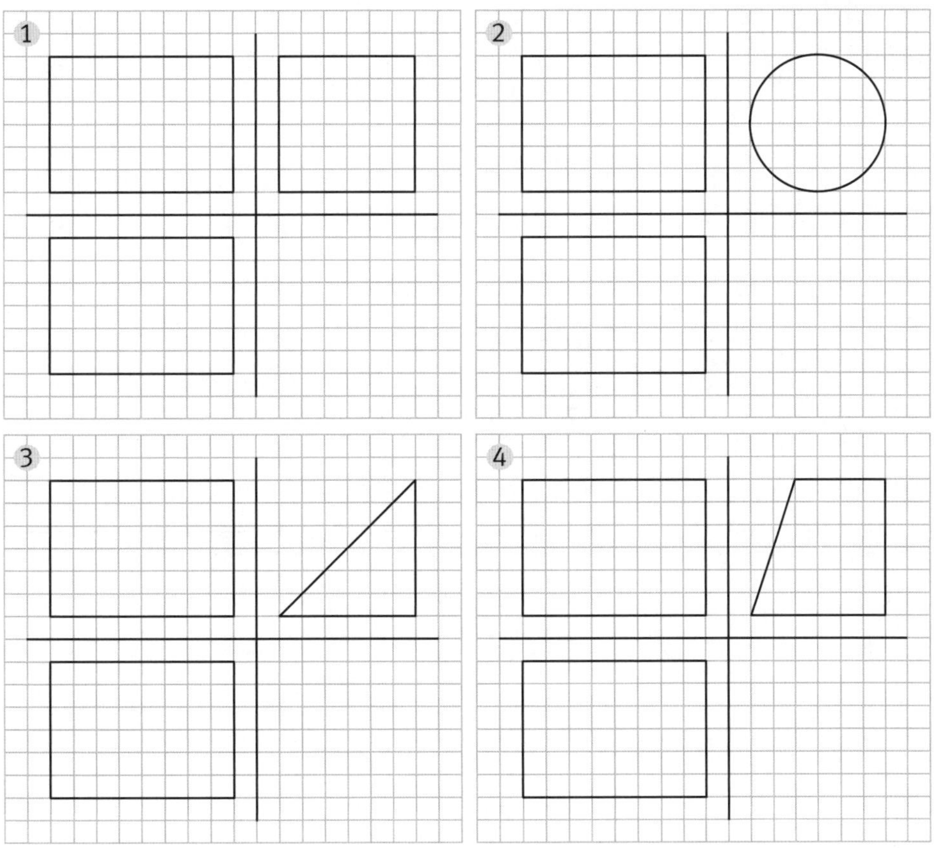

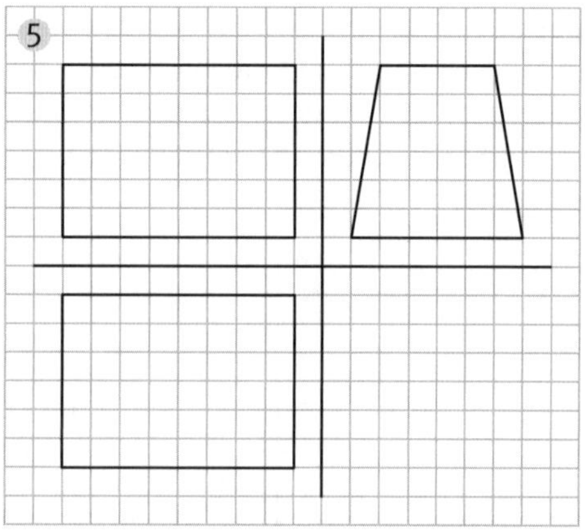

b)

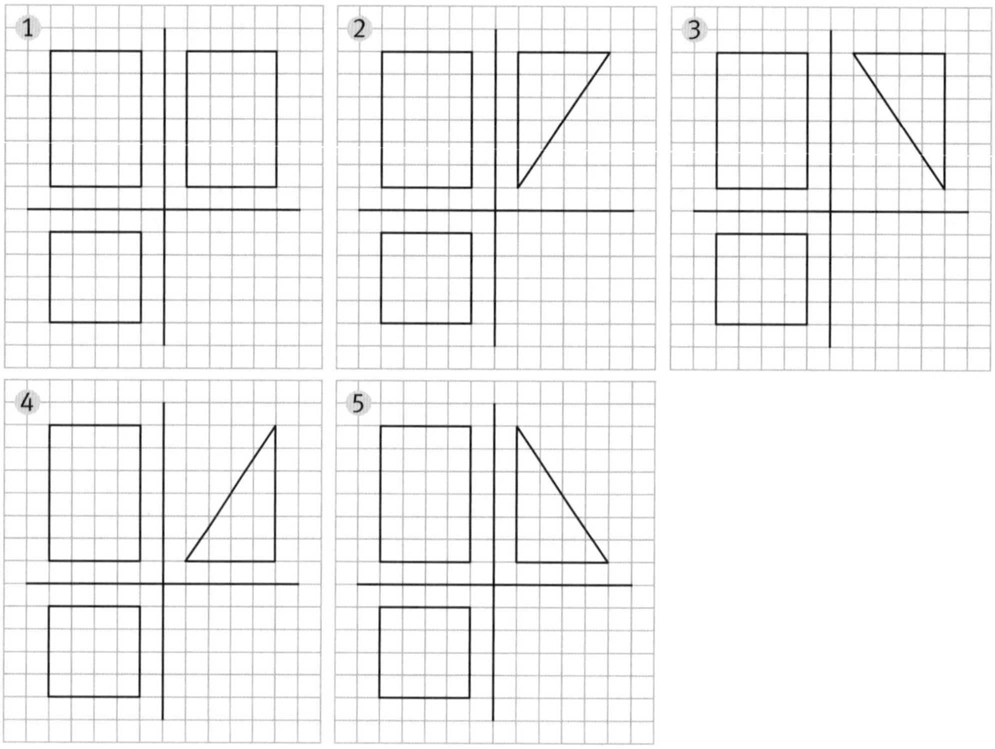

Alternativer Einstieg: Schulbuch Seite 170

Entdecken

K6
- Netz der Schokolade: dreimal dasselbe Rechteck
  zweimal dasselbe gleichseitige Dreieck
  Netz der Konservendose: ein Rechteck
  zweimal derselbe Kreis

K6
- Indiviuelle Lösungen möglich:
  Man bekommt das Netz durch „Aufklappen" oder „Aufschneiden" der Körper. Dies wird solange gemacht, bis der Körper komplett zweidimensional ist. Aufpassen, dass man nicht zuviel „schneidet": Verbindungen zwischen einzelnen Flächen müssen vorhandenbleiben.

K6
- Alltagsgegenstände: individuelle Lösungen möglich.

Würfel

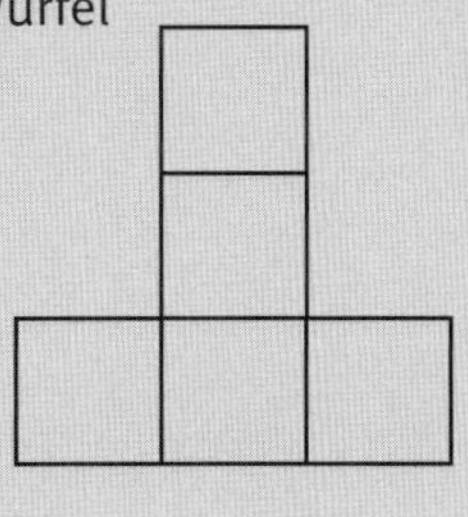

Eistüte

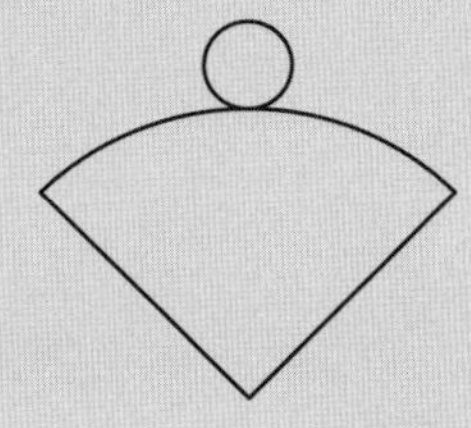

Verpackung

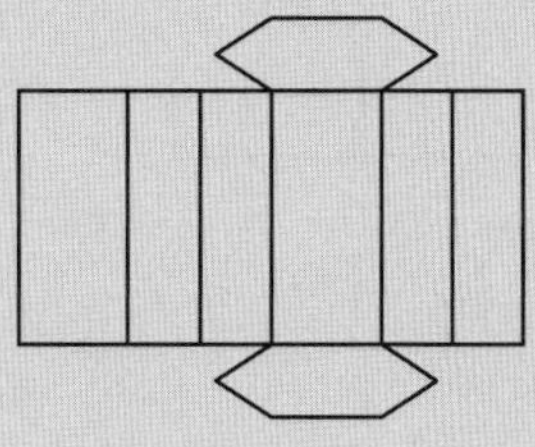

Nachgefragt

K6
- Man kann zu jedem Körper verschiedene Netze zeichnen. So gibt es beispielsweise allein beim Würfel 11 verschiedene Möglichkeiten, ein Netz des Würfels zu zeichnen, wobei Netze, die kongruent zueinander sind, nur einfach gezählt werden.

K6
- Das Netz eines Zylinders besteht aus drei Flächen (zwei Kreisen und einem Rechteck).
  Die Anzahl der Flächen im Netz eines Prismas hängt von seiner Seitenanzahl ab.

Aufgaben

K6 **1** **a)** dreiseitiges Prisma **b)** Zylinder **c)** Quader (Prisma) **d)** Zylinder

K4 **2** (Darstellungen verkleinert)

a)

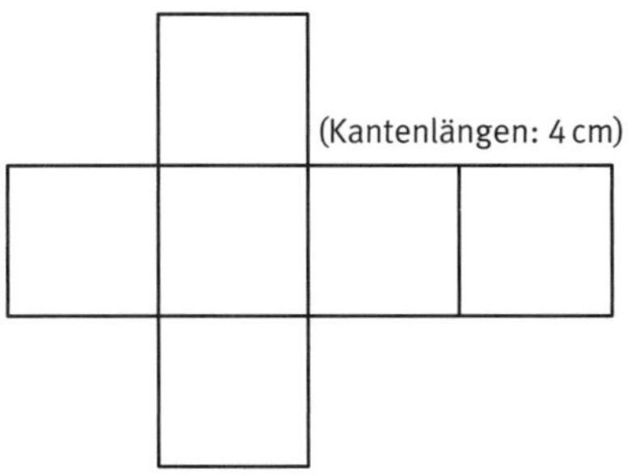

b)

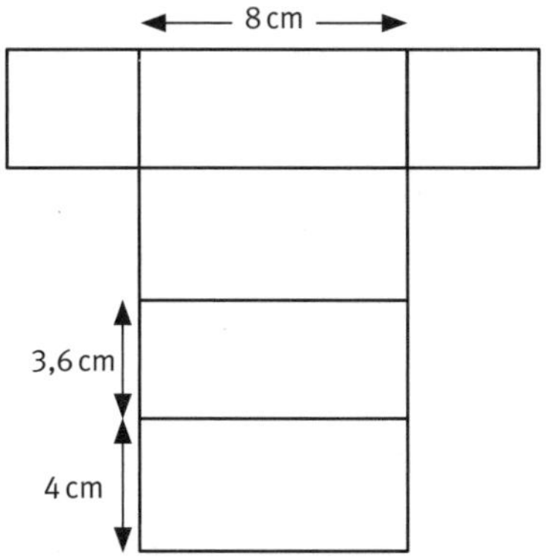

c)

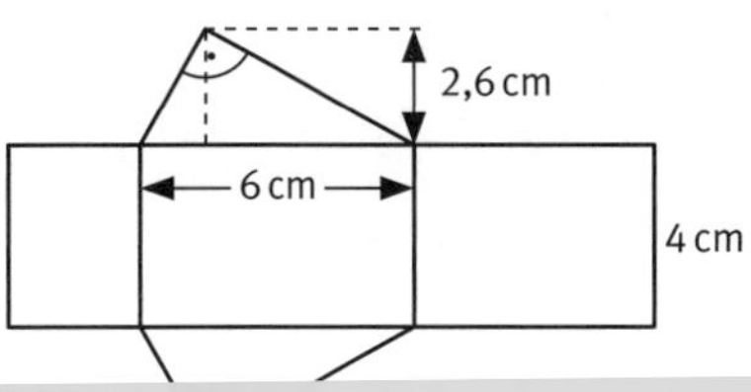

d)
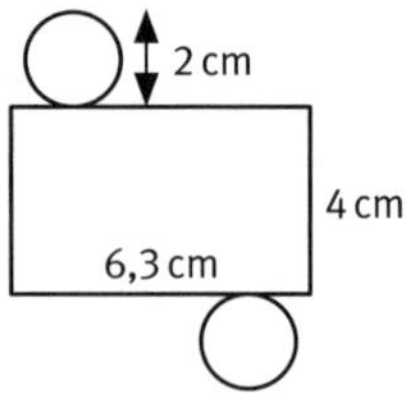

e)
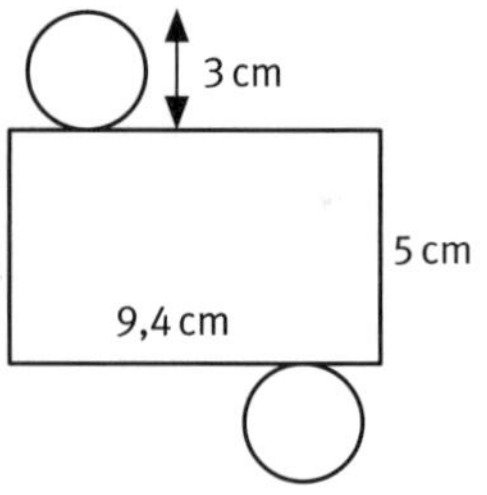

f)
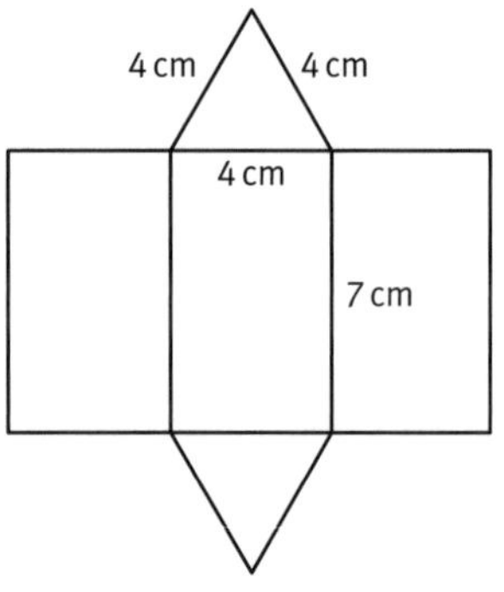

K6 **3** **a)** 1 Würfel 2 dreiseitiges Prisma 3 Zylinder
4 Prisma mit gleichschenkligem Dreieck als Grundfläche

b) Lösungsmöglichkeiten:

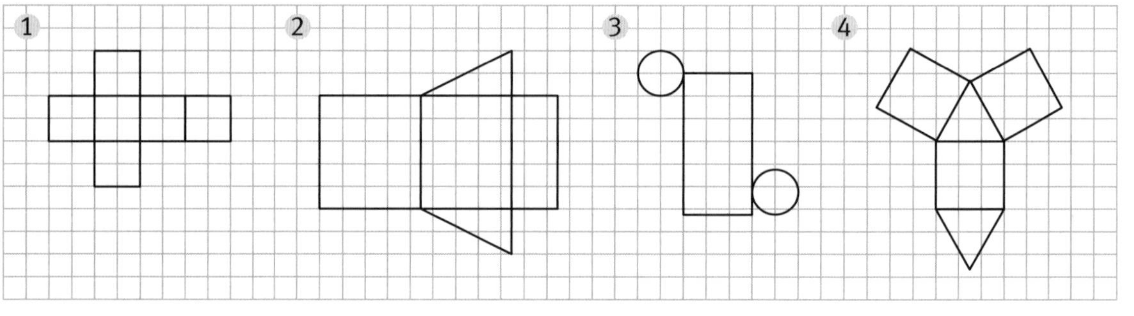

K6 **4** Individuelle Lösungen möglich.

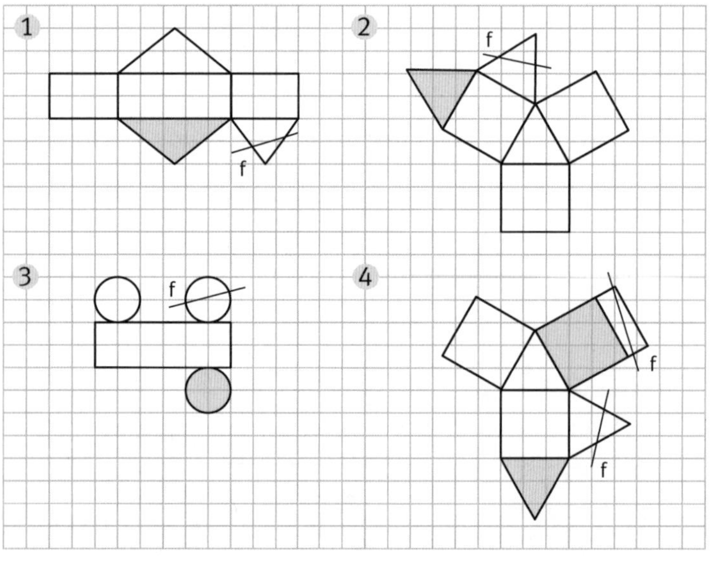

Alternativer Einstieg: Schulbuch Seite 171

Entdecken

K6
- Gemeinsamkeiten:
  - immer zweimal die Grundfläche
  - bei Kreis als Grundfläche immer noch ein Rechteck im Netz (zusätzlich zu den zwei Kreisen)
  - bei n-Ecken immer n Rechtecke

K6
- Kongruente Flächen:
  - Bei gleichseitigen n-Ecken sind alle Rechtecke kongruent („Schokolade“- und „Schoki“-Verpackung)
  - Grundflächen
  - Zwei gleichlange Seiten in der Grundfläche reichen auch: Bei „Drops“-Prisma-Verpackung sind die mittleren Mantelflächen kongruent.

K6
- Größen für die Oberfläche:
  Allgemein muss die Höhe des Körpers, die Fläche der Grundfläche und der Umfang der Grundfläche bestimmt werden.
  - Kreis: Radius muss bekannt sein
  - Quadrat, Rechteck: Seitenlängen der Grundfläche
  - Dreieck: Seitenlängen und Höhe des Dreiecks
  - Trapez: alle Seiten und die Höhe des Trapezes

Nachgefragt

K6
- In einem gleichseitigen Prisma sind die Kanten der Grund- und Deckfläche gleich lang. Die Höhe des Prismas muss dabei mit den Kantenlängen dieser Flächen nicht übereinstimmen. Stimmen die Höhe und alle Kantenlängen überein, so besteht die Mantelfläche aus Quadraten, im anderen Fall aus Rechtecken.

K1
- Wird nur der Radius (nur die Höhe) eines Zylinders verdoppelt, so verdoppelt sich die Mantelfläche des Zylinders.

Aufgaben

K5

1 a) ① $O_{Zylinder} = 2 \cdot A_{Kreis} + u \cdot h$

$A_{Kreis} = \pi r^2$; $r = \frac{u}{2\pi}$

$A_{Kreis} = \pi \cdot \left(\frac{15{,}7\,cm}{2\pi}\right)^2 \approx 19{,}615\,cm^2$

$O_{Zylinder} = 2 \cdot 19{,}615\,cm^2 + 15{,}7 \cdot 3{,}5\,cm^2 = 94{,}18\,cm^2$

$O_{Zylinder} \approx 94{,}2\,cm^2$

② $O_{Zylinder} = 2 \cdot A_{Kreis} + u \cdot h$

$A_{Kreis} = \pi \cdot (3\,cm)^2 \approx 28{,}27\,cm^2$

$O_{Zylinder} = 2 \cdot 28{,}27\,cm^2 + 2\pi \cdot 3 \cdot 2\,cm^2 \approx 94{,}24\,cm^2$

$O_{Zylinder} = 94{,}2\,cm^2$

③ $O_{Zylinder} = 2 \cdot A_{Kreis} + u \cdot h$

$A_{Kreis} = \pi \cdot \left(\frac{d}{2}\right)^2 = \pi \cdot 4\,cm^2 \approx 12{,}57\,cm^2$

$u = \pi \cdot d$

$O_{Zylinder} = 2 \cdot 12{,}57\,cm^2 + \pi \cdot 4 \cdot 4\,cm^2$

$O_{Zylinder} \approx 75{,}4\,cm^2$

b)

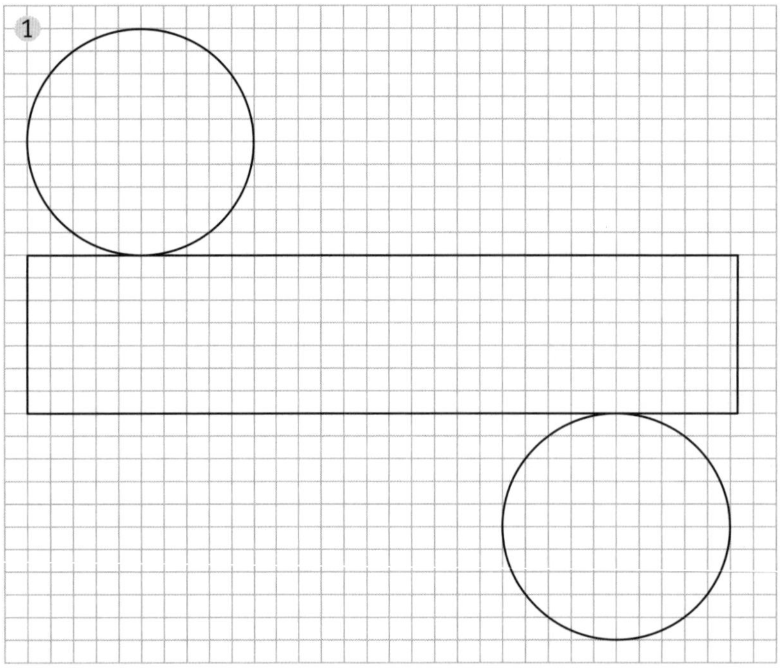

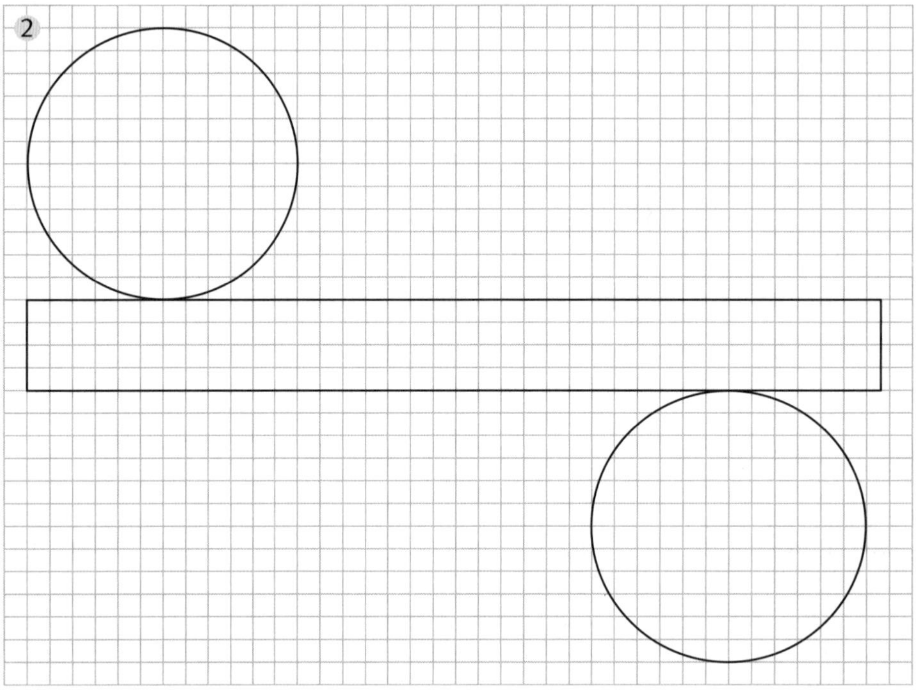

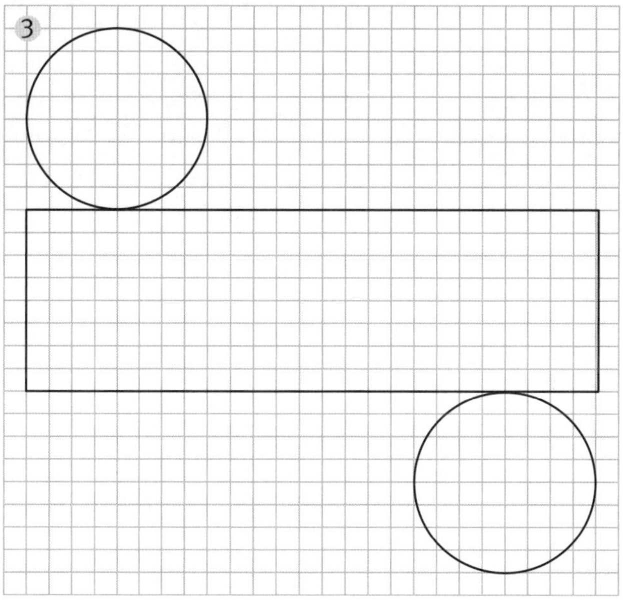

K3 **2** $A_M = u \cdot h$

$A_M = \pi \cdot 1{,}4\,m \cdot 2{,}75\,m \approx 12{,}1\,m^2$

Eine Fläche von ca. $12\,m^2$ kann beklebt werden.

K5 **3** **a)** $O = 2 \cdot A_{Dreieck} + A_M$

$A_{Dreieck} = \frac{1}{2} \cdot 30\,mm \cdot 60\,mm = 900\,mm^2$

$A_{Rechteck\ 1} = 10\,mm \cdot (50\,mm + 36\,mm + 60\,mm) = 1460\,mm^2$

$O = 2 \cdot 900\,mm^2 + 1460\,mm^2$

$O = 3260\,mm^2$

b) $O = 2 \cdot A_{Quadrat} + A_M$

$A_{Quadrat} = 20\,mm \cdot 20\,mm = 400\,mm^2$

$A_M = 30\,mm \cdot 4 \cdot 20\,mm = 2400\,mm^2$

$O = 2 \cdot 400\,mm^2 + 2400\,mm^2$

$O = 3200\,mm^2$

c) $O = 2 \cdot A_{Trapez} + A_M$

$A_{Trapez} = \frac{1}{2} \cdot (20\,mm + 35\,mm) \cdot 40\,mm = 1100\,mm^2$

$A_M = 30\,mm \cdot (43\,mm + 35\,mm + 40\,mm + 20\,mm) = 4140\,mm^2$

$O = 2 \cdot 1100\,mm^2 + 4140\,mm^2$

$O = 6340\,mm^2$

Hinweis: Im ersten Druck der ersten Auflage fehlt eine Seitenangabe des Trapezes (Vorderseite des Körpers). Die linke Seite ist 35 mm lang.

d) $O = 2 \cdot A_{Sechseck} + A_M$

$A_{Sechseck} = 2 \cdot A_{Trapez}$

$A_{Sechseck} = 2 \cdot \frac{1}{2} \cdot (200\,mm + 400\,mm) \cdot 173\,mm = 103\,800\,mm^2$

$A_M = 6 \cdot 200\,mm \cdot 150\,mm = 180\,000\,mm^2$

$O = 2 \cdot 103\,800\,mm^2 + 180\,000\,mm^2 = 387\,600\,mm^2$

$O = 387\,600\,mm^2 = 3876\,cm^2$

K5 **4**

	a)	b)	c)	d)	e)
Grundflächenumfang u	15 cm	52,2 m	10,8 cm	3,4 m	6 m
Körperhöhe h	8 cm	8 m	5 cm	2,5 m	4 m
Grundflächeninhalt A_G	$14\,cm^2$	$241{,}5\,m^2$	$25\,cm^2$	$7{,}2\,m^2$	$18\,m^2$
Mantelflächeninhalt A_M	$120\,cm^2$	$417{,}6\,m^2$	$54\,cm^2$	$8{,}5\,m^2$	$24\,m^2$
Oberflächeninhalt O_{Prisma}	$148\,cm^2$	$900{,}6\,m^2$	$104\,cm^2$	$22{,}9\,m^2$	$60\,m^2$

K5 **5**

	a)	b)	c)	d)	e)
Radius r	6 cm	6,0 cm	3,0 cm	0,7 m	5,0 m
Zylinderhöhe h	8 cm	6 cm	3,0 cm	2,76 m	12,0 m
Grundflächeninhalt A_G	113,1 cm²	113,1 cm²	28,3 cm²	1,54 m²	78,5 m²
Mantelflächeninhalt A_M	301,6 cm²	226,2 cm²	56,5 cm²	12,12 m²	376,8 m²
Oberflächeninhalt $O_{Zylinder}$	527,8 cm²	452,4 cm²	113,1 cm²	15,2 m²	533,8 m²

K5 **6** **a)**

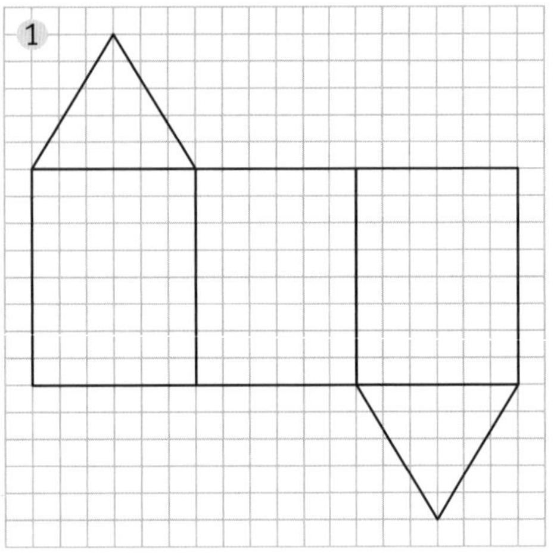

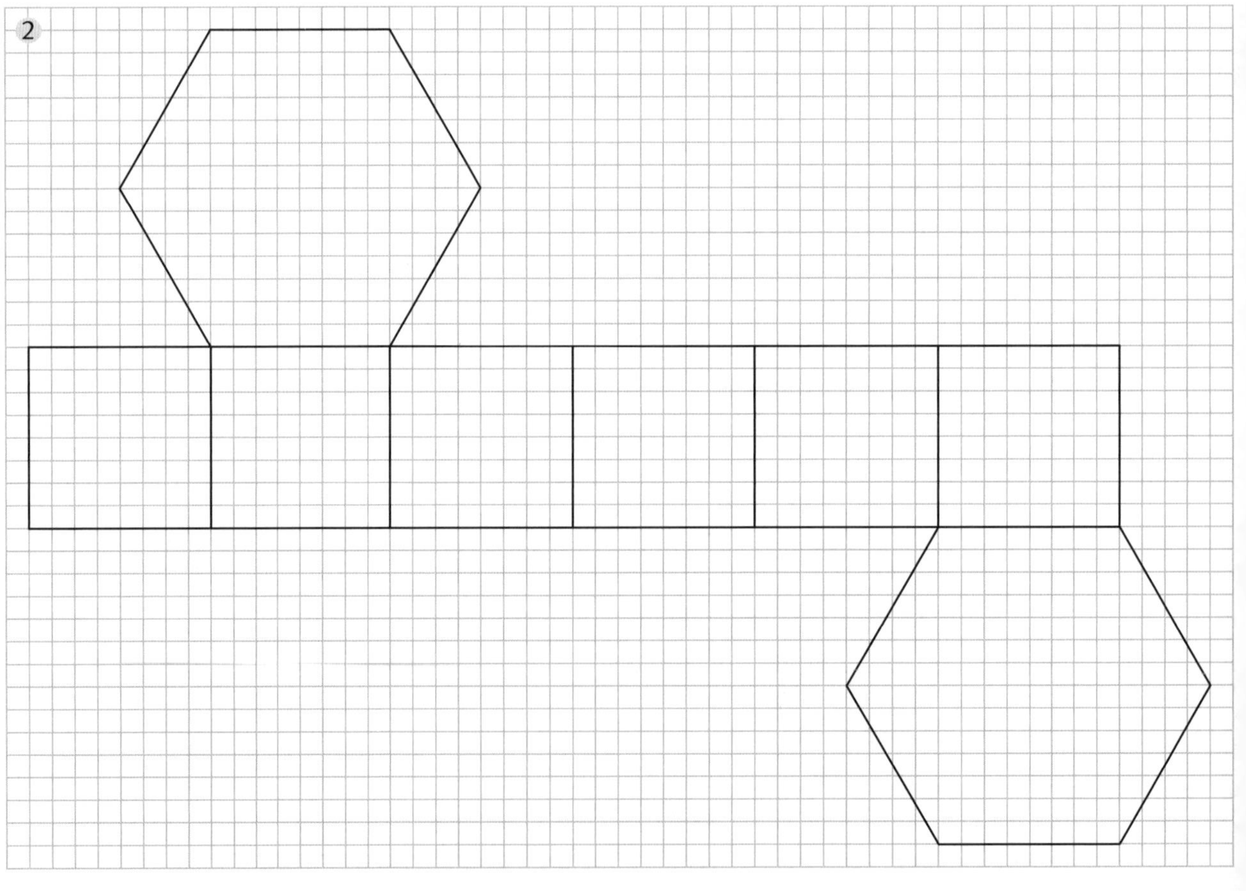

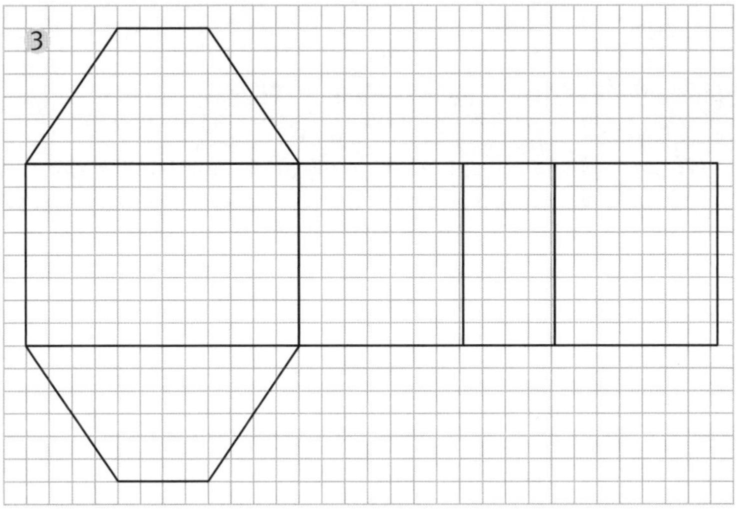

b) ① $O_{Prisma} = 2 \cdot A_{Dreieck} + 3 \cdot A_{Rechteck}$

$A_{Dreieck} = \frac{1}{2} \cdot 3\,cm \cdot h$

$A_{Dreieck} = \frac{1}{2} \cdot 2{,}6\,cm \cdot 3\,cm \approx 3{,}9\,cm^2$

$A_{Rechteck} = 3\,cm \cdot 4\,cm = 12\,cm^2$

$O_{Prisma} = 2 \cdot 3{,}9\,cm^2 + 3 \cdot 12\,cm^2$

$O_{Prisma} = 43{,}8\,cm^2$

③ $O_{Prisma} = 2 \cdot A_{Trapez} + 2 \cdot A_M$

$A_{Trapez} = \frac{1}{2} \cdot (2\,cm + 6\,cm) \cdot 3\,cm = 12\,cm^2$

$A_M = 4\,cm \cdot (3{,}6\,cm + 2\,cm + 3{,}6\,cm + 6\,cm) = 60{,}8\,cm^2$

$O_{Prisma} = 2 \cdot 12\,cm^2 + 60{,}8\,cm^2$

$O_{Prisma} = 84{,}8\,cm^2$

② $O_{Prisma} = 2 \cdot A_{Sechseck} + 6 \cdot A_{Rechteck}$

$A_{Sechseck} = 6 \cdot A_{Dreieck}$

$A_{Dreieck} = \frac{1}{2} \cdot 4 \cdot h$

$A_{Dreieck} = \frac{1}{2} \cdot 4\,cm \cdot 3{,}5\,cm = 7{,}0\,cm^2$

$A_{Sechseck} = 6 \cdot 7{,}0\,cm^2 = 42{,}0\,cm^2$

$A_{Rechteck} = 4\,cm \cdot 4\,cm = 16{,}0\,cm^2$

$O_{Prisma} = 2 \cdot 42{,}0\,cm^2 + 6 \cdot 16{,}0\,cm^2$

$O_{Prisma} = 180\,cm^2$

Hinweis: Im ersten Druck der ersten Auflage fehlt bei ① die Angabe der Höhe h = 2,6 cm des Dreiecks und bei ② des Abstands a = 7 cm der sich jeweils gegenüberliegenden Sechseckseiten.

Alternativer Einstieg: Schulbuch Seite 171

Entdecken

K6 ■ geometrischer Körper des Wintergartens: ein (auf der Seite liegendes) Prisma

K6 ■ Volumenbestimmung: Grundseite · Höhe

K6 ■ Zur Bestimmung der Grundfläche (Trapez) müssen deren Höhe sowie die parallelen Seiten a und c ermittelt werden. Um das Volumen zu berechnen, muss noch die Länge des Gewächshauses bestimmt werden.

Nachgefragt

K6 ■ $V_{\text{Prisma mit Trapez als Grundfläche}} = \frac{1}{2} \cdot (a + c) \cdot h_{\text{Trapez}} \cdot h_{\text{Prisma}}$,
wobei a und c die Seitenlängen der zueinander parallelen Seiten des Grundflächentrapezes sind und h_{Trapez} der Abstand zwischen a und c ist.
$V_{\text{Prisma mit Parallelogramm als Grundfläche}} = g \cdot h_{\text{Parallelogramm}} \cdot h_{\text{Prisma}}$,
wobei g die Länge des Parallelogramms ist und $h_{\text{Parallelogramm}}$ der Abstand zwischen g und der zu g parallelen Seite ist.
$V_{\text{Prisma mit Drachenviereck als Grundfläche}} = \frac{1}{2} \cdot e \cdot f \cdot h_{\text{Prisma}}$,
wobei e und f die Diagonalen des Drachenvierecks sind.

K1 ■ Wenn man nur die Höhe h (nur die Grundfläche A_G) des Zylinders verdoppelt, so verdoppelt sich das Volumen des Zylinders. Verdoppelt man den Radius r des Zylinders, so vervierfacht sich das Volumen des Zylinders.

Aufgaben

K5 **1** **a)** $V_{\text{Zylinder}} = \pi \cdot (7{,}5\,\text{cm})^2 \cdot 17\,\text{cm}$
$V_{\text{Zylinder}} \approx 3004{,}15\,\text{cm}^3 \approx 3\,\text{dm}^3$
b) $V_{\text{Zylinder}} = \pi \cdot \left(\frac{8{,}4\,\text{m}}{2}\right)^2 \cdot 55{,}4\,\text{m}$
$V_{\text{Zylinder}} \approx 3070{,}14\,\text{m}^3$
c) $V_{\text{Zylinder}} = A_G \cdot h = 75\,\text{cm}^2 \cdot 20\,\text{cm}$
$V_{\text{Zylinder}} = 1500\,\text{cm}^3 = 1{,}5\,\text{dm}^3$

K5 **2** **a)** $V = 36\,\text{cm}^2 \cdot 7{,}5\,\text{cm}$
$V = 270\,\text{cm}^3$
b) $V = 5{,}6\,\text{m}^2 \cdot 4{,}2\,\text{m}$
$V = 23{,}52\,\text{m}^3$
c) $V = 16\frac{1}{3}\,\text{m}^2 \cdot 1\frac{1}{2}\,\text{m}$
$V = 24{,}5\,\text{m}^3$

K5 **3** **a)** $V_{\text{Prisma}} = \frac{1}{2} \cdot (30\,\text{mm} + 60\,\text{mm}) \cdot 20\,\text{mm} \cdot 40\,\text{mm}$
$V_{\text{Prisma}} = 36\,000\,\text{mm}^3 = 36\,\text{cm}^3$
b) $V_{\text{Prisma}} = \frac{1}{2} \cdot 50\,\text{mm} \cdot 30\,\text{mm} \cdot 60\,\text{mm}$
$V_{\text{Prisma}} = 45\,000\,\text{mm}^3 = 45\,\text{cm}^3$
c) $V_{\text{Prisma}} = A_G \cdot h$
$A_G = 2 \cdot A_{\text{Trapez}} = 2 \cdot \frac{1}{2} \cdot (120\,\text{mm} + 60\,\text{mm}) \cdot \frac{104\,\text{mm}}{2} = 180\,\text{mm} \cdot 52\,\text{mm} = 9360\,\text{mm}^2$
$V_{\text{Prisma}} = 9360\,\text{mm}^2 \cdot 25\,\text{mm}$
$V_{\text{Prisma}} = 234\,000\,\text{mm}^3 = 234\,\text{cm}^3$
d) $V_{\text{Prisma}} = V_{\text{Prisma 1}} + V_{\text{Prisma 2}}$
$V_{\text{Prisma 1}} = 20\,\text{mm} \cdot 45\,\text{mm} \cdot 60\,\text{mm} = 54\,000\,\text{mm}^3$
$V_{\text{Prisma 2}} = 20\,\text{mm} \cdot 20\,\text{mm} \cdot 60\,\text{mm} = 24\,000\,\text{mm}^3$
$V_{\text{Prisma}} = 54\,000\,\text{mm}^3 + 24\,000\,\text{mm}^3$
$V_{\text{Prisma}} = 78\,000\,\text{mm}^3 = 78\,\text{cm}^3$

K5 **4**

	a)	b)	c)	d)
Radius r	6 cm	6,00 cm	3,00 cm	0,70 m
Umfang u	37,70 cm	37,70 cm	18,84 cm	4,40 m
Grundflächeninhalt A_G	113,10 cm²	113,0 cm²	28,27 cm²	1,54 m²
Zylinderhöhe h	8 cm	11,99 cm	5,6 cm	50,02 m
Volumen $V_{Zylinder}$	904,78 cm³	1356 cm³	158,34 cm³	77 m³

K3 **5** $V_{Mulde} = V_{Prisma\,1} \cdot V_{Prisma\,2}$

$V_{Prisma\,1} = \frac{1}{2} \cdot (3{,}9\,m + 0{,}6\,m) \cdot 0{,}6\,m \cdot 1{,}8\,m = 2{,}43\,m^3$

$V_{Prisma\,2} = \frac{1}{2} \cdot (3{,}9\,m + 2{,}5\,m) \cdot 1{,}25\,m \cdot 1{,}8\,m = 7{,}2\,m^3$

$V_{Mulde} = 2{,}43\,m^3 + 7{,}2\,m^3 = 9{,}63\,m^3$

In die abgebildete Mulde passen ca. 9,6 m³ Bauschutt, wenn sie randvoll gefüllt ist.

K5 **6** **a)**

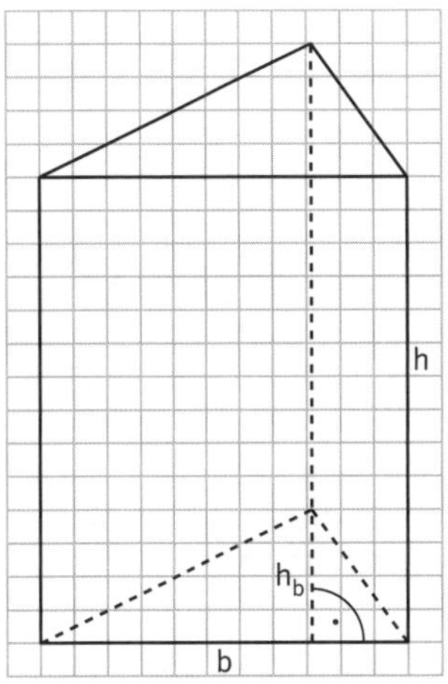

$V_{Prisma} = \frac{1}{2} \cdot b \cdot h_b \cdot h$

$V_{Prisma} = \frac{1}{2} \cdot 5{,}6\,cm \cdot 4{,}2\,cm \cdot 7\,cm = 82{,}32\,cm^3$

$V_{Prisma} \approx 82\,cm^3$

b)

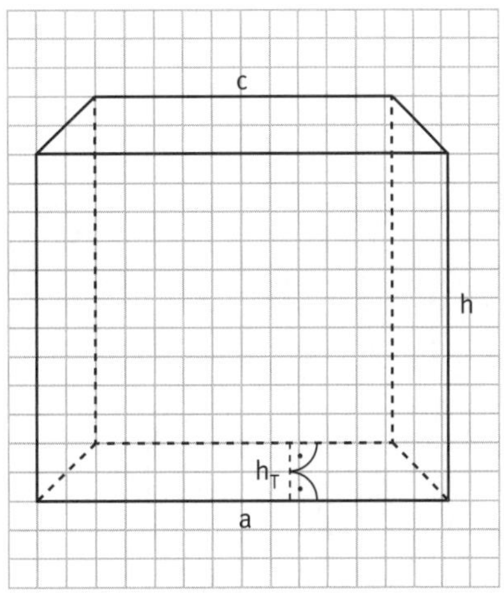

$V_{Prisma} = \frac{1}{2} \cdot (a + c) \cdot h_T \cdot h$

$V_{Prisma} = \frac{1}{2} \cdot (48\,mm + 72\,mm) \cdot 25\,mm \cdot 60\,mm$

$V_{Prisma} = 90\,000\,mm^3 = 90\,cm^3$

WISSEN

K1

- Jedes n-Eck kann in (n – 2) Dreiecke zerlegt werden. Diesen Satz kann man beispielsweise durch vollständige Induktion beweisen, was in der Schule in Reinform (Behauptung, Induktionsanfang, Induktionsvoraussetzung, Induktionsschritt) sicherlich nicht möglich ist. Aber man kann das Prinzip durchaus anhand einiger Zeichnungen deutlich machen, indem man sukzessive die Anzahl der Ecken erhöht und dabei am besten die bisherige Figur nicht ändert.

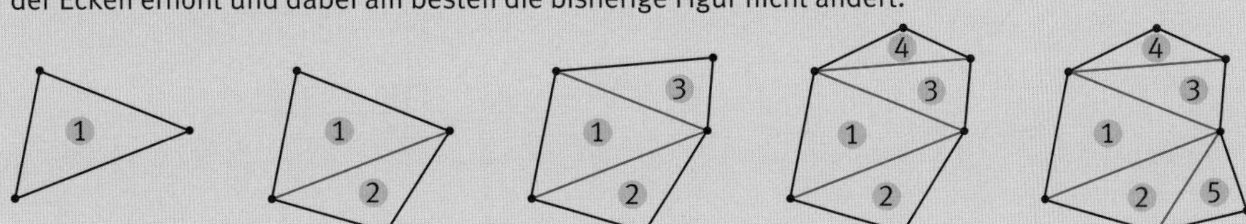

Die Schnitte im Prisma müssen dann so verlaufen, dass sie senkrecht zur Grundfläche des Prismas

K6 **1** **a)**

	Der Betrachter sieht außer der Vorderfläche auch ...	Er betrachtet den Körper ...	Er befindet sich ...
1	die rechte Seitenfläche und die Oberfläche.	von schräg rechts oben.	schräg rechts vor dem Körper.
2	die rechte Seitenfläche und die Unterfläche.	von schräg rechts unten.	schräg rechts unter dem Körper.
3	die linke Seitenfläche und die Oberfläche.	von schräg links oben.	schräg links vor dem Körper.
4	die linke Seitenfläche und die Unterfläche.	von schräg links unten.	schräg links unter dem Körper.

b)

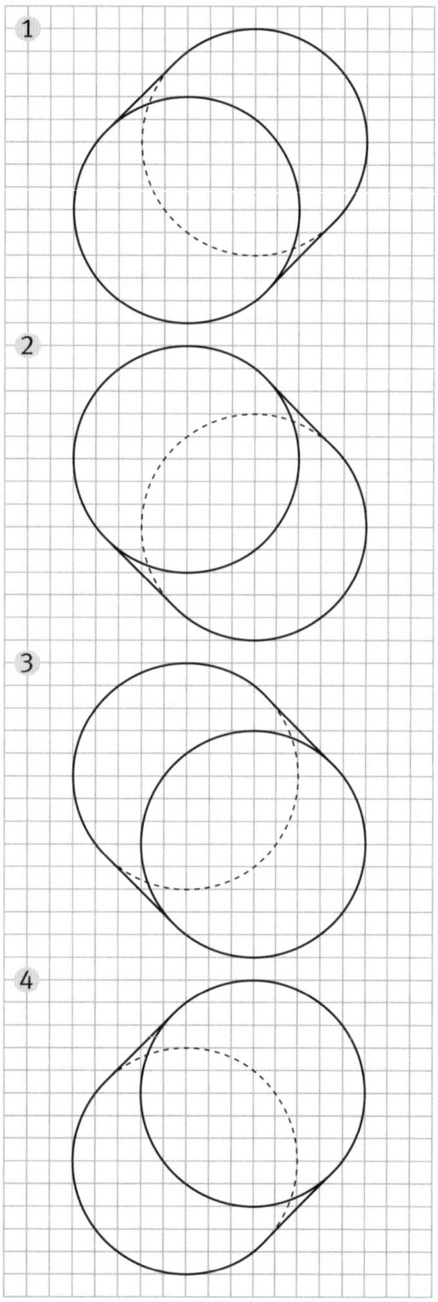

b)

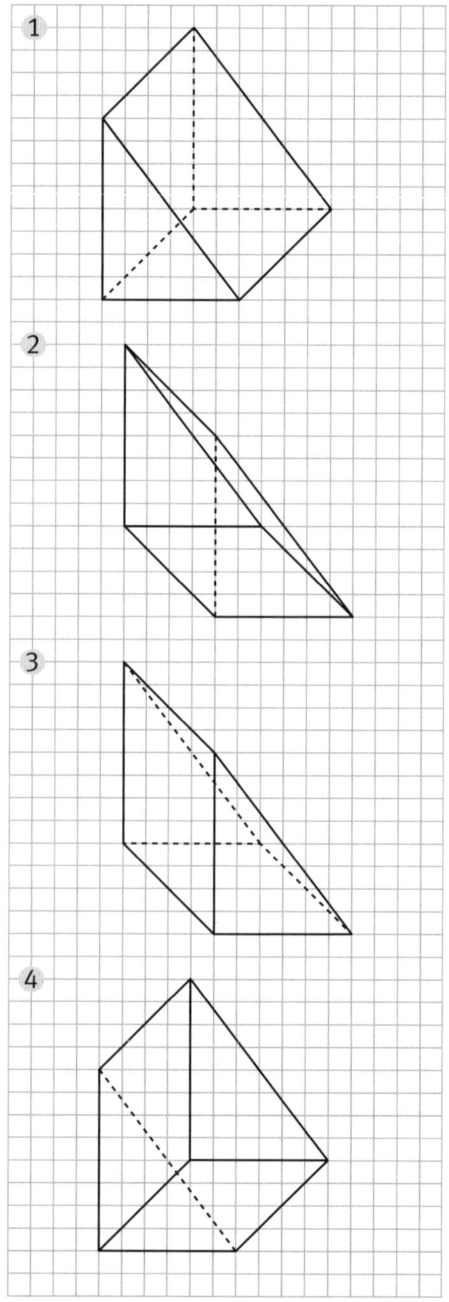

K4 **2** Die Schüler üben das Erstellen des im Schulbuch abgebildeten Prismas in doppelter Größe.

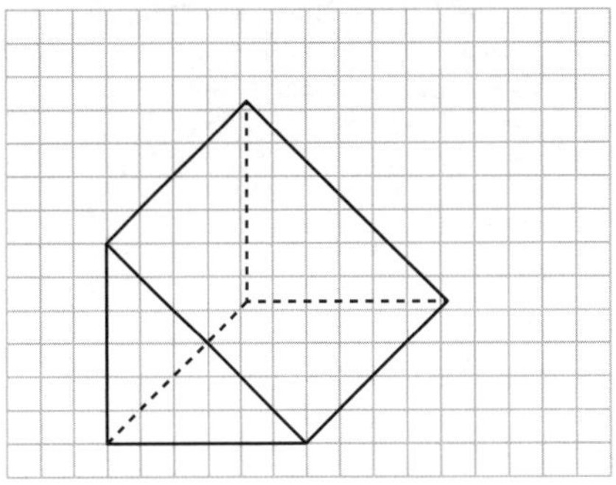

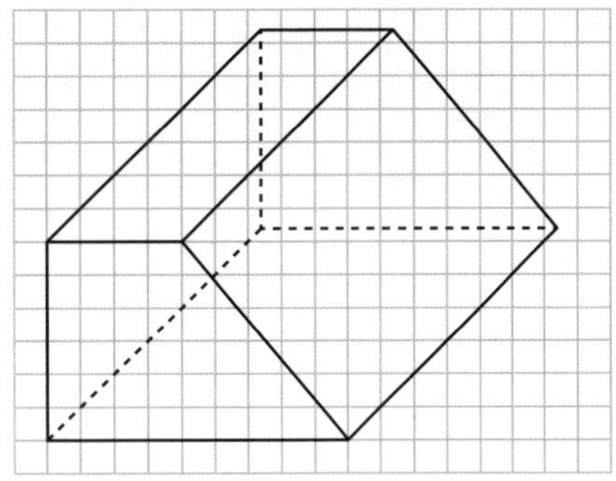

K4 **3**

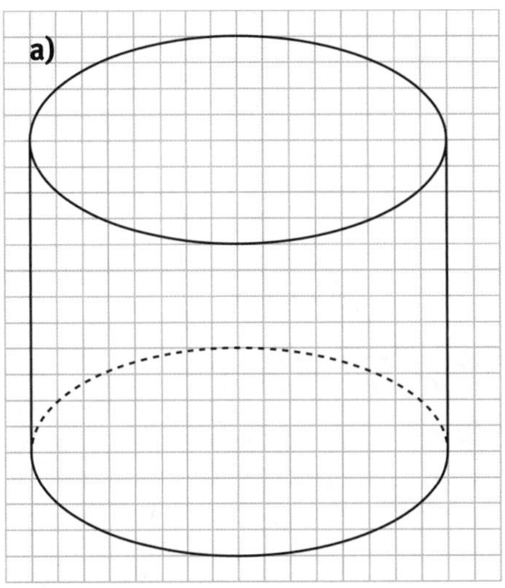

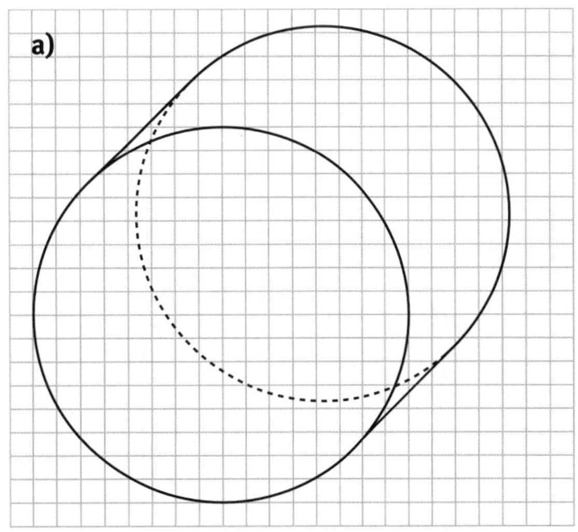

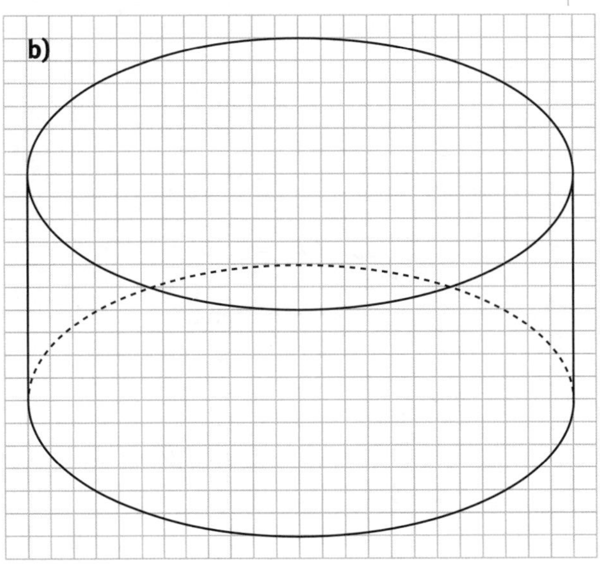

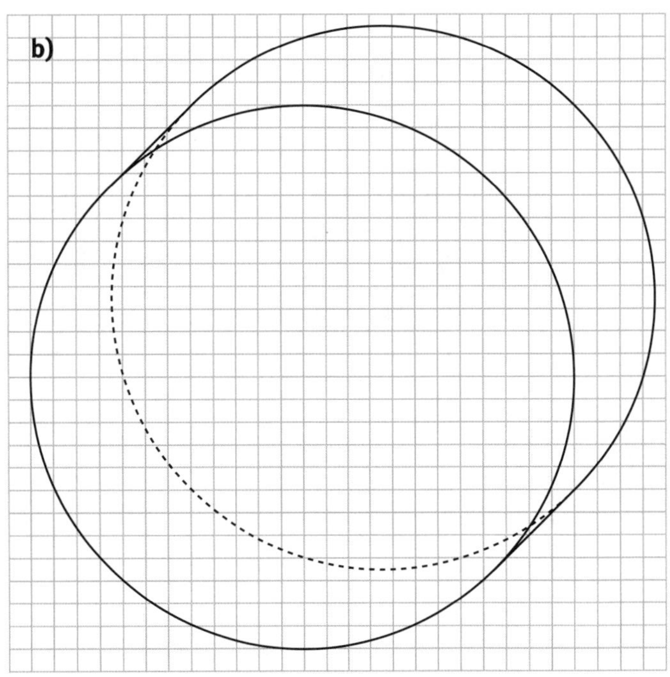

c)

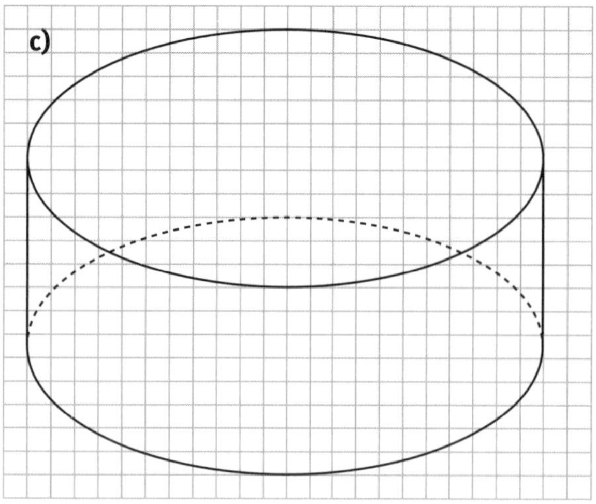

d)

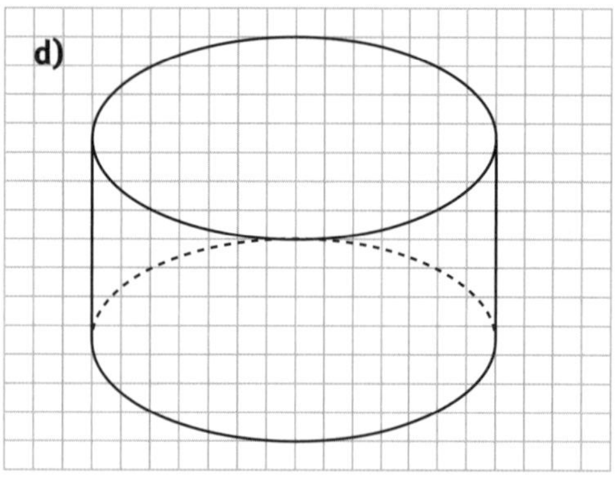

e)

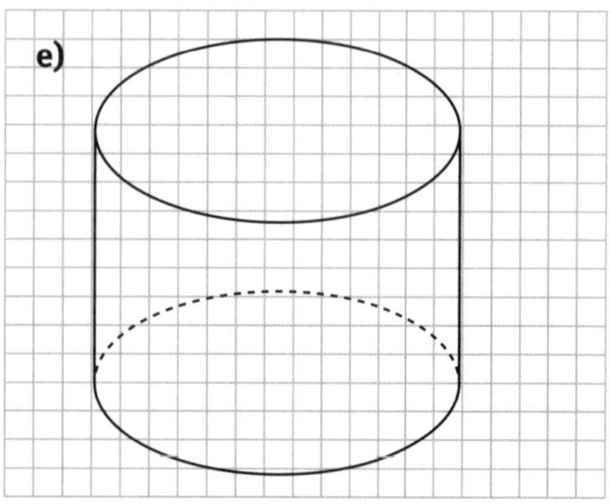

K6 **4** **a)** Quader (vierseitiges Prisma)
b) dreiseitiges Prisma

c)

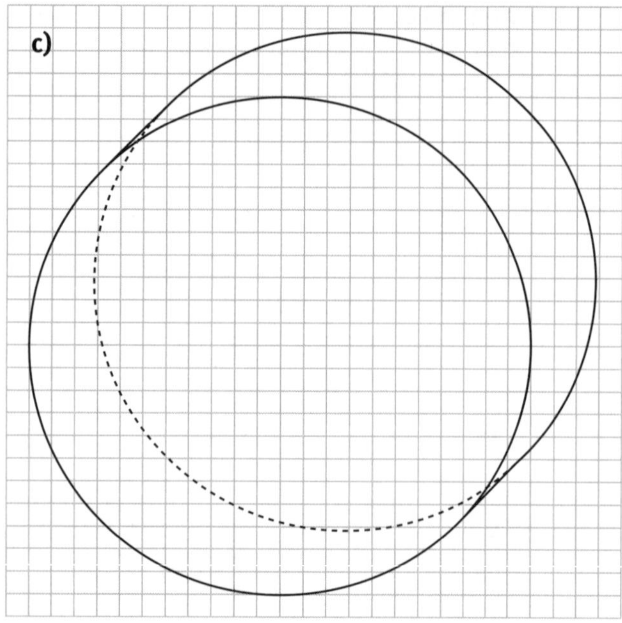

d)

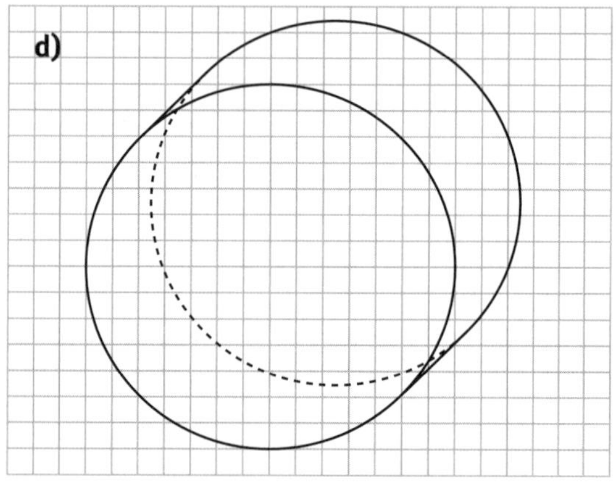

e)

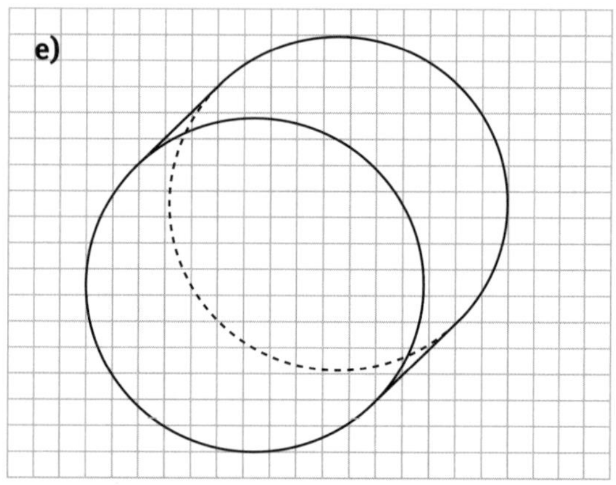

a) Zylinder
b) dreieckige Pyramide

K3 **5** **linke Seite:**

a) $d_k = \frac{12\,cm}{\pi} \approx 3{,}8\,cm$; $r_k \approx 1{,}9\,cm$

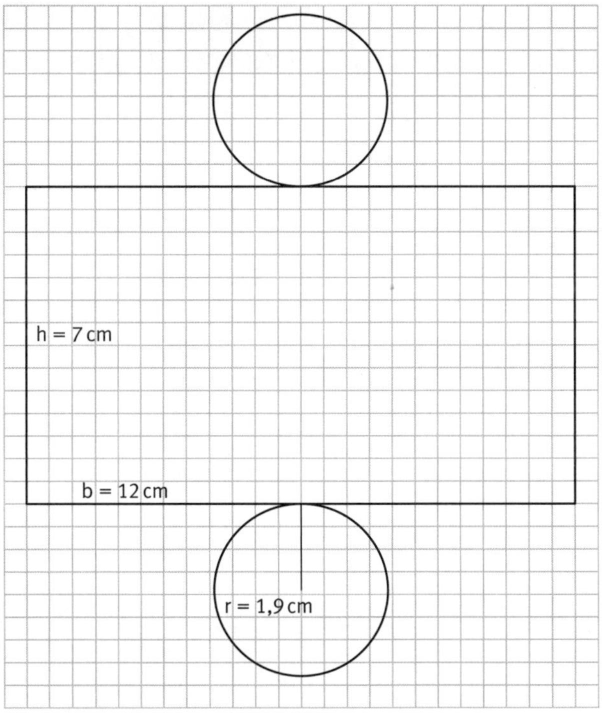

b) Individuelle Lösungen möglich.
Wähle z. B. a = b = 10 cm; $r_k \approx 1{,}6\,cm$.

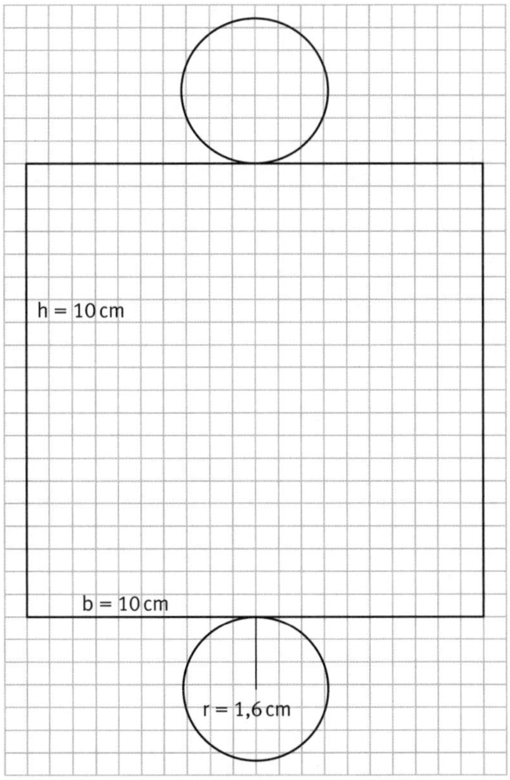

rechte Seite:

a) $r_k = 3\,cm$

$u_k = a = 2 \cdot \pi \cdot r_k \approx 18{,}8\,cm$

Die Seite b der Grundfläche ist dann entweder 9,4 cm oder 37,6 cm lang. Lösung für b = 9,4 cm:

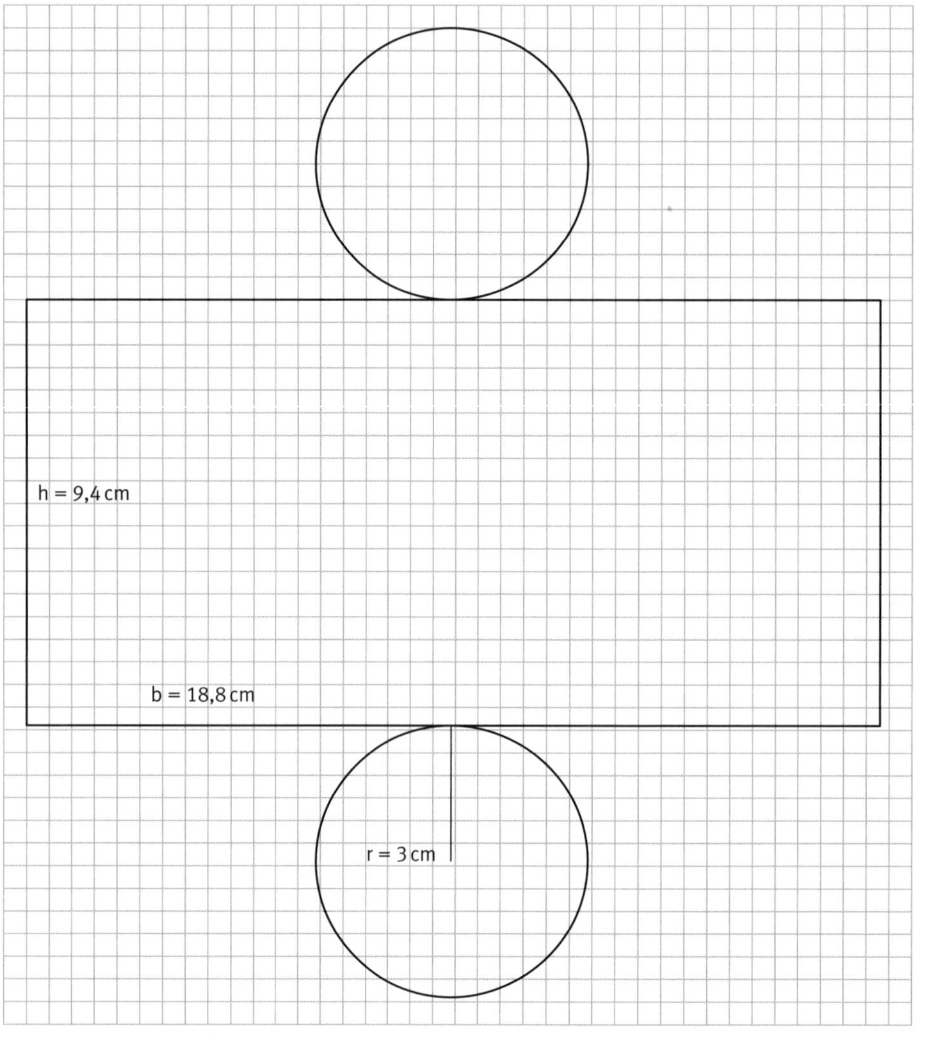

b) $A_k = \pi \cdot r_k^2 = 85\,\text{cm}^2 \Rightarrow r_k \approx 5{,}2\,\text{cm}$
$u_k = a = 2 \cdot \pi \cdot 5{,}2\,\text{cm} \approx 32{,}7\,\text{cm}$
$b = \frac{A_G}{a} = \frac{85\,\text{cm}^2}{32{,}7\,\text{cm}} = 2{,}6\,\text{cm}$

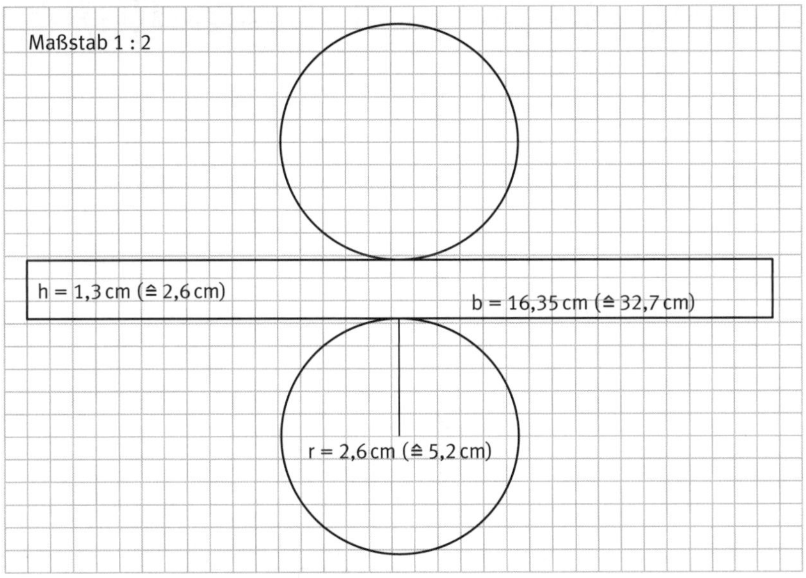

K4/5 **6** **a)** Netz des Prismas:

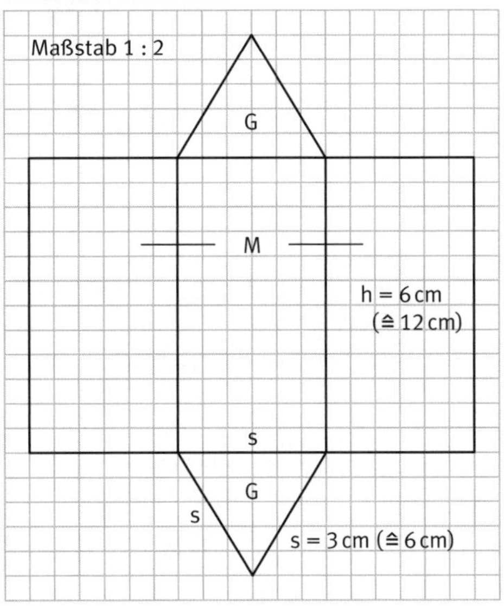

a)

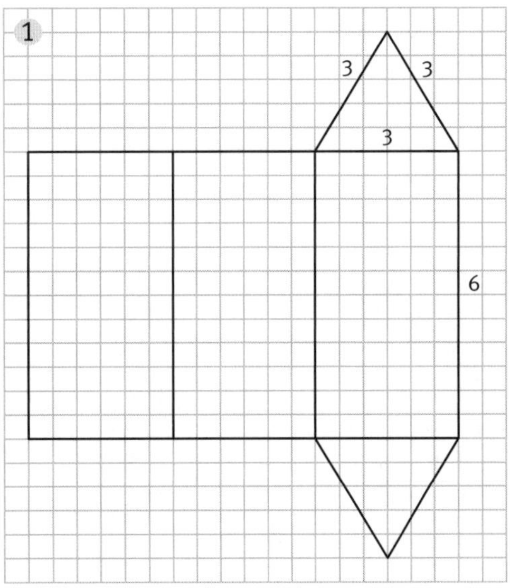

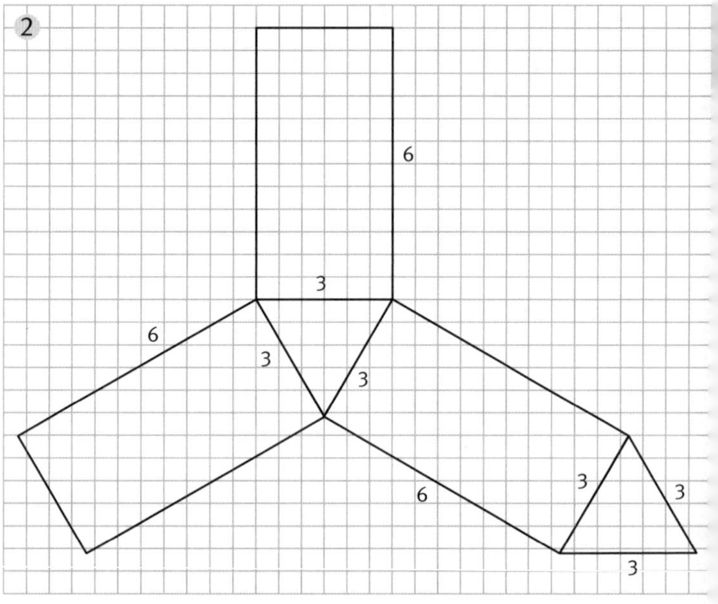

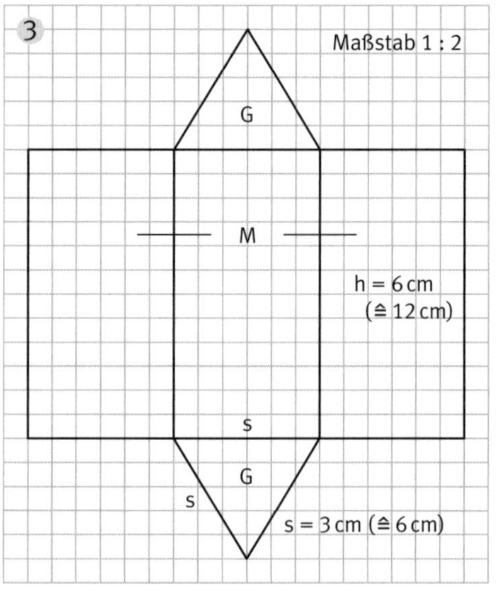

b) $O = 2 \cdot A_G + A_M = 2 \cdot \frac{1}{2} \cdot s \cdot h_s + 3 \cdot h \cdot s$
$= 6\,cm \cdot 5{,}2\,cm + 3 \cdot 12\,cm \cdot 6\,cm$
$= 247{,}2\,cm^2$

b) Oberfläche des verkleinerten Prismas:
$O = 2 \cdot A_G + A_M = 2 \cdot \frac{1}{2} \cdot s \cdot h_s + 3 \cdot h \cdot s$
$= 3\,cm \cdot 2{,}6\,cm + 3 \cdot 6\,cm \cdot 3\,cm = 61{,}8\,cm^2$
Flächeninhalt DIN-A4-Blatt:
$A_{A4} = 21{,}0\,cm \cdot 29{,}7\,cm = 623{,}7\,cm^2$
Anteil des verkleinerten Netzes:
$\frac{O}{A_{A4}} = 9{,}9\,\%$

K5 **7** **a)** $O_P = 2 \cdot 15\,cm \cdot 4\,cm + 12\,cm \cdot (4\,cm + 15\,cm + 4\,cm + 15\,cm) = 576\,cm^2$

b) $O_P = 2 \cdot \frac{1}{2} \cdot 17{,}3\,cm \cdot 4{,}5\,cm + 8{,}5\,cm \cdot (17{,}3\,cm + 8{,}6\,cm + 11\,cm) = 391{,}5\,cm^2$

a) $O_P = 2 \cdot \frac{1}{2} \cdot 18\,cm \cdot 16\,cm + 12\,cm \cdot (18\,cm + 16\,cm + 24\,cm) = 984\,cm^2$

b) $O_P = 2 \cdot 27{,}3\,cm \cdot 14{,}4\,cm + 8{,}5\,cm \cdot (27{,}3\,cm + 17\,cm + 27{,}3\,cm + 17\,cm) = 1539{,}3\,cm^2$

K5 **8**

	a)	b)	c)
G	$6\,cm^2$	$3\,cm^2$	$4\,cm^2$
V	$30\,cm^3$	$15\,cm^3$	$20\,cm^3$
O	$62\,cm^2$	$49{,}3\,cm^2$	$58\,cm^2$

	a)	b)	c)
G	$4\,cm^2$	$3\,cm^2$	$6\,cm^2$
V	$20\,cm^3$	$15\,cm^3$	$30\,cm^3$
O	$58\,cm^2$	$46\,cm^2$	$58\,cm^2$

K5 **9** **a)** $V = \frac{1}{2} \cdot 4\,m \cdot 1\,m \cdot 6\,m = 12\,m^3$

b) $a \approx 2{,}3\,m$

a) $V = \frac{1}{2} \cdot (4\,m + 2{,}4\,m) \cdot 1{,}2\,m \cdot 12{,}15\,m = 46{,}7\,m^3$

b) $a \approx 3{,}6\,cm$

K6 **1** Es gibt mehrere Möglichkeiten:

a) Kugel, Zylinder, Kegel ...

b) Quader, Trapez mit rechteckiger Grundfläche, Pyramide mit rechteckiger Grundfläche ...

c) Würfel, Pyramide mit quadratischer Grundfläche, Quader mit quadratischer Grundfläche ...

d) Prisma mit dreieckiger Grundfläche, Pyramide mit dreieckiger Grundfläche, ...

K3 **2**

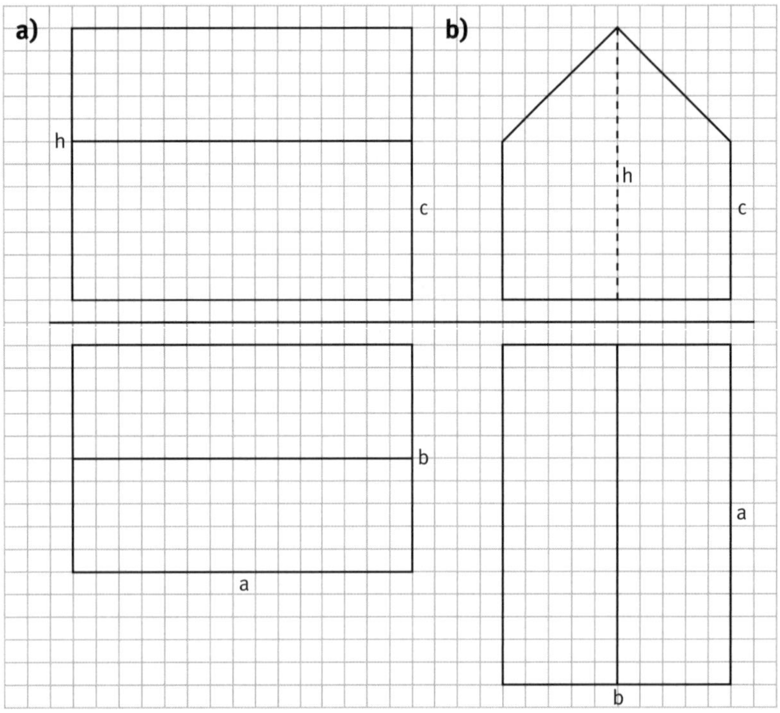

a = 15 m ≙ 7,5 cm

b = 10 m ≙ 5 cm

c = 7 m ≙ 3,5 cm

h = 12 m ≙ 6 cm

K5 **3** ① **a)**

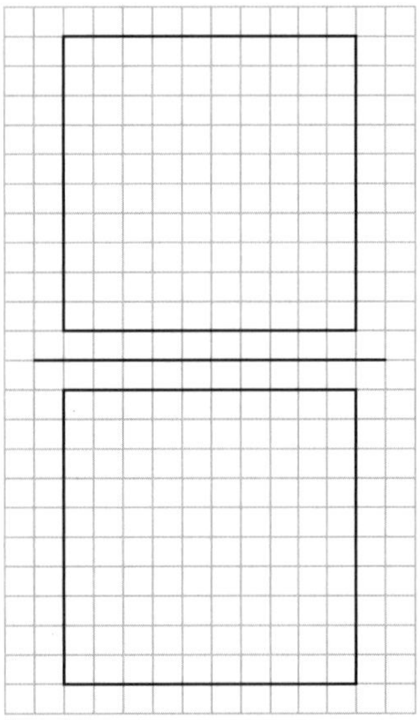

b)

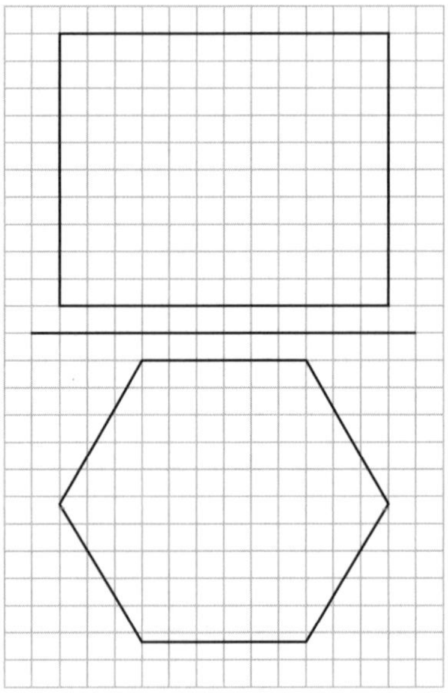

2 a)

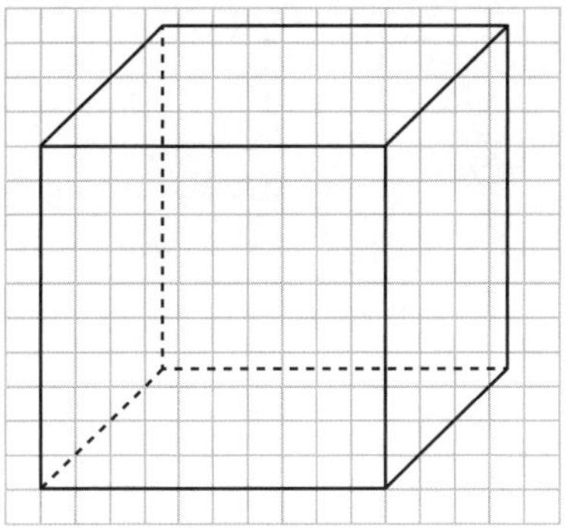

b)

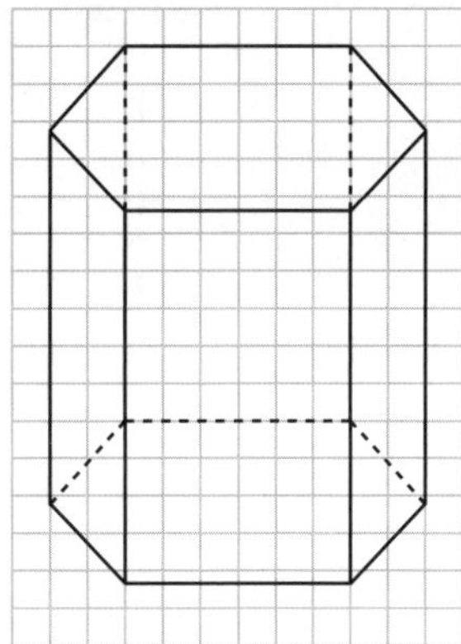

K3 **4** **a)** $A_{Dach} = \frac{1}{2} \cdot A_{M\ Zylinder}$

$r = 16\,m \qquad l = 42\,m$

$A_{Dach} = \frac{1}{2} \cdot 2 \cdot \pi \cdot 16\,m \cdot 42\,m \approx 2111{,}2\,m^2$

Für das Dach der Tennishalle benötigt man ungefähr $2111\,m^2$ Stahltrapezblech.

b) $A_{Vorder\text{- und Rückwand}} = \pi \cdot (16\,m)^2 \approx 804{,}2\,m^2$

$804{,}2\,m^2 \cdot 8{,}40\,\frac{€}{m^2} = 6755{,}28\,€$

Die Kosten für das Streichen der Vorder- und Rückwand der Halle betragen ca. 6755 € ohne Mehrwertsteuer.

K5 **5** **a)**

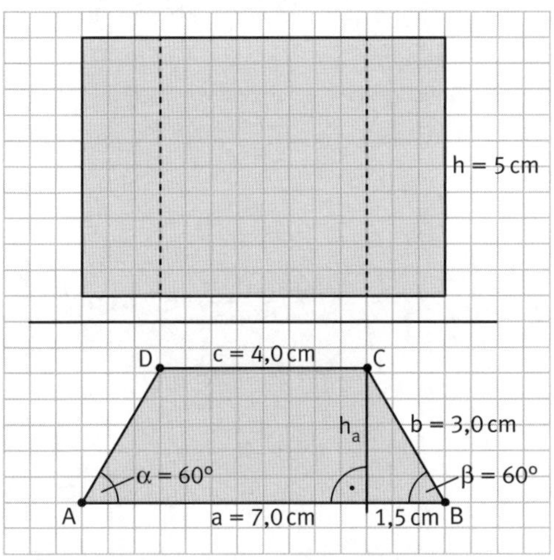

b) $h_a \approx 2{,}6\,cm$

$V = \frac{a + c}{2} \cdot h_a \cdot h$

$V = \frac{7\,cm + 4\,cm}{2} \cdot 2{,}6\,cm \cdot 5\,cm = 71{,}5\,cm^3$

K5 **6** **a)** ①

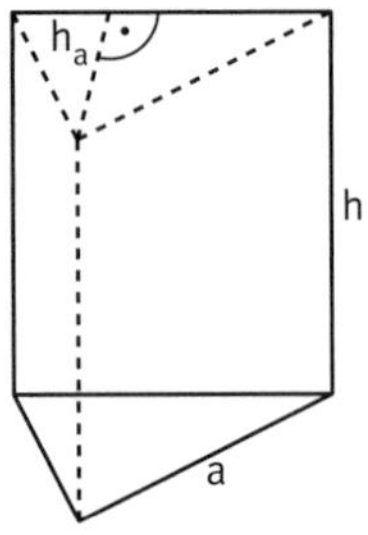

$A_{Seite} = \frac{A_M}{3}$

$A_{Seite} = \frac{96\,cm^2}{3} = 32\,cm^2$

$a = \frac{A_{Seite}}{h}$

$a = \frac{32\,cm^2}{8\,cm} = 4\,cm$

$A_G = \frac{1}{2} \cdot a \cdot h_a{}^2$

Zeichnung der Grundfläche und Messung ergibt:

$A_G = \frac{1}{2} \cdot 3{,}5\,cm \cdot 4\,cm$

$\mathbf{A_G = 7\,cm^2}$

$O = A_M + 2 \cdot A_G$

$O = 96\,cm^2 + 14\,cm^2$

$\mathbf{O = 110\,cm^2}$

$V = A_G \cdot h$

$V = 7\,cm^2 \cdot 8\,cm$

$\mathbf{V = 56\,cm^3}$

②

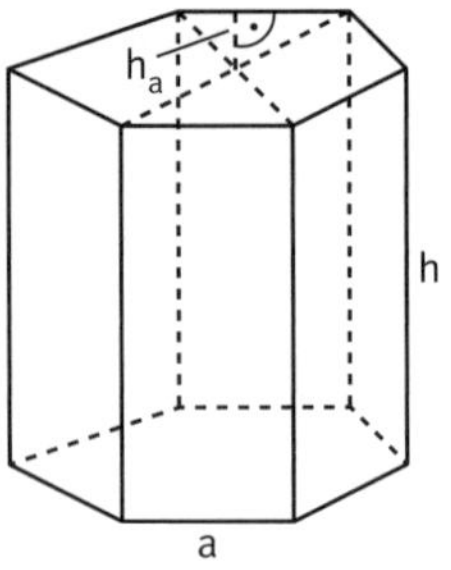

$A_G = \frac{V}{h}$

$A_G = \frac{140{,}4\,cm^3}{6\,cm}$

$\mathbf{A_G = 23{,}4\,cm^2}$

A_G besteht aus sechs kongruenten Dreiecken.

$A_M = 6 \cdot 3{,}0\,cm \cdot 6\,cm$

$\mathbf{A_M = 108{,}0\,cm^2}$

$O = 2 \cdot 23{,}4\,cm^2 + 108{,}0\,cm^2$

$\mathbf{O = 154{,}8\,cm^2}$

Hinweis: Im ersten Druck der ersten Auflage fehlt die Angabe der Kantenlänge a = 3 cm des Sechsecks.

b) ①

$O = A_M + 2 \cdot A_G$

$A_G = \pi \cdot (20\,cm)^2 \approx 1257\,cm^2$

$O = 240\,cm^2 + 2 \cdot 1257\,cm^2$

$\mathbf{O = 2752\,cm^2}$

$h = \frac{A_M}{u}$

$u = 2 \cdot \pi \cdot 20\,cm \approx 125{,}7\,cm$

$h = \frac{240\,cm^2}{125{,}7\,cm} \approx 1{,}9\,cm$

$\mathbf{h = 1{,}9\,cm}$

$V = A_G \cdot h$

$V = 1257\,cm^2 \cdot 1{,}9\,cm$

$\mathbf{V \approx 2388{,}3\,cm^3}$

②

$u = \frac{A_M}{h}$

$u = \frac{96\,cm^2}{12\,cm} = 8\,cm$

$r = \frac{u}{2\pi}$

$r = \frac{8\,cm}{2 \cdot \pi} \approx 1{,}3\,cm$

$\mathbf{r = 1{,}3\,cm}$

$O = A_M + 2 \cdot A_G$

$A_G = \pi \cdot (1{,}3\,cm)^2$

$A_G \approx 5{,}3\,cm^2$

$O = 96\,cm^2 + 2 \cdot 5{,}3\,cm^2$

$\mathbf{O = 106{,}6\,cm^2}$

$V = 5{,}3\,cm^2 \cdot 12\,cm$

$\mathbf{V = 63{,}6\,cm^3}$

③

$A_G = \frac{V}{h}$

$A_G = \frac{458{,}4\,cm^3}{6{,}8\,cm} \approx 67{,}4\,cm$

$\mathbf{r \approx 4{,}6\,cm}$

$A_M = u \cdot h$

$u = 2 \cdot \pi \cdot 4{,}6\,cm \approx 28{,}9\,cm$

$A_M = 28{,}9\,cm \cdot 6{,}8\,cm \approx 196{,}5\,cm^2$

$\mathbf{A_M = 196{,}5\,cm^2}$

$O = 2 \cdot 67{,}4\,cm^2 + 196{,}5\,cm^2$

$\mathbf{O = 331{,}3\,cm^2}$

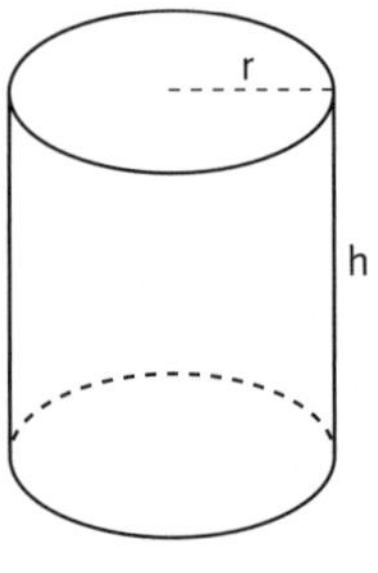

K1 **7** Prismen mit derselben Grundflächengröße haben dasselbe Volumen, sofern die Höhe der Prismen gleich ist.

Da die Höhe bei allen Prismen der Aufgabe gleich ist, müssen nur die Grundflächen betrachtet werden. Gleiche Grundfläche und damit gleiches Volumen haben:

- 1 und 6
- 2, 3 und 4
- 5, 7 und 8

K5 **8** Würfel und Quader:

Lösungsmöglichkeiten:

a) Würfel 1 a = 3 cm

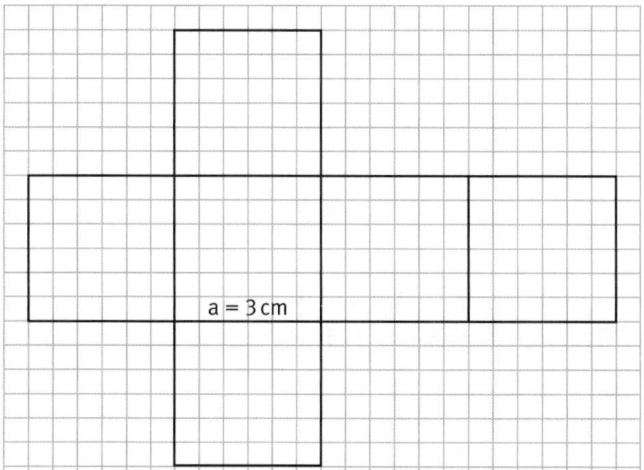

Die Würfelnetze zu 2 und 3 werden analog erstellt.

Quader a = 5,6 cm; b = 4 cm; c = 3,6 cm

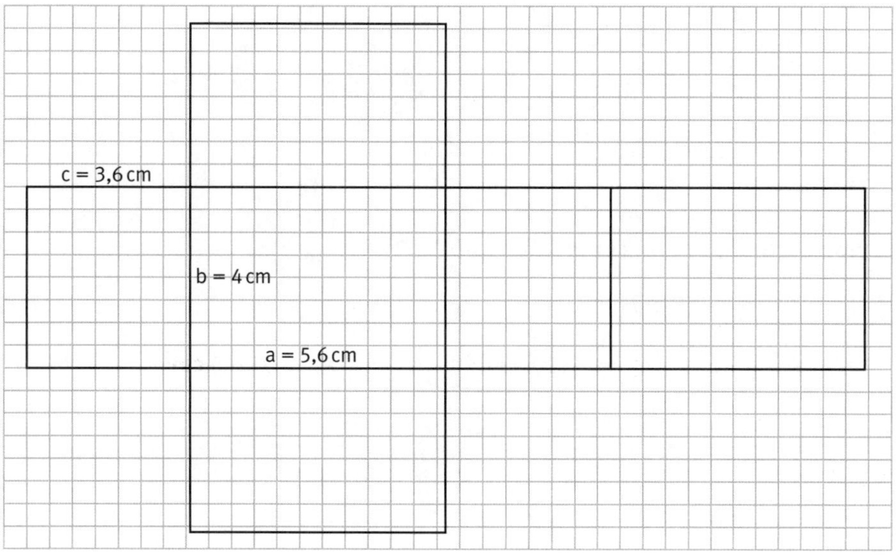

Prisma:

Prisma 1 Grundfläche: gleichschenklig-rechtwinkliges Dreieck mit a = b = 3,5 cm; h = 5 cm

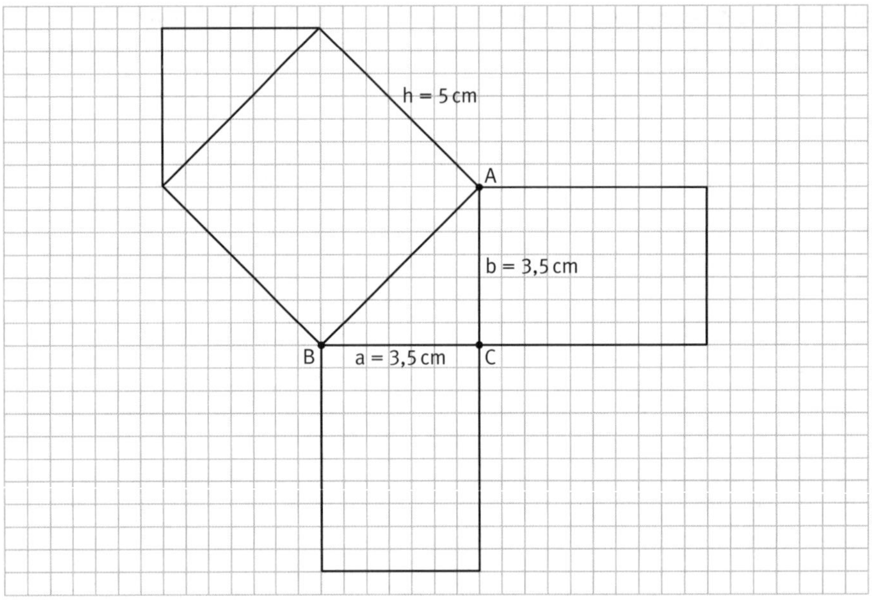

Prisma 2 Grundfläche: gleichseitiges Dreieck mit a = 4,2 cm; $A_M = 31{,}5\,cm^2$

Mantelfläche $A_M = 31{,}5\ cm^2 \Rightarrow$ Höhe des Prismas $h = 31{,}5\,cm^2 : (3 \cdot 4{,}2)\,cm = 2{,}5\,cm$

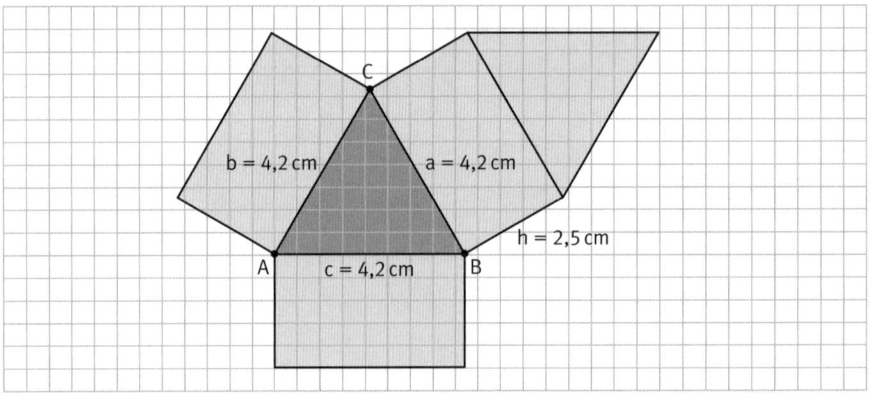

Zylinder:

Zylinder 1 r = 5 cm; h = 6 cm; Zeichnung im Maßstab 1 : 2

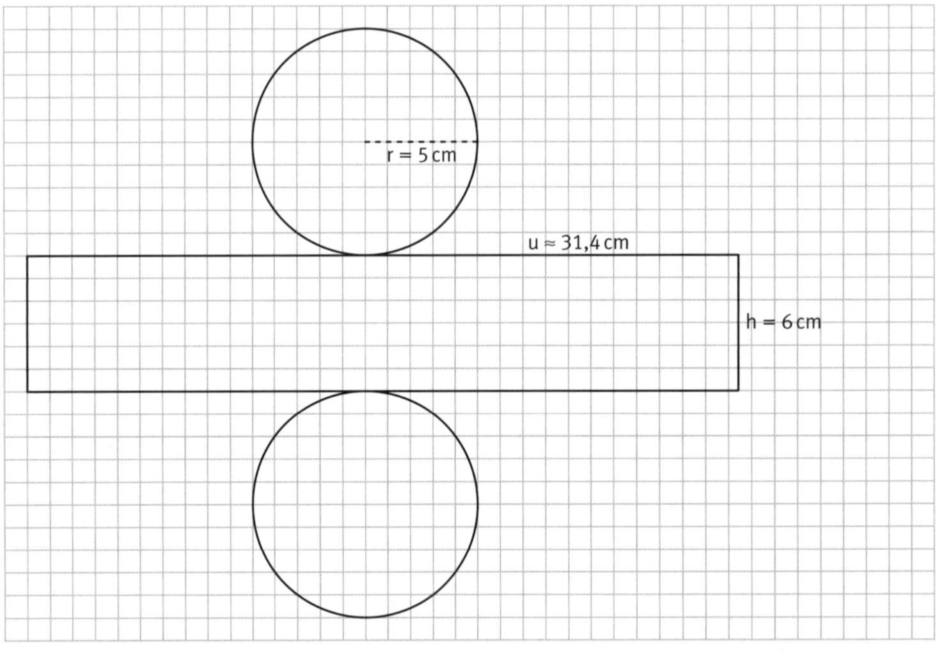

Zylinder 2 $d = 6{,}2\,\text{cm} \Rightarrow r = 3{,}1\,\text{cm}$
$A_M = 90\,\text{cm}^2$; $u \approx 19{,}5\,\text{cm}$
Höhe des Zylinders: $h = 90\,\text{cm}^2 : 19{,}5\,\text{cm} \approx 4{,}6\,\text{cm}$

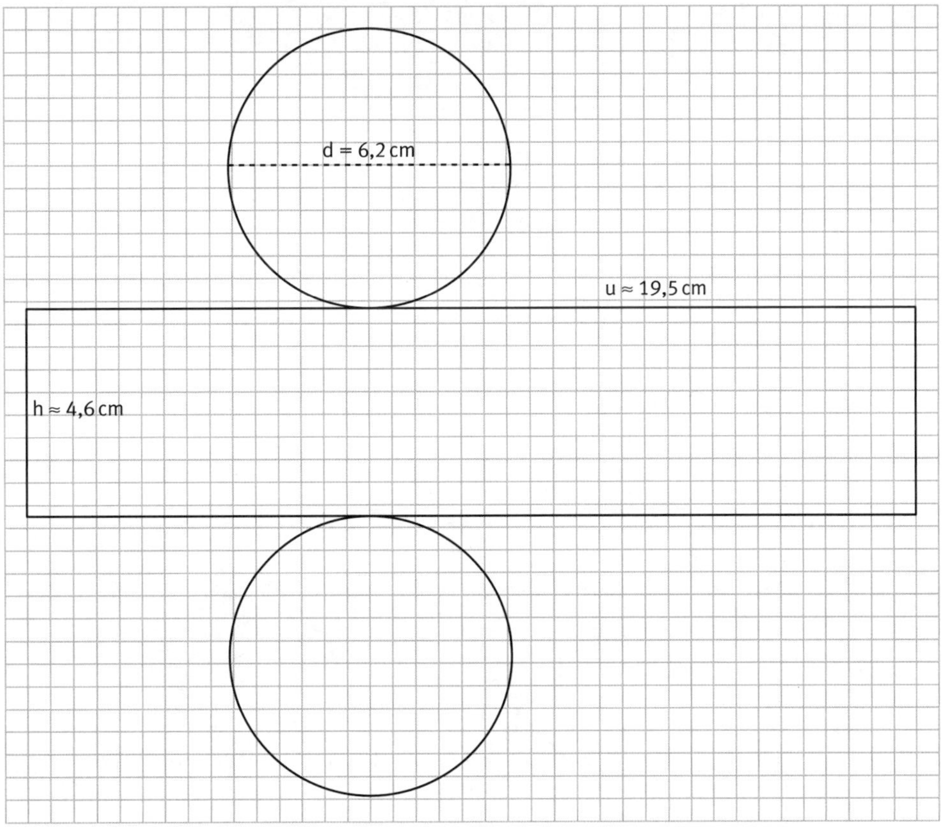

b) Würfel:

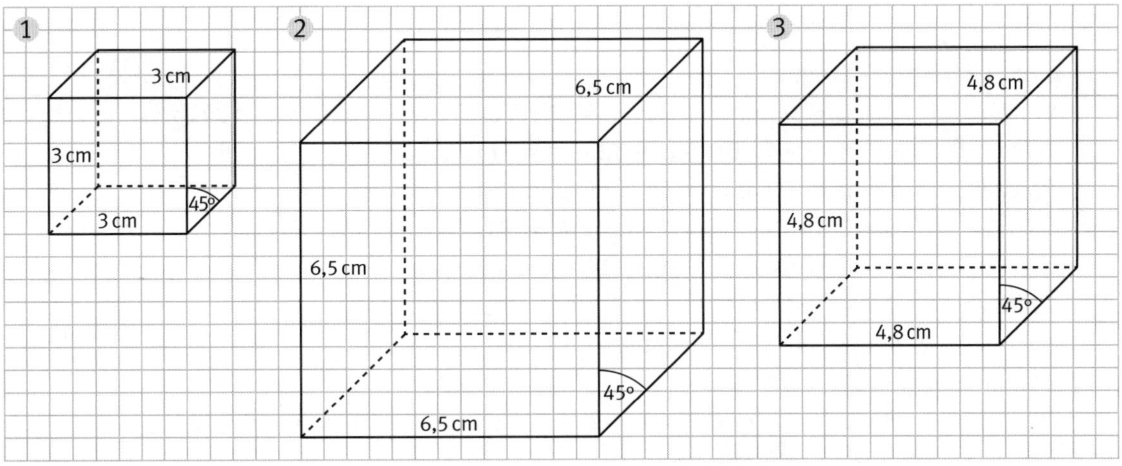

Quader

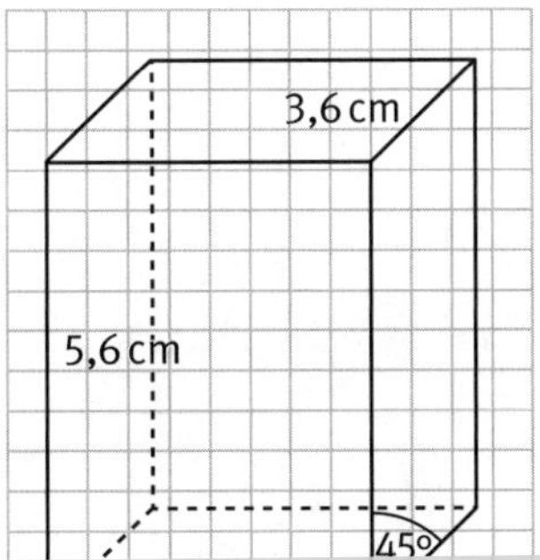

Prisma:

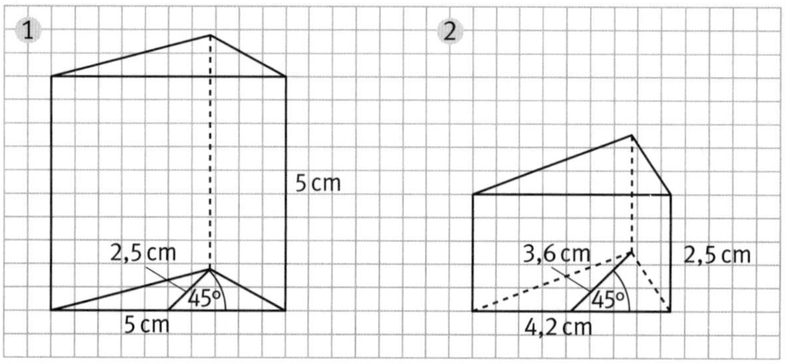

Zylinder:

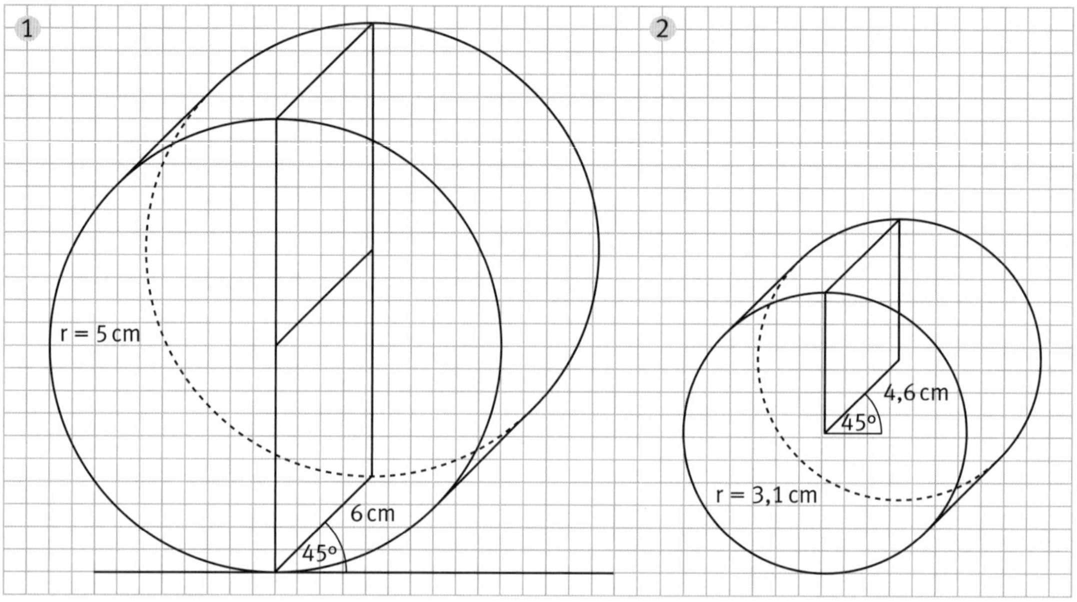

c) Oberflächen der Körper

Würfel ① $O = 54\,cm^2$ ② $O = 253{,}5\,cm^2$ ③ $O = 138{,}24\,cm^2$

Quader $O = 2 \cdot (5{,}6 \cdot 4 + 4 \cdot 3{,}6 + 5{,}6 \cdot 3{,}6)\,cm^2 = 113{,}92\,cm^2$

Prisma ① Länge der Hypotenuse der Grundfläche $\approx 4{,}9\,cm$

$O = 3{,}5^2 + 5 \cdot (4{,}9 + 2 \cdot 3{,}5)\ cm^2 = 71{,}75\ cm^2$

② $O \approx (2 \cdot \frac{1}{2} \cdot 4{,}2 \cdot 3{,}6 + 31{,}5)\ cm^2 = 46{,}62\ cm^2$

Zylinder ① $O = (2 \cdot 5^2 \cdot \pi + 2 \cdot 5 \cdot \pi \cdot 6)\,cm^2 \approx 345{,}6\,cm^2$

② $O = (2 \cdot 3{,}1^2 \cdot \pi + 90)\,cm^2 \approx 150{,}4\,cm^2$

d) Volumen der Körper

Würfel: ① $V = a^3 = 27\,cm^3$ ② $V = 274{,}625\,cm^3$ ③ $V = 110{,}592\,cm^3$

Quader: $V = a \cdot b \cdot c = 80{,}64\,cm^3$

Prisma: ① $V = \frac{1}{2} a \cdot b \cdot h = 30{,}625\,cm^3$

② Mit $h = \frac{A_M}{u_G} = \frac{31{,}5\,cm^2}{12{,}6\,cm} = 2{,}5\,cm$ gilt: $V = \frac{a^2}{4} \cdot \sqrt{3} \cdot h \approx 19{,}1\,cm^3$

Zylinder: ① $V = r^2 \cdot \pi \cdot h \approx 471{,}2\,cm^3$

② Mit $A_M = 2\pi \cdot r \cdot h \Leftrightarrow h \approx 4{,}6\,cm$ gilt: $V \approx 138{,}9\,cm^3$

K5 **9** **a)** $V = V_{Quader\ 1} + V_{Quader\ 2}$
$V = 2\,cm \cdot 2\,cm \cdot 8\,cm + 2\,cm \cdot 5\,cm \cdot 8\,cm$
$V = 112\,cm^3$
$O = 2 \cdot A_{Grundfläche} + A_M$
$O = 2 \cdot (2\,cm \cdot 2\,cm + 2\,cm \cdot 5\,cm) + 8\,cm \cdot (4\,cm + 5\,cm + 2\,cm + 3\,cm + 2\,cm + 2\,cm)$
$O = 172\,cm^2$

b) $V = A_G \cdot h_{Prisma}$
$A_G = 4\,cm \cdot 4\,cm - 2\,cm \cdot 2\,cm = 12\,cm^2$
$V = 8\,cm \cdot 12\,cm^2 = 96\,cm^3$
$O = 2 \cdot A_G + A_M$
$A_M = 8\,cm \cdot (4\,cm + 2\,cm + s + s + 2\,cm)$
Anfertigen einer Zeichnung und Messung ergibt:
$s \approx 2{,}8\,cm$
$A_M = 8\,cm \cdot (8\,cm + 5{,}6\,cm)$
$A_M = 108{,}8\,cm^2$
$O = 2 \cdot 12\,cm^2 + 108{,}8\,cm^2$
$O = 132{,}8\,cm^2$

c) $V = A_G \cdot h_{Prisma}$
$A_G = 4\,cm \cdot 1\,cm + \frac{1}{2} \cdot 2\,cm \cdot 2\,cm = 6\,cm^2$
$V = 6\,cm^2 \cdot 8\,cm = 48\,cm^3$
$O = 2 \cdot A_G + A_M$
$A_M = 8\,cm \cdot (4\,cm + 3\,cm + s + 2\,cm + 1\,cm)$
Anfertigen einer Zeichnung und Messung ergibt:
$s \approx 2{,}8\,cm$
$A_M = 8\,cm \cdot (4\,cm + 3\,cm + 2{,}8\,cm + 2\,cm + 1\,cm)$
$A_M = 102{,}4\,cm^2$
$O = 2\,cm \cdot 6\,cm + 102{,}4\,cm^2$
$O = 114{,}4\,cm^2$

K2 **10** Hinweis: Durch unterschiedliche Rundungen bei Zwischenergebnissen können teils Abweichungen von den hier angegebenen Werten auftreten.

a) $V = V_{Quader} + V_{Prisma}$
$V = 540\,m^3 + (0{,}5 \cdot 9\,m \cdot 4\,m) \cdot 12\,m$
$V = 756\,m^3$

b) $V = G \cdot h$
$V = [(60\,cm \cdot 140\,cm) + 2 \cdot 0{,}5 \cdot (70\,cm)^2 \cdot \pi] \cdot 240\,cm$
$V \approx 5{,}71\,m^3$

c) $V = (18\,cm \cdot 1{,}5\,cm \cdot 100\,cm) + (7{,}5\,cm \cdot 1{,}5\,cm \cdot 100\,cm)$
$V = 3825\,cm^3$
$\rho = \frac{m}{V}$
$m = 2{,}7\,\frac{g}{cm^3} \cdot 3825\,cm^3 \approx 10{,}33\,kg$

d) $V = [(70\,cm)^2 \cdot \pi \cdot 200\,cm] - [(50\,cm)^2 \cdot \pi \cdot 200\,cm]$
$V \approx 1\,507\,964\,cm^3$
$\rho = \frac{m}{V}$
$m = 7{,}4\,\frac{g}{cm^3} \cdot 1\,507\,964\,cm^3 \approx 11{,}16\,t$

K2 **11** $V_{Hubraum} = 4 \cdot V_{Verbrennungskammer}$
$V_{Verbrennungskammer} = \pi \cdot (40\,mm)^2 \cdot 145\,mm \approx 728\,850\,mm^3$
$V_{Hubraum} = 4 \cdot 728\,850\,mm^3 = 2\,915\,400\,mm^3$
Der Hubraum des Motors mit vier Zylindern beträgt $2\,915\,400\,mm^3$ bzw. ca. 2,9 l.

Die Masu-Schachtel

K6 **a)** Ergebnisse für ein Origami-Blatt der Kantenlänge 15 cm:

geschätzt	berechnet	ausgefüllt
V = ind. Lösung	$V \approx 74{,}44\,cm^3$	$V \approx 75\,ml$

K5 **b)**

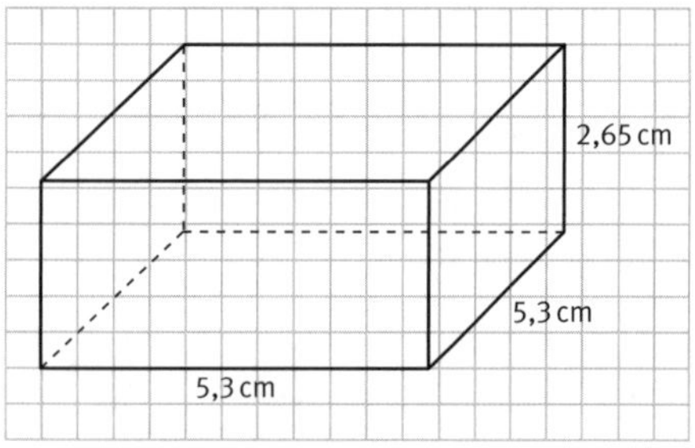

Die Höhe muss halb so lang sein wie die Kantenlänge des Quadrats.
Alle Flächen kommen doppelt vor (innen und außen).
$O = (5{,}3\,cm \cdot 5{,}3\,cm + 4 \cdot 5{,}3\,cm \cdot 2{,}65\,cm) \cdot 2$
$O = 168{,}54\,cm^2 \approx 169\,cm^2$

K4 **Würfel selbst gemacht**

a) Lösungsmöglichkeit:

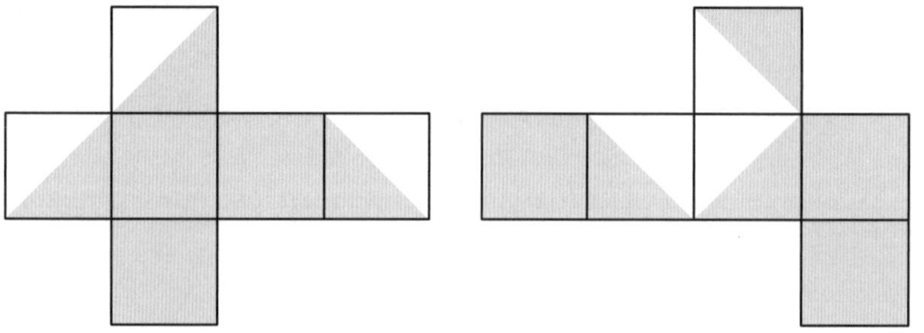

b) Lösungsmöglichkeit:

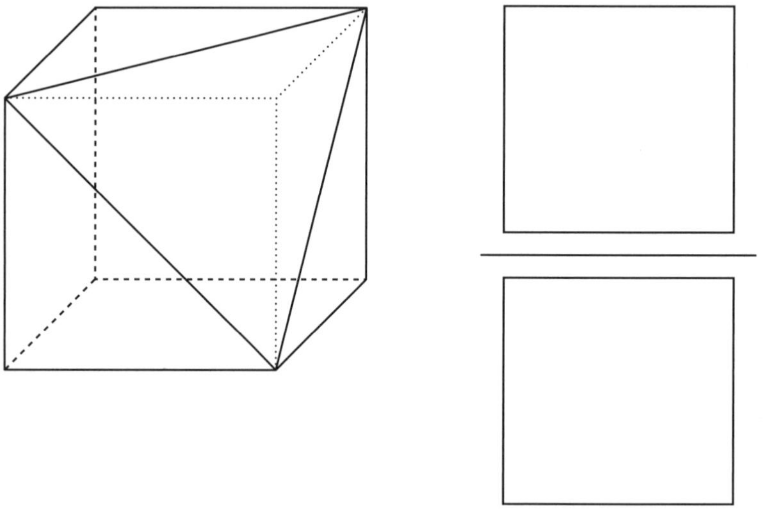

K6 **1** **a)** Quader (bzw. Prisma) mit rechteckiger Grundfläche: Sechs Rechtecke als Seitenflächen, wobei gegenüberliegende Rechtecke kongruent sind.

b) Prisma mit dreieckiger Grundfläche: Drei Rechtecke als Seitenflächen. Bei gleichschenkligem Dreieck als Grundfläche sind zwei, bei gleichseitigem Dreieck drei der Rechtecke kongruent.

c) Quader mit rechteckiger oder Prisma mit viereckiger bzw. Würfel mit quadratischer Grundfläche.

d) Kegel: Die Grundfläche ist ein Kreis und die Seitenfläche ein Kreissektor.

e) Zylinder: kongruente Kreise als Grund- und Deckfläche, Rechteck als Mantelfläche.

f) Kegel: Die Grundfläche ist ein Kreis und die Seitenfläche ein Kreissektor.

K6 **2** **a)** Quader bzw. Prisma mit rechteckiger Grundfläche (Sonderfall: Würfel)

b) Prisma mit dreieckiger Grundfläche

c) Würfel, Quader, vierseitiges Prisma

d) Kegel

e) Zylinder

f) Kegel

K4 **3**

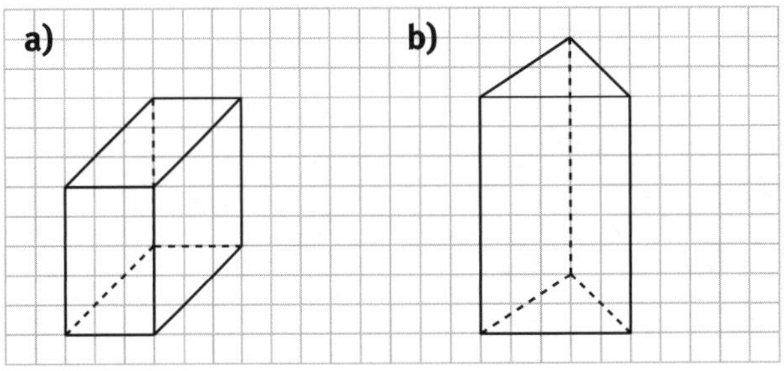

K4 **4**

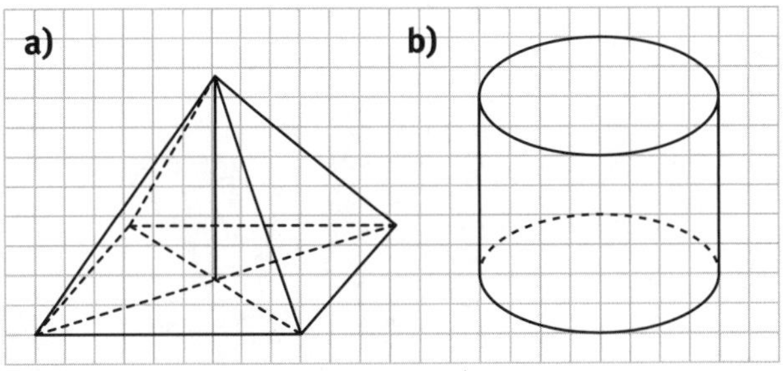

K6 **5** **a)** 1 rechteckige Pyramide
2 dreieckige Pyramide
3 rechteckiges Prisma, Quader
4 Zylinder, Kugel, Kegel von unten

b) 1 Kugel, Zylinder auf der Seite, liegender Kegel
2 Pyramide, dreiseitiges Prisma auf der Seite
3 Würfel, Quader, rechteckiges Prisma
4 Quader, rechteckiges Prisma

K4 **6**

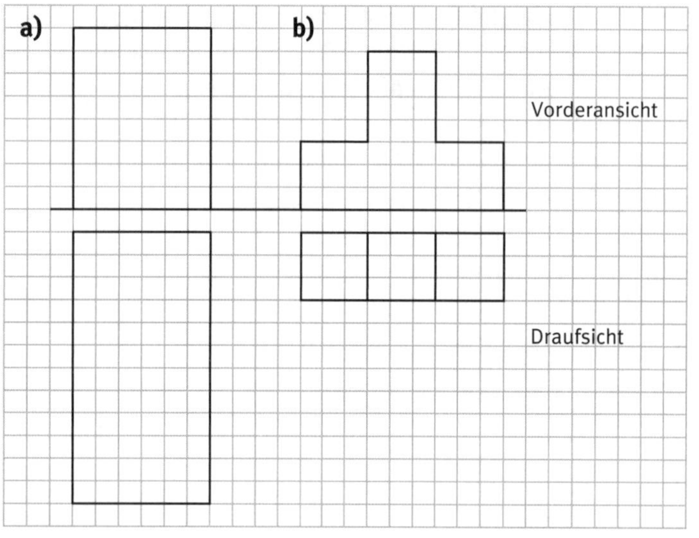

K6 **7** **a)** Würfel **b)** sechseckiges Prisma **c)** dreiseitige Pyramide
d) Quader **e)** dreiseitiges Prisma **f)** quadratische Pyramide
g) fünfseitiges Prisma

K5 **8**

	a)	b)	c)
A_G	$A_G = \frac{1}{2}ab$ $A_G = 4{,}32\,cm^2$	$A_G = a \cdot h_a$ $A_G = 42{,}0\,cm^2$	$A_G = \frac{a+c}{2} \cdot h_a$ $A_G = 15{,}4\,cm^2$
h	5,6 cm	5,6 cm	5,6 cm
O	$66{,}32\,cm^2$	$247{,}52\,cm^2$	$128{,}24\,cm^2$
V	$24{,}192\,cm^3$	$235{,}2\,cm^3$	$86{,}24\,cm^3$

K5 **9** $A_{Dreieck} = \frac{1}{2} a \cdot h_a$ $\quad V_{Prisma} = A_{Dreieck} \cdot h$

$A_{Dreieck} = \frac{1}{2} \cdot 12 \cdot 10{,}4 = 62{,}4$

$V_{Prisma} = 62{,}4 \cdot 8 = 499{,}2$

$O = 2 \cdot A_{Dreieck} + 3 \cdot a \cdot h$

$O = 2 \cdot 62{,}4 + 3 \cdot 12 \cdot 8 = 412{,}8$

Das Volumen beträgt etwa $500\,cm^3$ und die Oberfläche $413\,cm^2$.

K5 **10** $r = 10\,m$ $\quad V = \pi r^2 \cdot h$

$h = \frac{V}{\pi r^2}$ $\quad h \approx 22{,}9$

Der Behälter ist 22,9 m hoch.

K5 **11** **a)** $V_{Gesamt} = V_{Quader} - V_{Halbzylinder}$

$V_{Gesamt} \approx 70\,875\,mm^3 - 8553\,mm^3 = 62\,322\,mm^3$

$O \approx 10\,534\,mm^2$

b) $V_{Gesamt} = V_{äußerer\ Zylinder} - V_{innerer\ Zylinder}$

$V_{Gesamt} \approx 74\,575\,mm^3 - 57\,751\,mm^3 = 16\,824\,mm^3$

$O_{Gesamt} \approx 12\,102\,mm^2$

K5 **12 a)** In der Mitte des großen Körpers entsteht ein ausgefräster Würfel mit 4 cm Kantenlänge.
Auf diesen Würfel sind dann insgesamt noch sechs quaderförmige Aussparungen mit den Maßen 4 cm · 4 cm · 2 cm aufgesetzt:
$V_{\text{Würfel}} = 512\,\text{cm}^3$
$V_{\text{ausgefräster Körper}} = (4\,\text{cm})^3 + 6 \cdot 4\,\text{cm} \cdot 4\,\text{cm} \cdot 2\,\text{cm} = 256\,\text{cm}^3$
Der Restkörper hat genau 50 % des Volumens des Würfels.

b) $O_{\text{Würfel}} = 6 \cdot 8^2\,\text{cm}^2 = 384\,\text{cm}^2$
$O_{\text{Restkörper}} = 6 \cdot (4 \cdot 2 \cdot 4\,\text{cm}^2) + 6 \cdot (8 \cdot 8\,\text{cm}^2 - 4 \cdot 4\,\text{cm}^2) = 480\,\text{cm}^2$
Die Oberfläche des Restkörpers ist um ein Viertel größer als die Oberfläche des Würfels.

Aufgaben für Lernpartner

K1/6 **A** Die Aussage ist falsch. Die Kanten werden auf die Hälfte gekürzt und unter einem Winkel von 45° gezeichnet.

K1/6 **B** Die Aussage ist im Allgemeinen falsch. Die nach hinten verlaufenden Kanten werden in einem kleineren Winkel dargestellt, meist 45°.

K1/6 **C** Die Aussage ist falsch. Wenn bei der Grundfläche ein Winkel stumpfwinklig ist, ist er somit auch zwischen den Flächen des Mantels stumpfwinklig.

K1/6 **D** Die Aussage ist richtig. Bei einem Quader wären auch die Deck- und Grundfläche ein Rechteck.

K1/6 **E** Die Aussage ist falsch. Bei einem Zweitafelbild werden die Vorderansicht und die Draufsicht gezeichnet.

K1/6 **F** Die Aussage ist richtig.

K1/6 **G** Die Aussage ist falsch. Verdoppelt man den Radius, wird die Grundfläche viermal so groß.

K1/6 **H** Die Aussage ist falsch. Die Mantelfläche ist ein Rechteck.

K1/6 **I** Die Aussage ist im Allgemeinen falsch, wie man am Zahlenbeispiel überprüfen kann.
Beispiel: Würfel mit Kantenlänge 1 LE: O = 6 FE, V = 1 VE.

K1/6 **J** Die Aussage ist richtig.

6 Daten

Einstieg

Die Auftaktseite eines Kapitels enthält zwei verschiedene Elemente:
Zunächst werden die Schüler mit einem offenen Einstiegsbeispiel an das neue Kapitel herangeführt. Zentral ist dabei immer der Anwendungsbezug: Kein Lehrplaninhalt ist rein innermathematisch, sodass den Schülern von Beginn an gezeigt werden sollte, dass Mathematik nichts Abstraktes ist, sondern oft im Leben der Schüler vorkommt. In einem Unterrichtsgespräch zur Auftaktseite können viele der kommenden Lerninhalte schon heuristisch erarbeitet, Vermutungen geäußert und Zusammenhänge erschlossen werden.

K4 ■ Es sind individuelle Lösungen möglich.

K4 ■

	Gesamt	Mädchen	Jungen
Kamera	95	96	94
Apps	93	94	92
Bluetooth	91	91	91
MP3-Player	90	85	95
Radio	84	84	84
Internet	80	77	82
GPS	75	72	78
TV	38	37	39
Infrarot	15	11	19

K3 ■ Es sind individuelle Lösungen möglich.

Ausblick

Die Aufzählung am Ende der Seite bietet einen Ausblick auf die wesentlichen Lernziele des Kapitels und schafft so eine hohe Transparenz für Schüler und Lehrer. Durch einen informierenden Unterrichtseinstieg können sich Schüler und Lehrer auf das Kommende einstellen.
Idealerweise wird im Unterricht der Bezug hergestellt zwischen der Einstiegssituation und den

K5 **1** **a)** $\frac{17}{12}$ **b)** $\frac{31}{7}$ **c)** $\frac{9}{14}$

K3 **2** $\frac{2}{5} \cdot 5000\,€ = 2000\,€$ Herr Schwarz bekommt 2000 €.

K5 **3** **a)** $0{,}3 \cdot 120\,€ = 36\,€$ **b)** $0{,}4 \cdot 30\,kg = 12\,kg$ **c)** $0{,}75 \cdot 300\,l = 225\,l$

K5 **4** $\frac{12}{28} \approx 0{,}43 = 43\,\%$

K3 **5** $1{,}015 \cdot 2500\,€ = 2537{,}50\,€$
Paul hat nach einem Jahr 2537,50 € auf seinem Konto.

K5 **6** **a)** $\frac{17}{100} = 0{,}17 = 17\,\%$
$\frac{49}{50} = \frac{98}{100} = 0{,}98 = 98\,\%$
$\frac{9}{10} = \frac{90}{100} = 0{,}90 = 90\,\%$
$\frac{21}{25} = \frac{84}{100} = 0{,}84 = 84\,\%$
$\frac{12}{25} = \frac{48}{100} = 0{,}48 = 48\,\%$
$\frac{7}{10} = \frac{70}{100} = 0{,}70 = 70\,\%$
$\frac{3}{5} = \frac{60}{100} = 0{,}60 = 60\,\%$
$\frac{4}{4} = 1 = 100\,\%$

b) $0{,}15 = \frac{15}{100} = \frac{3}{20}$
$3{,}455 = \frac{3455}{1000} = 3\frac{91}{200}$
$1{,}2\,\% = \frac{12}{1000} = \frac{3}{250}$
$4{,}02 = \frac{402}{100} = 4\frac{1}{50}$
$18\,\% = \frac{18}{100} = \frac{9}{50}$
$0{,}005 = \frac{5}{1000} = \frac{1}{200}$
$0{,}99 = \frac{99}{100}$

K4 **7** Lösungsmöglichkeit: Säulendiagramm

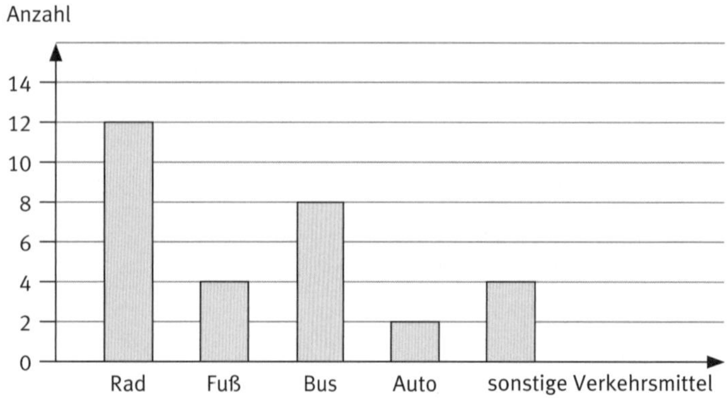

K4/6 **8** **a)** Das linke Diagramm ist ein Kreisdiagramm; es gibt die relativen Häufigkeiten an.
Das rechte Diagramm ist ein Säulendiagramm; es gibt die absoluten Häufigkeiten an.

b)

Höhe des monatlichen Taschengelds	20 €	24 €	25 €	30 €
Anzahl (absolute Häufigkeit)	3	2	6	8
Anteil (relative Häufigkeit)	≈ 11 %	≈ 7 %	≈ 21 %	≈ 29 %

Höhe des monatlichenTaschengelds	40 €	50 €	100 €
Anzahl (absolute Häufigkeit)	6	2	1
Anteil (relative Häufigkeit)	≈ 21 %	≈ 7 %	≈ 4 %

c) Neun der befragten Jugendlichen erhalten als Taschengeld mehr als 30 € pro Monat; $\left(\frac{17}{28} \approx\right)$ 61 % der befragten Jugendlichen erhalten als monatliches Taschengeld mindestens 30 €.

Kap. 6.1

Daten um uns herum

K6 ■ Individuelle Ergebnisse

K6 ■ Individuelle Ergebnisse. Zum Beispiel könnten Alter und Kopfumfang erfasst werden.

K4 ■ Individuelle Ergebnisse und Darstellungen. Zum Beispiel können die Geschlechterverteilung in einem Kreisdiagramm oder die verschiedenen Größenangaben jeweils in einem Säulendiagramm dargestellt werden.

Kap. 6.2

Mit dem Fahrrad unterwegs

K6 ■ Die abgebildete Darstellung ist unübersichtlich. Um der Darstellung einzelne Informationen zu entnehmen, muss man mühsam nachzählen. Man erhält auch keinen schnellen Gesamtüberblick über die Ergebnisse.

K4 ■

Mädchen mit Helm (MH)	~~IIII~~ IIII	9
Junge mit Helm (JH)	~~IIII~~ ~~IIII~~ ~~IIII~~	15
Mädchen ohne Helm (MO)	III	3
Junge ohne Helm (JO)	III	3

K3 ■ Individuelle Ergebnisse und Darstellungen

K6 ■ Individuelle Ergebnisse und Darstellungen

Kap. 6.3

Vergleichen und gewichten

K6 ■ Individuelle Ergebnisse zu den einzelnen Teilaufgaben.

Kap. 6.4

Ungefähr und ganz genau

K6 ■ Mögliche Antwort: Geschlecht, Alter, Nähe zu einem Atomkraftwerk, Wohnort, Bundesland

K3 ■ relative Häufigkeit der Befragten, die für den Ausstieg sind: $\frac{4}{5} = 0{,}8 = 80\,\%$
absolute Häufigkeit der Befragten, die für den Ausstieg sind: 800 Personen

K3 ■ Übertragung des Umfrageergebnisses auf 82 Millionen Bundesbürger: $\frac{4}{5} \cdot 82\,000\,000 = 65\,600\,000$
Die Anzahl der Bundesbürger, die einen sofortigen Ausstieg aus der Atomenergie befürworten, beträgt 65 600 000.

Alternativer Einstieg: Schulbuch Seite 196

Entdecken

K6
- Individuelle Lösungen möglich, zum Beispiel „Jungen mögen blau und Mädchen pink“ oder „Jungen wollen Feuerwehrmann werden und Mädchen Model“, ...

K6
- Individuelle Lösungen und Darstellungen möglich. Eine mögliche übersichtliche Darstellung ist eine Häufigkeitstabelle.

Nachgefragt

K6
- Man kann solche Antworten zusammenfassen beispielsweise zu einem Bereich „Sonstiges“.

K6
- Bei Strichlisten kann man beim Daten Sammeln nach und nach Striche machen. Wollte man sofort eine Häufigkeitstabelle erstellen, so müsste man von Anfang an wissen, wie häufig ein bestimmtes Merkmal auftritt.

Aufgaben

K6 **1 a)** Man kann aus der Tabelle ablesen, wie viele Schüler in welcher Klasse welches Gericht bevorzugen, wie viele Schüler insgesamt welches Gericht bevorzugen, bzw. wie viele Schüler in jeder der fünf Klassen sind.

Salat beispielsweise ist nicht sehr beliebt, Spaghetti, Pizza und Pommes dagegen sehr.

Die Klasse 7a hat 31 Schüler, die Klasse 7b 33, die Klasse 7c 29 und die 7e ebenfalls 29 Schüler. Die Klasse 7d hat laut der Tabelle 69 Schülerinnen und Schüler, was etwas unrealistisch erscheint. Möglicherweise haben die Schüler der Klasse jeweils mehr als eins der Gerichte angegeben.

b)

Gericht	Anzahl
Spaghetti	54
Pommes	47
Pizza	44
Hähnchen	22
Salat	10
Sonstiges	14

Am beliebtesten sind Spaghetti.

K3 **2 a)**

Foto Nummer	1	2	3	4	5	6	7
Anzahl der Bestellungen	9	8	6	6	12	7	21

b) Insgesamt wurden 69 Fotos bestellt. $69 \cdot 0{,}12\,€ = 8{,}28\,€$

c) Toni: $5 \cdot 0{,}12\,€ = 0{,}60\,€ = 60\,\text{ct}$ Perth: $2 \cdot 0{,}12\,€ = 0{,}24\,€ = 24\,\text{ct}$

Celin: $3 \cdot 0{,}12\,€ = 0{,}36\,€ = 36\,\text{ct}$ Rike: $4 \cdot 0{,}12\,€ = 0{,}48\,€ = 48\,\text{ct}$

K3 **3** **a)** weniger als 15 min: 8 Schüler
weniger als 30 min: 17 Schüler
weniger als 1 h: 16 Schüler
weniger als 90 min: 24 Schüler
mehr als 90 min: 3 Schüler

b) 1 mehr als 1 h: (24 + 3) Schüler = 27 Schüler
2 weniger als 60 Minuten: 41 Schüler
3 mehr als 15 Minuten: 60 Schüler

c) Jeder Schüler, der täglich weniger als 15 Minuten für seine Hobbys aufwendet, wendet automatisch auch weniger als 30 Minuten für seine Hobbys auf. Die Anzahl derjenigen Schüler, die weniger als 30 Minuten aufwenden, müsste also um die Anzahl derer, die weniger als 15 Minuten aufwenden, größer sein, Entsprechendes gilt für die Anzahl der Schüler, die weniger als 1 h bzw. weniger als 90 Minuten täglich für ihre Hobbys aufwenden.

Verbesserungsvorschlag für eine systematischere Tabelle:

Zeit pro Woche	Anzahl
weniger als 15 min	
zwischen 15 min und 30 min	
zwischen 30 min und 1 h	
zwischen 1 h und 90 min	
mehr als 90 min	

K6 **4** Es sind individuelle Antworten möglich.

Alternativer Einstieg: Schulbuch Seite 196

Entdecken

K6 ■ Deutsch, Französisch, Englisch
K3 ■ Englisch kommt sowohl mit den wenigsten Wörtern als auch mit den wenigsten Buchstaben aus.
K3 ■ Deutsch und Französisch enthalten die meisten Vokale. Im deutschen Text sind ungefähr 39 %, im französichen 44 % und im englischen 40 % der Buchstaben Vokale.

Nachgefragt

K6 ■ größter Wert: 1. Dieser Wert wird dann erreicht, wenn die absolute Häufigkeit der Gesamtzahl aller Werte entspricht: $h = \frac{1}{1} = 1$.
kleinster Wert: 0. Dieser Wert wird dann erreicht, wenn die absolute Häufigkeit 0 ist:
$h = \frac{0}{\text{Gesamtzahl aller Werte}} = 0$.
K1 ■ Nein, wie man leicht mit einem Gegenbeispiel zeigen kann: Die absolute Häufigkeit des Buchstabens „M" im Wort „Mathematik" ist 2. Im Wort „Mathe" ist sie 1.
Die relative Häufigkeit ist im Wort „Mathematik" $\frac{2}{10} = \frac{1}{5}$, im Wort „Mathe" ist sie $\frac{1}{5}$.
Man sieht: Die relativen Häufigkeiten des Buchstabens „M" sind für beide Wörter gleich, obwohl die absoluten Häufigkeiten verschieden sind.

Aufgaben

K4 **1**

Raubtier	Strichliste	H	h
Tiger	𝍸 𝍸 𝍸 𝍸 IIII	24	$\frac{24}{80} = \frac{3}{10} = 0{,}3$
Löwe	𝍸 𝍸 𝍸 𝍸 𝍸 𝍸 𝍸 𝍸	40	$\frac{40}{80} = \frac{1}{2} = 0{,}5$
Leopard	𝍸 III	8	$\frac{8}{80} = \frac{1}{10} = 0{,}1$
Marder	IIII	4	$\frac{4}{80} = \frac{1}{20} = 0{,}05$
Sonstiges	IIII	4	$\frac{4}{80} = \frac{1}{20} = 0{,}05$
Summe		80	1

K4 **2**

Augenzahl	absolute Häufigkeit	relative Häufigkeit
1	12	$\frac{12}{50} = \frac{24}{100} = 0{,}24$
2	7	$\frac{7}{50} = \frac{14}{100} = 0{,}14$
3	9	$\frac{9}{50} = \frac{18}{100} = 0{,}18$
4	6	$\frac{6}{50} = \frac{12}{100} = 0{,}12$
5	6	$\frac{6}{50} = \frac{12}{100} = 0{,}12$
6	10	$\frac{10}{50} = \frac{20}{100} = 0{,}2$

K3 **3** **a)** Der Anteil der Jungen ist 100 % – 60 % = 40 %.
b) Anzahl der Jungen: 40 % von 525 entspricht $\frac{4}{10} \cdot 525 = \frac{4 \cdot 525}{10} = \frac{2100}{10} = 210$.
Anzahl der Mädchen: 525 – 210 = 315

K6 **4** **a)** Es sind individuelle Lösungen möglich.

b) Es gibt 51 verschiedene Möglichkeiten für die relative Häufigkeit von „Zahl“, nämlich:
$\frac{0}{50} = 0$; $\frac{1}{50}$; $\frac{2}{50}$; $\frac{3}{50}$; ...; $\frac{49}{50}$ und $\frac{50}{50} = 1$

K3 **5** **a)**

Staatsangehörigkeit	Deutschland	Türkei	Afghanistan	EU-Staaten	Russland	Sonstiges
h	$\frac{7295}{9551}$	$\frac{1003}{9551}$	$\frac{266}{9551}$	$\frac{169}{9551}$	$\frac{59}{9551}$	$\frac{759}{9551}$

b) Es sind individuelle Lösungen möglich.
Die Unterschiede können regional bedingt sein, aber auch aus der geringen Stichprobengröße (eine einzelne Klasse versus statistische Untersuchung) resultieren.

K6

Musik

Wie beliebt ist welche Musik?

■ Individuelle Ergebnisse. Die Schülerinnen und Schüler lernen, wie man selbstständig Umfragen

Alternativer Einstieg: Schulbuch Seite 197

Entdecken

K4 ■ Jörn war beim Sackhüpfen am schnellsten, Susi hat den Teebeutel am weitesten geworfen und Kai hat das Schokowettessen gewonnen.

K3 ■

Name	Sackhüpfen	Teebeutelweitwurf	Schokowettessen	Summe
Sina	3	7	7	17
Jörn	1	5	5	11
Vivien	4	3	8	15
Leon	7	4	4	15
Mark	6	8	2	16
Susi	5	1	3	9
Lara	2	6	6	14
Kai	8	2	1	11

Susi hat den Dreikampf gewonnen, da die Summe ihrer Platzierungen den niedrigsten Wert hat.

K6 ■ Eine andere Möglichkeit wäre, nur jeweils die ersten drei Plätze zu berücksichtigen. Dann hätte Kai gewonnen, da er einmal erster und einmal zweiter geworden ist, Susi dagegen nur einmal erster und einmal dritter.

Man könnte auch ähnlich wie beim olympischen Zehnkampf Punkte für bestimmte Weiten und Zeiten vergeben und diese am Ende addieren. Dadurch würde auch berücksichtigt, wenn jemand im Vergleich zu den anderen beispielsweise besonders gut im Sackhüpfen war.

Nachgefragt

K6 ■ Beispiel: 1, 2, 2, 3 (Modalwert = Median = arithmetisches Mittel = 2)

K6 ■ Beispiel: 43, 65, 65 (Median = Maximum = 65)

K6 ■ Der Median ist der Wert, der genau in der Mitte (im Zentrum) einer Rangliste liegt. Man sagt, er liegt zentral in der Rangliste, und bezeichnet ihn deshalb als Zentralwert.

Aufgaben

K5 **1 a)**

	Minimum	Maximum	Spannweite
1	10	30	20
2	−5	4	9
3	−100 000	400 000	500 000
4	1,0	28,3	27,3
5	0,2	1,2	1,0

b)

	Rangliste	Mittelwerte		
		Modalwert	Median	$\overline{x}$
1	10; 15; 15; 15; 15; 20; 25; 25; 30; 30	15	17,5	20
2	−5; −3; −2; 0; 0; 0; 0; 2; 4; 4	0	0	0
3	−100 000; −100 000; 100 000; 200 000; 400 000	−100 000	100 000	100 000
4	1,0; 2,5; 12,6; 14,1; 14,8; 19,3; 27,9; 28,3	Jeder Wert wäre Modalwert.	14,45	15,0625
5	0,2; 0,5; 0,6; 0,7; 0,8; 1,2	Jeder Wert wäre Modalwert.	0,65	$\frac{2}{3} \approx 0{,}67$

K2 **2** **a)** Lösungsmöglichkeiten:

(1) 50; 99; 100; 100; 101 oder 50; 99; 100; 101; x (mit $x > 100$)

(2) 50; 99; 100; 101; 102

b) (1) 9988; 9991; 10 000; 10 001 oder 9991; 10 000; 10 001; 10 004

(2) Da die Spannweite bereits 13 beträgt, kann eine beliebige Zahl eingesetzt werden, deren Wert zwischen den beiden Zahlen 27 und 40 liegt.

c) In diesem Fall muss die 21 am häufigsten in der Liste vorkommen.

(1) 99; 21; 13 000; 11; 21

(2) 22; 23; 23; 21; 21 (In diesem Fall gibt es zwei Modalwerte: 21 und 23)

d) (1) 3; 19; 29; 30; 44

$25 = \frac{3 + 19 + 30 + 44 + x}{5}$

$125 = 3 + 19 + 30 + 44 + x = 96 + x$

$x = 29$

(2) 17; 22; 23; 38

$25 = \frac{17 + 22 + 23 + x}{4}$

$100 = 17 + 22 + 23 + x = 62 + x$

$x = 38$

K5 **3** **a)** Rangliste: 5,1 5,2 5,3 5,4 5,4 5,4 5,5 5,6 5,8

b) Minimum: 5,1 Maximum: 5,8 Spannweite: 0,7

c) Modalwert: 5,4 Median: 5,4 arithmetisches Mittel: $5,4\overline{1}$

d) Rangliste nach der Streichung der Werte: 5,3 5,4 5,4 5,4 5,5

	Minimum	Maximum	Spannweite	Modalwert	Median	$\overline{x}$
vor der Streichung	5,1	5,8	0,7	5,4	5,4	$5,4\overline{1}$
nach der Streichung	5,3	5,5	0,2	5,4	5,4	5,4

- Das **Minimum** nimmt nach der Streichung um 0,2 Punkte zu, da die schlechtesten Wertungen wegfallen.
- Das **Maximum** nimmt nach der Streichung um 0,3 Punkte ab, da die besten Wertungen wegfallen.
- Durch die Streichung wird auch die **Spannweite** zwischen Minimum und Maximum kleiner.
- Ja nachdem, welche Zahlen weggestrichen werden, kann sich auch der **Modalwert** ändern, im vorliegenden Fall bleibt er allerdings gleich.
- Der **Median** bleibt trotz Streichung immer derselbe, da die Streichung symmetrisch auf beiden Seiten erfolgt.
- Das **arithmetische Mittel** verändert sich im Allgemeinen nach der Streichung. In diesem Fall bleibt es jedoch in etwa gleich.

e) Es sind verschiedene Gründe möglich: Um Manipulationen vorzubeugen, um keine extremen Schwankungen bei den Wertungen zu haben, ...

K2 **4** **a)** Ranglisten der getroffenen Ringe:

1 Marius:	6	6	7	8	8	8	8	9	9	10	10	11
2 Sascha:	2	5	6	6	6	8	8	8	8	9	10	12

b)

	Minimum	Maximum	Spannweite
1 Marius	6	11	5
2 Sascha	2	12	10

Der schlechteste Schuss (Minimum) von Marius hat in Ring 6 getroffen, der beste Treffer (Maximum) in Ring 11. Der Unterschied dieser beider Werte (Spannweite) beträgt 5.
Sascha hat hingegen seinen schlechtesten Treffer (Minimum) in Ring 2 getroffen, sein bester Schuss (Maximum) trifft hingegen genau in die Mitte (Ring 12). Der Unterschied dieser beiden Werte (Spannweite) beträgt 10.
Folgende Vermutung liegt nahe: Marius trifft immer in etwa in dieselben Ringe, wobei die Neigung zur Mitte vorhanden ist. Sascha hingegen deckt fast die gesamte Scheibe ab, was annehmen lässt, dass er ein weniger geübter Schütze ist. Der Schuss in die Mitte kann bei ihm als Glückstreffer gewertet werden.

c)

	Modalwert	Median	$\bar{x}$
1 Marius	8	8	$8{,}\overline{3}$
2 Sascha	8	8	$7{,}\overline{3}$

d) Ausgehend vom arithmetischen Mittel ist Marius der bessere Schütze, da er im Durchschnitt höher gewertete Ringe getroffen hat.

K2 **5** **a)** 1 torreichstes Spiel (mit 10 Toren):
Costa Rica : Griechenland

torärmste Spiele (mit jeweils einem Tor):
Argentinien : Schweiz
Frankreich : Deutschland
Argentinien : Belgien
Deutschland : Argentinien

2 Es fielen 61 Tore in 16 Spielen, das ergibt einen Durchschnitt von 3,81 Toren pro Spiel.

3

Land	Algerien	Argentinien	Belgien	Brasilien	Chile	Costa Rica
Tore	1	6	2	7	3	9
Anteil	≈ 1,6 %	≈ 9,8 %	3,3 %	≈ 11,5 %	≈ 4,9 %	≈ 14,8 %
Land	Deutschland	Frankreich	Griechenland	Kolumbien	Mexiko	Niederlande
Tore	11	2	4	3	1	11
Anteil	≈ 18,0 %	≈ 3,3 %	≈ 6,6 %	≈ 4,9 %	≈ 1,6 %	≈ 18,0 %
Land	Nigeria	Schweiz	Uruguay	USA		
Tore	0	0	0	1		
Anteil	0 %	0 %	0 %	≈ 1,6 %		

b) 1

	Argentinien	Brasilien	Deutschland	Niederlande
erzielte Tore	6	7	11	11
bekommene Tore	3	14	2	8

2

	Argentinien	Brasilien	Deutschland	Niederlande	Spannweite	Min.	Max.
erzielte Tore	6	7	11	11	5	6	11
bekommene Tore	3	14	2	8	12	2	14
Tordifferenz	3	–7	9	3			

Die Spannweite der erzielten Tore beträgt 5. Deutschland und die Niederlande haben somit mit jeweils 11 erzielten Toren 5 Tore mehr geschossen als Argentinien, das mit 6 Toren die wenigsten Tore hat.
Bei den bekommenen Toren liegt Deutschland mit 2 Toren an der Spitze, wobei Brasilien 14 Bälle der gegnerischen Mannschaft nicht aufhalten konnte.
Betrachtet man die Tordifferenz zwischen erzielten und bekommenen Toren, zeigt sich, dass Brasilien die Tordifferenz –7 hat, wohingegen Deutschland mit 9 Toren die größte Differenz hat.

3

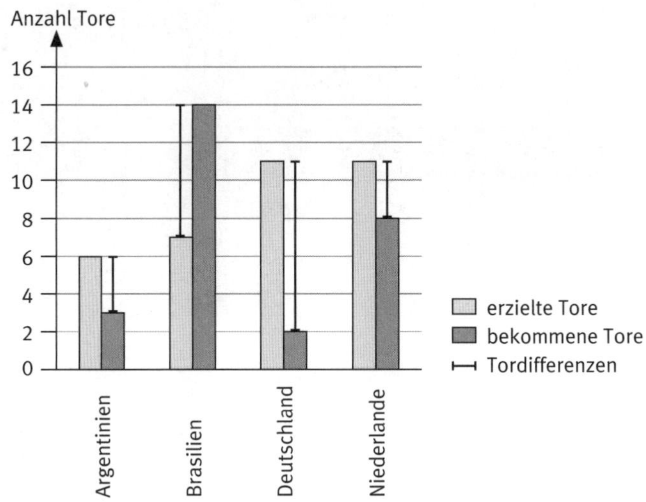

K1 **6** Rangliste: 2 € 2 € 3 € 3 € 5 € 5 € 5 € 7 €

a) Modalwert: 5 €
Lösungsmöglichkeiten:
- Zwei der Größen werden zu 5 € geändert.
- Zwei Größen (jedoch nicht diejenigen, die 5 € entsprechen), werden zu beispielsweise 6 € geändert.

b) arithmetisches Mittel: 4 €
Auch hier gibt es viele Lösungsmöglichkeiten: Die Summe aller Einzelwerte muss 32 € betragen.

c) Median: 4 € Modalwert: 5 €
Lösungsmöglichkeiten:
- Aus zwei Größen, die ungleich 5 € sind, werden 5 € gemacht (Median = 5 €)
- Zwei Größen, die ungleich 5 € sind, werden zu 4 € verändert.

d) arithmetisches Mittel: 4 € Modalwert: 5 €
Das arithmetische Mittel ist 4 €, da die Summe der 8 Einzelwerte 32 € beträgt. Das arithmetische Mittel verändert sich, sobald die Summe der Einzelwerte nicht mehr 32 € ergibt.
Der häufigste Wert muss 5 € bleiben.
Lösungsmöglichkeiten:
- 2 Werte zu 5 € verändern
- 2 Werte (≠ 5 €) vergrößern/verkleinern (Dabei darf man nicht die beiden 2 € zu 3 € vergößern.)

K2 **7** Die verschiedenen Möglichkeiten sind:
1; 2; 4; 5; 6 1; 3; 4; 5; 6 1; 2; 4; 6; 7 1; 2; 4; 7; 8 1; 3; 4; 6; 7
1; 3; 4; 7; 8 2; 3; 4; 5; 6 2; 3; 4; 6; 7 2; 3; 4; 7; 8
Maximalwert: Rangliste 2; 3; 4; 7; 8 Minimalwert: Rangliste 1; 2; 4; 5; 6
$\bar{x}_{max} = (2 + 3 + 4 + 7 + 8) : 5 = 4{,}8$ $\bar{x}_{min} = (1 + 2 + 4 + 5 + 6) : 5 = 3{,}6$

K2 **8** **a)** Lösungsmöglichkeit: Die Durchschnittsgröße von 10-jährigen Jungen wird ermittelt. Dazu wurde eine Stichprobe durchgeführt. Folgende Werte wurden gemessen:
1,34 m 1,39 m 1,40 m 1,46 m 1,46 m 1,51 m 1,54 m 1,59 m 1,65 m 1,68 m

b) Lösungsmöglichkeit: Der BMI von 16-jährigen Mädchen wird untersucht. Dazu geben 12 Mädchen ihr Körpergewicht an:
40 kg 42 kg 42 kg 42 kg 42 kg 46 kg 47 kg 48 kg 49 kg 50 kg 53 kg 57 kg

K4/5

Werkzeug

- Rangliste der besten Weiten (sortiert nach Spalte E, bester Wurf):

	A	B	C	D	E	F
1	Schlagballwurf 7c am 16.05. (Weiten in Meter)					
2	**Name**	**1. Wurf**	**2. Wurf**	**3. Wurf**	**Bester Wurf**	**Rang**
3	Stefan	53,9	60,3	57,2	=MAX(B3:D3)	1
4	Marie	38,8	58,3	49,7	58,3	2
5	Jakob	45,8	48,9	42,3	48,9	3
6	Sebastian	45,1	38,7	41,0	45,1	4
7	Pascal	41,8	43,0	38,1	43,0	5
8	Sarah	31,9	33,5	39,0	39,0	6
9	Nico	36,9	38,7	37,4	38,7	7
10	Paul	37,0	31,8	37,9	37,9	8
11	Linda	34,7	16,7	35,6	35,6	9
12	Laura	22,4	31,7	29,9	31,7	10
13	Alina	26,6	30,0	19,0	30,0	11
14	Mert	9,6	27,2	25,8	27,2	12
15	Sophia	18,3	22,9	20,7	22,9	13

- Das arithmetische Mittel kann der Tabelle im nächsten Aufzählungspunkt entnommen werden.
- Rangliste nach arithmetischem Mittel sortiert:

	A	B	C	D	E	F
1	Schlagballwurf 7c am 16.05. (Weiten in Meter)					
2	**Name**	**1. Wurf**	**2. Wurf**	**3. Wurf**	**Mittelwert**	**Rang**
3	Stefan	53,9	60,3	57,2	=MITTELWERT(B3:D3)	1
4	Marie	38,8	58,3	49,7	48,9	2
5	Jakob	45,8	48,9	42,3	45,7	3
6	Sebastian	45,1	38,7	41,0	41,6	4
7	Pascal	41,8	43,0	38,1	41,0	5
8	Nico	36,9	38,7	37,4	37,7	6
9	Paul	37,0	31,8	37,9	35,6	7
10	Sarah	31,9	33,5	39,0	34,8	8
11	Linda	34,7	16,7	35,6	29,0	9
12	Laura	22,4	31,7	29,9	28,0	10
13	Alina	26,6	30,0	19,0	25,2	11
14	Mert	9,6	27,2	25,8	20,9	12
15	Sophia	18,3	22,9	20,7	20,6	13

  Vergleich beider Ranglisten: Die Reihenfolge der Schüler bleibt fast identisch. Sarah rutscht von Platz 6 auf Platz 8 ab, wodurch Nico und Paul in der Rangliste des arithmetischen Mittels um einen Platz nach vorne rutschen.
- Mittelwert aller durchgeführter Würfe
  Befehl: =MITTELWERT(B3:D15) oder: =MITTELWERT(E3:E15)
  Der Mittelwert (arithmetisches Mittel) beträgt gerundet 35,89 m.
- Vergleich von Modalwert, Median und arithmetischem Mittel:
  Median: 37,02 Befehl: =MEDIAN(B3:D15)
  arithmetisches Mittel: 35,89 Befehl: =MITTELWERT(B3:D15)
  Modalwert: Da kein Wert doppelt auftritt, existiert kein sinnvoller Modalwert.
  Befehl: =MODALWERT(B3:D15)
  Vergleich der Mittelwerte:
  Da jeder Wert Modalwert ist, können diese nicht mit den anderen beiden Mittelwerten verglichen werden.
  Vergleicht man den Median mit dem arithmetischen Mittel, so sind diese sehr ähnlich. Der Unterschied dieser beiden Werte beträgt 1,13 m.

- Mit dem arithmetischen Mittel kann die Weite eines durchschnittlichen Wurfes angegeben werden. Dieser beträgt 35,89 m.
  Der (nicht sinnvoll zu ermittelnde) Modalwert besagt, dass keine Weite zweimal vorkam. Alle Schüler haben demnach unterschiedliche Weiten erreicht.
  Die Mitte aller Werte bildet der Median. Dieser entspricht mit 37,02 m fast dem arithmetischen Mittel. Dass der Median größer ist als das arithmetische Mittel, bedeutet, dass mehr als die Hälfte aller Würfe weiter war als 35,89 m. Die weniger weiten Würfe müssen also deutlich schlechter gewesen sein, um den Durchschnitt trotz ihrer geringen Anzahl senken zu können.

Alternativer Einstieg: Schulbuch Seite 197

Entdecken

K6 ■ Der Verkaufspreis richtet sich neben den ganzen Produktionskosten nach der Abfüllmenge. Ist diese höher als eigentlich gewollt, „verschenkt" der Safthersteller einen Teil seines Saftes und ihm entgehen dadurch Einnahmen.

K6 ■ Es wäre viel zu aufwendig, jede einzelne Flasche zu untersuchen. Eine einzelne Flasche dagegen wäre zu wenig, da dadurch keine Aussage über die gesamte Menge der Flaschen getroffen werden kann. Es muss also eine gewisse Anzahl an Flaschen untersucht werden, wobei der Aufwand nicht zu groß sein sollte und man gleichzeitig trotzdem einen guten Eindruck von der gesamten Menge der Flaschen erhält.

K6 ■ Die Auswahl sollte zufällig erfolgen. Nur so kann eine fundierte Aussage über die gesamte Menge der Flaschen getroffen werden. Wenn man beispielsweise direkt die ersten 100 Flaschen untersucht, könnte es sein, dass die Maschine nur zu Beginn der Abfüllung nicht richtig funktioniert und erst „warmlaufen" muss. Wenn sie danach einwandfrei funktioniert, würde man eine falsche Abschätzung treffen. Bei einer zufälligen Auwahl der Flaschen können solche Effekte kompensiert werden.

K3 ■ Von den 1000 untersuchten Flaschen enthalten 200 zu viel Saft. Das entspricht einem Anteil von $\frac{200}{1000} = 20\,\%$. Entsprechend kann man annehmen, dass auch in etwa 20 % der Flaschenmenge eines Tages zu viel Saft enthalten ist. Das entspricht dann 2000 Flaschen.

Nachgefragt

K6 ■ Wählt man die Stichprobe zufällig aus, dann ist das Risiko geringer, (unbewusst) eine Teilgruppe mit einer bestimmten Gemeinsamkeit auszuwählen.

K6 ■ Marktforschungsumfragen zum Thema Essgewohnheiten, Anzahl der Katzenhalter in Deutschland, Erfragung des diesjährigen Urlaubsziels der Deutschen, Anzahl der Handys pro Haushalt, ...

Aufgaben

K6 **1**

Merkmal	Ausprägung	Art
Bestand einer Firma an Autos	800	quantitativ
Lieblingsfarbe	Rot	qualitativ
Note in der letzten Deutschklassenarbeit	3	quantitativ
Anzahl der Geschwister	1	quantitativ
Beruf der Mutter	Apothekerin	qualitativ
Masse eines Apfels	153 g	quantitativ
Alter	14 Jahre	quantitativ
Fettgehalt des Joghurts	3,5 %	quantitativ
Operationsdauer	2,5 h	quantitativ
Berufswunsch	Physiker(in)	qualitativ
Haarfarbe	schwarz	qualitativ
Zeitpunkt des Schlafengehens	21:30 Uhr	quantitativ
Straßensteigung	13,5 %	quantitativ
Staatsangehörigkeit	deutsch	qualitativ
monatliches Taschengeld	15 €	quantitativ
Lieblingssportart	Inline-Skaten	qualitativ

K3 **2** **a)** Die relative Häufigkeit beträgt $h = \frac{7}{150} \approx 4{,}7\,\%$.
matschige Pfirsiche: 4,7 % von 4500 Pfirsichen $= \left(\frac{4{,}7}{100}\right) \cdot 4500 \approx 212$ Pfirsiche
Der Obsthändler muss somit mit rund 212 matschigen Pfirsichen rechnen.

b) Enthält eine Stichprobe vom Umfang 150 im Mittel 7 verdorbene Pfirsiche, enthielte eine Stichprobe aus 15 Früchten durchschnittlich 0,7 verdorbene.
Da dies jedoch keinem realistischen Messergebnis entspricht, gibt es nur 2 Möglichkeiten:
1. Keine matschigen Pfirsiche → Schlussfolgerung: die ganze Lieferung (4500 Stück) ist unversehrt, was jedoch falsch ist.
2. Ein matschiger Pfirsich → Schlussfolgerung: $\frac{1}{15}$ aller Pfirsiche ist verdorben, also unter 4500 Stück sind 300 verdorbene Früchte, was nach Aufgabe a) ebenfalls verkehrt ist.

Außerdem ist bei sehr kleinen Stichproben die Gefahr größer, extreme Werte zu erhalten (z. B. unter 15 Pfirsichen 2 oder noch mehr matschige), was die Hochrechnung auf die Grundgesamtheit noch mehr verfälschen würde.

K6 **3** **a)** Das Verfahren ist nicht geeignet, da der Tierschutzverband den durchschnittlichen Auslauf von Hunden in Deutschland ermitteln möchte und nicht den der Hunde, die im Zentrum einer Großstadt leben.
Verbesserungsvorschlag: Man muss Hundebesitzer aus allen Regionen Deutschlands (Großstädte, Ballungsräume, Kleinstädte, Dörfer, ...) befragen.

b) Das Verfahren ist geeignet, da die Auswahl zufällig ist. Kommen jedoch beispielsweise nur 60 Kunden täglich, so ist die Stichprobe zu gering gewählt.
Verbesserungsvorschlag: Es sollte jeder 5. Kunden befragt werden, um die Stichprobe zu vergrößern. Die Aussagekraft beschränkt sich hier auf die Gegend, in der sich der Kiosk befindet.

c) Da eine Schule mit 560 Schülern zu den eher kleineren Schulen gezählt wird, ist die Wahrscheinlichkeit eines aussagekräftigen Ergebnisses eher gering. Zudem stellt sich die Frage, auf welchen örtlichen Bereich die Umfrage begrenzt werden soll. Wenn es nur um ein recht kleines (Stadt-)Gebiet geht, dann ist die Stichprobengröße vielleicht ausreichend. Will man dagegen Aussagen über einen ganzen Landkreis o. Ä. treffen, dann wird der Stichprobenumfang mit Sicherheit zu klein sein.
Verbesserungsvorschlag: Es sollten mehrere Schulen, auch unterschiedlicher Schularten, an dieser Umfrage teilnehmen.

K3 **4** **a)** 5 % von 60 000 Packungen Kopierpapier sind 3000 Packungen.
Der Umfang der Stichprobe beträgt also 3000 Packungen.

b) $3000 - 4 - 18 - 51 - 753 - 612 - 26 - 28 - 1 = 1507$ (Packungen)

c) 826 Packungen unterschritten in der Stichprobe die Füllmenge von 500 Blatt. Das ergibt eine relative Häufigkeit von $h = \frac{826}{3000} \approx 27{,}5\,\%$. Somit haben 27,5 % aller Packungen der täglichen Produktion zu wenige Blätter. Dies entspricht bei einer Stichprobengröße von 5 % der Tagesproduktion ungefähr $20 \cdot 826 = 16\,520$ Packungen täglich.

d) $\frac{492 \cdot 4 + 496 \cdot 18 + 498 \cdot 51 + 499 \cdot 753 + 500 \cdot 1507 + 501 \cdot 612 + 503 \cdot 26 + 504 \cdot 28 + 507 \cdot 1}{3000} = 499{,}95$
Pro Packung kann man im Durchschnitt mit 499,95 Blättern rechnen.

e) Die Vorgabe wird von nur 5 Packungen nicht erfüllt. Das sind $\frac{5}{3000} = 0{,}001\overline{6} = 0{,}1\overline{6}\,\%$. Also wird die Vorgabe von ungefähr 99,8 % der Packungen erfüllt.

K6 **5** Individuelle Antworten, z. B.: Je nach Größe der Klassenstufe können alle Schülerinnen und Schüler an dieser Abstimmung teilnehmen; man könnte sich von jedem Schüler einen Titel nennen lassen, indem der Titel jeweils auf einen Zettel geschrieben wird und alle Zettel eingesammelt und ausgewertet werden.

Entdecken

K4 ■

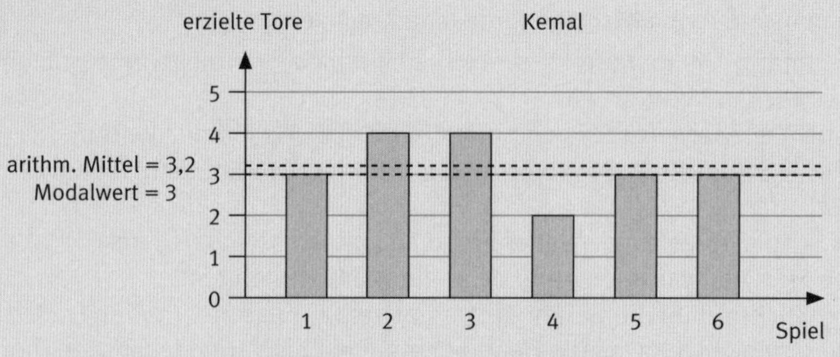

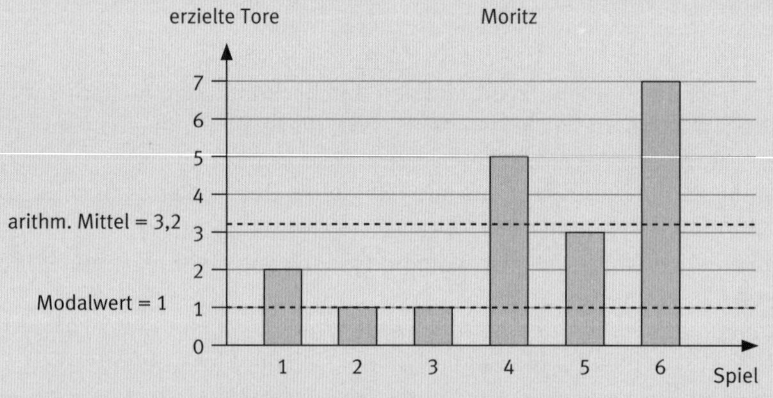

K6 ■ Sowohl Kemal als auch Moritz haben im Schnitt 3,2 Tore pro Spiel erzielt. Die Leistungen von Kemal sind dabei aber deutlich konstanter: Der Modalwert ist größer als bei Moritz und auch die Spannweite ist bei Kemal (2) kleiner als bei Moritz (6). Eine Interpretation dieser Werte könnte sein, dass Moritz gegen schwache Gegner häufig trifft (wie in Spiel 4 und 6), in den anderen Spielen hingegen nicht so oft. Kemal dagegen trifft immer relativ häufig, egal gegen welchen Gegner. Daher würde es eher Sinn machen, Kemal spielen zu lassen.

Nachgefragt

K6 ■ Oberes Quartil: Drei Viertel aller Werte der Probe sind kleiner oder gleich diesem Wert.
Oder: Höchstens ein Viertel aller Werte ist größer.
Unteres Quartil: Ein Viertel aller Werte der Probe ist kleiner oder gleich diesem Wert.
Oder: Höchstens drei Viertel aller Werte sind größer.

K6 ■ Die Antennen geben die Spannweite sowie das Minimum und Maximum der Datenreihen an. Jede Antenne umfasst ein Viertel der Werte.

Aufgaben

K4/5 **1**

	Minimum	Maximum	Spannweite	Median	unteres Quartil	oberes Quartil
a)	2	18	16	13	9	15
b)	0	1000	1000	600	500	700
c)	390	730	340	500	420	640
d)	1,5	6,5	5,0	3,0	2,5	5,0

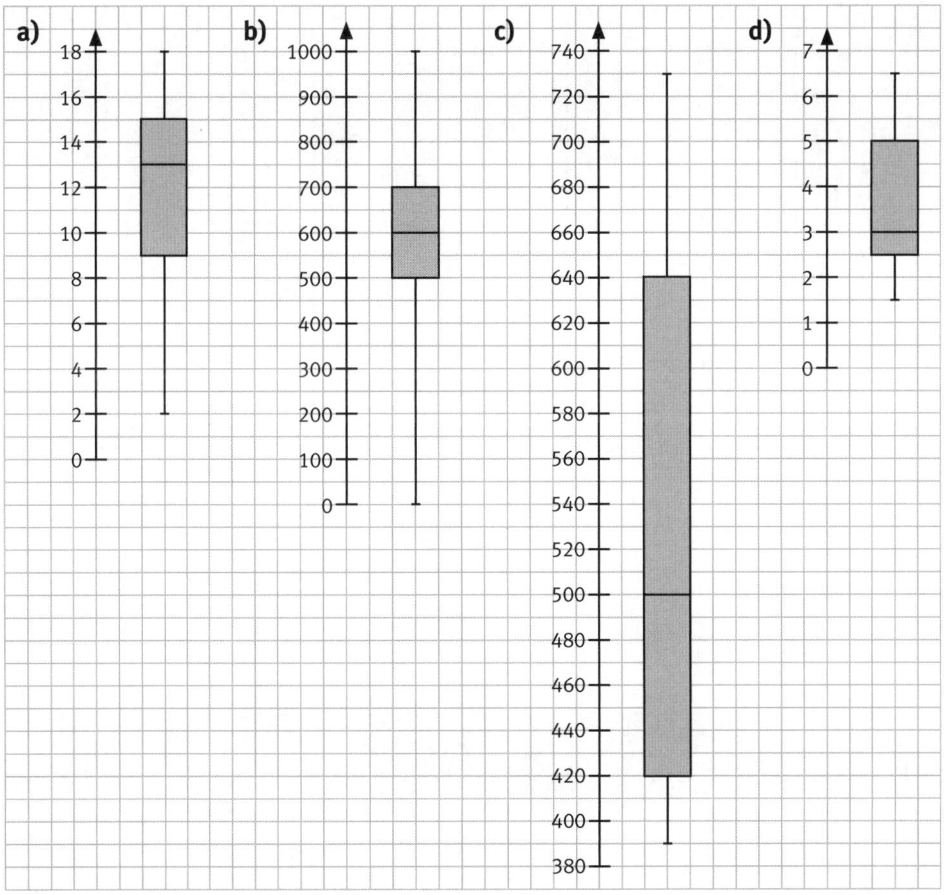

K4 **2**

	Minimum	Maximum	Spannweite	Median	unteres Q.	oberes Q.	passend?
Vorlage	15	110	95	65	50	95	
a)	15	110	95	70	55	97,5	nein
b)	15	110	95	65	50	95	ja
c)	10	110	100	70	32,5	97,5	nein
d)	15	110	95	65	50	95	ja

K4 **3**

	Minimum	Maximum	Spannweite	Median	unteres Quartil	oberes Quartil
a)	Rangliste: 2; 5; 6; 6; 7; 8; 9; 10; 12; 13					
	2	13	11	7,5	6	10
b)	Rangliste: 988; 990; 994; 996; 998; 999; 1001; 1002; 1003; 1005; 1006; 1010					
	988	1010	22	1000	995	1004
c)	Rangliste: 23; 23,5; 24,5; 25; 25,5; 25,5; 27; 27; 28; 28,5; 28,5					
	23	28,5	5,5	25,5	24,5	28
d)	Rangliste: 0,1; 0,1; 0,5; 0,7; 0,8; 0,9; 1,0; 1,2; 1,2; 1,3; 1,4; 1,5; 1,6; 1,6					
	0,1	1,6	1,5	1,1	0,7	1,4

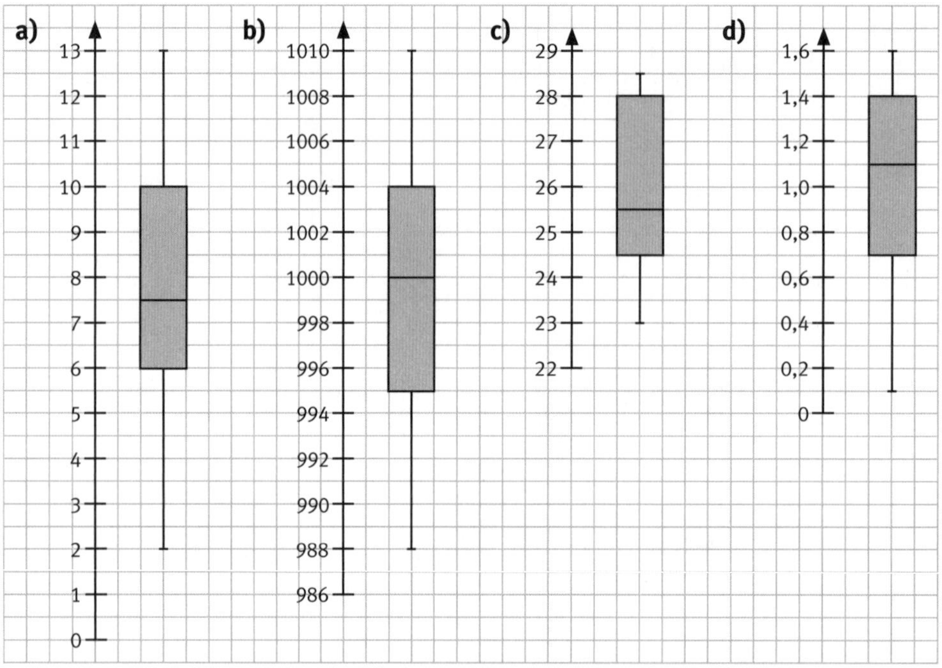

K3 **4** **a)**

	absolute Häufigkeit			relative Häufigkeit in %		
Weite in m	Mädchen (60)	Jungen (57)	alle Teilnehmer (117)	Mädchen	Jungen	alle Teilnehmer
1	1	0	1	≈ 1,67	0	≈ 0,85
1,5	2	1	3	≈ 3,33	≈ 1,75	≈ 2,56
2	2	1	3	≈ 3,33	≈ 1,75	≈ 2,56
2,5	6	1	7	10	≈ 1,75	≈ 5,98
3	3	7	10	5	≈ 12,28	≈ 8,55
3,5	8	11	19	≈ 13,33	≈ 19,30	≈ 16,24
4	11	7	18	≈ 18,33	≈ 12,28	≈ 15,38
4,5	8	9	17	≈ 13,33	≈ 15,79	≈ 14,53
5	6	6	12	10	≈ 10,53	≈ 10,26
5,5	2	7	9	≈ 3,33	≈ 12,28	≈ 7,69
6	5	2	7	≈ 8,33	≈ 3,51	≈ 5,98
6,5	2	1	3	≈ 3,33	≈ 1,75	≈ 2,56
7	3	4	7	5	≈ 7,02	≈ 5,98
7,5	1	0	1	≈ 1,67	0	≈ 0,85

b) Die betroffenen relativen Häufigkeiten werden addiert.

1. alle Teilnehmer: 9,39 % — Mädchen: 10,00 % — Jungen: 8,77 %
2. alle Teilnehmer: 11,95 % — Mädchen: 18,33 % — Jungen: 5,25 %
3. alle Teilnehmer: 14,53 % — Mädchen: 13,33 % — Jungen: 15,79 %

c)

	Minimum	Maximum	Median	unteres Quartil	oberes Quartil
Mädchen	1 m	7,5 m	4 m	3,5 m	5 m
Jungen	1,5 m	7 m	4,5 m	3,5 m	5,25 m

Den Wettbewerb haben die Jungen gewonnen. Die Antennen der Mädchen-Box erstrecken sich zwar weiter, doch die Box der Jungen ist etwas größer als die der Mädchen. Insgesamt sind die Werte (außer dem Maximum) bei den Jungen im Vergleich zu den Mädchen leicht nach oben verschoben.

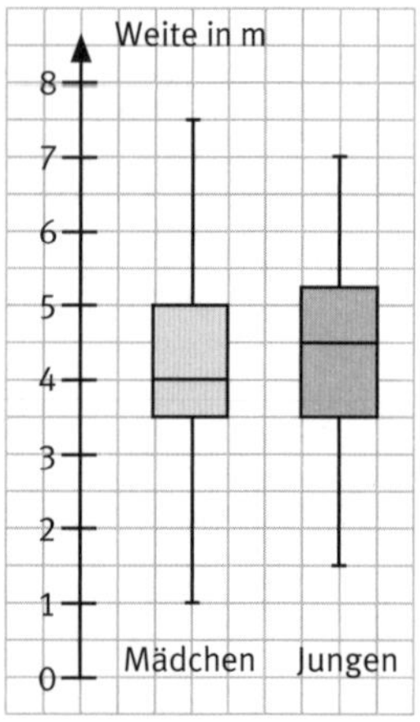

K4 **5** **a)** Minimum: 0 Maximum: 100 Median: 50 unteres Quartil: 25 oberes Quartil: 60
Lösungsmöglichkeit:

9 Werte:	0	20	30	40	50	50	55	65	100	
10 Werte:	0	15	25	40	50	50	60	60	80	100

b) Minimum: 500 Maximum: 1100 Median: 850 unteres Quartil: 600 oberes Quartil: 900
Beispiele möglicher Datenreihen:

9 Werte:	500	550	650	700	850	850	900	900	1100	
10 Werte:	500	550	600	700	800	900	900	900	1000	1100

K6 **6** Bei den Körpergrößen der Jungen und Mädchen sind sowohl der Median als auch das Minimum und das Maximum und somit auch die Spannweite gleich. Die kleinere Box bei den Mädchen bedeutet, dass die mittleren 50 % der Daten dichter um den Median liegen als bei den Jungen. Bei der Box der Jungen sind dafür die beiden Antennen kürzer, d. h., die unteren und die oberen 25 % der Daten liegen jeweils dichter beisammen als bei den Mädchen.

K1 **7** **a)** Die Aussage ist wahr. Die Spannweite beider Boxplots beträgt 7.

b) Die Aussage ist falsch. Von der Spannweite kann nicht auf Minimum und Maximum geschlossen werden. Boxplot 1 hat sein Minimum bei 22 kg und sein Maximum bei 29 kg, wohingegen Boxplot 2 sein Minimum bei 21 kg und das Maximum bei 28 kg hat.

c) Die Aussage ist falsch, da beim Boxplot immer 50 % aller Daten in der Box liegen. Bei 2 streuen die Daten jedoch mehr, sodass die Box insgesamt größer wird.

d) Die Aussage ist wahr.

e) Die Aussage ist falsch. Es befinden sich in der Box 50 % der Daten und außerhalb ebenfalls.

f) Die Aussage ist wahr.

K2 **8** **a)** Die Klasse besteht aus insgesamt 25 Schülerinnen und Schülern.

Krankheitstage	0	1	2	3	4	5	6	7	8	9	10
Schüler	3	5	0	2	1	1	2	0	1	2	2
h	$\frac{3}{25}$ = 12 %	$\frac{5}{25}$ = 20 %	0 %	8 %	4 %	4 %	8 %	0 %	4 %	8 %	8 %
Krankheitstage	11	12	13	14	15	16	17	18	19	20	21
Schüler	0	2	0	1	1	0	1	0	0	0	1
h	0 %	8 %	0 %	4 %	4 %	0 %	4 %	0 %	0 %	0 %	4 %

b) 6 Schüler bzw. 24 % aller Schüler hatten mehr als 10 Krankheitstage.
12 Schüler bzw. 48 % aller Schüler hatten weniger als 6 Krankheitstage.

c) Minimum: 0 Maximum: 21 Spannweite: 21 Median: 6 unteres Quartil: 1 oberes Quartil: 11

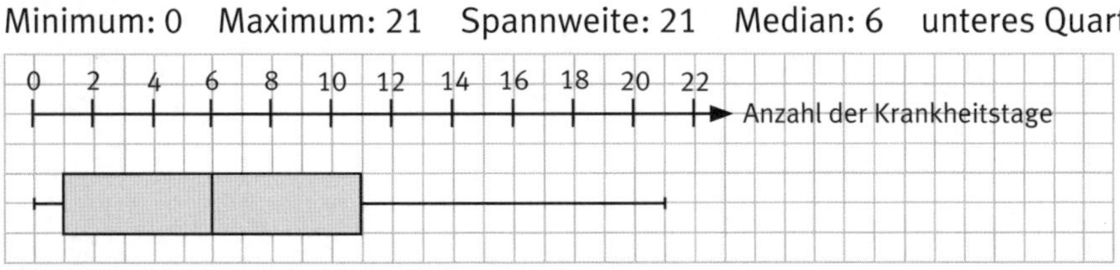

Lösungsmöglichkeit:
$\frac{3}{4}$ aller Schüler waren 11 oder weniger Tage krank (gesamte Box und untere Antenne).
Die Hälfte der Schüler war 6 oder weniger Tage krank (untere Box und Antenne).
$\frac{1}{4}$ aller Schüler war 11 oder mehr Tage krank (obere Antenne).

d) Fehler:
- Der Median liegt in Wirklichkeit bei 6 und nicht bei 5,5.
- Das obere Quartil liegt in Wirklichkeit bei 11 und nicht bei 18.
- Die Beschriftung des Zahlenstrahls fehlt.

e) Lösungsmöglichkeit:
Minimum: 0 Maximum: 21 Spannweite: 21 Median: 5,5 unteres Quartil: 1 oberes Quartil: 18

K6

Alltag

- Ablesbar sind Minimum, Maximum, Spannweite und Median der Besucherzahlen an den verschiedenen Wochentagen (1) bzw. des Wochenabsatzes in den verschiedenen Regionen (2). Die Größe der Spannweite zeigt an, an welchen Tagen die Besucherzahl (1) bzw. in welcher Region der Wochenabsatz (2) stabil ist oder stark variiert. Die Größe der Boxplots zeigt die Größenordnung der Besucherzahlen an (1).
- 1: Dienstag, Mittwoch und Donnerstag waren besonders erfolgreich, denn der Median liegt hier bei ca. 50 Besuchern gegenüber 30 bis 35 Besuchern an den anderen Tagen. Zudem liegen die Boxplots ziemlich weit am Maximum. 2: Die Regionen B und D waren erfolgreicher als die anderen Regionen. Dies ist am Median von 800 bis 900 verkauften Flaschen zu erkennen, gegenüber 300 bis 500 Flaschen bei den anderen Regionen. Die Spannweite bei B ist viel kleiner als bei D, d.h., das Kaufverhalten in Region B ist konstanter als in Region D, der Absatz lässt sich hier besser planen.
- Es sind individuelle Lösungen der Schüler möglich.

K4 **1** **a)**

Zahl	0	1	2	3	4	5	6	7	8	9	10	11	12	13	14	15	16	17	18
absolute Häufigkeit	2	3	2	5	4	7	10	9	9	11	7	5	6	5	3	5	2	2	3

b)

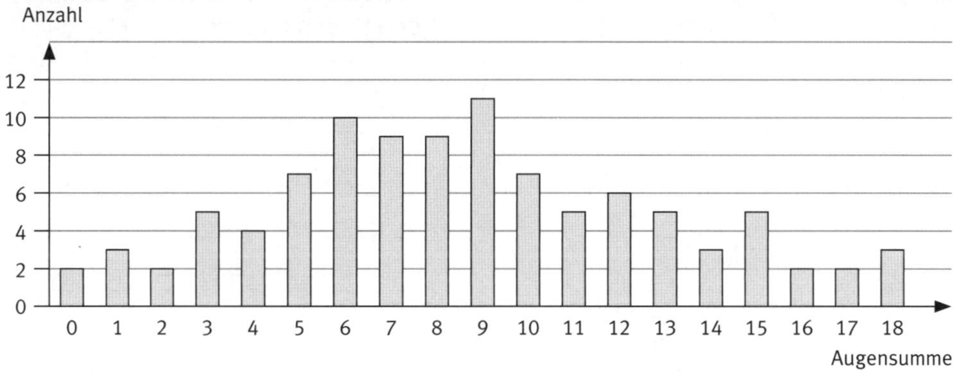

b) Eine Darstellung des Sachverhaltes in einem Kreisdiagramm ist ungeeignet, da es aufgrund der vielen Werte (Summen 0–18) unübersichtlich wird und die jeweiligen Anteile sehr klein wären.
Auch müsste erst eine Umrechnung der absoluten Häufigkeiten in Prozent stattfinden.

c) Beim 1000-maligen Würfeln ist anzunehmen, dass die Augensumme 18 etwa 30-mal gewürfelt wird, da die Würfel insgesamt 10-mal so oft gewürfelt werden wie in der Tabelle. Eine klare Aussage lässt sich jedoch nicht treffen, da die Messreihe noch Schwankungen enthalten kann.

c) Ja, die Aussage stimmt. Es gibt beim 2-maligen Würfeln mit einem Würfel, auf dem die Zahlen 0 bis 9 abgebildet sind, nur eine Kombination, bei der die 18 gewürfelt wird (9; 9).
Es gibt aber mehrere Kombinationsmöglichkeiten um eine 10 zu erzielen: (4;6), (6;4), (5;5), (3;7), (7;3), (8;2), (2;8), (9;1) und (1;9). Daher wird die 10 im Mittel auch deutlich häufiger gewürfelt werden als die 18.

K3 **2** **a)** Lösungsmöglichkeit:
Luke würfelt 12-mal mit einem 20-seitigen Würfel und notiert die Ergebnisse.

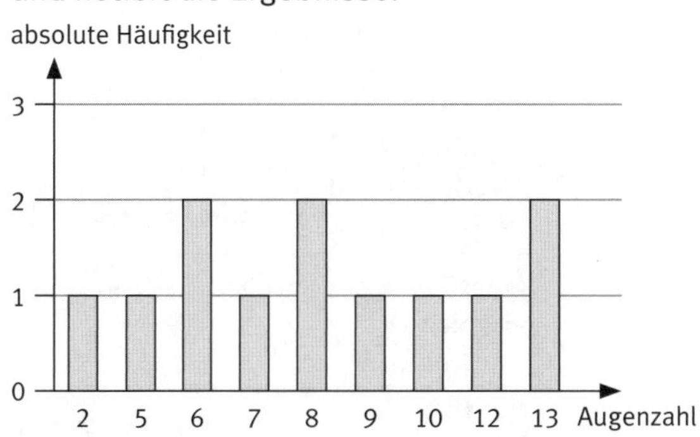

Augenzahl	2	5	6
absolute Häufigkeit	1	1	2
relative Häufigkeit	$\frac{1}{12} \approx 8{,}3\,\%$	$\frac{1}{12} \approx 8{,}3\,\%$	$\frac{2}{12} \approx 16{,}7\,\%$
Augenzahl	7	8	9
absolute Häufigkeit	1	2	1
relative Häufigkeit	$\frac{1}{12} \approx 8{,}3\,\%$	$\frac{2}{12} \approx 16{,}7\,\%$	$\frac{1}{12} \approx 8{,}3\,\%$
Augenzahl	10	12	13
absolute Häufigkeit	1	1	2
relative			

a) Lösungsmöglichkeit:
Günter möchte sich eine Zeitschrift kaufen und prüft nach, wieviel Kleingeld er noch in der Tasche hat.

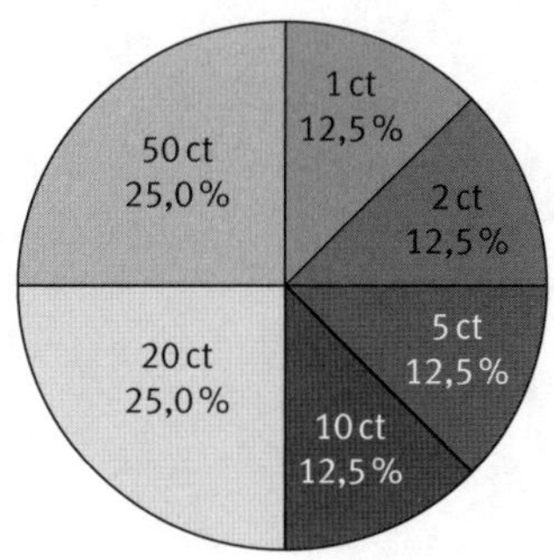

Münze	1 ct	2 ct	5 ct
absolute Häufigkeit	1	1	1
relative Häufigkeit	$\frac{1}{8} = 12{,}5\,\%$	$\frac{1}{8} = 12{,}5\,\%$	$\frac{1}{8} = 12{,}5\,\%$
Münze	10 ct	20 ct	50 ct
absolute Häufigkeit	1	2	2
relative Häufigkeit	$\frac{1}{8} = 12{,}5\,\%$	$\frac{2}{8} = 25{,}0\,\%$	$\frac{2}{8} = 25{,}0\,\%$

b) Lösungsmöglichkeit:
Melanie übt Weitsprung für das Sportfest und notiert ihre Ergebnisse.

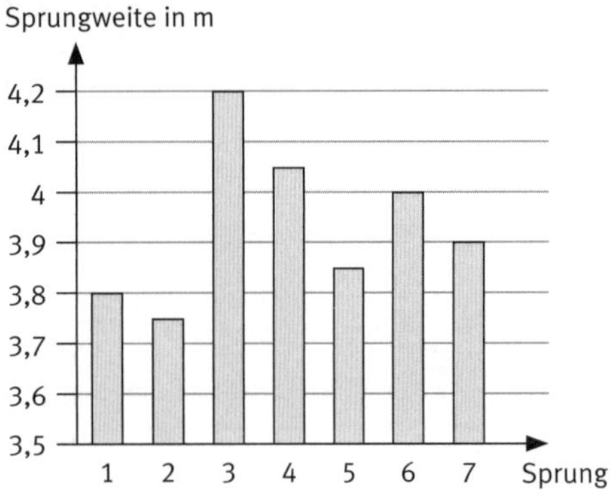

Sprungweite	3,75 m	3,80 m	3,85 m
absolute Häufigkeit	1	1	1
relative Häufigkeit	$\frac{1}{7} \approx 14{,}3\,\%$	$\frac{1}{7} \approx 14{,}3\,\%$	$\frac{1}{7} \approx 14{,}3\,\%$
Sprungweite	3,90 m	4,00 m	4,05 m
absolute Häufigkeit	1	1	1
relative Häufigkeit	$\frac{1}{7} \approx 14{,}3\,\%$	$\frac{1}{7} \approx 14{,}3\,\%$	$\frac{1}{7} \approx 14{,}3\,\%$
Sprungweite	4,20 m		
absolute Häufigkeit	1		
relative Häufigkeit	$\frac{1}{7} \approx 14{,}3\,\%$		

b) Lösungsmöglichkeit:
Die Schülerinnen und Schüler der Klasse 7a messen in einem Experiment, wie lange es dauert, bis eine fallengelassene Scheibe Brot den Boden erreicht.

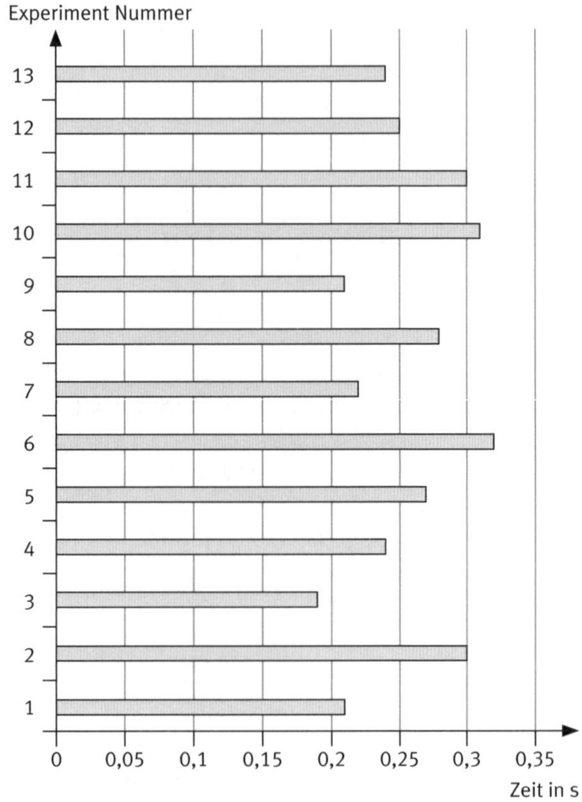

Zeit in s	0,19	0,21	0,22
absolute Häufigkeit	1	2	1
relative Häufigkeit	$\frac{1}{13} \approx 7{,}7\,\%$	$\frac{2}{13} \approx 15{,}4\,\%$	$\frac{1}{13} \approx 7{,}7\,\%$
Zeit in s	0,24	0,25	0,27
absolute Häufigkeit	2	1	1
relative Häufigkeit	$\frac{2}{13} \approx 15{,}4\,\%$	$\frac{1}{13} \approx 7{,}7\,\%$	$\frac{1}{13} \approx 7{,}7\,\%$
Zeit in s	0,28	0,30	0,31
absolute Häufigkeit	1	2	1
relative Häufigkeit	$\frac{1}{13} \approx 7{,}7\,\%$	$\frac{2}{13} \approx 15{,}4\,\%$	$\frac{1}{13} \approx 7{,}7\,\%$
Zeit in s	0,32		
absolute Häufigkeit	1		
relative Häufigkeit	$\frac{1}{13} \approx 7{,}7\,\%$		

K4 **3** **a)** Etwa 25 % der Fehlzeiten werden durch Krankheit verursacht.

b) Lösungsmöglichkeiten:

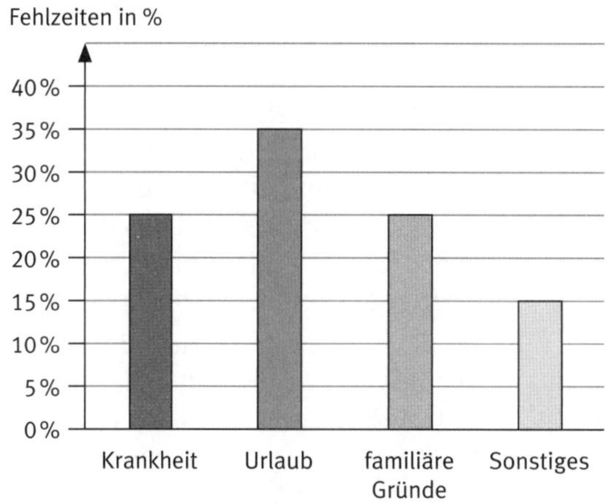

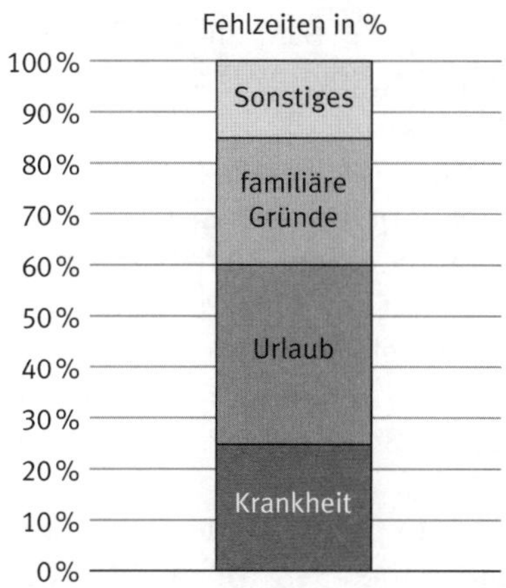

a) Aus dem Streifendiagramm lässt sich ablesen, dass der Anteil an Fehlzeiten aufgrund von Urlaub am größten ist (35 %). Der Anteil von Fehlzeiten wegen Krankheit ist gleichgroß wie der Anteil familiärer Gründe mit 25 %. Sonstige Gründe verursachen hingegen nur 15 % der Fehlzeiten.

b)

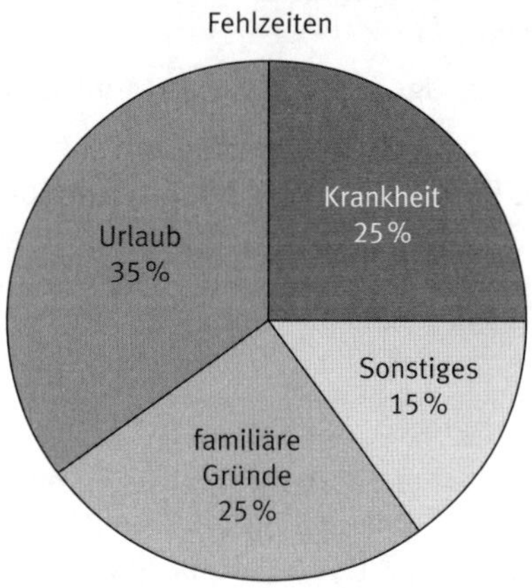

K5 **4** **a)** $m_e = 6$; $\bar{x} = 6$
b) $m_e = 6$; $\bar{x} = 6$
c) $m_e = 10$; $\bar{x} = 30$

a) $m_e = 5$; $\bar{x} = 5$
b) 5 $m_e = 5$
c) 23,9 $m_e = 14{,}1$

K5 **5** **a)** Das arithmetische Mittel beträgt 4,9, der Median beträgt 5,4 und der Modalwert beträgt 5,6. Die Spannweite ist 5,2.

b) Das arithmetische Mittel ist schon kleiner als der Median.

a) Mögliche Antwort: Die Spannweite ist relativ groß. Zwischen dem Minimum 2,8 und dem Maximum 8 liegen 5,2. Mittelwert und Median liegen relativ nah beieinander, der Median beträgt 5,4 und das arithmetische Mittel ist 4,9. Der Zentralwert liegt genau zwischen Minimum und Maximum.

b) Mögliche Antwort: Der Wert 5,2 kann zu 4,2 geändert werden, dann beträgt der Median: 4,9. Damit sich das arithmetische Mittel nicht ändert und weiterhin 4,9 beträgt, muss einer der anderen Werte um 1 erhöht werden, z. B. wird 6,0 zu 7,0. Dabei muss beachtet werden, dass der neue Wert nicht wieder für den Median eine Rolle spielt.

K1 **6**

a) Die Aussage ist falsch, die Spannweite beträgt 18.
b) Die Aussage ist richtig.
c) Die Aussage ist falsch, der Modalwert beträgt 20 (5-mal).
d) Die Aussage ist falsch, das Minimum liegt bei 2.

a) Die Aussage ist richtig.
b) Die Aussage ist richtig, die Jungen erreichen durchschnittlich etwa 11,1 Punkte, die Mädchen durchschnittlich 13,3 Punkte.
c) Die Aussage ist richtig, der Median beträgt 12.

K3 **7**

a) Eine Einzelperson, in diesem Fall der Kapitän der Mannschaft, ist keine repräsentative Stichprobe um die Meinung der ganzen Mannschaft zu erfahren.
b) Die Prüfung von zehn zufällig ausgewählten Tomaten ist eine angemessen große Auswahl um über die Qualität der Tomaten zu entscheiden.

a) Wenn jeder zweite Kunde befragt wird handelt es sich um eine zufällige Auswahl von Probanden und eine große Stichprobe, die repräsentativ ist. Allerdings dürfte auch eine etwas kleinere Stichprobe für ein aussagekräftiges Ergebnis ausreichen.
b) Die Stichprobe ist zu klein um Aussagen bezügliche der Qualität aller Äpfel in der Kiste zu treffen. Auch sollten die geprüften Äpfel nicht nur von oben entnommen worden sein.

K4 **8**

a) Minimum: 3; Maximum: 15; Spannweite: 12; Median: 11; unteres Quartil: 8; oberes Quartil: 13
b) Es sind verschiedene Lösungen möglich, wobei Minimum, Maximum, unteres und oberes Quartil nicht verändert werden dürfen:
3; 3; 4; 4; 5; 6; 8; 8; 8; 8; 9; 9; 10; 10; 11; 11; 11; 11; 12; 12; 12; 13; 13; 13; 13; 14; 14; 14; 15; 15

a) Minimum: 3; Maximum: 15; Spannweite 12; Median: 11; unteres Quartil: 8; oberes Quartil: 13
Mögliche Antwort: Alle Schülerinnen und Schüler haben zwischen 3 und 15 Punkten erreicht, die Spannweite beträgt 12.
Die kleinste erreichte Punktzahl ist 3, der erfolgreichste Schüler erreichte 15 Punkte.
Der Median liegt bei 11, demnach hat die Hälfte der Schüler 11 Punkte oder mehr erreicht.
Das untere Quartil liegt bei 8 Punkten, 25 % der Schüler haben 3–8 Punkte, 25 % der Schüler haben 8–11 Punkte. Das obere Quartil liegt bei 13,75 % der Schüler haben also weniger als 13 Punkte, 25 % der Schüler haben 13 Punkte oder mehr.
b)

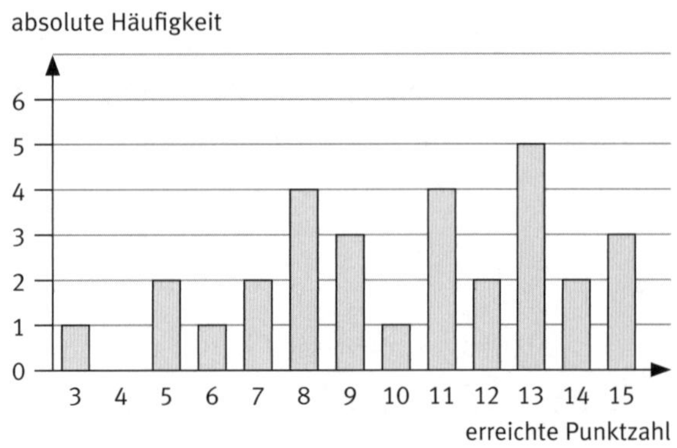

K5 **9 linke Seite:**

a)

Rang	Zeit
1	6 min 36 s
2	7 min 12 s
3	7 min 20 s
4	7 min 27 s
5	7 min 51 s

Rang	Zeit
6	7 min 57 s
7	8 min 11 s
8	8 min 12 s
9	8 min 17 s
10	8 min 18 s

Rang	Zeit
11	8 min 20 s
12	8 min 24 s
13	8 min 39 s
13	8 min 39 s
15	8 min 49 s

Rang	Zeit
16	9 min 3 s
17	9 min 8 s
18	9 min 28 s
19	9 min 37 s
20	9 min 42 s

b) Modalwert: 8 min 39 s; Median: 8 min 19 s

c) Minimum: 6 min 36 s; Maximum: 9 min 42 s;
unteres Quartil: 7 min 54 min; oberes Quartil: 8 min 56 s

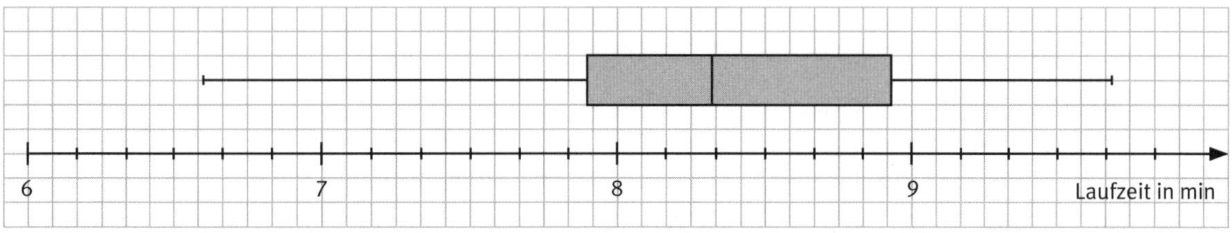

rechte Seite:

a) Minimum: 6 min 36 s; Maximum: 9 min 42 s;
unteres Quartil: 7 min 54 min; oberes Quartil: 8 min 56 s

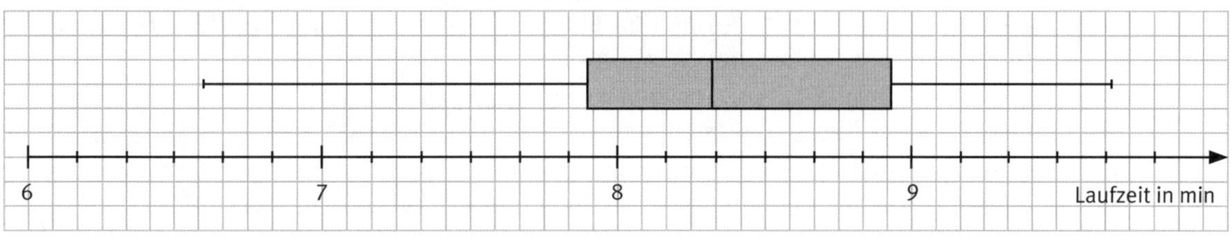

b) Mögliche Antwort: Die Spannweite ist relativ groß, der schnellste und der langsamste Läufer liegen mit 3 min 6 s relativ weit auseinander. Die Länge der beiden Antennen ist etwa so lange wie die Länge der Box, die Geschwindigkeiten der Läufer sind gleichmäßig verteilt. Der Zentralwert liegt näher am Maximum als am Minimum, die Geschwindigkeiten der schnellen Läufer liegen enger beisammen als die der langsamen Läufer.

c) Es sind individuelle Lösungen möglich.
Beispielsweise kann der Zentralwert 8:20 min geändert werden, so dass er näher am Maximum oder am Minimum liegt. Ist der Zentralwert 8:25, ist er gleich weit vom Maximum wie vom Minimum entfernt.
Ändert sich der Wert des Minimums/Maximums, ändert sich auch die Spannweite. Die Spannweite kann entweder weiter auseinandergehen oder kleiner werden.
Wird der 5. und oder 6. Wert verändert, ändert sich auch der Wert des unteren Quartils.

K6 **1 a)**

Buchstabe	a	b	c	d	e	f	g	h	i	j	k	l	m
absolute Häufigkeit	3	4	3	3	9	1	1	4	3	0	0	0	1
relative Häufigkeit	$\frac{3}{49}$	$\frac{4}{49}$	$\frac{3}{49}$	$\frac{3}{49}$	$\frac{9}{49}$	$\frac{1}{49}$	$\frac{1}{49}$	$\frac{4}{49}$	$\frac{3}{49}$	$\frac{0}{49}$	$\frac{0}{49}$	$\frac{0}{49}$	$\frac{1}{49}$

Buchstabe	n	o	p	q	r	s	t	u	v	w	x	y	z
absolute Häufigkeit	1	0	0	0	2	5	5	4	0	0	0	0	0
relative Häufigkeit	$\frac{1}{49}$	$\frac{0}{49}$	$\frac{0}{49}$	$\frac{0}{49}$	$\frac{2}{49}$	$\frac{5}{49}$	$\frac{5}{49}$	$\frac{4}{49}$	$\frac{0}{49}$	$\frac{0}{49}$	$\frac{0}{49}$	$\frac{0}{49}$	$\frac{0}{49}$

b) Keine der beiden allgemeinen Aussagen lässt sich aus der Tabelle ableiten, obwohl sie für den Beispielsatz in **a)** beide zutreffen. Gegenbeispiele lassen sich leicht angeben und können von den Schülerinnen und Schülern individuell formuliert werden.

K3 **2 a)** Insgesamt wurde das Rad 100-mal gedreht. Die gesuchten relativen Häufigkeiten sind:
Sektor 1: $\frac{31}{100}$ Sektor 2: $\frac{40}{100}$ Sektor 3: $\frac{29}{100}$.
Da die drei Sektoren gleich groß sind, wird sich die relative Häufigkeit jedes der drei Ergebnisse einem Drittel annähern, wenn das Glücksrad hinreichend oft gedreht wird.

b) Die absoluten Häufigkeiten einzelner Ergebnisse lassen sich bei unterschiedlicher Grundmenge oder bei unterschiedlicher Anzahl von Versuchswiederholungen nur wenig aussagekräftig vergleichen. Beispiele:
In den Herbstferien (14 Tage) und den Winterferien (7 Tage) scheint jeweils an drei Tagen die Sonne. Absolut gesehen war in beiden Ferien an gleich vielen Tagen schönes Wetter. Da die Herbstferien aber länger sind, kann aufgrund der relativen Häufigkeit gesagt werden, dass das Wetter insgesamt schlechter war als in den Winterferien.

Beim Drehen des Glücksrads lassen sich die absoluten Häufigkeiten bei unterschiedlichen Anzahlen der Versuchsdurchführungen (z. B. 100-mal, 1000-mal drehen) nicht aussagekräftig vergleichen. Erst die jeweiligen relativen Häufigkeiten lassen eine Aussage darüber zu, wie oft ungefähr bei einer bestimmten Anzahl von Versuchen ein bestimmtes Ergebnis zu erwarten ist.

K6 **3 a)**

	arithmetisches Mittel	Median	Modalwert	Maximum	Minimum	Spannweite
Alter	$\frac{43}{8} = 5{,}375$	5	5	6	5	1
Größe	1,175 m	1,175 m	1,10 m; 1,15 m; 1,20 m; 1,25 m	1,25 m	1,10 m	0,15 m
Schuhgröße	$\frac{221}{8} = 27{,}625$	27,5	27	29	26	3
Gewicht	$\frac{149\,\text{kg}}{8} = 18{,}625$	18,5 kg	17 kg	21 kg	17 kg	4 kg
Kopfumfang	48 cm	47,5 cm	alle gemessenen	54 cm	44 cm	10 cm
Anzahl Geschwister	$\frac{6}{8} = 0{,}75$	1	1	2	0	2

b) Sind alle gemessenen Daten verschieden oder kommen gleich oft vor, so ist jeder Messwert zugleich auch Modalwert. In diesem Fall ist der Modalwert nicht aussagekräftig. Wenn es viele verschiedene Modalwerte gibt, kann man aus diesen kaum sinnvolle Schlüsse ziehen.

c) Lösungsmöglichkeiten:
- Amelie ist zwar eines der jüngeren Kinder, ist leicht und hat kleine Füße und einen kleinen Kopf. Ihr Körper ist jedoch recht groß.
- Emma ist ebenso jung und groß gewachsen, ist aber nicht so dünn. Ihre Füße sind etwas größer, ebenso ihr Kopf.
- Fu Jang gehört zu den älteren Kindern. Alles an ihr ist jedoch zierlich.
- Jennifer ist zwar noch jung und klein, hat aber schon große Füße.
- Jule ist bei gleichem Alter wie Jennifer noch etwas kleiner und zierlicher. Auch ihre Füße sind recht klein. Ihr Kopf hingegen ist schon recht groß.
- Max gehört zu den älteren Kindern. Er ist aber recht zierlich.
- Mirja ist trotz ihres geringeren Alters relativ groß.

K3 **4** **a)** Die Anzahl der Einwohner wird durch die durchschnittliche Bewohnerzahl eines Haushaltes geteilt.
$81\,000\,000 : 2{,}25 = 36\,000\,000$
Demnach gibt es in Deutschland ca. 36 Millionen Haushalte.

b) $36\,000\,000 \cdot 0{,}01 = 360\,000$
Es werden jedes Jahr ca. 360 000 Haushalte befragt.

c) Lösungsmöglichkeiten:
- Zufällige Auswahl anhand von Telefonbüchern
- Auswahl aus Einwohnermelderegistern
- ...

d)

Berufsgruppe	Anlernberufe	Ausbildungsberufe	Fachberufe	akademische Berufe
Anteil (h)	7 %	42 %	19 %	32 %
H in Millionen	2,45	14,7	6,65	11,2

K4 **5** **a)** Modalwert: Die Welt als Aquarium

b) Die Bestimmung eines Median ist nur dann sinnvoll, wenn die Daten in eine der Größe nach geordnete Reihenfolge gebracht werden können. Da man Fernsehsendungen aber anhand ihres Titels nicht der Größe nach ordnen kann, ist die Angabe eines Medians hier weder möglich noch sinnvoll.

c) Sally Superstar: $52° \mathrel{\hat{=}} \approx 43$ Jugendliche
Meerblick: $79° \mathrel{\hat{=}} \approx 66$ Jugendliche
Bad News for Daddy: $44° \mathrel{\hat{=}} \approx 37$ Jugendliche
Soapy: $18° \mathrel{\hat{=}} \approx 15$ Jugendliche
Die Welt als Aquarium: $167° \mathrel{\hat{=}} \approx 139$ Jugendliche
$1°$ entspricht $\frac{5}{6}$ Jugendliche.

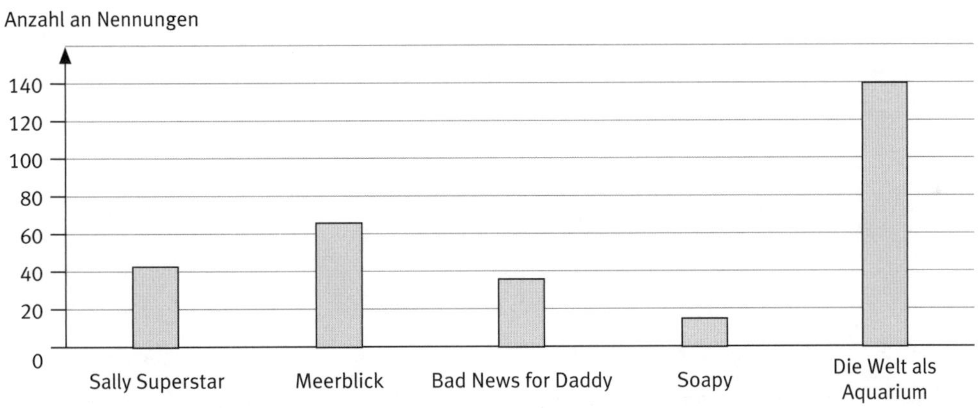

K4 **6** **a)** Mögliche Erklärung:
Die Pyramide ist in fünf Streifen eingeteilt, deren Größe (der Form der Pyramide entsprechend) von unten nach oben abnimmt. Der unterste Streifen stellt den Anteil an Obst und Gemüse in Prozent dar, der nach der Ernährungsempfehlung verzehrt werden soll. Der nächste Streifen ist etwas kleiner und veranschaulicht die Menge an Getreideprodukten und Kartoffeln in Prozent. Die Spitze der Ernährungspyramide ist flächenmäßig am kleinsten, weil man Süßigkeiten auch nur in geringen Mengen zu sich nehmen soll.

b)

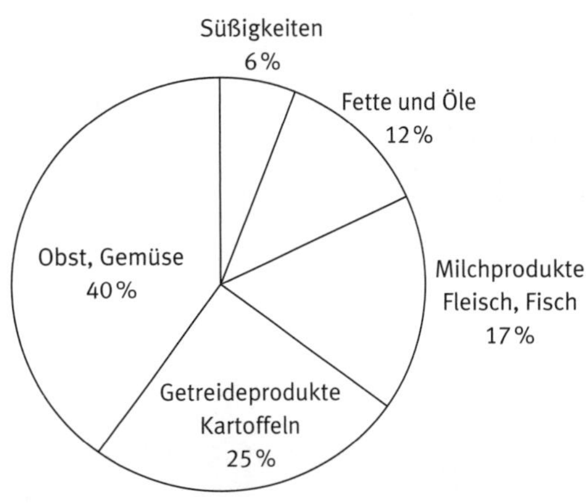

K1 **7** Daten geordnet:

(1) 5; 7; 10; 11; 12; 13; 13; 13; 17; 22; 29

(2) 5; 6; 10; 11; 12; 14; 14; 14; 18; 29

(3) 5; 7; 10; 10; 12; 13; 13; 13; 14; 20; 29

Gleiche Werte bei (1), (2) und (3): Minimum: 5; Maximum: 29; Zentralwert: 13; unteres Quartil: 10

Abweichender Wert: Oberes Quartil bei (1) ist 17; bei (2) und (3) 14.

Wie die Darstellung der Werte für Minimum, Maximum etc. zeigt, ergibt sich zu den Datenreihen (2) und (3) der gleiche Boxplot.

K4/6 **8** **a)** Die negativen Zeitangaben stehen für eine frühere als die planmäßige Ankunft.

b) Daten geordnet: –1 min; –1 min; –1 min; 0 min; 0 min; 0 min; 1 min; 1 min;
2 min; 2 min; 3 min; 4 min; 6 min; 6 min; 8 min; 13 min

Minimum: –1 min; Maximum: 13 min; Zentralwert: 1,5 min; unteres Quartil: 0 min; oberes Quartil: 5 min

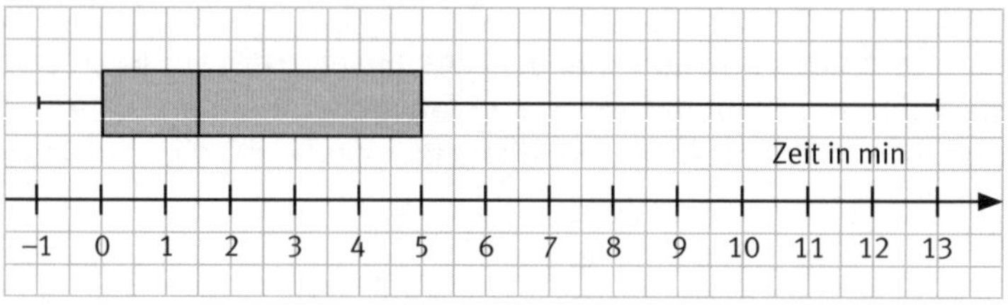

K4 **Wir zahlen immer mehr**

a) Der Graph vermittelt den Eindruck, dass die Mehrwertsteuer seit 1968 linear gestiegen ist. Dieser Eindruck kommt zustande, da an der waagrechten Achse die Jahre nicht gleichmäßig angeordnet sind. Es werden nur die Jahre in den Graphen aufgenommen, in denen eine Mehrwertsteuererhöhung um einen Prozentpunkt vorlag. Durch die Verbindung der einzelnen Punkte entsteht eine Gerade, die auch nicht ganzzahlige Prozentsätze für die Mehrwertsteuer zulässt. Die Hochwertachse beginnt erst bei 10 %, was den Eindruck erweckt, dass der Graph bei null beginnt. Dadurch sieht die Kurve steiler aus, die Steuererhöhung wirkt größer. Zudem wird der Eindruck vermittelt, die letzte Erhöhung der Mehrwertsteuer hätte es erst 2015 gegeben. Dabei fand diese bereits 2007 statt.

b) Lösungsmöglichkeit:

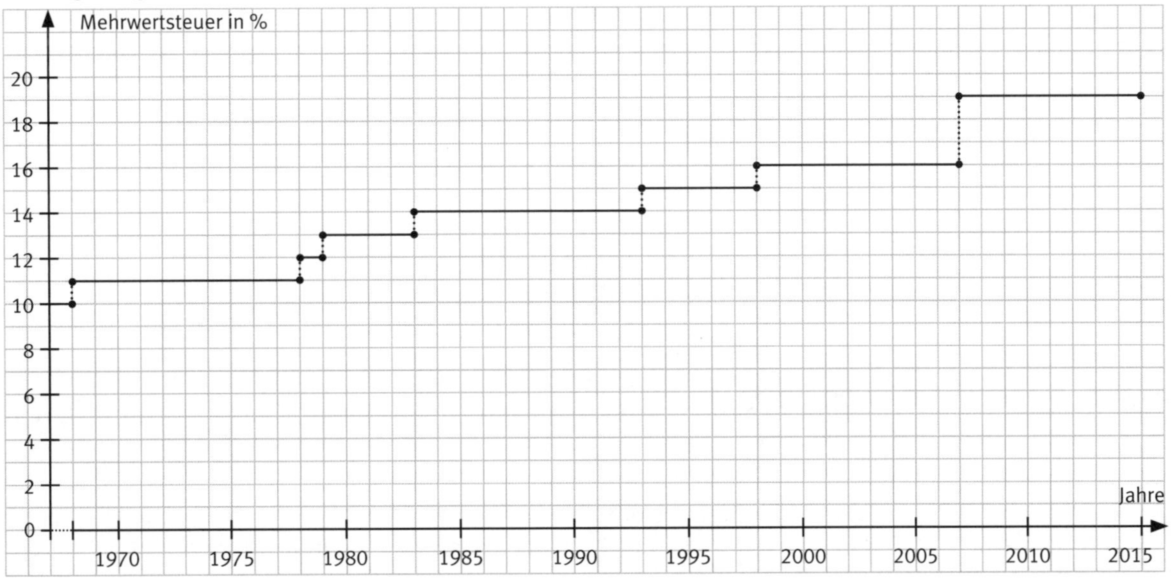

K4 **Tankstellen in Not?**

a) Minimum: 14 415 Tankstellen
Maximum: 19 015 Tankstellen
Spannweite: 4600 Tankstellen

b) 1991 gab es 19 015 Tankstellen in Deutschland. Dies entspricht 100 %.
2010 gibt es hingegen nur noch 14 415 Tankstellen.
$p\% = \frac{P}{G}$ $p\% = \frac{14415}{19015} \approx 76\%$ Demnach gibt es also 2010 nur noch 76 % der Tankstellen von 1991.

c) Lösungsmöglichkeit:

1 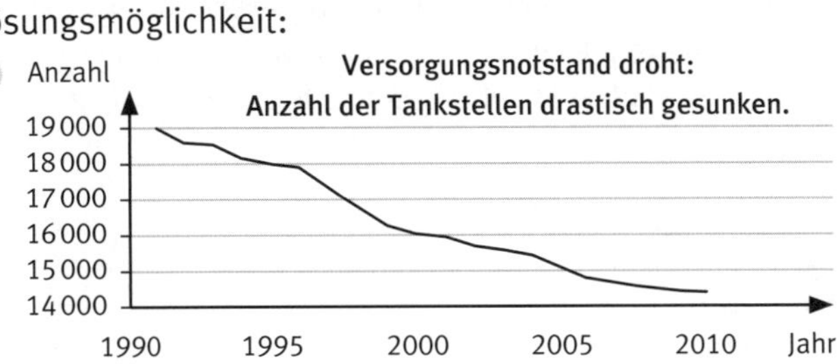

2 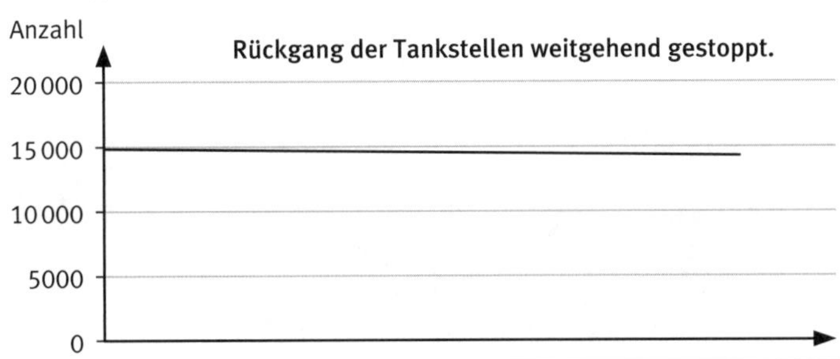

K4

Alles mobil

a) Werte, die nicht genannt wurden, werden in der Häufigkeitstabelle nicht aufgeführt.
Hinweis: 1 mm auf dem Lineal entspricht 1 € im Diagramm.

Ausgaben in €	5	6	10	11	13	15	16	17	18	19	20	21	25	27	31	33	35	38	40	42	48	50	59
Anzahl der Jungen	1	2	1	1	1	1	2	2	1	3	2	2	2	1	1	1	2	1	2	1	1	1	1

b) Insgesamt wurden 33 Jungen befragt.
Median: 20 € arithmetisches Mittel: $24,\overline{75}$ € ≈ 24,80 €

c) Minimum: 5 € Maximum: 59 € Median: 20 € unteres Quartil: 16 € oberes Quartil: 35 €

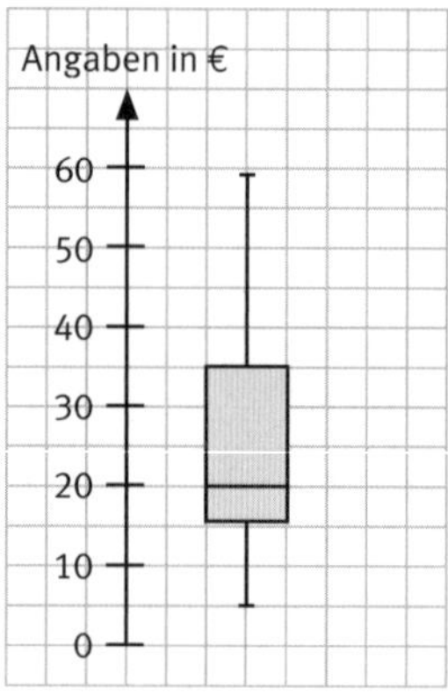

d) Es sind individuelle Lösungen möglich.

K4/6

Lustige Statistik

a) Lösungsmöglichkeit: Manchmal liefert ein Mittelwert keine relevanten Informationen. Geht es darum, ob man in einem Teich ertrinken kann oder nicht, dann interessiert nicht die durchschnittliche Tiefe, sondern nur die maximale Tiefe.

b) Lösungsmöglichkeit: Beispielhafte Rangliste:

1,50 m 1,51 m 1,51 m 1,52 m 1,52 m 1,52 m 1,91 m

Wählen die Spieler das arithmetische Mittel, so teilen sie dem Gegner die durchschnittliche Größe ihrer Mannschaftsmitglieder mit. Bei Betrachtung der Rangliste würde das einer Größe von 1,57 m entsprechen. Der Gegner würde von durchschnittlich größeren Gegenspielern ausgehen.
Wählen sie jedoch den Median, so verschweigen sie dem Gegenspieler die Körpergröße ihres größten Spielers, da der mittlere Wert (Zentralwert) genommen wird. Stellt man beispielsweise eine Rangliste für die Körpergrößen auf (siehe oben), so kann man erkennen, dass der Median bei 1,52 m liegt.

c) Lösungsmöglichkeit: Auch hier liefert das arithmetische Mittel zwar einen statistischen Wert. Da dieser Wert (ein halbes Kind) aber nicht Teil der Datenmenge (ein Kind bzw. kein Kind) sein kann, stellt sich eine etwas „komische" Situation dar. Hier ist wohl ein Mittelwert nicht sinnvoll, obwohl er richtig berechnet ist.

K4 **Wundersamer Vergleich**

a) Durch die Darstellung der Mannschaften als Kreis (mit der Anzahl der Mitglieder als Durchmesser) erscheint der FC Bayern München extrem viele Mitglieder mehr zu haben als die anderen Mannschaften. Dieser Eindruck wird erzeugt, da das Auge bei kreisrunden Darstellungen auf Anhieb nicht die Durchmesser, sondern die Flächen vergleicht.

b) Ableseungenauigkeiten sind möglich:
FC Bayern München: 255 000 Hertha BSC Berlin: 30 000 VfL Wolfsburg: 20 000

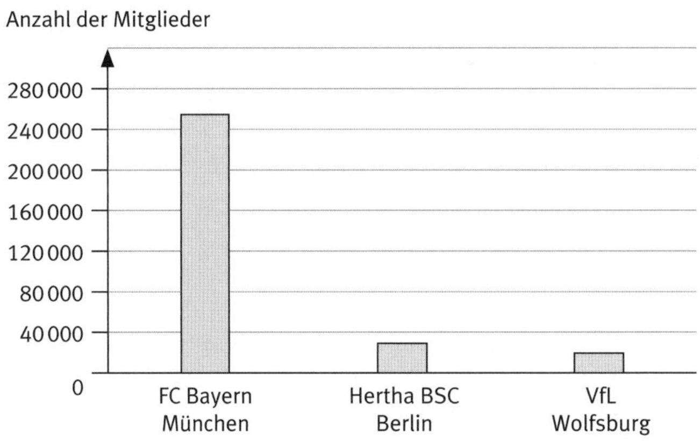

K6 **Wer einmal lügt ...**

Es sind individuelle Lösungen möglich.

K3 **1** **a)** Es haben 13 Schüler Angaben gemacht, die kleiner oder gleich 11 Bücher sind, sowie 13 Schüler Angaben, die größer oder gleich 11 Bücher sind.

b) Die meisten Schüler haben als Angabe 9 Bücher gemacht.

c) Die Angabe ist nicht möglich, denn einerseits wäre dann der Modalwert ebenfalls 10. Andererseits kann der Median nicht 11 sein, wenn die meisten Schüler gesagt haben, dass sie 9 Bücher besitzen.

K5/6 **2** **a)** bisher: $\bar{x} = 2$, somit 2 ergänzen

b) bisher: $\bar{x} = 22{,}5$. Damit $\bar{x} = 30$ gilt, muss jeder Wert im Durchschnit 30 sein, also $5 \cdot 30 = 150$. Die Summe der bisherigen Werte ist 90. Also muss 60 ergänzt werden.

c) 0 ergänzen

d) 1 ergänzen: Dann ist der Median in der Reihe 1; 1; 1; 3; 7; 13 die Zahl 2.

e) bisher: Spannweite: $9 - 2 = 7$
Zahl 13 ergänzen (oder Zahl −2)

K3 **3** **a)** Die Stichprobe sind alle Schüler des Jahrgangs. Wenn es um einen Geschmackstest innerhalb der Jahrgangsstufe geht, dann ist die Auswahl die Grundgesamtheit. Bei einer allgemeinen Aussage ist die Stichprobe zu einseitig. Sie müsste allein für einen Geschmackstest nur an ihrer Schule aus jedem Jahrgang zufällig eine etwa gleiche Anzahl an Schülern auswählen.

b) Stichprobe sind alle Schüler der Klasse 7a. Die Stichprobe ist nicht sinnvoll gewählt. Die Lehrerin müsste aus jedem Jahrgang zufällig etwa gleich viele Schüler auswählen.

c) Die Stichprobe umfasst vier Tage und ist sicher nicht sinnvoll gewählt, wenn man anhand eines Tages eine Aussage über das Wetter der Jahreszeit machen möchte. Da sollte Rüdiger schon mehrere Tage pro Jahreszeit auswählen.

K4 **4** **a)** 4 Schüler spielen kein Instrument, also spielen 12 Schüler ein Instrument. Somit spielt mindestens 1 Schüler mehr als 1 Instrument (d. h. 1 Schüler spielt dann 5 Instrumente und die restlichen 11 Schüler jeweils 1 Instrument). Höchstens 4 Schüler spielen mehr als 1 Instrument (also 4 Schüler spielen 2 Instrumente und die restlichen 8 Schüler jeweils 1 Instrument).

b) Anzahl aller Instrumente: 16
$\bar{x} = \frac{16}{16} = 1$
Von allen Schülern des Wahlkurses spielt jeder im Durchschnitt 1 Instrument.
$\bar{x} = \frac{16}{12} = 1\frac{1}{3}$
Von den Schülern, die ein Instrument spielen, spielt jeder im Durchschnitt $1\frac{1}{3}$ Instrumente (bzw. jeder 3. Schüler spielt dann 2 Instrumente).

K3 **5** **a)**

1	2	3	4
$\frac{9}{30} = \frac{3}{10}$	$\frac{7}{30}$	$\frac{8}{30} = \frac{4}{15}$	$\frac{6}{30} = \frac{1}{5}$

Modalwert: 1; Median: 7; $\bar{x}$: 2,4; Maximum: 4; Minimum: 1; Spannweite: 3

b) Lösungsmöglichkeit:

	1	2	3	4
1	13 (7)	5 (12)	6 (8)	6 (3)
2	8 (1)	8 (14)	8 (14)	6 (1)
3	10 (6)	8 (7)	2 (8)	10 (9)

K4/6 **6** **a)** Es sind unterschiedliche Datenreihen möglich, z. B.:
Patricks Motorrad: 7,4 l; 8,2 l; 8,2 l; 8,9 l; 8,9 l; 9,6 l; 9,6 l; 10,0 l; 10,2 l
Minimum: 7,4 l; Maximum: 10,2 l; Zentralwert: 8,9 l; unteres Quartil: 8,2 l; oberes Quartil: 9,8 l

b) Mögliche Antwort: Bei Patricks Motorrad liegen die gemessenen Werte in der Box deutlich weiter auseinander als bei Timo, das Minimum und das Maximum sind jedoch gleich. Timos Zentralwert liegt mit 8,2 l Benzinverbrauch niedriger als Patricks Zentralwert mit 8,9 l. Das obere Quartil ist bei Timo deutlich niedriger als bei Patrick, das heißt, dass Timo einen deutlich niedrigeren Benzin verbrauch hat als Patrick.

K3 **7** 7 € + 6 € − 2 € + 1 € − 3 € + 4 € = 13 €
Antwort: Ein 13-Jähriger bekommt 2014 im Durchschnitt 13 € Taschengeld (im Monat).

K3 **8** **a)** Daten geordnet: 2; 2; 2; 2; 3; 3; 3; 3; 3; 3; 3; 3; 3; 3; 3; 3; 4; 4; 4; 4; 4; 4; 4; 4; 4; 4; 4; 5; 5; 6

b) Modalwert: 3; Median: 3; $\overline{x} = 3{,}4\overline{6}$; Minimum: 2; Maximum: 6; Spannweite: 4

c) unteres Quartil: 3

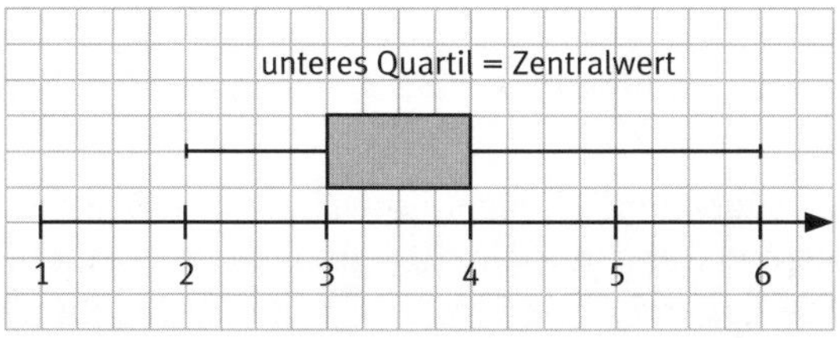

Aufgaben für Lernpartner

K1/6 **A** Die Aussage ist falsch. Aus einer Strichliste kann man die absoluten Häufigkeiten ablesen.

K1/6 **B** Die Aussage ist richtig, denn es ist der Wert, der am häufigsten vorkommt.

K1/6 **C** Die Aussage ist falsch. Gegenbeispiel: 0; 1; 3; 4. Hier ist der Median 2, die Zahl 2 kommt aber nicht vor.

K1/6 **D** Die Aussage ist falsch. Gegenbeispiel: 0; 1; 2; 9.
$\bar{x} = \frac{12}{4} = 3$. Die Zahl 3 kommt aber nicht vor.

K1/6 **E** Die Aussage ist richtig, wie man an beliebigen Beispielen ausprobieren kann.

K1/6 **F** Die Aussage ist richtig für positive Zahlen. Wenn das Minimum jedoch eine negative Zahl ist, dann kann die Spannweite auch größer sein.

K1/6 **G** Die Aussage ist im Allgemeinen falsch. Beispiel: 4; 5; 6 Minimum: 4 Spannweite: 6 – 4 = 2

K1/6 **H** Die Aussage ist in vielen Fällen richtig, wenn die Grundgesamtheit nicht erfassbar ist (z. B. Menschen in Deutschland, alle 14-Jährigen). Wenn man aber beispielsweise nur eine Untersuchung an einer Schule machen möchte, dann kann man die Grundgesamtheit, nämlich die Schüler dieser Schule, durchaus untersuchen.

K1/6 **I** Die Aussage ist im Allgemeinen richtig, da man immer nur einen kleinen Anteil durch eine Stichprobe erfasst, der im Verhältnis zur Grundgesamtheit immer kleiner sein wird.

K1/6 **J** Die Aussage ist richtig.

K1/6 **K** Die Aussage ist nicht richtig, denn Martin kann die relativen Häufigkeiten durchaus in einem Kreisdiagramm angeben.

K1/6 **L** Die Aussage ist richtig. Die untere Box-Seite ist das untere Quartil, die obere Box-Seite ist das obere Quartil. Das untere Quartil liegt bei einem Viertel der Daten, das obere Quartil liegt bei drei Viertel der Daten. Dazwischen liegt genau die Hälfte der Daten.

K1/6 **M** Die Aussage ist falsch. Der Zentralwert markiert die Hälfte aller Daten, der Wert selbst liegt jedoch nicht unbedingt genau in der Mitte der Box.

K1/6 **N** Die Aussage ist richtig. Das obere Quartil liegt bei drei Viertel der Daten. Zwischen dem oberen Quartil und dem Maximum liegt genau ein Viertel der Daten.